회로이론

박구범 · 박종관 · 유도현 · 임경범 · 전중함 공저

enT 엔트미디어

머리말

회로이론은 전기, 전자, 통신공학 등 전기분야를 전공하는 학생이나 기술사, 전기기사 또는 산업기사 등 전기분야의 자격증 또는 공기업이나 기술직 공무원 시험 등을 준비하는 수험생에게는 가장 기본이 되는 중요한 과목이다. 따라서 전기공학을 공부하기 위해서 회로이론은 가장 먼저 습득해야하는 과목일 뿐만 아니라 기본적인 개념을 정확하고 확실하게 이해하고 있어야만 다른 응용과목을 공부할 수 있게 되므로 그 중요성은 두말할 필요가 없을 것이다. 따라서 이미 회로이론에 대한 많은 저서가 출판되어 있으며, 훌륭한 교재도 많이 접할 수 있는 것이 사실이다. 그러나 여러 해 동안 회로이론과목을 강의해 오면서 회로이론의 개념이 대부분 수식에 의존하고 있고, 전반부에서 이해를 잘하지 못하면 학생들이 자칫 전기공학 전반에 대한 흥미를 잃기도 하고, 전공에 대한 의욕을 상실하는 것을 보면서 좀 더 쉽고 간결하게 회로이론을 이해할 수 있는 책이 필요하겠다는 생각을 하게 되어 본 교재를 집필하게 되었다.

본 교재는 대학에서 교재로 사용할 경우 주당 3시간으로 두 학기에 걸쳐 전 부분을 강의할 수 있는 분량으로 구성하였으며, 독학을 하고자 하는 경우에도 수학으로 인해 큰 어려움이 없이 공부할 수 있도록 집필하려고 노력하였다. 따라서 기존의 저서들에서 출제빈도가 낮고 너무 어려운 부분은 과감하게 삭제하였고, 또 수학적으로 난해한 부분은 수식의 유도과정을 생략하고 중요하고 필수적인 결과식 만을 간단하고 명료하게 설명하고자 하였다. 또한 여러 시험에서 출제되어온 기출 문제들을 예제와 연습문제에서 다루어서 문제 풀이만으로도 개념의 이해가 가능하도록 하였고, 특히 기사준비를 하거나 취업준비를 하는 수험생들에게 실질적인 도움이 되도록 하였다. 본 교재가 전기공학 분야에 입문하려는 학생들과 수험생들에게 좋은 길잡이가 될 수 있기를 바라면서 집필하였으나 아직 부족하고 다듬어야할 부분이 적지 않을 것으로 생각이 되나 계속적인 수정과 보완을 통해 더욱 충실한 교재가 되도록 노력할 생각이다.

끝으로 본 교재는 기존의 많은 문헌을 참고하였으며 국내외의 원저자들에게 깊은 감사를 표한다. 특히 교재의 출판을 도와준 엔트미디어 관계자에게 감사를 드리는 바이다.

저자 씀

차 례

▌제 8 장 3상 교류

▌제 9 장 공진 회로

▌제 10 장 푸리에 급수

▌제 11 장 4단자 회로망

▌제 12 장 과도현상

제 13 장 라플라스 변환

부 록

chapter 01

회로이론의 기초

전기공학은 전기적 에너지와 신호의 발생, 변환, 전송 및 이의 응용 등을 다루는 학문으로 정의 될 수 있으며 회로이론은 전자기 이론과 함께 전기 공학의 모든 부분을 생성하는 기본 이론이다. 특히 전력, 전기기계, 제어, 전자, 통신 그리고 계측등과 같은 전기공학의 많은 부분이 전기 회로이론에 기초를 두고 있다. 따라서 기본적인 회로이론은 전기공학을 공부하는 학생에게는 매우 중요한 과목이라고 할 수 있다.

본 장에서는 회로이론의 기초 지식과 용어에 대해 설명한다.

1.1 전하의 종류

전하(electric charge)의 개념은 모든 전기현상을 설명하기 위한 기본적인 것이며 전기회로에서도 가장 기본적인 양이라 할 수 있다. 일반적으로 전하라고 하면 전기적 성질을 가지고 있는 입자를 말하기도 한다. 즉 전하량은 어떤 물체 또는 입자가 띠고 있는 전기의 양이며, 기호는 Q로 나타내며 단위는 쿨롱(coulomb)이다.

전하의 종류는 음전하와 양전하로 나뉜다. 음전하는 중성입자가 전자를 추가로 가지고 있을 때 가지는 성질이고 양전하는 중성입자가 전자를 잃으면 나타내는 성질이다. 이들 전하는 그림 1-1에 나타낸 것처럼 쿨롱의 법칙(Coulomb's law)에 따라 같은 전하끼리는 밀어내는 힘(척력)이 작용하는 반면, 다른 전하끼리는 잡아당기는 힘(인력)이 작용한다.

모든 물질은 전자, 양성자 그리고 중성자로 구성된 원자라고 불리는 기본 요소로 만들어져있다. 이들 중 전자의 전하량은 음의 값이고 -1.602×10^{-19}[C]의 크기를 가지고 있다. 양성자는 전자와 동일한 크기의 양전하를 가지고 있다. 그리고 원자는 동일한 수의 전자와 양성자를 가지고 있기 때문에 전기적으로 중성의 성질을 가지고 있다.

그림 1-2에 보어(Bohr)의 원자모델을 나타내었다.

(a) 척력 (b) 인력

그림 1-1 전하의 상호 작용

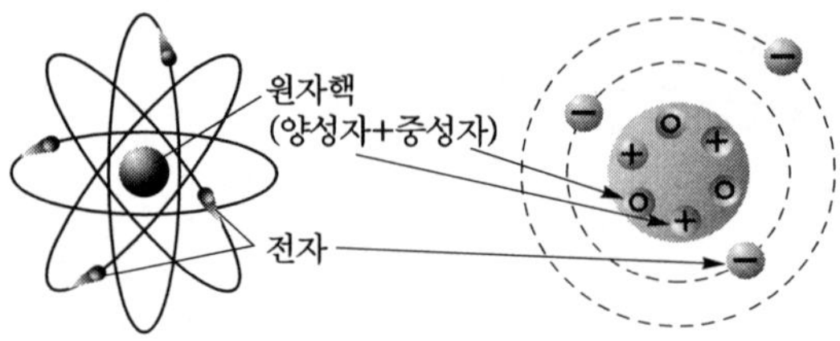

그림 1-2 보어의 원자 모델

1.2 전류

전하는 이동이 가능하고, 다른 형태의 에너지로 변환될 수 있다는 성질을 가지고 있다. 이러한 전하의 움직임이 전류(electric current)를 만들게 된다. 즉, 전류는 전하의 이동을 말한다고 할 수 있다. 양전하는 음전하의 움직이는 방향과 반대방향으로 움직이며, 이 양전하가 움직이는 방향을 전류의 방향으로 규정하고 있다. 도체로 사용하고 있는 금속 내에서는 전류의 흐름은 음전하인 전자의 이동에 의존하고 있으므로 실제 전하의 이동과 전류의 방향은 반대라고 할 수 있다.

전류는 도체의 어느 단면을 단위시간에 통과하는 전하량으로 정의되고 기호는 I, 단위는 암페어(ampere, 〔A〕) 이다.

이동하는 전하량이 시간적으로 불변일 경우, 전류 I와 통과하는 전하량 Q는

$$I = \frac{Q}{t}〔\mathrm{A}〕, \qquad Q = It〔\mathrm{C}〕 \qquad \cdots\cdots (1.1)$$

인 관계가 있다. 여기서 t는 시간이다.

이동하는 전하량이 시간에 따라 변할 경우, 전류 i와 전하량 q는 다음과 같이 나타낼 수 있다.

$$i = \frac{dq}{dt}〔\mathrm{A}〕, \qquad q = \int_{t_0}^{t} i\,dt〔\mathrm{C}〕 \qquad \cdots\cdots (1.2)$$

시간에 따라 변화하지 않고 일정하게 유지되는 전류를 직류(dc, direct current)라고 하며, 시간에 따라 변화하는 전류를 교류(ac, alternating current)라고 한다. 직류는 대문자로, 교류는 소문자로 나타낸다.

그림 1-3에 직류와 정현파 교류를 나타내었다.

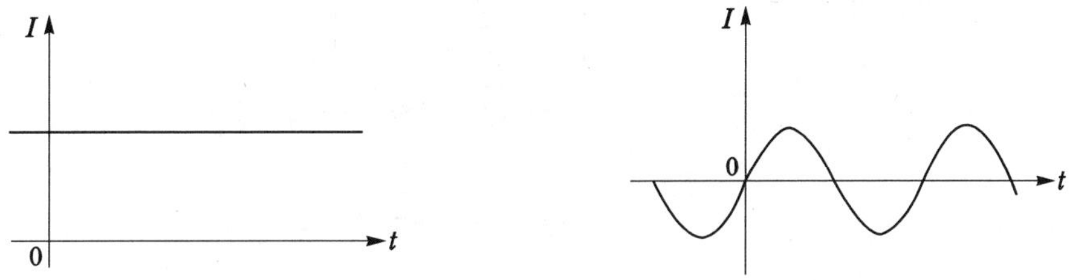

(a) 직류 (b) 정현파 교류

그림 1-3 직류와 정현파 교류의 파형

예제 1-1

8[A]가 흐르고 있는 도체 안에 30초 동안 통과한 전자의 수 n을 구하라.

| 풀이 | $Q = It = 8 \times 30 = 240$[C]

전자 1개의 전하량은 1.6×10^{-19}[C] 이므로

$$n = \frac{240}{1.6 \times 10^{-19}} = 15 \times 10^{20} \text{[개]}$$

예제 1-2

$i = 2t^2 + 8t$[A]로 표시되는 전류가 도선에 3초 동안 흘렀을 때 통과한 전기량 Q를 구하라.

| 풀이 | $Q = \int_0^t i\,dt = \int_0^3 (2t^2 + 8t)\,dt = \left[\frac{2}{3}t^3 + 4t^2\right]_0^3 = 54$[C]

1.3 전압

1.3.1 전위와 전압

그림 1-4의(a)에 나타낸 것처럼 물이 높은 곳에서 낮은 곳으로 흐르는 것은 수위차 때문이며, 이것은 높은 곳의 물이 낮은 곳보다 위치 에너지(potential energy)가 높기 때문이다. 전기에도 장소에 따라 전하의 위치에너지가 있으며 이를 전위(electric potential) 라고 한다. 물이 높은 곳에서 낮은 곳으로 흐르는 것과 마찬가지로 그림 1-4의 (b)처럼 전하도 전위차에 의해 이동을 하게 되며 전류가 흐를 때는 반드시 에너지의 변환과 전송이 발생한다.

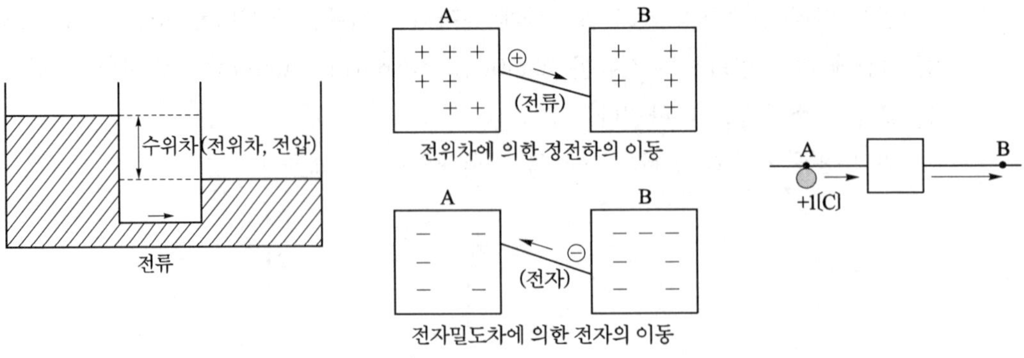

(a) (b) (c)

그림 1-4 전하의 이동

그림 (c)와 같이 단위 양전하(1〔C〕)이 회로의 두 점 A와 B 사이를 이동할 때 얻거나 잃는 에너지(일)의 양을 점 A·B 사이의 전위차(electric potential difference) 또는 전압(voltage)이라 하며, 기호는 V이고 단위는 볼트(volt, 〔V〕)를 사용한다. 수위차와 전위차의 예를 그림 1-5에 나타내었다.

전압 1〔V〕는 1〔C〕의 전하를 운반하는데 필요로 하는 일의 양이 1〔J〕인 경우에 두 점 사이의 전위차를 말한다. 그러므로

$$V = \frac{W}{Q}〔V〕, \quad W = QV〔J〕 \qquad \cdots\cdots (1.3)$$

여기서, W는 에너지로서 단위는 주울(joule,〔J〕)이다.

미소전하 dq가 이동할 때 변화하는 에너지가 시간에 따라 일정하지 않을 때 전압 v는 다음과 같이 나타낸다.

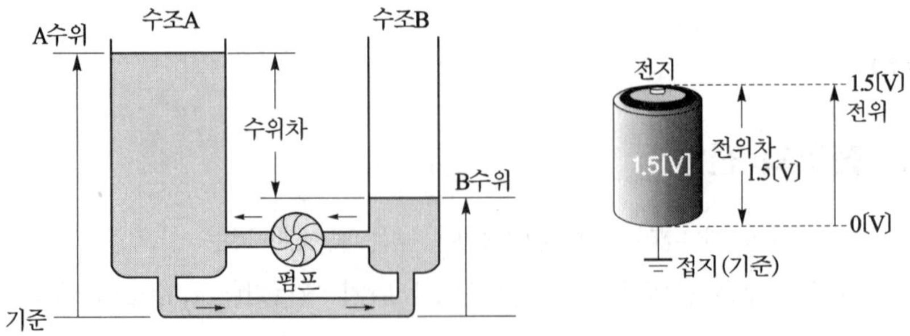

(a) 수위차 (b) 전위차

그림 1-5 수위차와 전위차의 예

$$v = \frac{dw}{dq}\text{〔V〕}, \quad w = \int v\, dq\text{〔J〕} \qquad \cdots\cdots (1.4)$$

또한, 회로가 구성되지 않은 상태에서 전원양단간의 전위차(개방전압)를 기전력(electromotive force, emf) 이라고 한다.

예제 1-3

어느 두 점 사이를 3〔C〕의 전하량이 이동하면서 180〔J〕의 일을 했다면 두 점 사이의 전압 V는 얼마인가?

| 풀이 | $V = \frac{W}{Q} = \frac{180}{3} = 60$〔V〕

예제 1-4

진공장치 내에서 A점에서 방출된 한 개의 전자가 0.1초 후에 B점에 위치했다. A와 B 사이의 전압이 5〔V〕일 때 이 전자가 얻은 에너지 W를 구하라.

| 풀이 | $W = VQ = 5 \times 1.602 \times 10^{-19} = 8.01 \times 10^{-19}$〔J〕

1.3.2 전류와 전압의 기준방향

전기소자는 에너지의 사용여부에 따라 능동소자와 수동소자로 분류할 수 있다. 능동소자(active elements)는 회로에 에너지를 공급하는 소자를 말하며 전압원과 전류원이 이에 해당된다. 수동소자(passive elements)는 능동소자로부터 에너지를 공급받아 소비하는 소자로서 저항, 코일 및 콘덴서가 이에 해당된다.

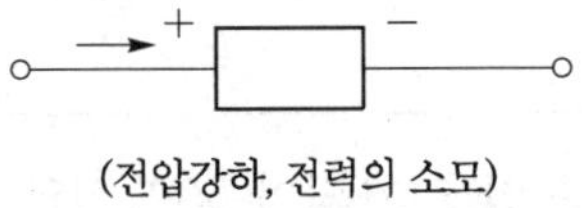

(a) 수동소자

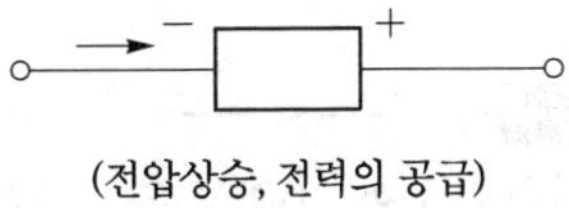

(b) 능동소자

그림 1-6 전압과 전류의 기준 방향

수동소자와 능동소자에서는 그림 1-6과 같이 전류의 방향에 따라 +와 −부호를 붙여준다. 이때 +와 −는 각 점에서 전기에너지(전위)의 상대적인 높낮이를 나타낸다.

1.4 전력 및 전력량

단위시간에 변환 또는 전송되는 전기적인 에너지의 양을 전력(electric power) 이라 하며, 기호는 P이고 단위는 와트(watt, 〔W〕)를 사용한다. 즉 1〔W〕는 매초 변환되는 에너지가 1〔J〕일 때의 전력을 말한다.

변환되는 에너지 W가 시간적으로 일정할 때, 전력 P의 평균치는

$$P = \frac{W}{t} = \frac{QV}{t} = VI\,[\mathrm{W}] \qquad \cdots\cdots (1.5)$$

이고, 변환되는 에너지가 시간에 따라 변할 경우 전력의 순시치 p는

$$p = \frac{dw}{dt} = vi\,[\mathrm{W}] \qquad \cdots\cdots (1.6)$$

이다. 에너지의 단위로 사용되는 J(주울)과 cal(칼로리) 사이에는 다음과 같은 관계가 있다.

$$1\,[\mathrm{J}] = 0.24\,[\mathrm{cal}], \quad 1\,[\mathrm{cal}] = 4.2\,[\mathrm{J}] \qquad \cdots\cdots (1.7)$$

P〔W〕의 전력으로 t〔s〕 동안에 변환되는 에너지 또는 일을 전력량이라 한다. 즉,

$$W = Pt = VIt\,[\mathrm{J}] = 0.24\,VIt\,[\mathrm{cal}] \qquad \cdots\cdots (1.8)$$

변환되는 에너지가 시간적으로 변할 경우, t〔s〕 동안에 변환되는 에너지는

$$w = \int_0^t p\,dt = \int_0^t vi\,dt\,[\mathrm{J}] \qquad \cdots\cdots (1.9)$$

이다. 전력과 전력량의 단위 사이에는 다음과 같은 관계가 있다.

$$1\,[\mathrm{kW}] = 1{,}000\,[\mathrm{W}] \quad 1\,[\mathrm{HP}] = 746\,[\mathrm{W}]$$
$$1\,[\mathrm{Wh}] = 3{,}600\,[\mathrm{J}] \quad 1\,[\mathrm{kWh}] = 1{,}000\,[\mathrm{Wh}] \qquad \cdots\cdots (1.10)$$

예제 1-5

어떤 저항회로에 100〔V〕의 전압이 10분 동안 인가되어 500〔C〕의 전하량이 이동되었다면 이 회로에서의 전력 P는 얼마인가?

| 풀이 | $P = VI$이고 $I = \frac{Q}{t}$이므로 $P = \frac{QV}{t} = \frac{500 \times 100}{60 \times 10} = \frac{500}{6} = \frac{250}{3}\,[\mathrm{W}]$

예제 1-6

매초당 일정한 비율로 2분 동안 876,000〔J〕의 일을 하였다. 이 일은 몇 〔kW〕의 전력에 해당되는가?

| 풀이 | $W = Pt$이므로

$$P = \frac{876{,}000}{2 \times 60} = 7{,}300[\text{W}] = 7.3[\text{kW}]$$

1.5 옴의 법칙

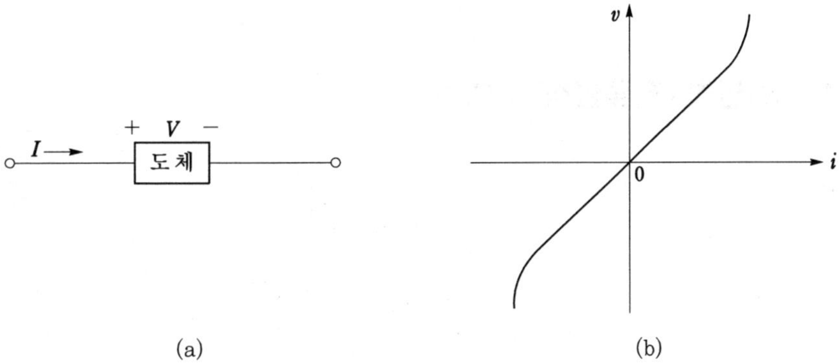

그림 1-7 도체의 전압 · 전류특성

도체에 흐르는 전류는 그림 1-7에 나타낸 것처럼 인가된 전압에 비례하고 저항에 반비례하며 이를 옴의 법칙(ohm's law)이라 한다. 이때 저항은 전압과 전류의 비로써 도체에 전류를 흐르지 못하게 하는 정도를 나타내며 기호는 R, 단위는 옴(ohm, [Ω])으로 나타낸다.

$$V = RI[\text{V}], \quad R = \frac{V}{I}[\Omega] \qquad \cdots\cdots (1.11)$$

1[Ω]은 1[A]의 전류가 흐르게 하기위해 1[V]의 인가전압을 필요로 하는 도체의 저항값이다.

예제 1-7

4[kΩ]의 저항에 25[mA]의 전류를 흘리는데 필요한 전압 V를 구하라.

| 풀이 | $V = RI$ 이므로

$$V = 4 \times 10^3 \times 25 \times 10^{-3} = 100[\text{V}]$$

예제 1-8

정격이 100[V], 100[W]인 백열전구의 저항값은 얼마인가? 또한 이 전구에 90[V]의 전압이 인가된다면 이 때의 전력 P는 얼마인가?

| 풀이 | $P = \dfrac{V^2}{R}$에서

$$R = \frac{V^2}{P} = \frac{100^2}{100} = 100[\Omega]$$

그러므로 90〔V〕의 전압이 인가되었을 때의 전력 P는

$$P=\frac{V^2}{R}=\frac{90^2}{100}=81\text{〔W〕}$$

1.6 키르히호프(Kirchhoff)의 법칙

1.6.1 제1법칙 (전류법칙, KCL)

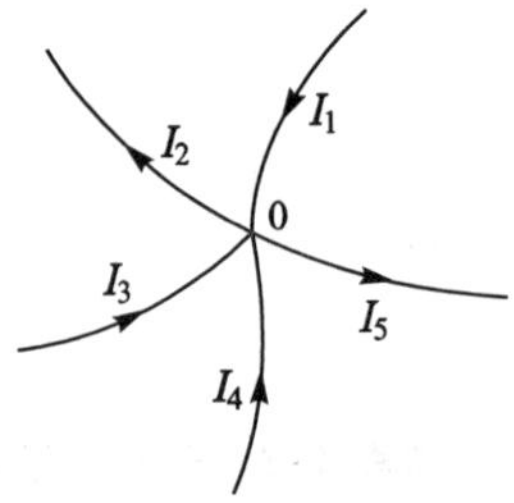

그림 1-8 키르히호프의 전류법칙

키르히호프의 제 1법칙은 전류법칙(Kirchhoff's current law, KCL)이라고도 하며 "임의의 접속점에 있어서 유입되는 총 전류는 유출되는 총 전류와 같다"로 정의된다.

그림 1-8에 나타낸 회로를 키르히호프의 제 1법칙으로 표현하면 점 0에 유입하는 전류를 +로 했을 때

$$I_1 - I_2 + I_3 + I_4 - I_5 = 0 \qquad \cdots\cdots (1.12)$$

즉

$$\sum_{k=1}^{n} I_k = 0 \qquad \cdots\cdots (1.13)$$

으로 나타낼 수 있다.

1.6.2 제2법칙 (전압법칙, KVL)

키르히호프의 제 2법칙은 전압법칙(Kirchhoff's voltage law, KVL)이라고도 하며 "임의의 폐로에서 한 방향으로 일주하면서 합한 전압상승의 총합은 전압강하의 총합과 같다"로 정의된다.

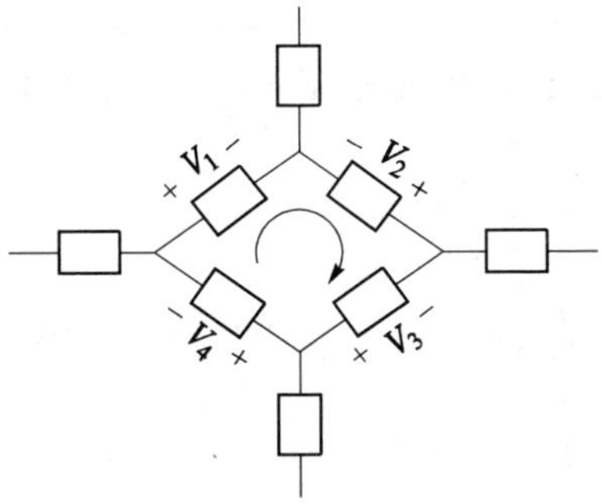

그림 1-9 키르히호프의 전압법칙

그림 1-9의 회로를 키르히호프의 제2법칙으로 표현하면 일주 방향을 반시계 방향으로 했을 때

$$-V_1+V_2+V_3-V_4=0 \qquad \cdots\cdots (1.14)$$

이므로

$$\sum_{k=1}^{n} V_k = 0 \qquad \cdots\cdots (1.15)$$

으로 나타낼 수 있다.

예제 1-9

그림 1-10의 회로에서 V_{30}과 V_{15}를 구하라.

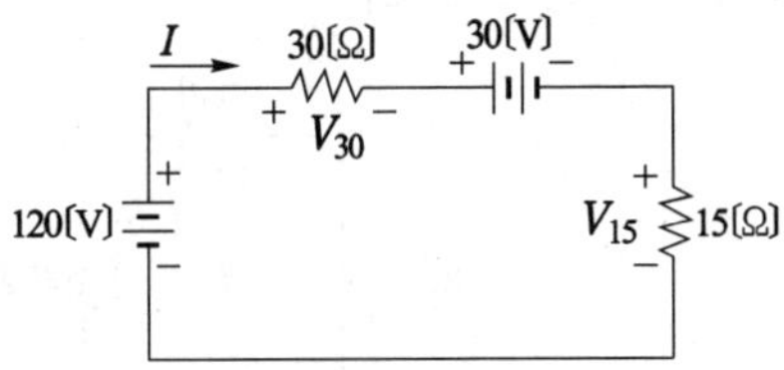

그림 1-10

|풀이| KVL에 의해

$120-30I-30-15I=0, \quad 90-45I=0, \quad I=2[A]$

그러므로 $V_{30}=RI=30\times2=60[V]$

$V_{15}=15\times2=30[V]$

또는 $I=\dfrac{V}{R}=\dfrac{120-30}{30+15}=\dfrac{90}{45}=2[A]$

$V_{30}=30\times2=60[V]$

$V_{15}=15\times2=30[V]$

예제 1-10

그림 1-11(a)의 회로에서 각 저항에 흐르는 전류를 구하라.

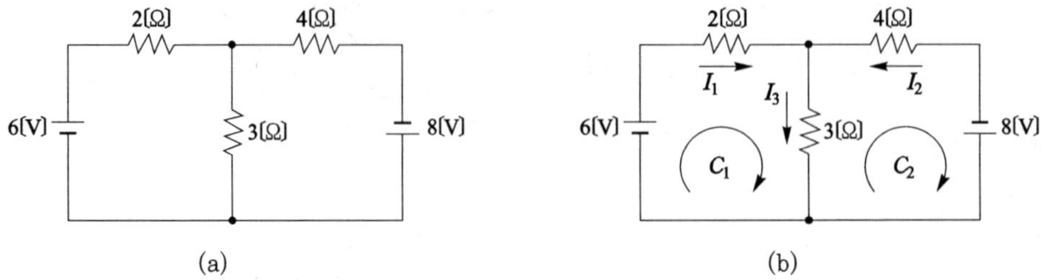

그림 1-11

| 풀이 | 그림 (b)와 같이 회로의 일주 방향을 반시계 방향으로 하고 I_1, I_2, I_3를 그림과 같이 가정하면

KCL에 의해

$I_1+I_2=I_3$ … ①

KVL에 의해

C_1 : $2I_1+3I_3=6$ … ②

C_2 : $-3I_3-4I_2=8$ … ③

가 된다. 이 식을 연립방정식으로 풀면 다음과 같이 구할 수 있다.

$I_1=\frac{33}{13}$[A], $I_2=-\frac{29}{13}$[A], $I_3=\frac{4}{13}$[A]

여기서 I_2와 같이 전류가 (-)값을 나타내면 전류의 방향이 처음에 가정한 전류의 방향과 반대임을 의미한다.

예제 1-11

그림 1-12의 회로에서 I_2를 구하라.

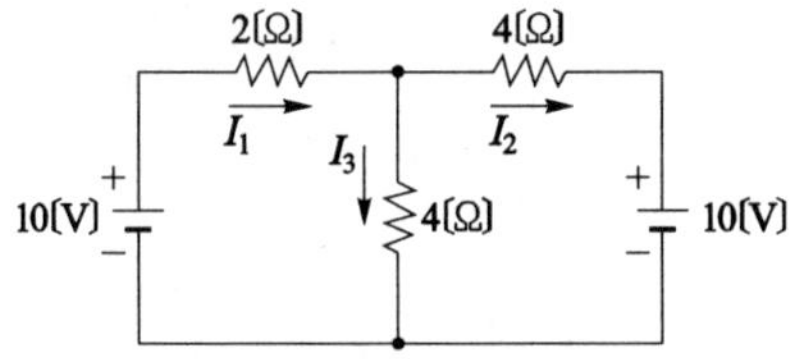

그림 1-12

| 풀이 | KCL에 의해

$I_1=I_2+I_3$ … ①

KVL에 의해

$2I_1+4I_3=10$ … ②

$-4I_2+4I_3=10$ … ③

연립방정식을 풀면

$I_2=-0.625$[A]

가 된다.

01장 연습문제

1-1 5,000개의 전자가 가지고 있는 전하량 Q를 구하라.

|정답| $Q=-8.01\times10^{-16}$〔C〕

1-2 8초 동안 2.5×10^{20}개의 전자가 도체를 통과하였다. 이때 흐른 전류 I를 구하라.

|정답| $I=5$〔A〕

1-3 어느 도체의 단면을 900〔C〕의 전하량이 3분 동안 통과했다면 전류의 크기 I를 구하라.

|정답| $I=5$〔A〕

1-4 $i(t)=3t^2-t$〔A〕로 표시되는 전류가 도선 중을 1분간 흘렀다면 그동안 통과한 전하량 Q를 구하라.

|정답| $Q=214{,}200$〔C〕

1-5 220〔V〕의 전압에서 3〔A〕의 전류가 흐르는 전열기를 10시간 사용하였다면 사용한 총 전력량 W를 구하라.

|정답| $W=6600$〔Wh〕$=6.6$〔kWh〕

1-6 정격이 100〔V〕, 60〔W〕인 백열전구의 저항값 R은 얼마인가? 또한 이 전구에 90〔V〕의 전압이 인가되었을 때 이때의 전력 P를 구하라.

|정답| $R=166.7$〔Ω〕, $P=48.5$〔W〕

1-7 일정 전압의 직류 전원에 저항을 접속하고 전류를 흘릴 때 이 전류값을 20〔%〕 증가시키기 위해서는 저항값을 몇 배로 하여야 하는가?

|정답| 0.83배

1-8 그림 1-13의 회로에서 전류 I를 구하라.

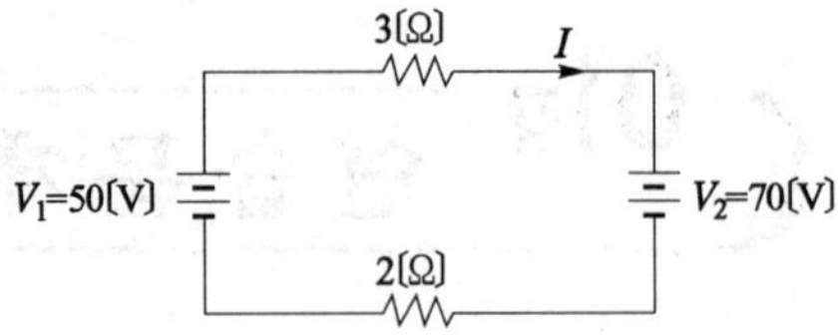

그림 1-13

|정답| $I = -4$[A]

1-9 그림 1-14와 같은 회로에서 R_2 양단의 전압 V_2를 구하라.

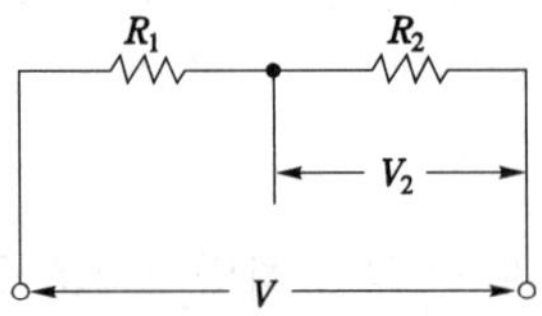

그림 1-14

|정답| $V_2 = \dfrac{R_2}{R_1 + R_2} V$[V]

1-10 그림 1-15와 같은 회로의 소자 A, B에서는 400[W], 600[W]의 전력이 발생하고 있고, C, D에서는 각각 800[W], 200[W]의 전력소비가 일어나고 있다. 회로 전류가 시계방향으로 5[A] 흐르고 있을 때

(1) 회로의 각 소자에서의 전압강하를 구하라.

(2) d점을 기준 전위로 할 때 a, b, c점의 전위를 각각 구하라.

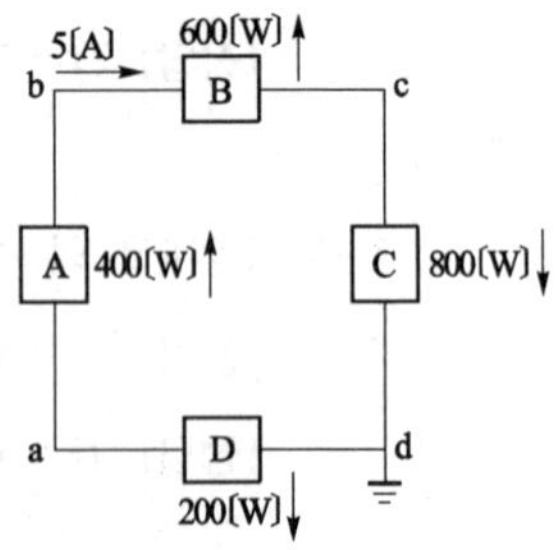

그림 1-15

|정답| (1) $V_A = -80$[V], $V_B = -120$[V], $V_C = 160$[V], $V_D = 40$[V]

(2) $V_a = -40$[V], $V_b = 40$[V], $V_c = 160$[V], $V_d = 0$[V]

1-11 그림 1-16 회로에서의 전류 I_2를 구하라.

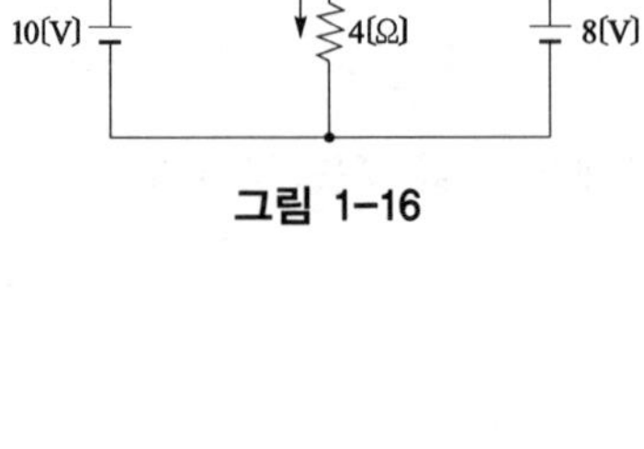

그림 1-16

|정답| $I_2 = 1.8$[A]

1-12 100〔V〕, 60〔W〕의 전구에 50〔V〕를 가했을 때의 전류는?

|정답| 0.3〔A〕

chapter **02**

기본 회로소자

회로소자는 기능에 따라 능동소자와 수동소자로 크게 나누어지며 능동소자는 회로에 에너지를 공급해 주는 기능을 하는 것으로 전압원(voltage source)과 전류원(current source)이 이에 해당된다. 수동소자는 공급받은 에너지를 소비하여 일을 하는 소자로서 저항(resistor), 인덕터(또는 코일, inductor) 및 커패시터(또는 콘덴서, capacitor)가 이에 해당된다. 본 장에서는 이들 소자의 전기적인 특성을 설명하기로 한다.

2.1 저항

2.1.1 도체의 저항

저항은 전원으로부터 공급받은 에너지를 주울 열로 소비하는 소자로서 그림 2-1과 같이 양단의 전압 V와 그 내부에 흐르는 전류 I 사이에는 비례관계가 있으며 비례상수를 저항(resistance)이라 한다. 기호는 R이고 단위는 옴(ohm, 〔Ω〕)을 사용한다.

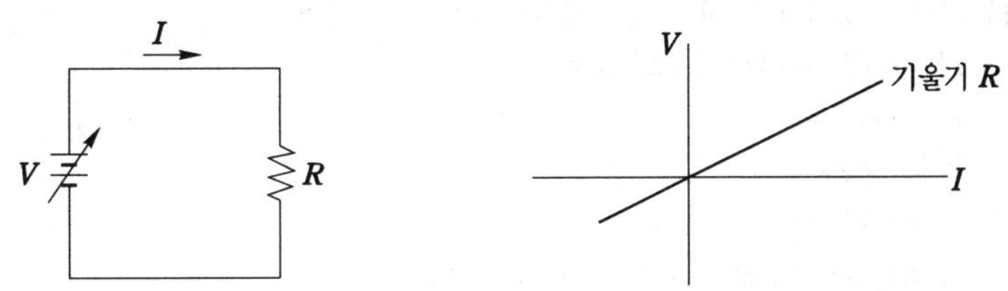

(a) 저항회로 (b) 전압-전류특성

그림 2-1 저항회로와 전압-전류특성

옴의 법칙에 따라 전압, 전류와 저항은 다음과 같은 관계가 있다.

$$V = RI\,[\mathrm{V}] \qquad R = \frac{V}{I}\,[\Omega] \qquad \cdots\cdots (2.1)$$

저항은 물리적으로 온도가 일정하면 고유저항 ρ(rho, 로우)와 길이 l에 비례하고 단면적 A에 반비례한다. 즉,

$$R = \rho\frac{l}{A}\,[\Omega] \qquad \cdots\cdots (2.2)$$

여기서, ρ는 고유저항(resistivity) 또는 비저항이라 하며, 단위는 [Ω · m] 또는 [Ω · cm]를 사용한다.

예제 2-1

일정 전압의 직류전원에 저항을 접속하고 전류를 흘릴 때, 이 전류값을 30[%] 증가시키기 위한 저항값은 몇 배로 하여야 하는가?

| 풀이 | $I = \frac{V}{R}$이므로 I를 1.3배로 해 주려면 R을 $\frac{1}{1.3}$로 하면 된다.

$$R = \frac{1}{1.3} = 0.77$$

예제 2-2

배전선의 전류를 3배로 하여도 선로 저항에 의한 전압강하가 변하지 않으려면 전선의 지름은 몇 배로 하여야 하는가?

| 풀이 | $V = RI$에서 I가 3배 증가하면 R은 $\frac{1}{3}$로 감소해야 전압이 일정하다.

$R \propto \frac{1}{A} = \frac{1}{\pi a^2}$에서 R이 $\frac{1}{3}$이어야 하므로 반지름 a는 $\sqrt{3}$배가 되어야 한다.

예제 2-3

어떤 전지의 외부회로 저항은 5[Ω]이고 전류는 8[A]가 흐른다. 외부회로에 5[Ω] 대신에 15[Ω]의 저항을 접속하면 전류는 4[A]로 떨어진다. 전지의 기전력 E를 구하라.

| 풀이 | 그림 2-2에서 전지의 내부저항을 r이라고 하면

$E = RI + rI$ 이므로 (E 일정, r 일정)

$E = 5\times8 + r\times8 = 15\times4 + r\times4$

$\therefore\ 4r = 20$

$r = 5\,[\Omega]$

$\therefore\ E = 5\times8 + 8r = 5\times8 + 5\times8 = 80\,[\mathrm{V}]$

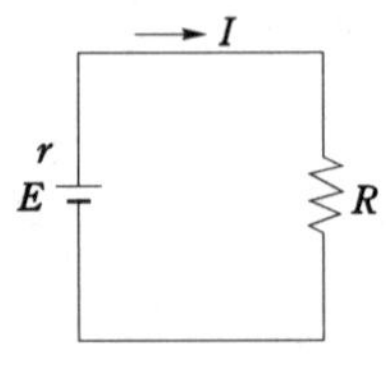

그림 2-2

2.1.2 저항의 접속

(1) 직렬접속(series connection)

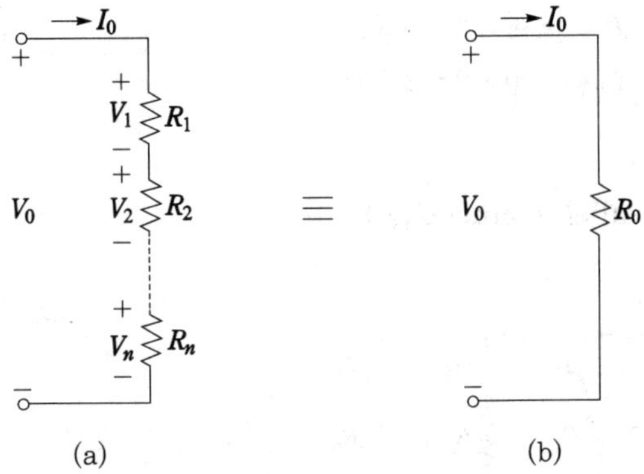

그림 2-3 저항의 직렬접속

그림 2-3과 같이 여러 개의 저항을 직렬로 접속하면 각 저항에 흐르는 전류는 각 저항에서 모두 동일하다. 그러므로 KVL을 이용해서 풀면

$$\begin{aligned} V_0 &= V_1 + V_2 + \cdots + V_n \\ &= I_0R_1 + I_0R_2 + \cdots + I_0R_n \\ &= I_0(R_1 + R_2 + \cdots + R_n) \\ &= I_0R_0 \end{aligned} \qquad \cdots\cdots (2.3)$$

이다. 합성저항은

$$R_0 = R_1 + R_2 + \cdots + R_n \qquad \cdots\cdots (2.4)$$

이고,

$$V_1 : V_2 : \cdots : V_n = R_1 : R_2 : \cdots : R_n \qquad \cdots\cdots (2.5)$$

인 관계가 있다.

이와 같이 저항에 걸리는 전압이 저항에 비례하는 것을 저항의 분압법칙이라고 한다.

예제 2-4

그림 2-4와 같은 회로의 전류 I_0와 V_1, V_2를 구하라.

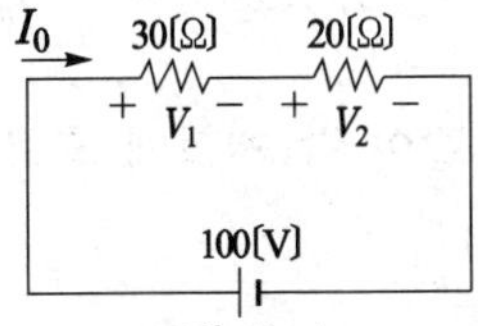

그림 2-4

| 풀이 | 합성 저항을 R_0라 하면

$$R_0 = 30 + 20 = 50[\Omega]$$

$$I_0 = \frac{V_0}{R_0} = \frac{100}{50} = 2[\text{A}]$$

그러므로

$$V_1 = R_1 I_0 = 30 \times 2 = 60[\text{V}]$$

$$V_2 = R_2 I_0 = 20 \times 2 = 40[\text{V}]$$

(2) 병렬접속(parallel connection)

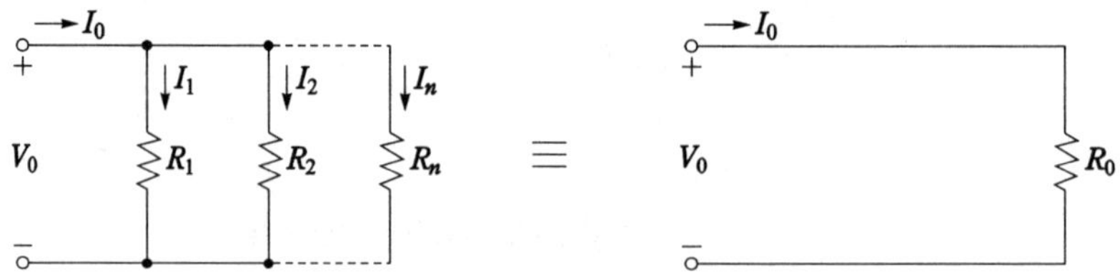

그림 2-5 저항의 병렬접속

그림 2-5와 같이 여러 개의 저항을 병렬로 접속하면 각 저항에 걸리는 전압은 모두 동일하다. 그러므로 KCL을 이용해서 풀면 다음과 같다.

$$\begin{aligned} I_0 &= I_1 + I_2 + \cdots + I_n \\ &= \frac{V_0}{R_1} + \frac{V_0}{R_2} + \cdots + \frac{V_0}{R_n} \\ &= \left(\frac{1}{R_1} + \frac{1}{R_2} + \cdots + \frac{1}{R_n}\right) V_0 \\ &= \frac{V_0}{R_0} \end{aligned} \qquad \cdots\cdots (2.6)$$

합성저항은

$$\frac{1}{R_0} = \frac{1}{R_1} + \frac{1}{R_2} + \cdots + \frac{1}{R_n} \qquad \cdots\cdots (2.7)$$

이고 전류 I와 저항 R 사이에는 다음과 같은 관계가 있다.

$$I_1 : I_2 : \cdots : I_n = \frac{1}{R_1} : \frac{1}{R_2} : \cdots : \frac{1}{R_n} \qquad \cdots\cdots (2.8)$$

이와 같이 각 저항에 흐르는 전류가 각 저항에 반비례하는 것을 저항의 분류법칙이라고 한다.

예제 2-5

그림 2-6과 같은 회로의 전류 I_0, I_1, I_2를 각각 구하라.

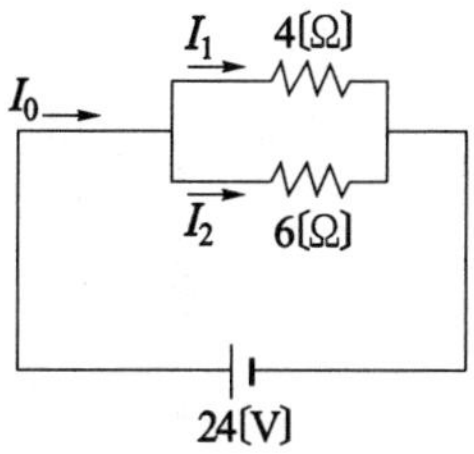

그림 2-6

| 풀이 | 합성 저항 R_0를 구하면

$$R_0 = \frac{1}{\frac{1}{R_1}+\frac{1}{R_2}} = \frac{R_1R_2}{R_1+R_2} = \frac{24}{10} = 2.4[\Omega]$$

그러므로 회로 전류 I_0는

$$I_0 = \frac{V_0}{R_0} = \frac{24}{2.4} = 10[\mathrm{A}]$$

$$I_1 = I_0 \times \frac{R_2}{R_1+R_2} = 10 \times \frac{6}{10} = 6[\mathrm{A}]$$

$$I_2 = I_0 \times \frac{R_1}{R_1+R_2} = 10 \times \frac{4}{10} = 4[\mathrm{A}]$$

예제 2-6

그림 2-7과 같은 회로에 있어서 단자 a, b 사이에 24[V]의 전압을 가하여 2[A]의 전류를 흘리고 또한 r_1, r_2에 흐르는 전류를 1:2로 하고자 한다. r_1의 값을 구하라.

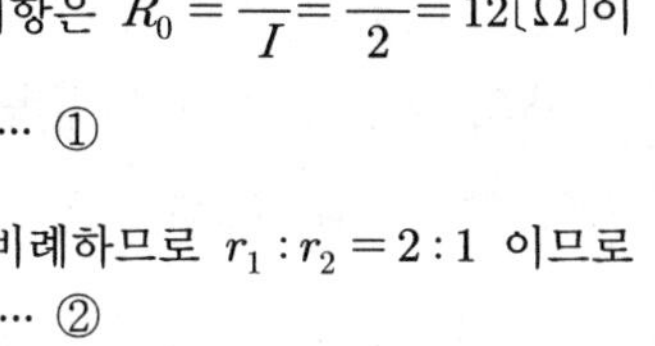

그림 2-7

| 풀이 | 전류가 2[A]이므로 합성저항은 $R_0 = \frac{V}{I} = \frac{24}{2} = 12[\Omega]$이 된다.

$$4 + \frac{r_1r_2}{r_1+r_2} = 12 \quad \cdots\cdots ①$$

그리고 전류는 저항에 반비례하므로 $r_1 : r_2 = 2:1$ 이므로

$$r_1 = 2r_2 \quad \cdots\cdots ②$$

식 ①, ②로부터

$r_1 = 24[\Omega]$, $r_2 = 12[\Omega]$

예제 2-7

그림 2-8과 같은 직렬저항 2[Ω], 병렬저항 1.5[Ω]인 무한 제형 회로(infinite ladder)의 입력저항 R을 구하라.

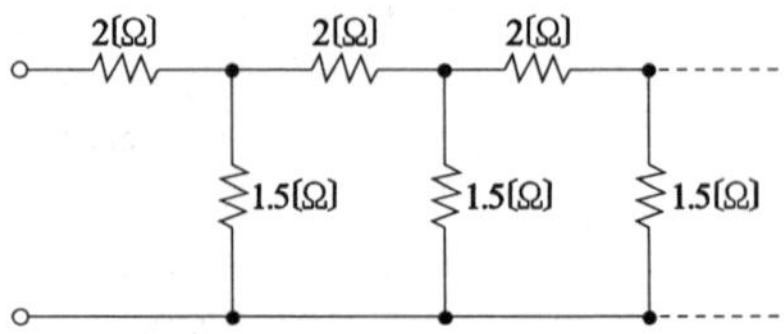

그림 2-8

| 풀이 | 무한회로이므로 그림 2-9와 같이 등가회로를 그릴 수 있다. 그러므로

$$R_{ab} = 2 + \frac{1.5R_{ab}}{1.5 + R_{ab}}$$

$$1.5R_{ab} + R_{ab}^{\ 2} = 3 + 2R_{ab} + 1.5R_{ab}$$

$$R_{ab}^{\ 2} - 2R_{ab} - 3 = 0$$

$$(R_{ab} - 3)(R_{ab} + 1) = 0$$

$$\therefore\ R_{ab} = 3,\ -1$$

R_{ab}는 항상 0보다 커야 하므로 $R_{ab} = 3[\Omega]$

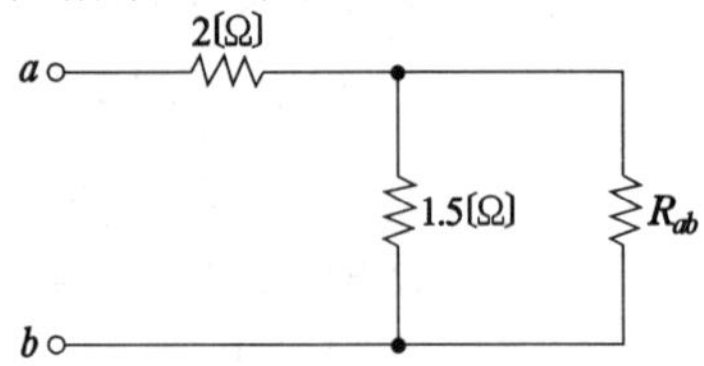

그림 2-9

2.1.3 도체의 컨덕턴스

저항의 역수를 컨덕턱스(conductance)라고 하며 기호는 G, 단위는 모우(mho[℧]) 또는 지멘스(siemens [S])를 사용한다. 그러므로 컨덕턴스 G는 다음과 같이 나타낼 수 있다.

$$G = \frac{1}{R}[℧] \qquad \cdots\cdots (2.9)$$

2.1.4 컨덕턴스의 접속

(1) 직렬접속

그림 2-10과 같이 여러 개의 저항을 직렬로 접속하면 각 컨덕턴스에 흐르는 전류는 모두 동일하다. KVL을 이용하여 합성전압 V_0를 구하면

$$V_0 = V_1 + V_2 + \ \cdots\ + V_n = R_1 I_0 + R_2 I_0 + \ \cdots\ + R_n I_0$$
$$= \frac{I_0}{G_1} + \frac{I_0}{G_2} + \ \cdots\ + \frac{I_0}{G_n}$$

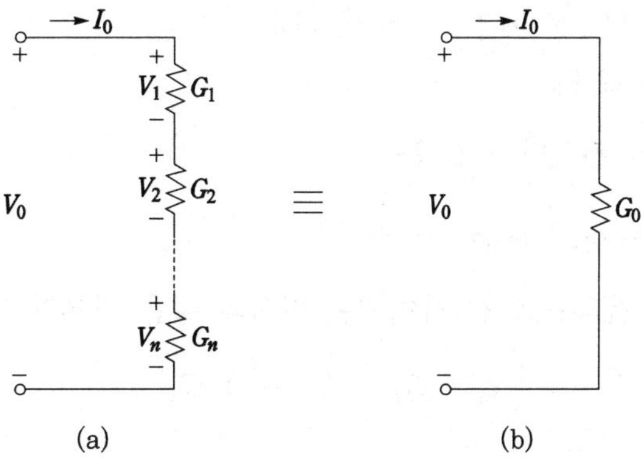

그림 2-10 컨덕턴스의 직렬접속

$$= I_0\left(\frac{1}{G_1}+\frac{1}{G_2}+\cdots+\frac{1}{G_n}\right)=\frac{I_0}{G_0} \quad \cdots\cdots (2.10)$$

가 되고, 합성 컨덕턴스 G_0는 다음과 같다.

$$\frac{1}{G_0}=\frac{1}{G_1}+\frac{1}{G_2}+\cdots+\frac{1}{G_n} \quad \cdots\cdots (2.11)$$

그러므로 전압 V와 컨덕턴스 G 사이에는 다음과 같은 관계가 있다.

$$V_1 : V_2 : \cdots : V_n = \frac{1}{G_1} : \frac{1}{G_2} : \cdots : \frac{1}{G_n} \quad \cdots\cdots (2.12)$$

(2) 병렬접속

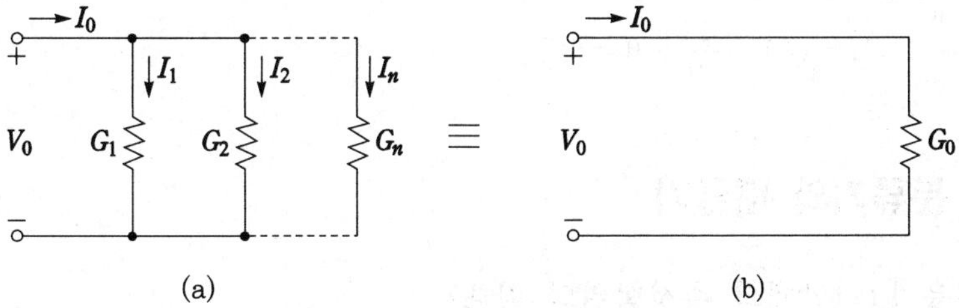

그림 2-11 컨덕턴스의 병렬접속

그림 2-11과 같이 여러 개의 저항을 병렬접속하면 각 컨덕턴스에 걸리는 전압은 모두 동일하므로 KCL에 의해 합성전류 I_0를 구하면 다음과 같다.

$$I_0 = I_1 + I_1 + I_2 + \cdots + I_n = \frac{V_0}{R_1}+\frac{V_0}{R_2}+\cdots+\frac{V_0}{R_n}$$
$$= G_1V_0 + G_2V_0 + \cdots + G_nV_0$$

$$= (G_1 + G_2 + \cdots + G_n) V_0$$

$$= G_0 V_0 \qquad \cdots\cdots (2.13)$$

그러므로 합성 컨덕턴스 G_0는

$$G_0 = G_1 + G_2 + \cdots + G_n \qquad \cdots\cdots (2.14)$$

이고 전류 I와 컨덕턴스 G 사이에는 다음과 같은 관계가 있다.

$$I_1 : I_2 : \cdots : I_n = G_1 : G_2 : \cdots : G_n \qquad \cdots\cdots (2.15)$$

예제 2-8

그림 2-12 (a)와 같은 회로의 합성 컨덕턴스 G_0와 전체 전류 I를 구하라.

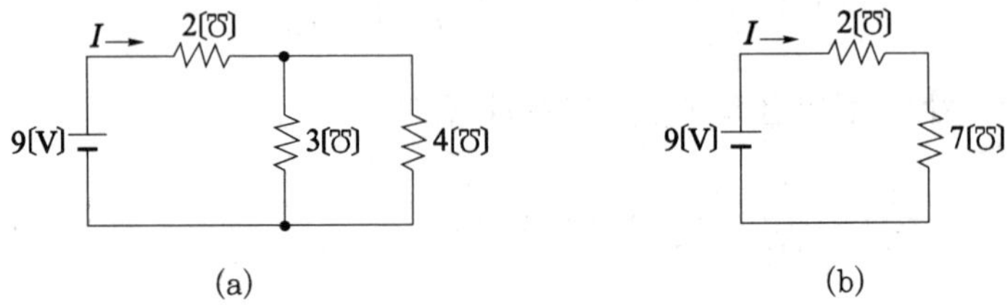

그림 2-12

| 풀이 | 컨덕턴스의 직병렬 회로이므로 그림 (b)와 같이 그릴 수 있다.
그러므로 합성 컨덕턴스 G_0는

$$G_0 = \frac{2 \times 7}{2+7} = \frac{14}{9} [℧]$$

그러므로 전체 전류 I는

$$I = G_0 V = \frac{14}{9} \times 9 = 14 [A]$$

2.1.5 분류기와 배율기

(1) 배율기 (전압계의 측정범위의 확대)

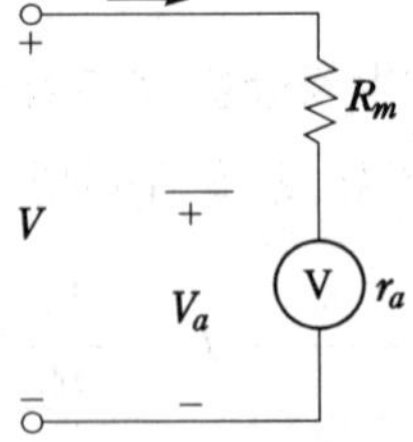

그림 2-13 배율기

전압계의 측정범위를 확대하기 위하여 그림 2-13과 같이 내부저항 r_a〔Ω〕인 전압계에 직렬로 접속하는 저항 R_m을 배율기라 한다. 전압계에 걸리는 전압을 V_a라 하면

$$V_a = Ir_a\text{〔V〕}, \qquad I = \frac{V}{r_a + R_m}\text{〔A〕} \qquad \cdots\cdots (2.16)$$

이므로

$$V_a = \frac{r_a}{r_a + R_m} \cdot V\text{〔V〕} \qquad \cdots\cdots (2.17)$$

$$V = \frac{r_a + R_m}{r_a} \cdot V_a = \left(1 + \frac{R_m}{r_a}\right) V_a\text{〔V〕} \qquad \cdots\cdots (2.18)$$

배율을 m이라 하면

$$V = mV_a$$

$$m = \frac{V}{V_a} = 1 + \frac{R_m}{r_a} \qquad \cdots\cdots (2.19)$$

그러므로

$$V = \left(1 + \frac{R_m}{r_a}\right) V_a\text{〔V〕} \qquad \cdots\cdots (2.20)$$

가 된다.

예제 2-9

최대 눈금이 50〔V〕인 직류전압계가 있다. 이 전압계를 사용하여 150〔V〕의 전압을 측정하려면 배율기의 저항은 몇 〔Ω〕을 사용하여야 하는가? 단, 전압계의 내부저항은 5,000〔Ω〕이다.

| 풀이 | $m = \frac{V}{V_a} = 1 + \frac{R_m}{r_a}$ 에서

$$R_m = r_a(m-1) = 5{,}000\left(\frac{150}{50} - 1\right) = 10{,}000\text{〔Ω〕}$$

(2) 분류기 (전류계의 측정 범위의 확대)

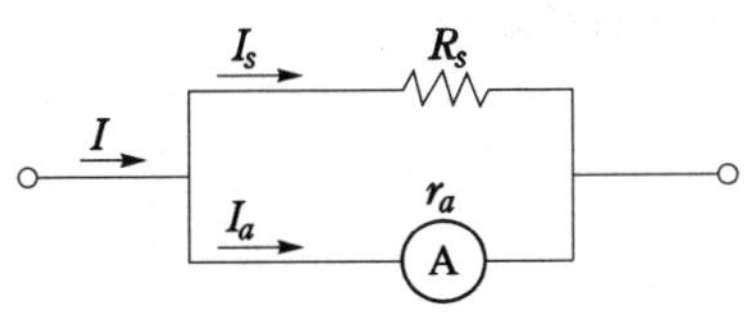

그림 2-14 분류기

전류계의 측정범위를 확대하기 위하여 그림 2-14와 같이 내부저항 r_a〔Ω〕인 전류계에 병렬로 접속하는 저항 R_s을 분류기라 한다. 전류계에 흐르는 전류를 I_a라 하면

$$I_a = \frac{R_s}{r_a + R_s} \cdot I\text{〔A〕} \quad \cdots\cdots (2.21)$$

$$I = \frac{r_a + R_s}{R_s} \cdot I_a = \left(1 + \frac{r_a}{R_s}\right) I_a \text{〔A〕} \quad \cdots\cdots (2.22)$$

배율을 m이라 하면

$$I = m I_a$$

$$m = \frac{I}{I_a} = 1 + \frac{r_a}{R_s} \quad \cdots\cdots (2.23)$$

그러므로

$$I = \left(1 + \frac{r_a}{R_s}\right) I_a \text{〔A〕} \quad \cdots\cdots (2.24)$$

가 된다.

예제 2-10

최대 눈금 $I = n$〔mA〕의 전류계 A(내부 저항 무시)에 직렬로 R〔kΩ〕의 저항을 접속하여 전압계로 했을 때 몇 〔V〕까지 측정할 수 있는가?

| 풀이 | $I = n$〔mA〕, R〔kΩ〕 이므로

$$V = R \times 10^3 \times n \times 10^{-3} = nR\text{〔V〕}$$

예제 2-11

그림 2-15와 같은 회로에서 전류계 A_1의 읽음이 30〔A〕, 전류계 A_2의 읽음이 14〔A〕, 분류기 R_s의 저항이 0.04〔Ω〕이라면 전류계 A_2의 저항은 얼마인가?

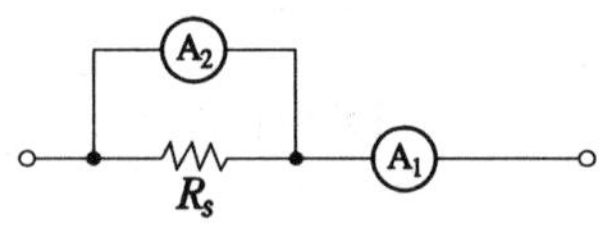

그림 2-15

| 풀이 | A_2의 내부 저항을 r이라 하면, 전류 분배의 원칙에 의하여

$$14 = \frac{0.04}{0.04 + r} \times 30$$

$$\therefore r = \frac{0.64}{14} = 0.046\text{〔Ω〕}$$

2.2 인덕턴스

2.2.1 인덕턴스의 정의

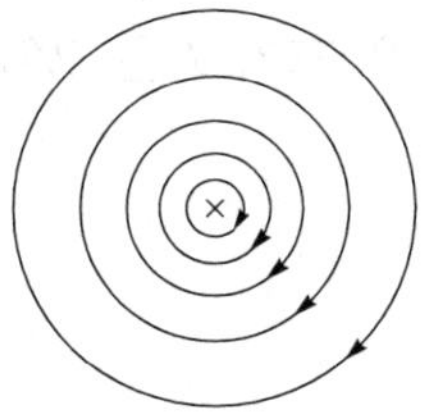

그림 2-16 자기력선의 방향

그림 2-16과 같이 도선에 전류가 흐르면(지면으로 들어가는 방향) 그 주변에 시계 방향으로 자장(magnetic field)이 형성되며(암페어의 오른나사 법칙), 자장의 세기는 그림과 같이 원형의 자기력선을 그려서 그 크기를 나타낸다. 자기력선의 수를 자속(magnetic flux)이라 하고 기호는 ϕ(phi, 화이), 단위는 웨버(weber 〔Wb〕) 이다.

그림 2-17과 같이 전류가 흐르는 도선을 그림과 같이 감으면 그 코일 내부에 자속이 발생하고 이를 쇄교 자속(flux linkage)이라고 한다. 쇄교 자속의 수를 자속 쇄교수(number of flux linkage)라고 하며 기호는 λ(lambda, 람다), 단위는 웨버턴(Weber turn 〔Wb · T〕) 이다.

코일의 권수(number of turn)를 n, 전류주변에 발생하는 자속을 ϕ라 하면 총 자속 쇄교수 λ는

$$\lambda = n\phi \text{〔Wb · T〕} \quad \cdots\cdots (2.25)$$

이다.

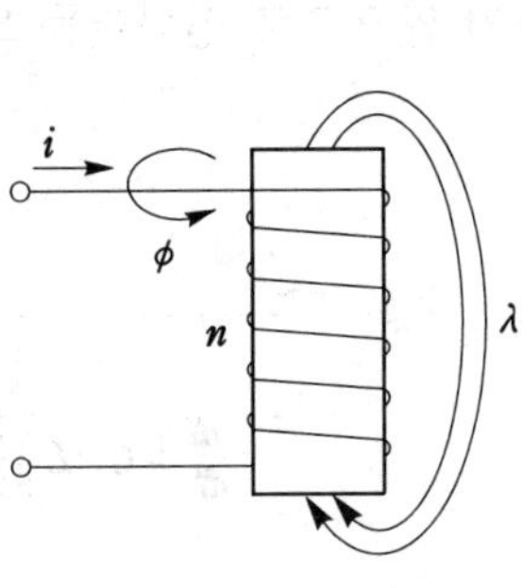

그림 2-17 코일과 자속의 쇄교

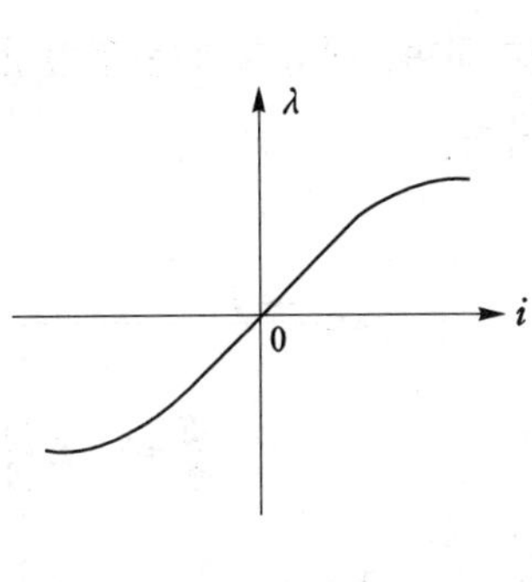

그림 2-18 자속쇄교수-전류특성

도체로 코일을 만들었을 때 발생되는 자속 쇄교수 λ는 그림 2-18과 같이 전류 i에 비례하며 다음과 같이 나타낼 수 있다.

$$\lambda = Li \text{〔Wb·T〕} \qquad \cdots\cdots (2.26)$$

여기서, 비례상수 L은 자기 인덕턴스(self inductance) 또는 유도계수라 하며 단위는 헨리(henry, 〔H〕)이다. 인덕턴스의 크기 L은 코일의 상태와 매질에 따라 결정되며 다음과 같이 나타낼 수 있다.

$$L = \frac{\lambda}{i} = \frac{n\phi}{i} \text{〔H〕} \qquad \cdots\cdots (2.27)$$

2.2.2 유도 기전력의 발생

코일에 흐르는 전류가 시간에 따라 변화하면 자속쇄교수 λ가 변화하며, λ의 시간에 따른 변화에 비례하여 유도기전력 v(일반적인 전압과 구별하기 위해 유도기전력을 e로 쓰기도 한다)가 발생한다. 이를 패러데이의 법칙(Faraday's law)이라고 한다. 이 법칙을 식으로 나타내면

$$e = \frac{d\lambda}{dt} \text{〔V〕} \qquad \cdots\cdots (2.28)$$

이고, 식 (2.26)을 식 (2.28)에 대입하면

$$e = \frac{d}{dt}(Li) = L\frac{di}{dt} \text{〔V〕} \qquad \cdots\cdots (2.29)$$

이다.

식 (2.29)에서 전류가 직류이면 시간에 따른 전류의 변화가 없으므로 미분 값 $\frac{di}{dt}$가 0이 되어 그림 2-19와 같이 기전력은 0이 된다. 코일 양단의 전압이 0이라는 것은 단락(short)을 의미하며, 직류에서는 전압강하를 전혀 일으키지 않으므로 인덕터를 도선으로 취급해도 무방하다.

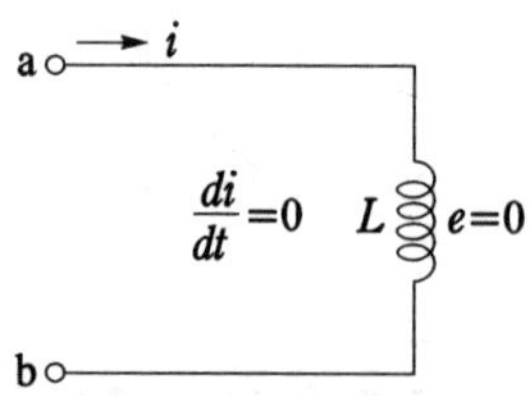

그림 2-19 직류에서의 유도 기전력

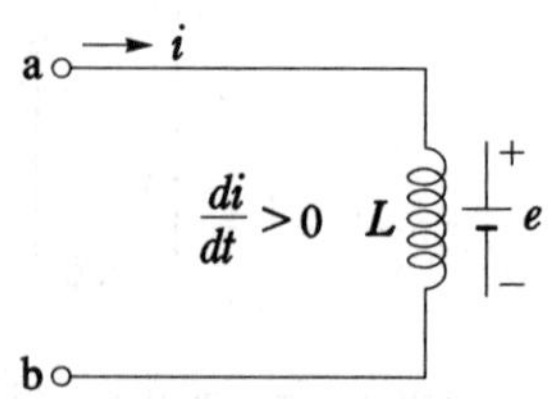

그림 2-20 교류에서의 유도 기전력

코일의 전기적 성질은 주로 인덕턴스로 정해지기 때문에 코일을 주로 인턱터(inductor)라고 하며 앞으로는 주로 인덕터라고 부르기로 한다.

교류회로의 경우 코일 내에 형성되는 유도 기전력은 유입전류 i에 대해 역기전력으로 작용하게 되며 그 결과 유입전류가 코일을 지나는 동안 역기전력의 크기에 상당하는 전압강하 v가 나타나게 된다. 그러므로 인덕터에서는 그림 2-20과 같이 전류가 들어오는 곳을 (+)로 표시한다.

인덕터에 교류전압 v가 인가되었을 때

$$v = L\frac{di}{dt}\text{[V]} \quad \cdots\cdots (2.30)$$

이므로

$$vdt = Ldi, \quad di = \frac{1}{L}vdt \quad \cdots\cdots (2.31)$$

양변을 적분하면

$$\int di = \frac{1}{L}\int vdt \quad \cdots\cdots (2.32)$$

그러므로 인덕터에 흐르는 전류 i는 다음과 같이 나타낼 수 있다.

$$i = \frac{1}{L}\int vdt\text{[A]} \quad \cdots\cdots (2.33)$$

예제 2-12

어떤 인덕터에 흐르는 전류가 5〔ms〕 사이에 일정하게 10〔A〕로부터 30〔A〕로 변할 때 10〔V〕의 전압강하가 일어났다고 하면 인덕턴스 L은 얼마인가?

|풀이| $v = L\frac{di}{dt}$ 에서

$$L = v\cdot\frac{dt}{di} = 10\times\frac{0.005}{30-10} = 10\times\frac{0.005}{20} = 2.5\text{[mH]}$$

예제 2-13

$L = 10$〔mH〕인 인덕턴스에 $i(t) = 5e^{-2t}$〔A〕인 전류를 흘릴 때 $t = 0$에서의 L의 단자 전압 v를 구하라.

|풀이| $v(t) = L\frac{di}{dt} = 10\times10^{-3}\frac{d}{dt}5e^{-2t} = 10\times10^{-3}\cdot(-10)e^{-2t} = -10^{-1}e^{-2t}$

$$\therefore v|_{t=0} = -10^{-1}e^{0} = -0.1\text{[V]}$$

예제 2-14

인덕턴스 0.1〔H〕인 인덕터에 그림 2-21과 같은 전류가 흐를 때 인덕터 양단의 전류 방향으로 생기는 전압 강하를 구하고 파형을 그려라.

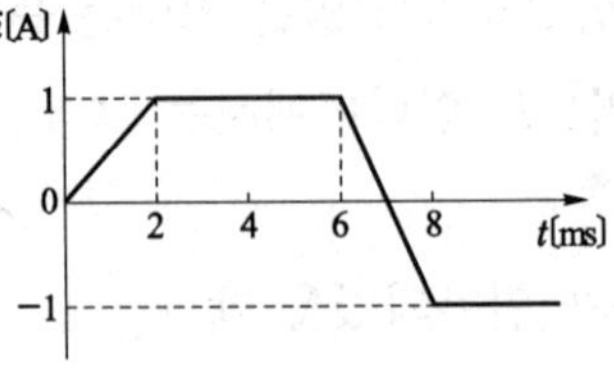

그림 2-21

| 풀이 | $0<t<2$일 때 : $i=\dfrac{1}{2\times 10^{-3}}t=500t$, $v=L\dfrac{di}{dt}=0.1\times 500=50$〔V〕

$2<t<6$일 때 : $i=1$, $v=L\dfrac{di}{dt}=0$

$6<t<8$일 때 : $i=\dfrac{-2}{2\times 10^{-3}}t=-1{,}000t$,

$v=L\dfrac{di}{dt}=0.1\times(-1{,}000)=-100$〔V〕

$t>8$일 때 : $i=-1$, $v=L\dfrac{di}{dt}=0$

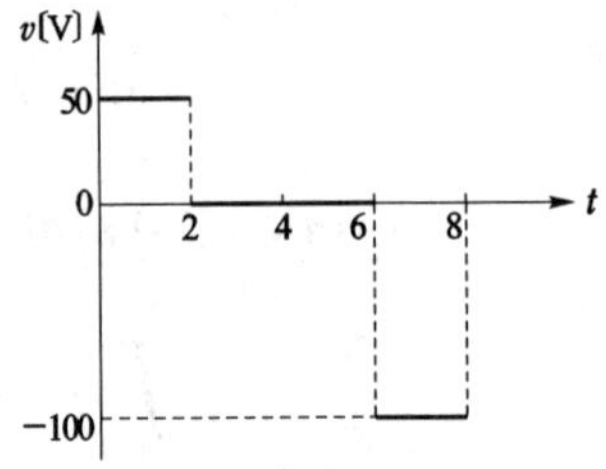

그림 2-22

2.2.3 인덕터의 접속

(1) 직렬접속

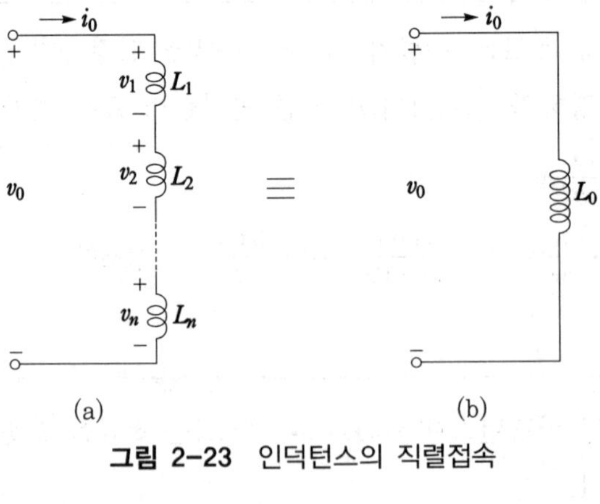

그림 2-23 인덕턴스의 직렬접속

그림 2-23과 같이 여러 인덕터를 직렬로 연결하면 각 인덕터에 흐르는 전류는 모두 동일하다. 그러므로 KVL을 이용하여 전압방정식을 구하면

$$
\begin{aligned}
v_o &= v_1 + v_2 + \cdots + v_n \\
&= L_1 \frac{di_0}{dt} + L_2 \frac{di_0}{dt} + \cdots + L_n \frac{di_0}{dt} \\
&= (L_1 + L_2 + \cdots + L_n) \frac{di_0}{dt} \\
&= L_0 \frac{di_0}{dt} \text{[V]} \qquad \cdots\cdots (2.34)
\end{aligned}
$$

가 된다. 그러므로 합성 인덕턴스는 다음과 같다.

$$L_0 = L_1 + L_2 + \cdots + L_n \qquad \cdots\cdots (2.35)$$

(2) 병렬접속

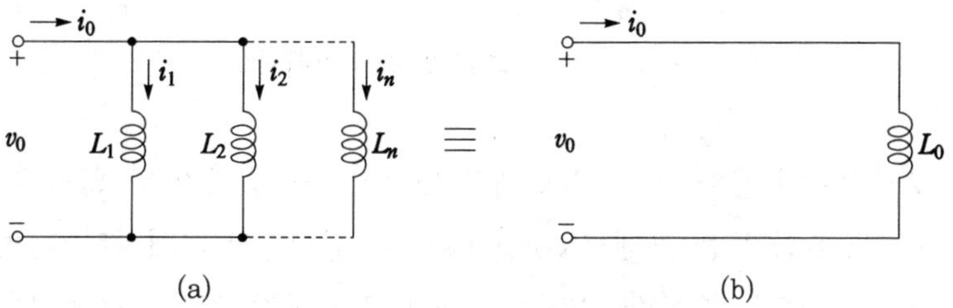

그림 2-24 인덕턴스의 병렬접속

그림 2-24와 같이 여러 인덕터를 병렬로 연결하면 각 인덕터에 걸리는 전압은 모두 동일하다. 그러므로 KCL을 이용하여 전류방정식을 구하면

$$
\begin{aligned}
i_0 &= i_1 + i_2 + \cdots + i_n \\
&= \frac{1}{L_1}\int v_0 dt + \frac{1}{L_2}\int v_0 dt + \cdots + \frac{1}{L_n}\int v_0 dt \\
&= \left(\frac{1}{L_1} + \frac{1}{L_2} + \cdots + \frac{1}{L_n}\right)\int v_0 dt \\
&= \frac{1}{L_0}\int v_0 dt \text{[A]} \qquad \cdots\cdots (2.36)
\end{aligned}
$$

가 된다. 그러므로 합성 인덕턴스는 다음과 같다.

$$\frac{1}{L_0} = \frac{1}{L_1} + \frac{1}{L_2} + \cdots + \frac{1}{L_n} \qquad \cdots\cdots (2.37)$$

2.3 커패시턴스

2.3.1 커패시턴스의 정의

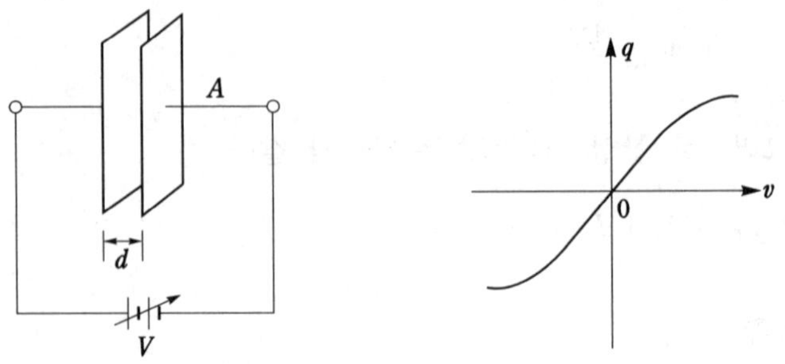

(a) (b)

그림 2-25 커패시터

그림 2-25(a)와 같이 두 장의 도체를 대향시키면 전하가 양 도체에 축적된다. 이것을 커패시터(capacitor) 또는 콘덴서(condenser)라 한다. 이 커패시터에 가해지는 전압 V를 변화시키면서 축적되는 전하량 Q를 측정하면 그림 (b)와 같은 특성을 얻을 수 있다. 그러므로 일정 범위의 전압에서 다음과 같은 식이 얻어진다.

$$Q = CV[\mathrm{C}] \qquad \cdots\cdots (2.38)$$

$$C = \frac{Q}{V}[\mathrm{F}] \qquad \cdots\cdots (2.39)$$

여기서, 기울기 C를 커패시턴스(capacitance)라 하며, 단위는 패럿(farad, [F])이다. 커패시턴스의 값은 양극판의 전하축적능력을 나타내지만 매우 작은 값을 갖기 때문에 다음과 같은 기호를 많이 사용한다. 여기서, μ는 마이크로(micro), n은 나노(nano), p는 피코(pico)로 읽는다.

$$1[\mu\mathrm{F}] = 10^{-6}[\mathrm{F}]$$

$$1[\mathrm{nF}] = 10^{-9}[\mathrm{F}]$$

$$1[\mathrm{pF}] = 10^{-12}[\mathrm{F}] \qquad \cdots\cdots (2.40)$$

커패시턴스 C는 극판의 유효면적 A 및 극판 간 절연체의 유전율 ϵ(epsilon, 입실론)에 비례하고 극판간의 거리에 반비례한다.

$$C = \frac{\epsilon A}{d}[\mathrm{F}] \qquad \cdots\cdots (2.41)$$

여기서, ϵ : 유전율 8.854×10^{-12}[F/m], A : 면적[m^2], d : 전극의 간격[m]

예제 2-15

정전용량 15[μF]의 커패시터를 극판 간격은 그대로 두고 극판 면적만을 2배로 늘이면 정전용량은 얼마로 되는가?

|풀이| $C_1 = \epsilon \dfrac{A}{d} = 15[\mu\text{F}]$에서

전극면적 A만 2배로 증가되므로

$C_2 = \epsilon \dfrac{2A}{d} = 30[\mu\text{F}]$

2.3.2 커패시터에서의 전압-전류관계

커패시터의 전하량이 시간에 따라 변하는 경우, 커패시터에 흐르는 전류 i는 전하 q를 시간 t로 미분하여 구한다.

$$i = \frac{dq}{dt}, \quad q = Cv \qquad \cdots\cdots (2.42)$$

의 관계로부터 전류 i는 다음과 같이 나타낼 수 있다.

$$i = \frac{d}{dt}(Cv) = C\frac{dv}{dt}[\text{A}] \qquad \cdots\cdots (2.43)$$

위 식으로부터 커패시터는 양단에 전압의 변동이 있을 때에만 전류 i가 흐른다는 것을 알 수 있다. 커패시터에 직류를 인가하면 시간에 따른 전압변동이 없으므로 미분값 $\dfrac{dv}{dt}$는 0이다. 그러므로 커패시터는 직류 전류를 흘리지 않으므로 개방(open)되어 있는 것으로 볼 수 있다.

커패시터에 교류 전류 i가 흐를 때 걸리는 전압 v는 식 (2.43)의 미분식을 적분식으로 변형하여 구한다. 즉

$$i = C\frac{dv}{dt}, \quad idt = Cdv, \quad dv = \frac{1}{C}idt \qquad \cdots\cdots (2.44)$$

양변을 적분하면

$$\int dv = \frac{1}{C}\int idt \qquad \cdots\cdots (2.45)$$

가 되므로 커패시터에 걸리는 전압 v는 다음과 같다.

$$v = \frac{1}{C}\int idt[\text{V}] \qquad \cdots\cdots (2.46)$$

예제 2-16

100[μF]인 커패시터의 양단에 전압을 30[V/ms]의 비율로 변화시킬 때 커패시터에 흐르는 전류의 크기를 구하라.

| 풀이 | $i = C\dfrac{dv}{dt} = (100\times10^{-6})\times\dfrac{30}{10^{-3}} = 3$[A]

예제 2-17

회로 내의 커패시터 양단의 전압강하 v가 그림 2-26과 같이 변한다고 한다. 커패시터의 정전용량이 10[μF]일 때 전압강하의 방향으로 흐르는 전류 i를 구하고 그래프로 나타내어라.

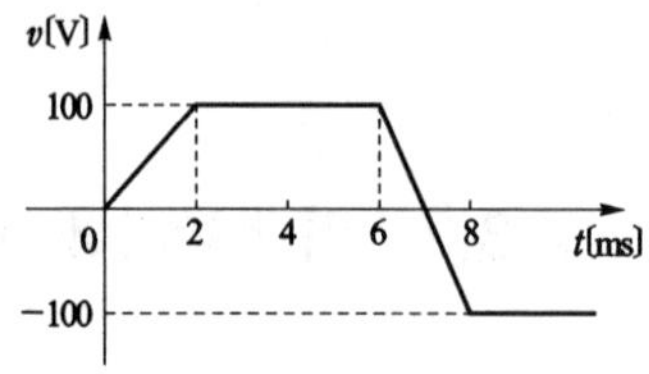

그림 2-26

| 풀이 | $0<t<2$일 때 : $v = \dfrac{100}{2\times10^{-3}}t = 50\times10^{3}t = 5\times10^{4}t$

$$i = C\frac{dv}{dt} = 10\times10^{-6}\times5\times10^{4} = 0.5[\text{A}]$$

$2<t<6$일 때 : $v=100$, $i = C\dfrac{dv}{dt} = 0$

$6<t<8$일 때 : $v = \dfrac{-200}{2\times10^{-3}}t = -100\times10^{3}t = -1\times10^{5}t$

$$i = C\frac{dv}{dt} = 10\times10^{-6}\times(-1\times10^{5}) = -1[\text{A}]$$

$t>8$일 때 : $v=-100$, $i = C\dfrac{dv}{dt} = 0$

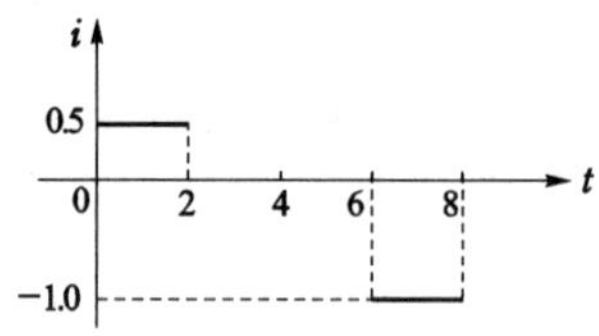

그림 2-27

2.3.3 커패시터의 접속

(1) 직렬접속

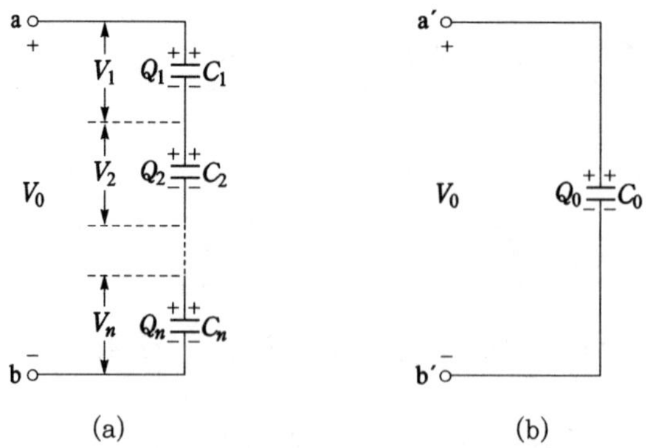

그림 2-28 커패시터의 직렬 접속

그림 2-28과 같이 여러 커패시터를 직렬로 연결하면 정전유도작용에 의해 각 커패시터에 축적되는 전하량은 Q_0로 모두 동일하다. 그러므로 KVL을 이용하여 전압방정식을 구하면

$$\begin{aligned} V_0 &= V_1 + V_2 + \cdots + V_n \\ &= \frac{Q_1}{C_1} + \frac{Q_2}{C_2} + \cdots + \frac{Q_n}{C_n} \\ &= \left(\frac{1}{C_1} + \frac{1}{C_2} + \cdots + \frac{1}{C_n}\right) Q_0 \\ &= \frac{1}{C_0} Q_0 \end{aligned} \qquad \cdots\cdots (2.47)$$

이다. 그러므로 합성 커패시턴스는

$$\frac{1}{C_0} = \frac{1}{C_1} + \frac{1}{C_2} + \cdots + \frac{1}{C_n} \qquad \cdots\cdots (2.48)$$

로 나타낸다. 그리고 각 커패시터의 전하량 Q는 일정하므로 $V = \frac{Q}{C}$의 식으로부터 전압 V와 커패시턴스 C 사이에는 다음과 같은 관계가 있다.

$$V_1 : V_2 : \cdots : V_n = \frac{1}{C_I} : \frac{1}{C_2} : \cdots : \frac{1}{C_n} \qquad \cdots\cdots (2.49)$$

예제 2-18

용량이 10, 20, 30〔μF〕인 커패시터가 직렬접속된 회로에 110〔V〕의 직류 전압이 인가되어 있을 때

(1) 커패시터의 합성용량 C_0〔μF〕은?

(2) 각 커패시터의 단자전압 V_1, V_2, V_3를 구하라.

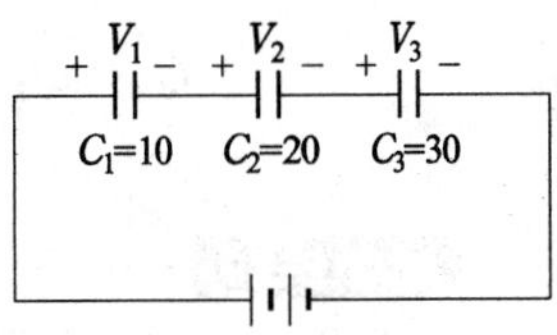

그림 2-29

| 풀이 | (1) $\frac{1}{C_0} = \frac{1}{C_1} + \frac{1}{C_2} + \frac{1}{C_3} = \frac{1}{10} + \frac{1}{20} + \frac{1}{30} = \frac{11}{60}$

그러므로 $C_0 = \frac{60}{11}$〔μF〕

(2) $V_1 : V_2 : V_3 = \frac{1}{C_1} : \frac{1}{C_2} : \frac{1}{C_3} = \frac{1}{10} : \frac{1}{20} : \frac{1}{30} = 6 : 3 : 2$

그러므로 $V_1 = 110 \times \frac{6}{11} = 60$〔V〕

$V_2 = 30$〔V〕

$V_3 = 20$〔V〕

(2) 병렬접속

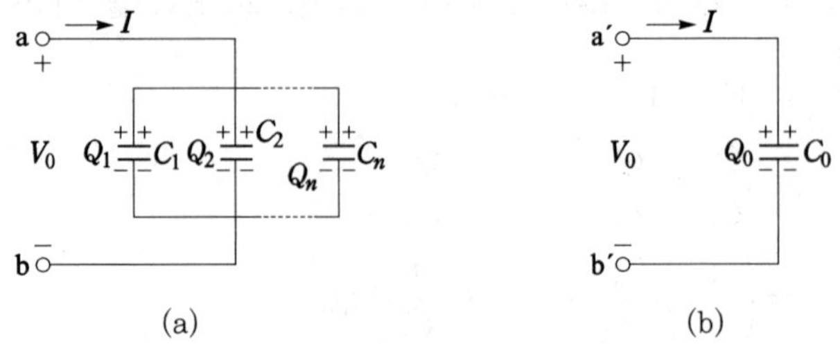

그림 2-30 커패시터의 병렬접속

그림 2-30과 같이 여러 개의 커패시터를 병렬로 연결하면 커패시터에 축적되는 전하량의 총합 Q_0는

$$\begin{aligned} Q_0 &= Q_1 + Q_2 + \cdots + Q_n \\ &= C_1 V_0 + C_2 V_0 + \cdots + C_n V_0 \\ &= (C_1 + C_2 + \cdots + C_n) V_0 \\ &= C_0 V_0 \end{aligned} \qquad \cdots\cdots (2.50)$$

이다. 그러므로 합성 커패시턴스는 다음과 같다.

$$C_0 = C_1 + C_2 + \cdots + C_n \qquad \cdots\cdots (2.51)$$

그리고 각 커패시터에 축적되는 전하량을 구하는 식 $Q = CV$에서 각 커패시터의 전압 V는 동일하므로, 전하량 Q와 커패시턴스 C사이에는 다음과 같은 관계가 있다.

$$Q_1 : Q_2 : \cdots : Q_n = C_1 : C_2 : \cdots : C_n \qquad \cdots\cdots (2.52)$$

예제 2-19

그림 2-31의 회로에서

(1) 커패시터의 합성용량 C_0[μF]은?

(2) 단자전압 V_1, V_2를 구하라.

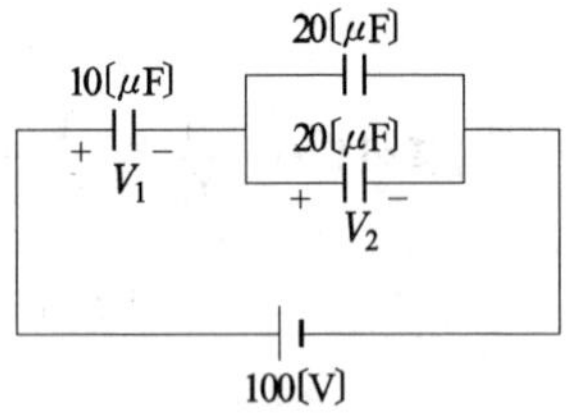

그림 2-31

| 풀이 | (1) 병렬 부분의 합성 커패시턴스 C_p는

$$C_p = 20 + 20 = 40[\mu F]$$

이므로 전체 합성 커패시턴스 C_0는

$$C_0 = \frac{10 \times 40}{10 + 40} = \frac{400}{50} = 8[\mu F]$$

(2) $V = \dfrac{Q}{C}$이므로 V는 C에 반비례 한다. 그러므로

$$V_1 = 100 \times \frac{40}{10 + 40} = 100 \times \frac{40}{50} = 80[V], \quad V_2 = 20[V]$$

2.4 전압전원

2.4.1 전압원의 특성

그림 2-32에 직류와 교류전압원의 표시를 나타내었다.

그림 2-33(a)와 같은 전압·전류특성($v = V_0$)을 가지며 내부저항이 0인 전원을 이상전압원이라 한다. 즉 정전압전원이란 전압전원에서 부하에 관계없이 단자에 일정 전압을 공급하는 이상적인 전원을 말한다. 그러나 실제의 전압원은 내부저항이 0이 아니므로 회로에 공급되는 전류가 증가하면 그 단자전압이 그림 (b)와 같이 강하한다. 그러므로 실제의 전압원 회로의 해석 시에는 그림 (c)와 같이 전압원에 내부저항 R_0가 직렬 접속된 형태로 표현되어야 한다.

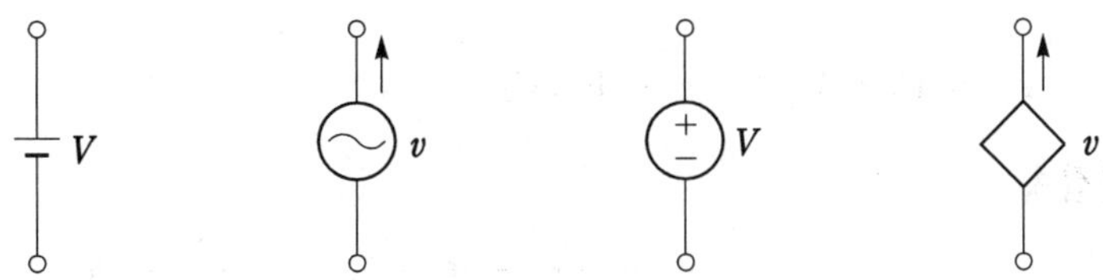

(a) 직류전압원 (b) 정현파 전압원 (c) 시불변 전압원 (d) 종속전압원

그림 2-32 전압원의 표시

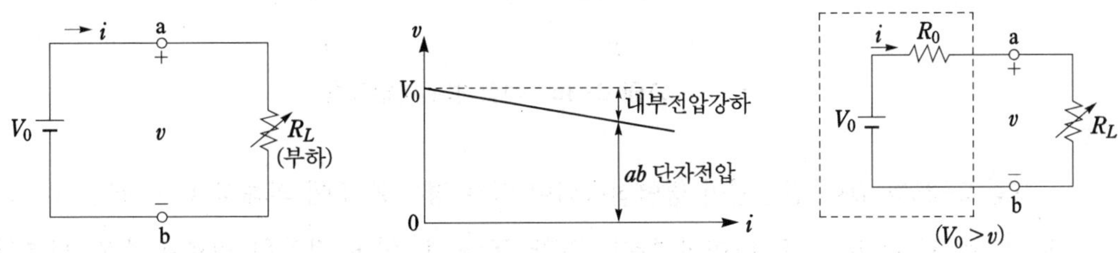

(a) 전압원 회로 (b) 실제 전압원의 $v-i$특성 (c) 실제 전압원에 대한 등가회로

그림 2-33 전압원 소자

그러므로 부하 R_L의 실제 단자전압은

$$v = V_0 - R_0 i\,[\mathrm{V}] \qquad \cdots\cdots (2.53)$$

이다. 여기서, v는 부하의 단자전압, i는 부하전류, V_0는 전압원, R_0는 전압원의 내부저항이다. 실제의 전압원에서 전압원의 내부저항이 부하에 비해 무시할 수 있을 만큼 작다면 이 때의 전원은 정전압원으로 볼 수 있다.

2.4.2 전압원의 접속

(1) 직렬접속

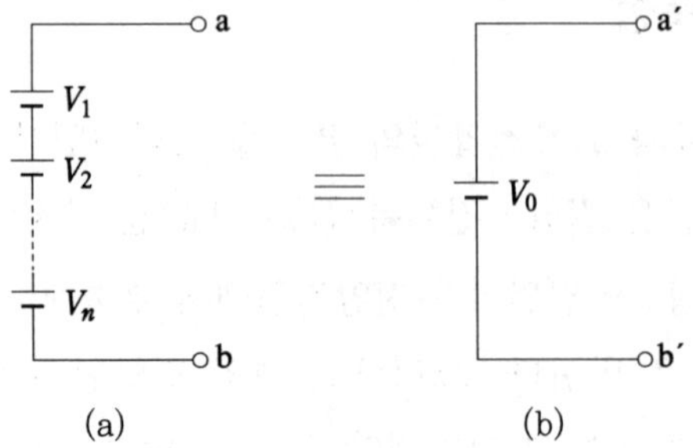

그림 2-34 전압원의 직렬접속

그림 2-34(a)와 같이 전압원이 직렬접속되어 있는 경우 합성전압은 극성을 고려하여 구하면 된다.

$$V_0 = V_1 + V_2 + \cdots + V_n \text{[V]} \quad \cdots\cdots (2.54)$$

(2) 병렬접속

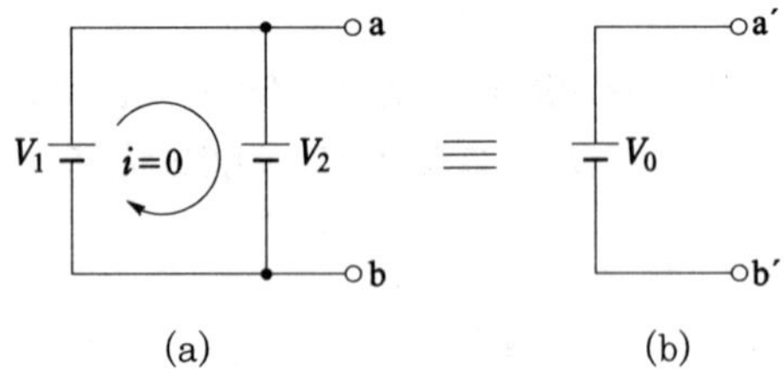

그림 2-35 전압원의 병렬접속

그림 2-35와 같이 전압원이 병렬접속되어 있는 경우 KVL에 의해서 $V_1 - V_2 = 0$ 즉 $V_1 = V_2$ 또는 $V_1 = V_2 = V_0$이어야 한다. 만약 $V_1 \neq V_2$이면 전압원 회로에 순환 전류가 계속 흐르게 된다.

2.5 전류전원

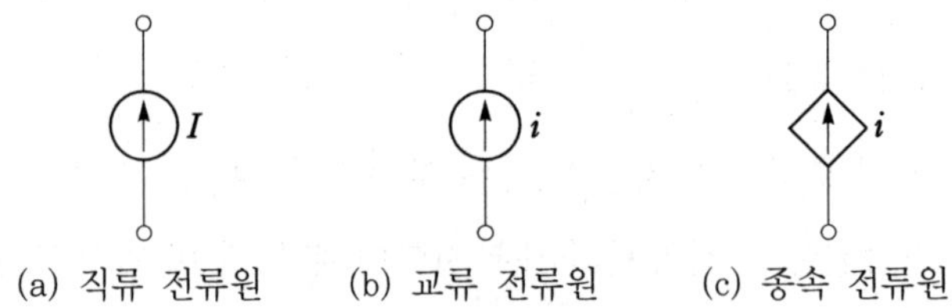

그림 2-36 전류원의 표시

2.5.1 전류원의 특성

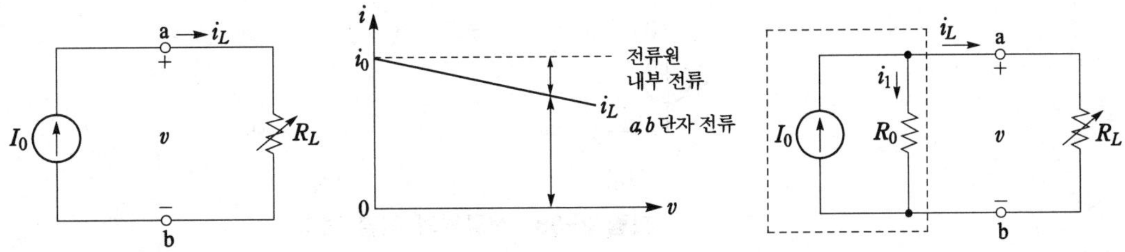

(a) 전류원회로 (b) 실제 전류원의 $v-i$ 특성 (c) 실제 전류원에 대한 등가회로

그림 2-37 전류원

그림 2-37 (a)의 회로에서 정전류전원은 부하의 크기에 관계없이 항상 일정한 전류를 부하에 공급해주는 소자이나 그림 (b)에 나타낸 것처럼 실제 전류원의 전류는 v가 증가함에 따라 감소한다.

위 식 (2.53)에서 $i = i_L$ 이므로

$$i_L = \frac{V_0 - v}{R_0} = \frac{V_0}{R_0} - \frac{1}{R_0}v = I_0 - \frac{1}{R_0}v = I_0 - i_1 \qquad \cdots\cdots (2.55)$$

이고, 이를 회로로 나타내면 그림(c)와 같이 된다. 만일 $R_0 \gg R_L$이면 $\frac{1}{R_0}v$는 무시될 수 있으므로

$$i_L = \frac{V_0}{R_0} = I_0 \qquad \cdots\cdots (2.56)$$

로 나타낼 수 있다.

그러므로 부하 R_L에 관계없이 주어진 전류원 I_0와 동일한 전류가 부하에 공급되기 위해서는 병렬접속되는 내부저항값 R_0는 거의 무한대가 되어야 한다. 그러나 실제의 전류원에서는 내부저항 R_0가 무한대가 될 수 없기 때문에 R_L이 증가하여 단자전압 v가 증가하게 되면 내부저항을 흐르는 전류 i_1도 증가하므로 부하전류 i_L은 감소하여 그림(b)와 같은 전류특성을 나타나게 된다.

2.5.2 전류원의 접속

(1) 직렬접속

그림 2-38(a)와 같이 전류원을 직렬접속한 경우에는 KCL에 따라 모든 전류원의 크기가 같아야 한다. 즉,

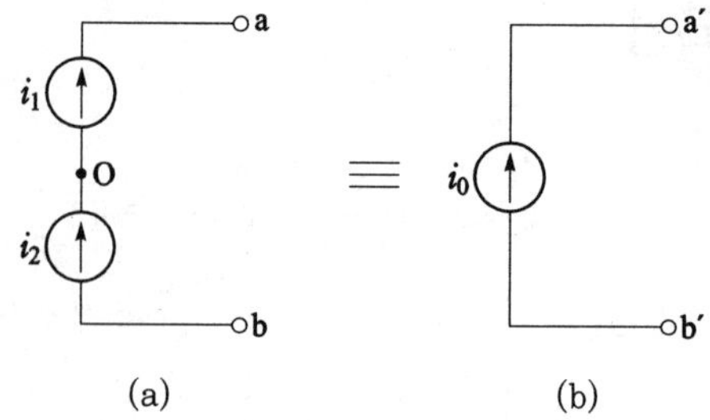

그림 2-38 전류원의 직렬 접속

$$i_1 = i_2 = i_0 \qquad \cdots\cdots (2.57)$$

인 관계가 되어야 한다.

(2) 병렬접속

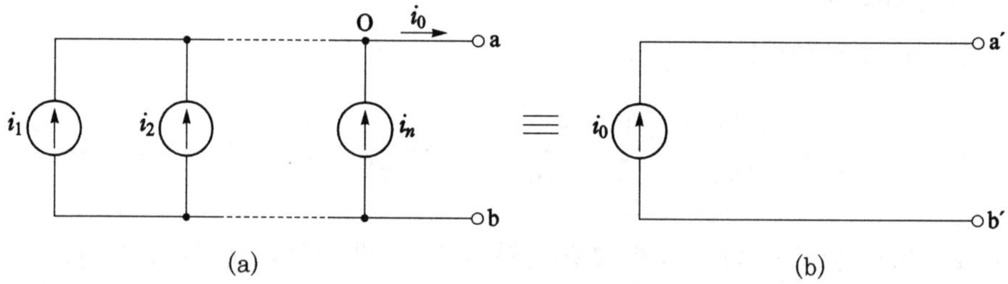

그림 2-39 전류원의 병렬 접속

그림 2-39(a)와 같이 여러개의 전류원이 병렬접속되어 있는 경우 KCL을 적용하여 구하면 된다. 즉, 전류원의 방향을 고려하여 구하면 합성전류 i_0를 구하면 다음과 같다.

$$i_o = i_1 + i_2 + \cdots + i_n \qquad \cdots\cdots (2.58)$$

예제 2-20

그림 2-40과 같은 회로의 각 저항에 흐르는 전류를 구하라.

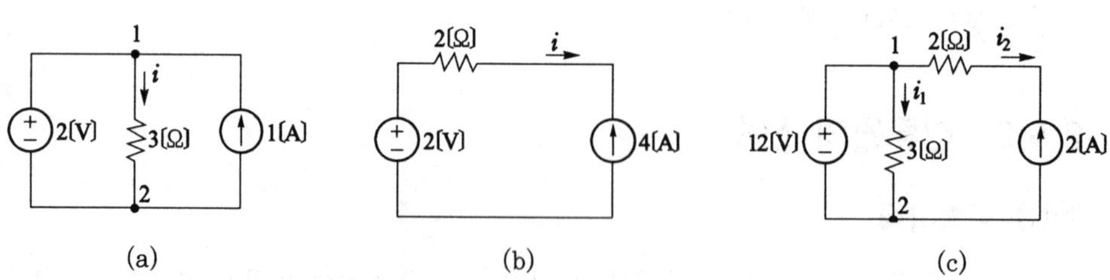

그림 2-40

| 풀이 | (a) 전압원에 의해서 $V_{12}=2$〔V〕 $\therefore i=\frac{2}{3}$〔A〕

(b) 전류원에 의해서 -4〔A〕

(c) 전압원에 의해서 $V_{12}=12$〔V〕 $\therefore i_1=\frac{1}{3}\times 12=4$〔A〕

i_2는 전류원에 의해서 -2〔A〕 이다.

2.6 종속전원

회로의 다른 부분의 전압 또는 전류의 값에 전혀 영향을 받지 않는 전원을 독립전원이라고 하며 회로 안의 다른 부분에 의해서 그 크기가 결정되는 전원을 종속전원(dependant source)이라고 한다. 종속전원은 트랜지스터 등의 전자소자의 등가 회로에 많이 나타나며 회로기호는 그림 2-41과 같다.

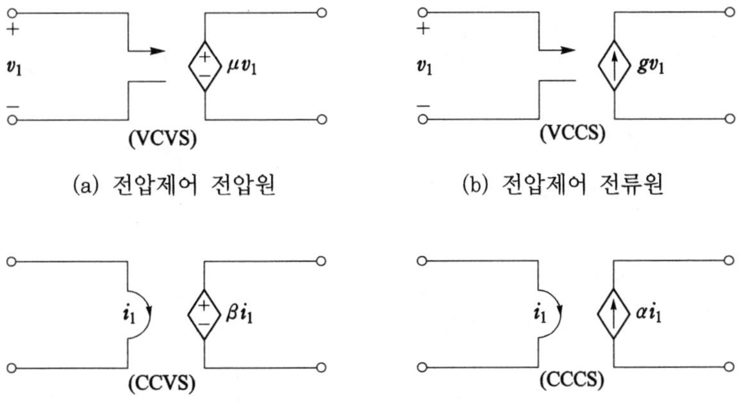

(a) 전압제어 전압원 (b) 전압제어 전류원

(c) 전류제어 전압원 (d) 전류제어 전류원

그림 2-41 종속전원

예제 2-21

그림 2-42의 회로에서 i_x를 구하라.

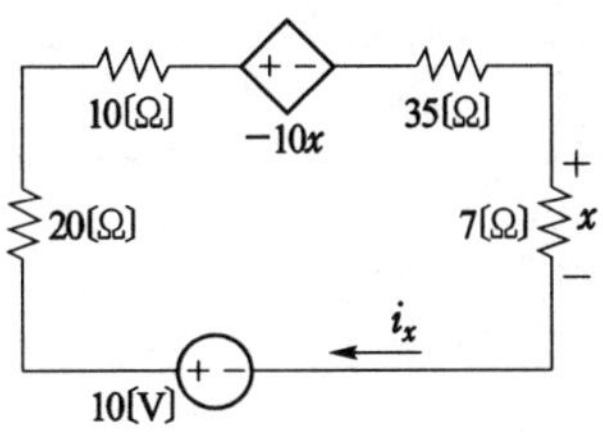

그림 2-42

|풀이| 전압법칙에 KVL에 의해서

$$10 = x + 35i_x - 10x + 10i_x + 20i_x \quad \cdots\cdots \text{①}$$

$$x = 7i_x \quad \cdots\cdots \text{②}$$

②를 ①에 대입하면

$$i_x = 5\text{〔A〕}$$

02장 연습문제

2-1 굵기가 일정한 도체에서 체적은 그대로 두고 지름을 $\frac{1}{n}$배로 잡아늘였다면 저항은 몇 배가 되겠는가?

|정답| n^4배

2-2 그림 2-43에서 a, b단자에 200〔V〕를 가할 때 2〔Ω〕에 흐르는 전류 I_1를 구하라.

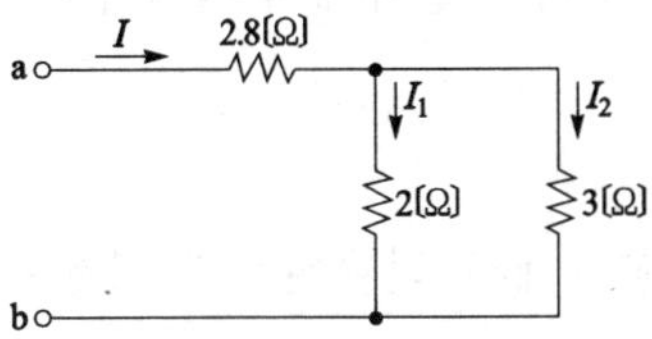

그림 2-43

|정답| $I_1 = 30$〔A〕

2-3 그림 2-44 회로의 a, b간에 25〔V〕의 전압을 가할 때 5〔A〕의 전류가 흐른다. r_1 및 r_2에 흐르는 전류의 비를 1 : 3으로 하려면 r_1 및 r_2의 저항은 각각 몇 〔Ω〕인가?

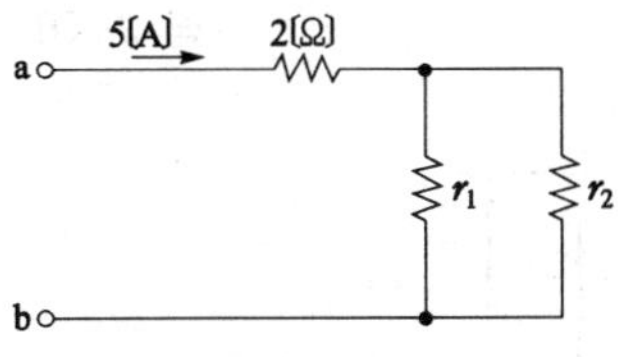

그림 2-44

|정답| $r_1 = 12$〔Ω〕, $r_2 = 4$〔Ω〕

2-4 그림 2-45와 같은 회로에서 a, b단자에서 본 합성저항 R_{ab}을 구하라.

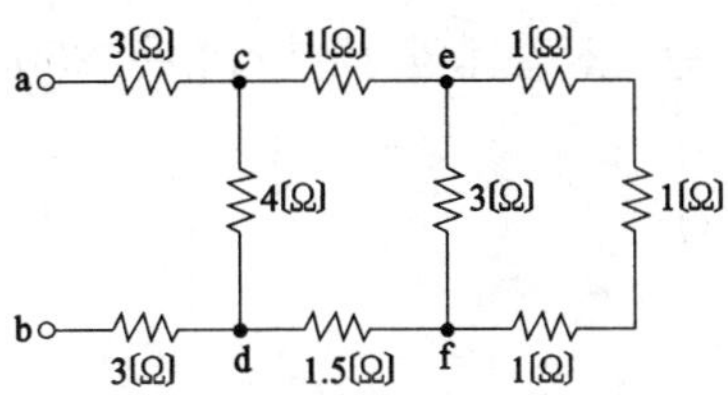

그림 2-45

|정답| $R_{ab} = 8$〔Ω〕

2-5 어떤 전압계의 측정 범위를 50배로 하려고 한다. 배율기의 저항 R_m는 전압계의 저항 r_a의 몇 배로 하여야 하는가?

|정답| 49배

2-6 분류기를 사용하여 전류를 측정하는 경우 전류계의 내부 저항이 0.12〔Ω〕, 분류기의 저항이 0.04〔Ω〕이면 그 배율은 얼마인가?

|정답| $m = 4$

2-7 최대 측정 범위가 150〔mA〕, 내부저항 1.2〔Ω〕인 전류계에 0.3〔Ω〕의 분류기를 병렬로 접속하여 전류를 측정하니 전류계의 지시가 50〔mA〕이다. 이때의 전류는 몇 〔mA〕인가?

|정답| 250〔mA〕

2-8 그림 2-46(a)의 회로에서 전류원 i의 파형이 (b)와 같다. v의 파형을 구하라.

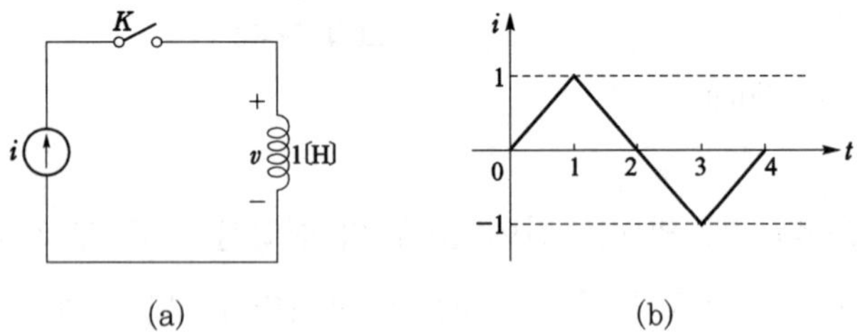

그림 2-46

|정답|

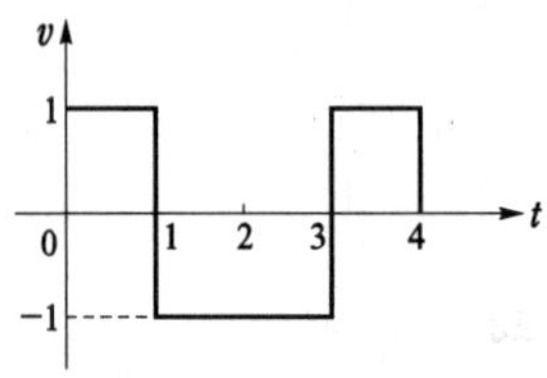

2-9 그림 2-47과 같이 회로를 접속하여 측정한 결과 전압계와 전류계의 지시가 각각 4〔V〕, 20〔mA〕이었다면 저항 R은 몇 〔Ω〕인가? 단, 전압계의 내부저항은 250〔Ω〕이다.

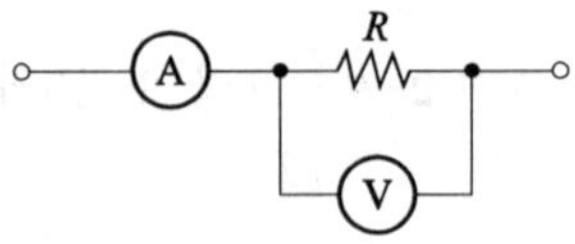

그림 2-47

|정답| $R = 1{,}000$〔Ω〕

2-10 그림 2-48(a) 회로의 커패시터에 (b)와 같은 전압이 인가되었다. 회로의 전류 파형을 구라하. 단, $C = 2$〔F〕 이다.

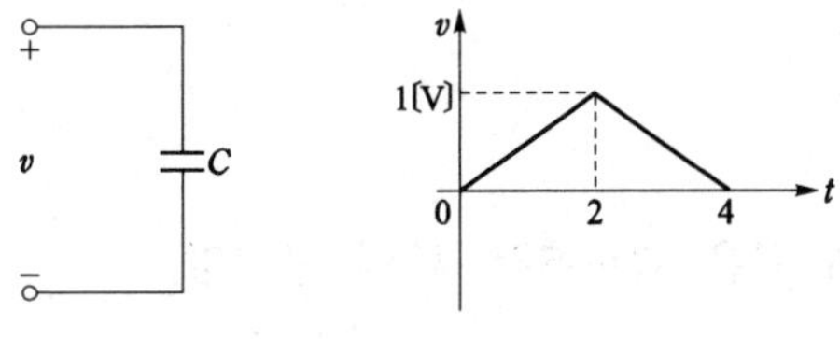

(a) (b)

그림 2-48

|정답|

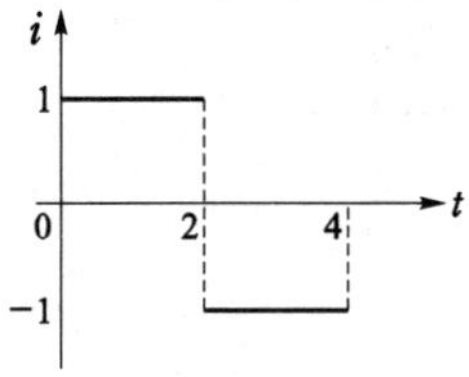

2-11 $L=10$[mH]인 인덕터에 흐르는 전류가 0.2초 사이에 0.3[A]에서 0.9[A]로 변화된 경우 인덕터에 유도되는 전압을 구하라.

|정답| $v=30$[mV]

2-12 정전용량이 15[μF]인 커패시터에 $v(t)=3e^{-5t}$[V]의 전압이 인가되었다면 커패시터에 흐르는 전류 $i(t)$는 얼마인가?

|정답| $i(t)=-2.25\times10^{-4}e^{-5t}$ [A]

2-13 그림 2-49의 커패시터 직·병렬회로에서 합성 정전용량 C_0와 각 커패시터에 충전되는 전하 Q_1, Q_2, Q_3와 전압 V_1, V_2를 구하라. 단, $C_1=4$[μF], $C_2=1$[μF], $C_3=3$[μF]

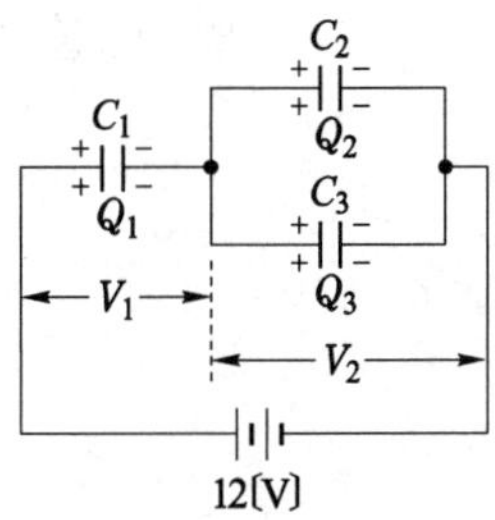

그림 2-49

|정답| $C_0=2$[μF], $V_1=6$[V], $V_2=6$[V]

$Q_1=24\times10^{-6}$[C]

$Q_2=6\times10^{-6}$[C]

$Q_3=18\times10^{-6}$[C]

2-14 그림 2-50과 같은 회로의 15[℧]의 콘덕턴스에 흐르는 전류 I를 구하라.

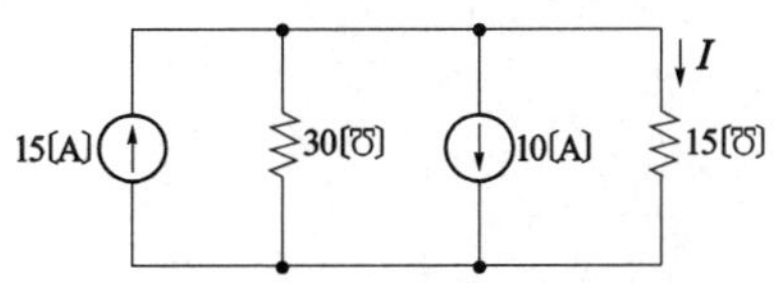

그림 2-50

|정답| $I=\dfrac{5}{3}$[A]

2-15 그림 2-51과 같은 회로에서 V_0를 구하라.

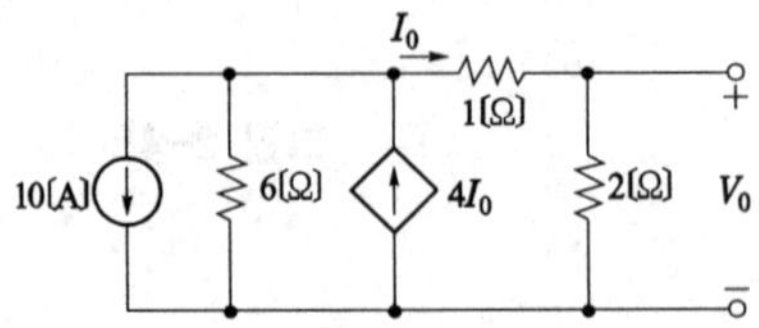

그림 2-51

|정답| $V_0=8$[V]

2-16 그림 2-52의 전류원의 병렬회로에서 저항 2[Ω]에 흐르는 전류 I[A]를 구하라.

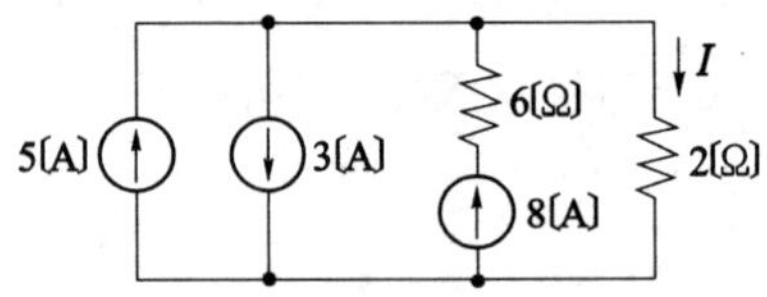

그림 2-52

|정답| $I=10$[A]

2-17 그림 2-53의 회로는 전압 V_0에 의해 제어되는 전압원(VCVS)을 포함하고 있다. 전압 V_0를 구하라.

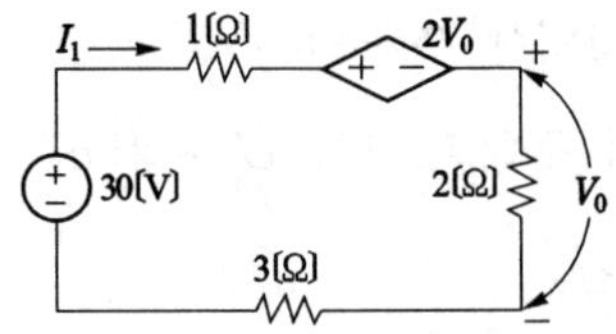

그림 2-53

|정답| $V_0=6$[V]

chapter 03

교류의 기초

시간에 따라서 크기와 방향이 변화하는 전압 또는 전류를 교류전압, 교류전류라고 하며 이들을 합쳐 간단히 교류(alternating current, AC)라고 말한다. 그림 3-1은 여러 가지 형태의 교류 파형을 나타낸 것이다. 직교 좌표축의 x축에 시간을, y축에 각 시각에서의 교류전압 또는 교류전류의 값을 취하여 그린 곡선을 교류의 파형(waveform)이라 한다. 그림 3-1(a)와 같은 교류는 그 파형이 삼각함수 중에서 사인함수를 나타내는 곡선과 같은 형태를 가지기 때문에 사인파 교류(sinusoidal wave AC)라고 하며 일반적으로 정현파 교류라고 한다. 정현파 교류 이외의 그림 (b), (c), (d)형태의 교류들을 비정현파 교류라고 하는데, 일반적으로 교류라 하면 정현파 교류를 의미한다.

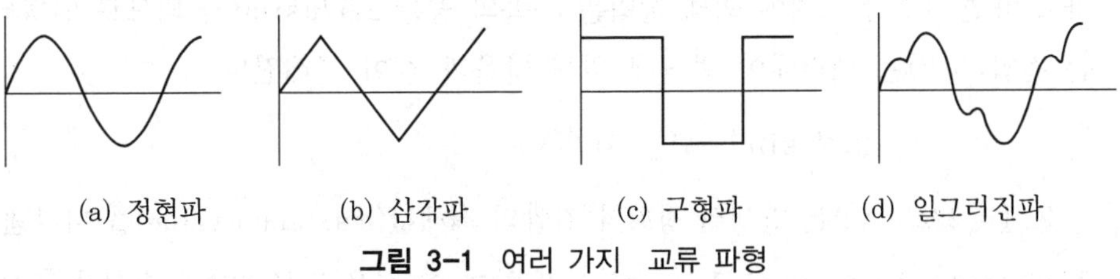

(a) 정현파 (b) 삼각파 (c) 구형파 (d) 일그러진파

그림 3-1 여러 가지 교류 파형

본 장에서는 정현파의 발생 원리와 표현법을 알아 본 후 R, L, C 기본소자에 정현파 전원이 인가되었을 때 소자에서 나타나는 정현파 전압과 전류의 관계를 삼각함수를 이용하여 설명하기로 한다. 모든 회로가 과도상태가 아닌 정상상태 하에 있는 것을 전제로 하였다.

3.1 정현파의 발생 원리

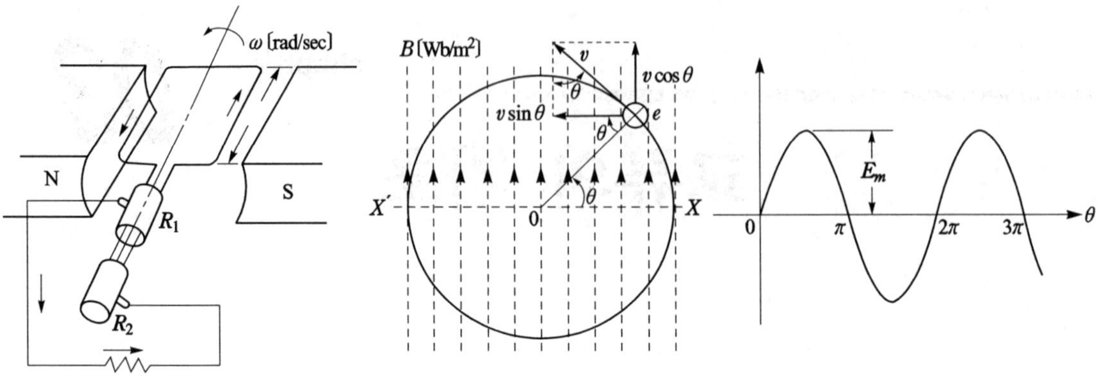

(a) 2극 발전기의 원리도 (b) 전기자의 단면도 (c) 정현파 기전력

그림 3-2 2극 교류발전기의 정현파교류의 발생

정현파 교류전압을 발생시키는 가장 간단한 장치는 그림 3-2와 같은 2극 교류발전기이다. 그림 (b)에서와 같이 자력선밀도가 B[Wb/m^2]로 균일한 자기장 중에 놓인 회전자 인덕터를 인덕터축을 중심으로 반시계 방향으로 회전시키면 인덕터에는 패러데이의 법칙(Faraday's law)에 의해 그림(c)와 같은 정현파 교류전압이 발생한다.

이때 사각형의 인덕터는 자기장 내에만 있어야 하며 슬립 링을 사용하여 저항 R을 연결하고 회로를 구성하면 유도 기전력에 의한 전류가 저항에 흐른다.

여기서, 자기장 내 인덕터의 유효 길이를 l[m], 평등 자기장의 자속밀도를 B[Wb/m^2], 자기장에 직각인 자기 중심축과 인덕터 면이 이루는 각을 θ, 인덕터의 운동 속도를 v[m/s]라고 하면, 1초당 도체에 의해 잘리는 자속의 양은 $2Blv\sin\theta$가 되므로 인덕터에서 발생하는 전압 v[V]는 패러데이 법칙에 의해 다음과 같이 구해진다.

$$v = 2Blv\sin\theta = V_m\sin\theta\,[\mathrm{V}] \qquad \cdots\cdots (3.1)$$

V_m($= 2Blv$[V])은 발생된 정현파 전압의 최대값(maximum value)을 나타낸다. v를 순시값(instantaneous value) 또는 순시치라 하며 이 식을 교류전압의 순시값 표시식이라 한다.

예제 3-1

그림 3-2에서 $B = 1$[Wb/m^2], $l = 0.5$[m], $v = 100$[m/s]일 때 $\theta = 30°$인 곳에서 발전기의 발생 전압 v는 얼마인가?

| 풀이 | 식 (3.1)로부터

$$v = 2Blv\sin\theta = 2\times1\times0.5\times100\times\sin30° = 50\,[\mathrm{V}]$$

3.2 정현파 교류의 표현

3.2.1 각도 표시법

각도의 크기를 나타내는 방법으로는 도수법과 호도법이 있다. 도수법은 원의 1회전한 각도를 360°로 정하고 그의 1/360°을 1로 하며, 반시계 방향의 각을 (+), 시계 방향의 각을 (−)로 표시한다. 그런데 전기 회로를 다룰 때에는 1회전한 각도를 2π 라디안(radian, 단위〔rad〕)으로 하는 호도법을 함께 사용한다.

호도법에서는 그림 3-3에서와 같이 원의 반지름 r과 같은 길이의 원호 AB의 양 끝점과 원의 중심을 이은 두 직선이 이루는 각을 1라디안으로 한다. 따라서 그림 3-3에서 원의 반지름이 r〔m〕, 원호 AB의 길이가 l〔m〕라면 중심각 θ는

$$\theta = \frac{l}{r}\text{〔rad〕} \qquad \cdots\cdots (3.2)$$

이 된다.

원을 1회전한 각도는 360°이고, 원을 1회전 하였을 때 원의 둘레는 $l = 2\pi r$이므로, 이것을 식(3.2)에 대입하면 $\theta = \frac{l}{r} = \frac{2\pi r}{r} = 2\pi$〔rad〕이 된다.

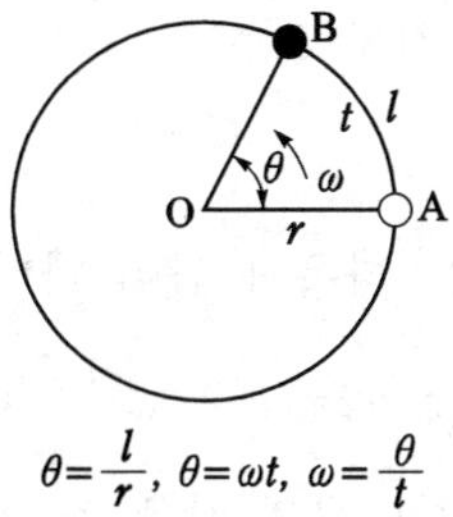

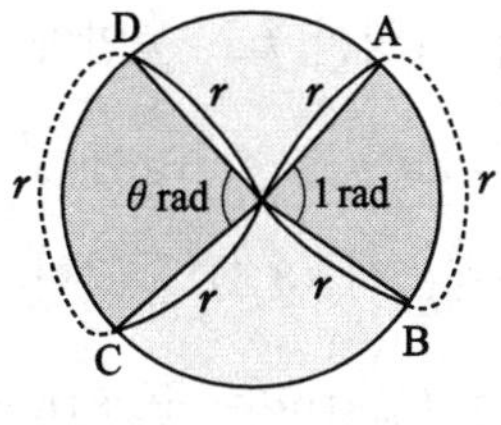

그림 3-3 호도법

즉, $360° = 2\pi$〔rad〕이고, $180° = \pi$〔rad〕 이다. 각도를 라디안으로, 라디안을 각도로 바꾸려면 $180° = \pi$〔rad〕의 관계식을 이용한다. 예를 들어 30°를〔rad〕으로 바꾸면 $\frac{\pi}{6}$〔rad〕이 된다.

3.2.2 주파수와 주기

그림 3-4에 정현파 교류 파형을 나타내었다. 교류의 1회의 변화를 1 사이클(cycle)이라고

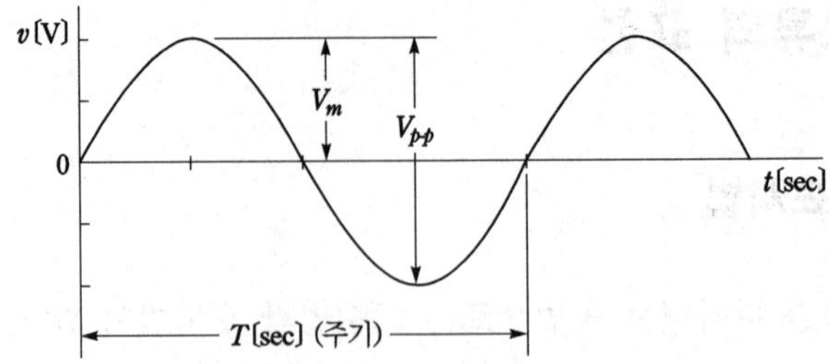

그림 3-4 정현파 교류의 주기

하며, 1사이클 변화하는 데 걸리는 시간을 주기(period)라 하고 T[s]로 나타낸다. 정현파 교류는 1 사이클을 주기로 하여 동일한 파형이 반복된다. 또, 1초 동안에 반복되는 사이클의 수를 주파수 f(frequency, 단위 [Hz])라 한다. 어느 교류 파형의 주파수가 f[Hz]라고 하면 그 파형의 주기 T와 주파수 f[Hz] 사이에는 다음 관계가 성립한다.

$$T = \frac{1}{f}[\mathrm{s}] \text{ 또는 } f = \frac{1}{T}[\mathrm{Hz}] \qquad \cdots\cdots (3.3)$$

또, 주파수가 f[Hz]인 교류 파형이 1초 동안에 진행한 각도는 1 사이클 진행한 각도가 2π[rad]이므로 $2\pi f$가 되며, 이를 각속도(angular velocity)라 하고 기호는 ω, 단위는 [rad/s]로 나타낸다. 즉,

$$\omega = 2\pi f[\mathrm{rad/s}] \qquad \cdots\cdots (3.4)$$

따라서 교류 파형이 t초 동안에 진행한 각도 θ는

$$\theta = \omega t = 2\pi f t[\mathrm{rad}] \qquad \cdots\cdots (3.5)$$

가 된다. 따라서, 식 (3.1)의 정현파 전압은 다음과 같이 나타낼 수 있다.

$$v = V_m \sin\theta = V_m \sin\omega t = V_m \sin 2\pi f t[\mathrm{V}] \qquad \cdots\cdots (3.6)$$

정현파 교류에서는 기하각에 관계없이 1사이클의 각을 2π[rad]으로 정하고 이것을 기준으로 하여 표시되는 각을 전기각(electrical angle)이라 한다.

예제 3-2

$f = 60$[Hz], $V_m = 310$[V]일 때 주기 T, 각속도 ω 및 순시 전압 v를 구하라.

| 풀이 | $T = \frac{1}{f} = \frac{1}{60}$[s], $\omega = 2\pi f = 2\pi \times 60 = 377$[rad/s]

식 (3.6)에서

$v = V_m \sin\omega t = V_m \sin 2\pi f t = 310 \sin(2\pi \times 60)t = 310 \sin 377t$[V]

또한 정현파 교류는 그림 3-1과 같은 2극 발전기방식 외에 다극방식에 의해서도 발생될

수 있으며, 다극방식의 경우 전기자(armature)가 공간적으로 360° 회전하지 않고도 1사이클의 전압을 발생시킬 수 있다. 발전기에서 전기각이 θ이고 전기자의 회전각(기하학적 회전각)이 θ'일 때, 2극 발전기는 $\theta=\theta'$, 4극 발전기는 $\theta=2\theta'$, 6극 발전기는 $\theta=3\theta'$인 관계가 성립된다. 그러므로 P극 발전기인 경우

$$\theta = \frac{P}{2}\theta' \qquad \cdots\cdots(3.7)$$

가 된다. 즉, 전기자의 1회전마다 $\frac{P}{2}$〔cycle〕의 전압이 발생된다. 만일 N_S를 전기자의 분당 회전수(rpm)라 하면

$$f = \frac{P}{2} \cdot \frac{N_S}{60} = \frac{P \cdot N_S}{120}\text{〔Hz〕} \qquad \cdots\cdots(3.8)$$

의 관계가 있다.

예제 3-3

1,200〔rpm〕으로 운전되고 있는 다극 발전기가 60〔Hz〕의 교류를 발생하고 있다. 1〔Hz〕의 기하학적인 회전각〔rad〕은 얼마인가?

|풀이| 발전기의 극수를 P라 하고 1분간의 회전수를 N이라 하면 P극 발전기의 경우 전기자가 1회전할 때마다 $\frac{P}{2}$ 사이클의 기전력이 유기되므로

$$P = \frac{120f}{N} = \frac{120 \times 60}{1,200} = 6$$

1〔Hz〕의 전기각은 2π〔rad〕이므로 기하학적인 회전각은 식 (3.7)로부터

$$\theta' = 2\pi \times \frac{2}{P} = 2\pi \times \frac{2}{6} = \frac{2}{3}\pi\text{〔rad〕}$$

3.2.3 위 상

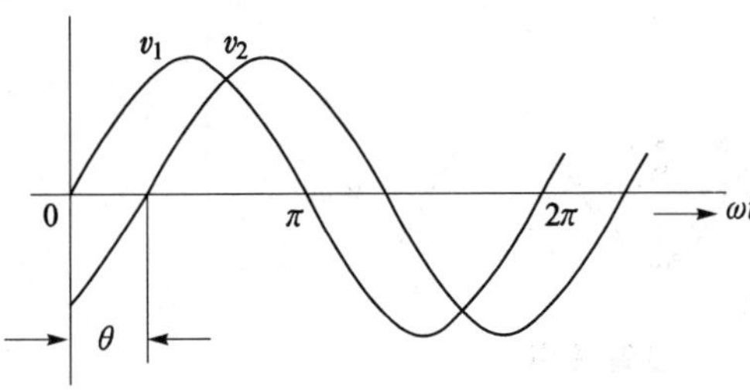

(a) 위상차가 있는 2개의 교류

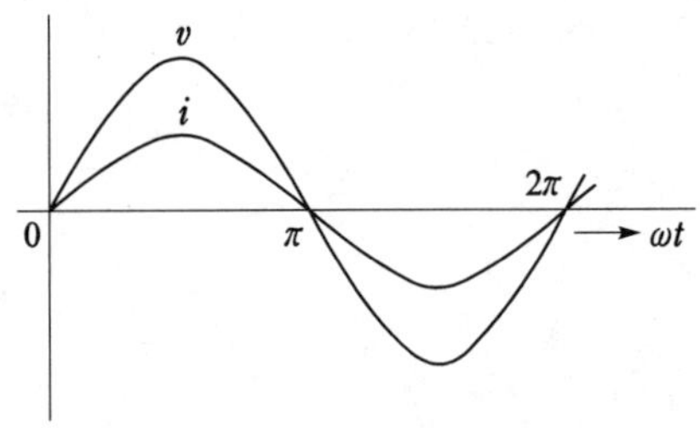

(b) 동상의 전압과 전류

그림 3-5 교류의 위상과 위상차

교류회로를 취급할 때 두 개 이상의 교류를 동시에 다루어야 할 경우가 많다.

그림 3-5(a)에 나타낸 정현파 교류 v_1과 v_2는 주파수는 같지만, 서로 얼마간의 시간적인 차이를 가지고 있음을 알 수 있다. 이와 같이 주파수가 동일한 두 개 이상의 교류 사이의 시간적인 차이를 나타내기 위해 위상(phase)을 사용한다. 그림 (a)에서 정현파 전압 v_1과 v_2를 살펴보면, 이들은 서로 동일한 주파수를 가지지만 v_2는 v_1보다 어떤 시간만큼 뒤진 상태에서 시작되고 있음을 알 수 있다. 이러한 경우 v_1이 v_2에 비해 위상이 앞선다(진상, lead)라고 하거나, 또는 반대로 v_2가 v_1에 비해 위상이 뒤진다(지상, lag)라고 한다. 이와 같이 두 개의 교류 사이에 시간적인 차이가 있는 경우, 둘 사이에 위상차(phase difference)가 있다고 한다. 이러한 위상차는 두 개의 교류 간의 시간적인 차이이므로 시간으로 표시해도 되지만, 회전자의 회전각과 시간 사이에는 $\theta = \omega t$[rad]의 관계가 있으므로 보통 θ로 표시하고 θ를 위상각(phase angle)이라 한다. 그림 (a)의 정현파 전압 v_1, v_2를 식으로 나타내면 다음과 같다.

$$v_1 = V_{m1}\sin\omega t\,[\mathrm{V}]$$
$$v_2 = V_{m2}\sin(\omega t - \theta)\,[\mathrm{V}] \qquad \cdots\cdots(3.9)$$

그림 3-5 (b)에서 교류 v와 i사이에는 시간적인 차이가 없음을 알 수 있으며, 이 때, 두 교류는 서로 동상(in phase)이라고 한다.

예제 3-4

$i = I_m\sin\left(\omega t - \dfrac{\pi}{4}\right)$와 $v = V_m\sin\left(\omega t - \dfrac{\pi}{6}\right)$와의 위상차를 구하라.

| 풀이 | $\theta = |\theta_1 - \theta_2| = \left|-\dfrac{\pi}{4} - \left(-\dfrac{\pi}{6}\right)\right| = \left|-\dfrac{\pi}{12}\right| = \dfrac{\pi}{12}$

예제 3-5

그림 3-6과 같은 파형의 순시값을 구하라.

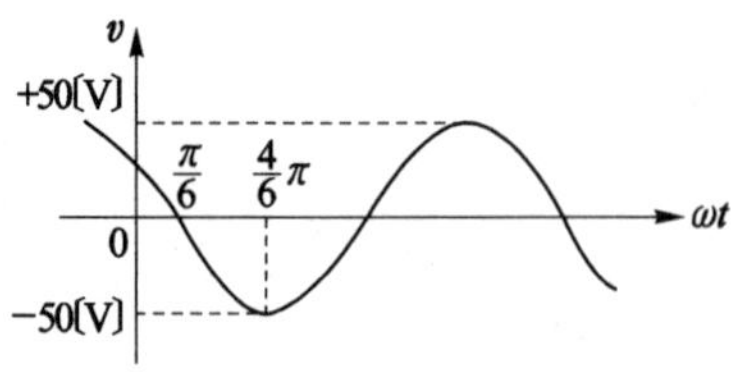

그림 3-6

| 풀이 | 전압 파형의 $\omega t < 0$인 부분을 그려 보면 그림 3-7과 같다.
정현파의 순시값 기본식 $v = V_m\sin(\omega t + \theta)$에서

$$V_m = 50[\text{V}],\ \theta = \frac{5\pi}{6}$$

$$\therefore\ v = 50\sin\left(\omega t + \frac{5\pi}{6}\right)$$

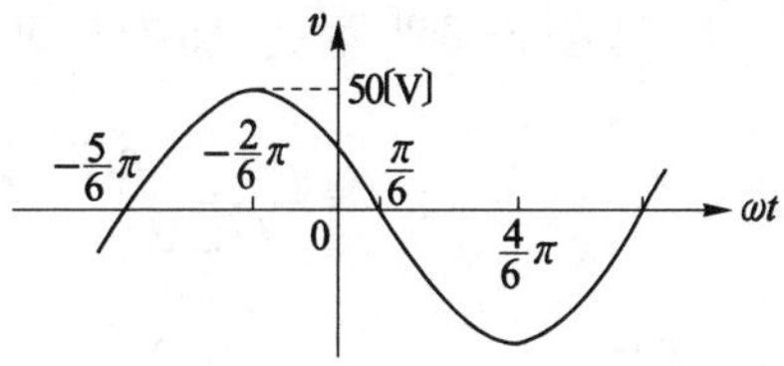

그림 3-7

예제 3-6

두 개의 교류전압 $v_1 = 141\sin(120\pi t - 30°)$와 $v_2 = 150\cos(120\pi t - 30°)$의 위상차를 시간으로 표시하면 몇 초인가?

| 풀이 | $v_2 = 150\sin(120\pi t - 30° + 90°) = 150\sin(120\pi t + 60°)$

$\therefore\ v_1$과 v_2의 위상차 $\theta = \frac{\pi}{2}$

$\theta = \omega t$에서 $\omega = 120\pi$ 이므로

$$t = \frac{\theta}{\omega} = \frac{\pi}{2} \times \frac{1}{120\pi} = \frac{1}{240}[\text{s}]$$

3.3 정현파의 평균값

평균값(average value)은 한 주기내의 모든 값을 더하여 그 주기로 나누어 평균을 취한 값이다. 여기에는 시간축 상의 한 주기에서의 평균을 취할 수도 있고, 정현파의 한 주기가 2π[rad]라는 점을 감안하여 2π[rad]에서의 평균을 취하기도 한다. 정현파의 경우에는 각도로 계산하는 것이 편리하다.

1사이클인 정현파의 평균값은 항상 0이다. 왜냐하면 양의 값(기준선 윗부분)은 음의 값(기준선 아랫부분)으로 상쇄되기 때문이다. 그러나 정현파에서 양의 값과 음의 값의 의미는 +와 −의 의미가 아니고 전압이 인가되는 방향이 반대라는 의미이기 때문에 평균값을 구할 때는 반주기에 해당하는 $0 \sim \pi$[rad] 사이의 평균값을 구해주면 된다.

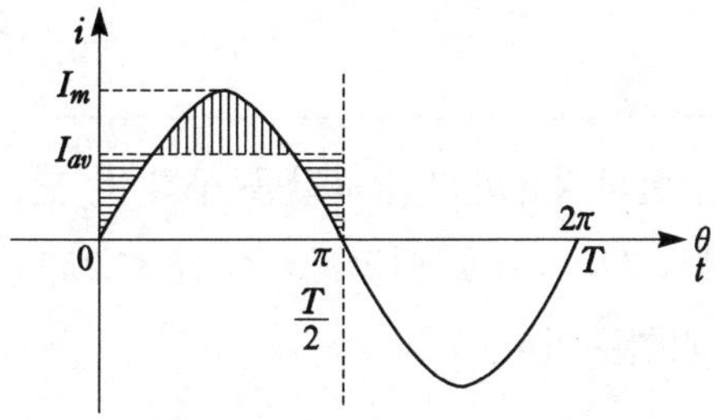

그림 3-8 평균값

그림 3-8과 같은 정현파 교류전류가 $i = I_m \sin \omega t$[V]인 경우에 전류의 평균값은

$$I_{av} = \frac{1}{T/2}\int_0^{T/2} i(t)dt = \frac{1}{T/2}\int_0^{T/2} I_m \sin\omega t dt \qquad \cdots\cdots (3.10)$$

또는

$$I_{av} = \frac{1}{\pi}\int_0^{\pi} i(\theta)d\theta = \frac{1}{\pi}\int_0^{\pi} I_m \sin\theta d\theta$$

$$= \frac{I_m}{\pi}[-\cos\theta]_0^{\pi} = \frac{2}{\pi}I_m \simeq 0.637 I_m \qquad \cdots\cdots (3.11)$$

그러므로

$$I_{av} = \frac{2}{\pi}I_m \simeq 0.637 I_m \qquad \cdots\cdots (3.12)$$

$$V_{av} = \frac{2}{\pi}V_m \simeq 0.637 V_m \qquad \cdots\cdots (3.13)$$

가 된다.

예제 3-7

그림 3-9와 같이 시간축에 대하여 대칭인 삼각파 전압의 평균값을 구하라.

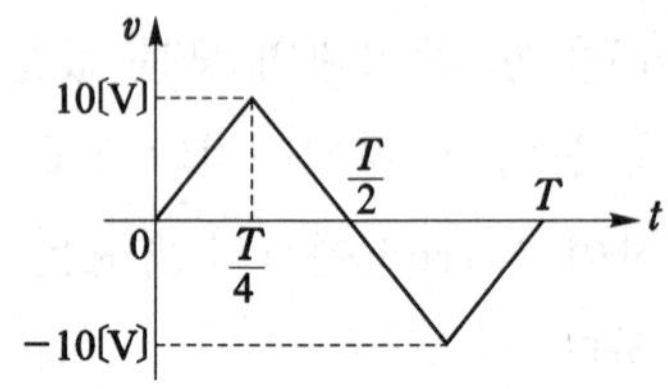

그림 3-9

|풀이| $\frac{T}{4}$까지의 평균값을 구하면 되고, 이 구간에서 $v = \frac{40}{T}t$이므로

$V_{av} = \frac{1}{T}\int_0^T v\,dt$에 대입하면

$$V_{av} = \frac{4}{T}\int_0^{\frac{T}{4}} \frac{40}{T}t\,dt = \frac{4}{T}\cdot\frac{40}{T}\cdot\left[\frac{1}{2}t^2\right]_0^{\frac{T}{4}} = \frac{160}{T^2}\cdot\frac{1}{2}\cdot\frac{T^2}{4^2} = \frac{160}{2\times16} = 5[\text{V}]$$

예제 3-8

그림 3-10과 같은 반파정류파의 평균값을 구하라. 단, $0 \le \omega t \le \pi$일 때 $i(t) = \sin\omega t$이고, $\pi \le \omega t \le 2\pi$일 때 $i(t) = 0$인 주기함수이다.

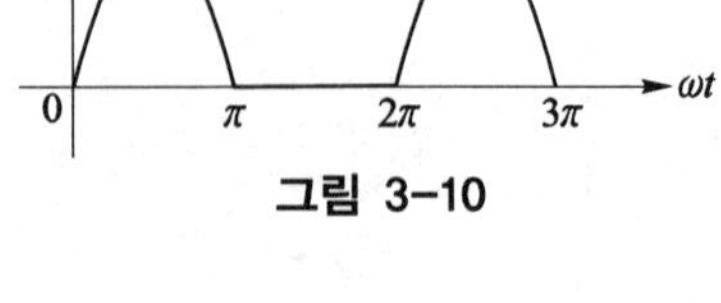

그림 3-10

| 풀이 | $I_{av} = \frac{1}{2\pi}\int_0^{\pi} i\,d(\omega t) = \frac{1}{2\pi}\int_0^{\pi} \sin\omega t\, d(\omega t) = \frac{1}{2\pi}[-\cos\omega t]_0^{\pi} = \frac{1}{\pi} \fallingdotseq 0.32$〔A〕

3.4 정현파의 실효값

정현파 전압과 전류의 크기를 나타내는 값들 가운데 가장 중요한 값이 실효값(effective value)이다. 가정용 전기의 전압이 220〔V〕라고 하거나 송전전압이 345〔kV〕라고 할 때 이들 값은 실효값을 말하는 것이다.

실효값은 정현파 교류에서 발생하는 열량과 그 정현파의 실효값과 같은 크기의 직류가 그 회로에 가해졌을 때 발생하는 열량이 같다는 것을 의미한다.

저항 R에 직류전류 I를 흘릴 때 생긴 전력 P_{dc}는

$$P_{dc} = IV = I^2R \qquad \cdots\cdots (3.14)$$

이다. 이 저항에 교류전류 $i = I_m \sin\omega t$를 흘릴 때의 평균전력 P_{ac}는

$$P_{ac} = \frac{1}{T}\int_0^T p\,dt = \frac{1}{T}\int_0^T i^2(t)R\,dt \qquad \cdots\cdots (3.15)$$

이다. 여기서, $P_{dc} = P_{ac}$라 하면 전력적인 측면에서 직류전류 I와 교류전류 $i(t)$가 등가가 되며, 이때의 직류 I값을 교류 $i(t)$에 대한 실효값으로 정의한다.

$$I^2R = \frac{1}{T}\int_0^T i^2(t)R\,dt \qquad \cdots\cdots (3.16)$$

그러므로 실효값 I에 대해서 풀면

$$I = \sqrt{\frac{1}{T}\int_0^T i^2(t)\,dt} \qquad \cdots\cdots (3.17)$$

결국 실효값은 순시값 $i(t)$의 제곱에 대한 평균값의 평방근을 의미하므로 실효값을 r.m.s (root mean square value)라고도 한다. 실효값은 직류 값처럼 I, V와 같이 대문자로 표기한다.

정현파 전류 $i = I_m \sin\omega t$에 대해 실효값을 구해보자. 정현파는 반파 대칭형이므로 반주기에 대한 실효값을 구한다. 즉

$$I = \sqrt{\frac{1}{T/2}\int_0^{T/2} i^2(t)\,dt}$$

$$= \sqrt{\frac{1}{\pi}\int_0^{\pi} I_m^2 \sin^2\theta\,d\theta} = \sqrt{\frac{I_m^2}{\pi}\int_0^{\pi} \sin^2\theta\,d\theta} \qquad \cdots\cdots (3.18)$$

이 식에서(부록 3. 삼각함수의 배각공식 참조)

$$\int_0^{\pi} \sin^2\theta d\theta = \int_0^{\pi} \frac{1-\cos 2\theta}{2} d\theta = \frac{1}{2}\left[\theta - \frac{1}{2}\sin 2\theta\right]_0^{\pi} = \frac{\pi}{2} \qquad \cdots\cdots (3.19)$$

이것을 식 (3.18)에 대입하면

$$I = \sqrt{\frac{I_m^2}{\pi} \cdot \frac{\pi}{2}} = \frac{I_m}{\sqrt{2}} \simeq 0.707 I_m \qquad \cdots\cdots (3.20)$$

그러므로 정현파 전류 및 전압의 실효값은 각각 다음과 같이 나타낼 수 있다.

$$I = \frac{I_m}{\sqrt{2}} \simeq 0.707 I_m, \quad V = \frac{V_m}{\sqrt{2}} \simeq 0.707 V_m \qquad \cdots\cdots (3.21)$$

또한

$$I_m = \sqrt{2}\, I, \quad V_m = \sqrt{2}\, V \qquad \cdots\cdots (3.22)$$

이므로 정현파의 순시값 i와 v는 다음과 같이 표현될 수 있다.

$$\begin{aligned} i &= I_m \sin\omega t = \sqrt{2}\, I \sin\omega t \text{ [A]} \\ v &= V_m \sin\omega t = \sqrt{2}\, V \sin\omega t \text{ [V]} \end{aligned} \qquad \cdots\cdots (3.23)$$

그림 3-11에 정현파 교류의 최대값을 1로 했을 때 실효값과 평균값의 크기를 나타내었다.

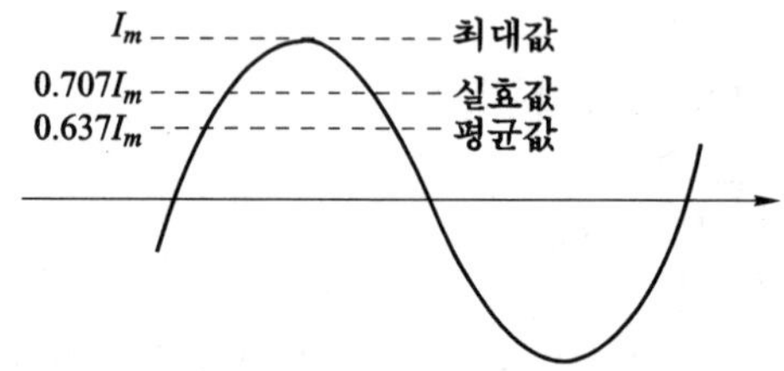

그림 3-11 정현파 교류의 최대값, 실효값, 평균값

예제 3-9

그림 3-12와 같은 $i = I_m \sin\omega t$인 정현파 교류의 반파 정류 파형의 실효값을 구하라.

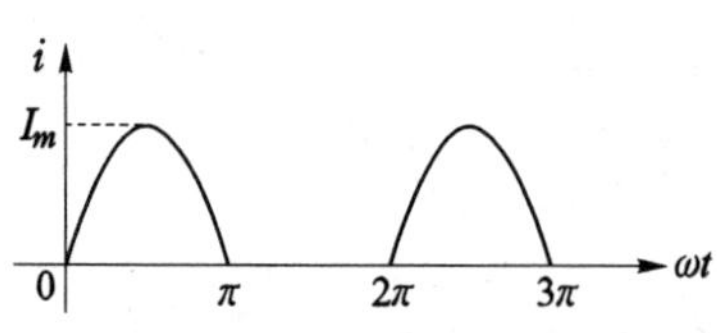

그림 3-12

| 풀이 | 실효값 $I=\sqrt{\frac{1}{T}\int_0^T i^2 dt}=\sqrt{\frac{1}{2\pi}\int_0^{2\pi} i^2 d(\omega t)}$ 에서 반파 정류파는 $\pi \le \omega t \le 2\pi$일 때 $i=0$ 이므로

$$I=\sqrt{\frac{1}{T}\int_0^T i^2 dt}=\sqrt{\frac{1}{2\pi}\int_0^{\pi} I_m{}^2 \sin^2\omega t\, d(\omega t)}=\sqrt{\frac{I_m{}^2}{2\pi}\int_0^{\pi}\frac{1-\cos 2\omega t}{2}d(\omega t)}$$

$$=\sqrt{\frac{I_m^2}{2\pi}\cdot\left[\frac{1}{2}(\omega t)-\sin 2\omega t\right]_0^{\pi}}=\sqrt{\frac{I_m^2}{2\pi}\cdot\left(\frac{\pi}{2}\right)}=\sqrt{\frac{I_m^2}{4}}=\frac{I_m}{2}\text{〔A〕}$$

예제 3-10

그림 3-13과 같은 톱니파형의 실효값을 구하라.

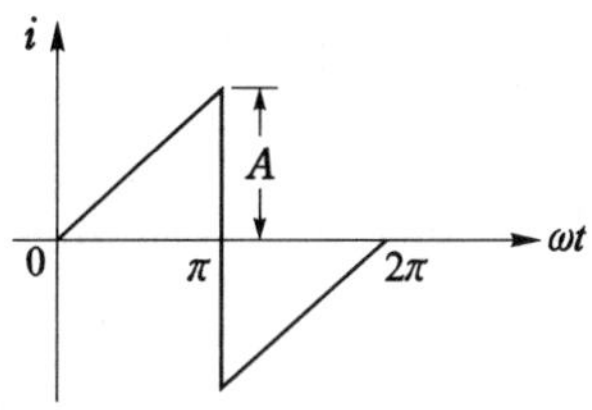

그림 3-13

| 풀이 | $0<\omega t<\pi$에서 $i=\frac{A}{\pi}\omega t$ 이므로

$$I=\sqrt{\frac{1}{\pi}\int_0^{\pi} i^2 d(\omega t)}=\sqrt{\frac{1}{\pi}\int_0^{\pi}\left(\frac{A}{\pi}\omega t\right)^2 d(\omega t)}=\sqrt{\frac{A^2}{\pi^3}\cdot\left[\frac{1}{3}\cdot\omega t^3\right]_0^{\pi}}$$

$$=\sqrt{\frac{A^2}{\pi^3}\cdot\frac{1}{3}\cdot\pi^3}=\sqrt{\frac{A^2}{3}}=\frac{A}{\sqrt{3}}\text{〔A〕}$$

예제 3-11

처음 10초 동안은 100〔A〕의 전류를 흘리고 다음 20초 동안은 20〔A〕의 전류를 흘리는 전류의 실효값을 구하라.

| 풀이 | $I=\sqrt{\frac{1}{T}\int_0^T i^2 dt}=\sqrt{\frac{1}{30}\left(\int_0^{10}100^2 dt+\int_{10}^{30}20^2 dt\right)}=\sqrt{\frac{1}{30}(100^2\times 10+20^2\times 20)}=60\text{〔A〕}$

3.5 파고율과 파형율

비정현 주기파에서 사각파 또는 구형파로부터 일그러짐의 정도를 나타내는 계수(factor)로서 파형율(crest factor)과 파고율(form factor)이 있으며 다음과 같이 나타낸다.

$$\text{파고율}=\frac{\text{최대값}}{\text{실효값}},\quad \text{파형율}=\frac{\text{실효값}}{\text{평균값}} \qquad \cdots\cdots (3.24)$$

표 3-1에 여러 가지 주기파의 파고율과 파형율을 나타내었다.

표 3-1 여러 파형의 파형률과 파고율 (V_m : 최대치)

명 칭	파 형	평균치	실효값	파고율	파형률
정현파	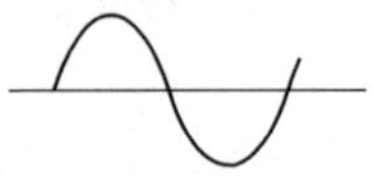	$\frac{2V_m}{\pi}$	$\frac{V_m}{\sqrt{2}}$	$\sqrt{2}$	$\frac{\pi}{2\sqrt{2}}=1.11$
반파 정현파		$\frac{V_m}{\pi}$	$\frac{V_m}{2}$	2	$\frac{\pi}{2}=1.57$
삼각파		$\frac{V_m}{2}$	$\frac{V_m}{\sqrt{3}}$	$\sqrt{3}$	$\frac{2}{\sqrt{3}}=1.155$
구형파	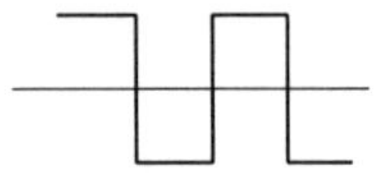	V_m	V_m	1	1

예제 3-12

삼각파에서 평균값이 100〔V〕, 파형률이 1.155, 파고율이 1.732일 때 최대값〔V〕을 구하라.

| 풀이 | 최대값=파형률×파고율×평균값=200.046〔V〕

3.6 기본 교류회로의 전압과 전류

3.6.1 저항 회로

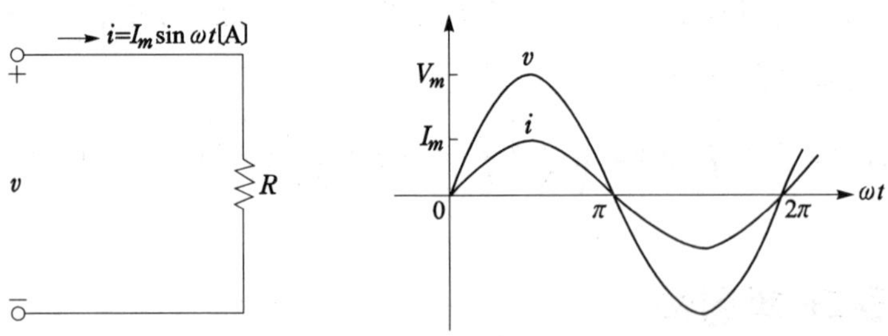

(a) (b)

그림 3-14 저항회로

그림 3-14와 같은 저항 R만의 회로에 $i = I_m \sin \omega t$〔A〕의 전류가 흐르면 저항양단의 전압강하 v는 옴의 법칙에 따라

$$v = Ri = RI_m \sin\omega t = V_m \sin\omega t = \sqrt{2}\, V \sin\omega t \text{[V]} \quad \cdots\cdots (3.25)$$

가 된다. 그러므로 저항 R만의 회로의 특징은 다음과 같다.

① 전압과 전류는 동일 주파수의 정현파이다.

② 전압과 전류는 동상이다.

③ 전압과 전류의 최대값 또는 실효값의 비는 R이다.

$$V_m = RI_m, \quad V = RI \quad \cdots\cdots (3.26)$$

예제 3-13

그림 3-15와 같은 저항 $R_1 = 10[\Omega]$, $R_2 = 5[\Omega]$인 회로에 $i = 10\sqrt{2}\sin 100t$인 전류를 흘렸다.

(1) 회로에 걸리는 전 전압

(2) R_1에 걸리는 전압을 구하라.

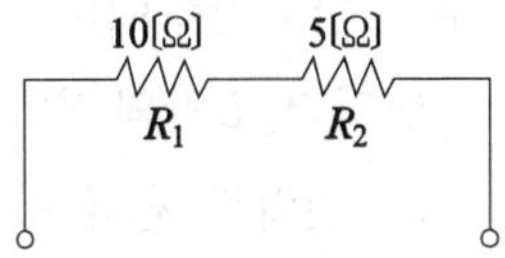

그림 3-15

| 풀이 | $R_0 = R_1 + R_2 = 15[\Omega]$

(1) 전 전압 $v = v_{R_1} + v_{R_2} = R_0 i = 15 \times 10\sqrt{2}\sin 100t = 150\sqrt{2}\sin 100t \text{[V]}$

(2) $v_{R_1} = R_1 i = 10 \times 10\sqrt{2}\sin 100t = 100\sqrt{2}\sin 100t \text{[V]}$

3.6.2 인덕턴스 회로

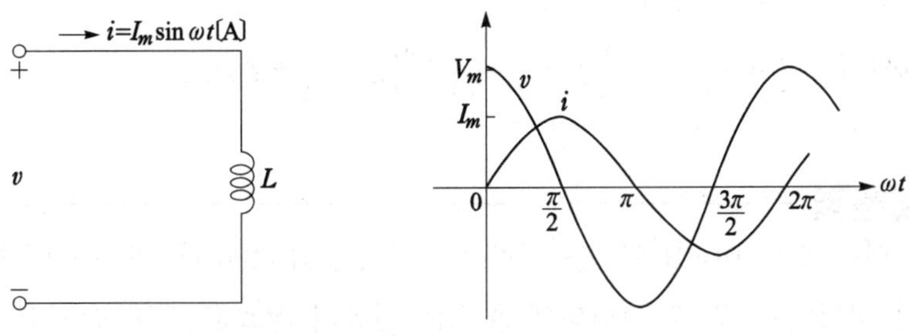

그림 3-16 인덕턴스 회로

그림 3-16과 같은 인덕터 L만의 회로에 $i = I_m \sin\omega t$[A]의 전류가 흐르면 인덕터 양단의 전압강하 v는

$$v = L\frac{di}{dt} = L\frac{d}{dt}(I_m \sin\omega t)$$
$$= \omega L I_m \cos\omega t$$

$$= \omega L I_m \sin(\omega t + 90°)$$
$$= V_m \sin(\omega t + 90°)\text{[V]} \qquad \cdots\cdots (3.27)$$

이다. 그러므로

$$V_m = \omega L I_m \qquad \cdots\cdots (3.28)$$
$$\frac{V_m}{I_m} = \omega L = 2\pi f L = X_L \qquad \cdots\cdots (3.29)$$

으로 쓸 수 있다.

여기서, $X_L(=\omega L)$을 유도성 리액턴스(inductive reactance)라 하며, 단위는 [Ω]이고 주파수의 함수이다.

인덕터 L만의 회로의 특징은 다음과 같다.

① 전압과 전류는 동일 주파수의 정현파이다.

② 전압은 전류보다 위상이 90° 진상이다.

③ 전압과 전류의 최대값 또는 실효값의 비는 $X_L(=\omega L)$이다.

$$V_m = \omega L I_m, \quad V = \omega L I \qquad \cdots\cdots (3.30)$$

예제 3-14

자기 인덕턴스가 0.1[H]인 인덕터에 실효값 100[V], 60[Hz], 위상각 0°인 전압을 가했을 때 흐르는 전류의 실효값 I를 구하라.

|풀이| $I = \dfrac{V}{X_L} = \dfrac{V}{\omega L} = \dfrac{V}{2\pi f L} = \dfrac{100}{2 \times 3.14 \times 60 \times 0.1} = 2.65\text{[A]}$

예제 3-15

인덕턴스 $L = 20$[mH]인 인덕터에 $v = 10\sqrt{2}\sin 400t$[V]의 전압이 인가되었다. 이 인덕터의 리액턴스 X_L과 인덕터에 흐르는 전류의 실효값 I 및 순시값 i를 구하라.

|풀이| $X_L = \omega L = 400 \times 20 \times 10^{-3} = 8\text{[Ω]}$

$I = \dfrac{V}{X_L} = \dfrac{10}{8} = 1.25\text{[A]}$

인덕터 L만의 회로에서 전류는 전압보다 위상이 90° 늦으므로

$i = 1.25\sqrt{2}\sin(400t - 90°)\text{[A]}$

3.6.3 커패시턴스 회로

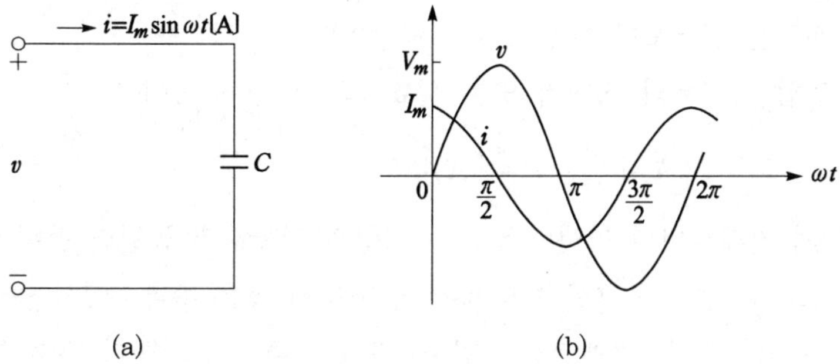

그림 3-17 커패시턴스 회로

그림 3-17과 같은 커패시터 C만의 회로에 $i = I_m \sin\omega t$[A]의 전류가 흐르면 커패시터 양단의 전압강하 v는

$$\begin{aligned} v &= \frac{1}{C}\int idt = \frac{1}{C}\int I_m \sin\omega t dt \\ &= -\frac{1}{\omega C} I_m \cos\omega t \\ &= \frac{1}{\omega C} I_m \sin(\omega t - 90°) \\ &= V_m \sin(\omega t - 90°)\text{[V]} \end{aligned} \qquad \cdots\cdots (3.31)$$

가 된다. 그러므로

$$V_m = \frac{1}{\omega C} I_m \qquad \cdots\cdots (3.32)$$

$$\frac{V_m}{I_m} = \frac{1}{\omega C} = \frac{1}{2\pi f C} = |X_C| \qquad \cdots\cdots (3.33)$$

이다. 여기서 $-\frac{1}{\omega C}$을 용량성 리액턴스(capacitive reactance)라 하며, 기호는 X_C이고 단위는 [Ω]이다.

즉, 식 (3.31)을 다시 쓰면 다음과 같다.

$$\begin{aligned} v &= -\frac{1}{\omega C} I_m \cos\omega t \\ &= \frac{1}{\omega C} I_m \sin(\omega t - 90°) \\ &= |X_C| I_m \sin(\omega t - 90°) \end{aligned} \qquad \cdots\cdots (3.34)$$

커패시터만의 회로의 특징은 다음과 같다.

① 전압과 전류는 동일 주파수의 정현파이다.

② 전압은 전류보다 위상이 90° 지상이다.

③ 전압과 전류의 최대치 또는 실효값의 비는 $\frac{1}{\omega C}$이다.

$$V_m = |X_C| I_m, \quad V = |X_C| I \qquad \cdots\cdots (3.35)$$

인덕터와 커패시터의 리액턴스 X는 저항의 저항값과 동일한 단위[Ω]를 가지므로 이 값이 크면 클수록 전류의 흐름은 억제된다. 따라서 높은 주파수에서 인덕터의 전류는 감소하지만, 커패시터에서는 리액턴스가 감소하므로 전류는 증가한다. 주파수의 증감에 대해 인덕터와 커패시터는 서로 대조적인 전기적 특성을 보인다.

예제 3-16

정전용량 C만의 회로에 100[V], 60[Hz]의 교류를 가하니 60[mA]의 전류가 흘렀다. 이때 커패시턴스 C를 구하라.

|풀이| $|X_C| = \frac{1}{\omega C} = \frac{1}{2\pi f C} = \frac{V}{I}$

$$C = \frac{I}{2\pi f V} = \frac{60 \times 10^{-3}}{2 \times 3.14 \times 60 \times 100} = 1.59 \times 10^{-6} = 1.59[\mu\text{F}]$$

예제 3-17

0.1[μF]인 커패시터에 $v = 2\sin 200\pi t$의 전압을 인가했을 때 $t = 0$에서의 전류의 크기를 구하라.

|풀이| $i = C\frac{d}{dt}(2\sin 200\pi t) = C \cdot 400\pi \cos 200\pi t$

$\therefore t = 0$에서 $\quad i = 0.1 \times 10^{-6} \times 400 \times 3.14 \times \cos 0° = 0.13[\text{mA}]$

3.6.4 $R-L$ 직렬회로

그림 3-18과 같은 $R-L$ 직렬회로에 $i = I_m \sin\omega t$[A]의 전류가 흐를 때 R과 L에서의 전압강하를 구하면

$$v_R = Ri = RI_m \sin\omega t$$

$$v_L = L\frac{di}{dt} = \omega L I_m \cos\omega t = X_L I_m \cos\omega t \qquad \cdots\cdots (3.36)$$

이므로

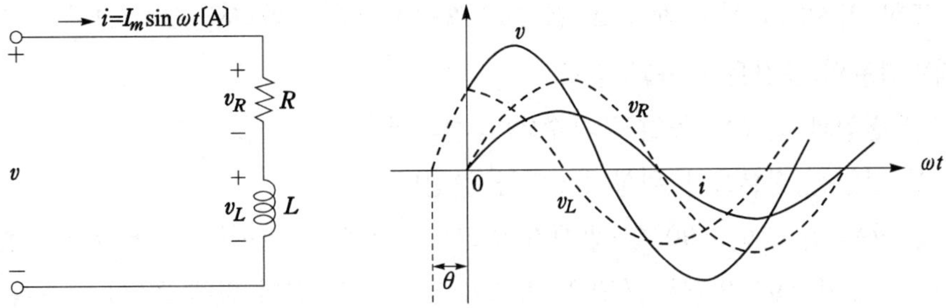

(a) (b)

그림 3-18 *R-L* 직렬회로

$$
\begin{aligned}
v &= v_R + v_L \\
&= RI_m \sin\omega t + X_L I_m \cos\omega t \\
&= I_m (R\sin\omega t + X_L \cos\omega t) \qquad \cdots\cdots (3.37)
\end{aligned}
$$

이다. 이 식을 풀기 위해 삼각함수의 합성법을 설명하기로 한다. 그림 3-19와 같은 관계가 있을 때 다음과 같은 식이 성립한다.

$$
\begin{aligned}
a\sin x + b\cos x &= \sqrt{a^2+b^2}\left(\sin x \cdot \frac{a}{\sqrt{a^2+b^2}} + \cos x \cdot \frac{b}{\sqrt{a^2+b^2}}\right) \\
&= \sqrt{a^2+b^2}\,(\sin x \cdot \cos\theta + \cos x \cdot \sin\theta) \\
&= \sqrt{a^2+b^2}\,\sin(x+\theta) \qquad \cdots\cdots (3.38)
\end{aligned}
$$

단, $\theta = \tan^{-1}\dfrac{b}{a}$

식 (3.37)을 삼각함수 합성법에 의해 풀면 $a=R$, $b=X_L$, $x=\omega t$에 해당되므로 전압 v는 다음과 같이 나타낼 수 있다.

$$v = I_m\sqrt{R^2+X_L^2}\,\sin(\omega t+\theta)\,[\text{V}] \qquad \cdots\cdots (3.39)$$

단, $\theta = \tan^{-1}\dfrac{X_L}{R}$

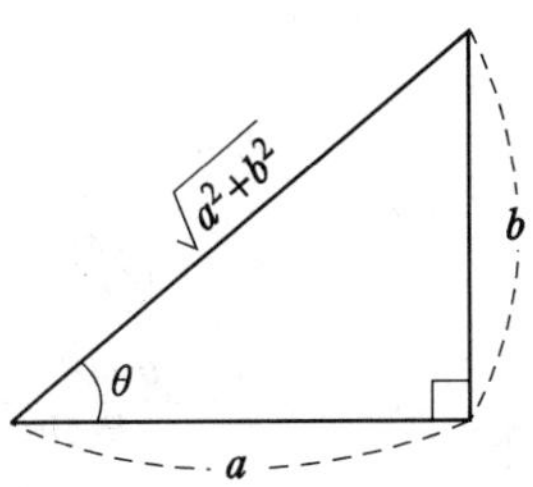

그림 3-19 삼각함수 합성

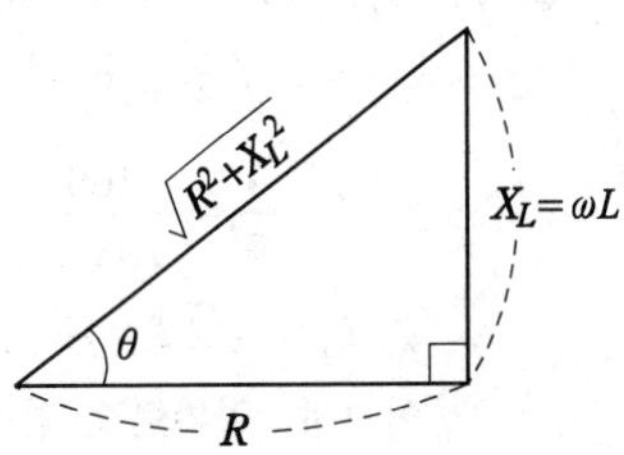

그림 3-20 *R-L* 직렬회로의 임피던스 삼각도

또한 식 (3.37)에서 R과 X_L을 그림 3-19와 같이 나타낸 것이 그림 3-20 이다. $R-L$ 직렬회로의 특징은 다음과 같다.

① 전압과 전류는 동일 주파수의 정현파이다.

② 전압은 전류보다 위상이 θ만큼 앞선다.
θ는 $0° \le \theta \le 90°$인 관계가 있고 $\theta = 0°$인 경우에는 저항 R만이 존재하는 회로이고, $\theta = 90°$일때는 L만의 회로이다. 그리고 R에 비해 X_L이 클수록 회로는 유도성 회로이다.

③ 전압과 전류의 최대치 또는 실효값의 비는 $\sqrt{R^2+X_L^2}$ 이다.

$$V_m = \sqrt{R^2+X_L^2}\,I_m$$
$$V = \sqrt{R^2+X_L^2}\,I \qquad \cdots\cdots (3.40)$$

그림 3-20에서 $\sqrt{R^2+{X_L}^2}$ 는 저항 R과 리액턴스 X_L의 합성성분을 나타내는 것으로 이 크기를 임피던스(impedance)라 하며 Z로 표시하고 단위는 [Ω]이다. 따라서 이 그림을 임피던스 삼각도라고 한다.

식 (3.40)로부터 임피던스 Z는 다음과 같이 나타낼 수 있다.

$$Z = \frac{V_m}{I_m} = \frac{V}{I} = \sqrt{R^2+X_L^2}\,[\Omega] \qquad \cdots\cdots (3.41)$$

임피던스 삼각도는 성분이 다른 두 소자의 합성저항 크기와 위상을 나타내므로 회로해석에서 매우 유용하므로 교류회로의 해석에서 매우 중요하다. 특히, 임피던스 삼각도에 나타난 위상 θ는 전압과 전류의 위상차를 의미한다.

예제 3-18

저항 10[Ω], 인덕턴스 10[mH]인 인덕터에 실효값 100[V]인 정현파 전압을 인가했을 때 흐르는 전류의 최대값 I_m은 얼마인가? 단, 정현파의 각주파수 ω는 1,000[rad/s] 이다.

|풀이| $X_L = \omega L = 1{,}000 \times 10 \times 10^{-3} = 10[\Omega]$

$\therefore Z = \sqrt{R^2+{X_L}^2} = \sqrt{10^2+10^2} = 10\sqrt{2}$

$I = \frac{V}{Z} = \frac{100}{10\sqrt{2}} = \frac{10\sqrt{2}}{2} = 5\sqrt{2}$

$\therefore I_m = \sqrt{2}\,I = 10[A]$

여기서, 임피던스 삼각도는 그림 3-21과 같다.

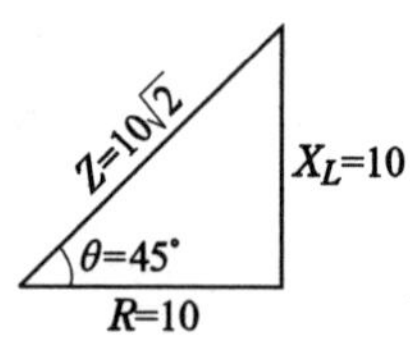

그림 3-21

3.6.5 $R-C$ 직렬회로

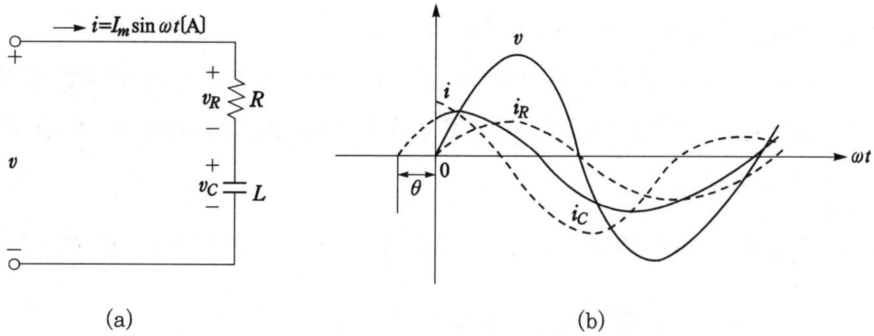

그림 3-22 *R-C* 직렬회로

그림 3-22와 같은 $R-C$ 직렬회로에 전류 $i=I_m \sin\omega t$[A]가 흐를 때 R과 C에서의 전압강하를 구하면

$$v_R = Ri = RI_m \sin\omega t$$

$$v_C = \frac{1}{C}\int i\,dt = -\frac{I_m}{\omega C}\cos\omega t = X_C I_m \cos\omega t \qquad \cdots\cdots (3.42)$$

삼각함수 합성법에 의해 단자전압 v를 구하면 다음과 같다.

$$\begin{aligned} v &= v_R + v_C \\ &= I_m(R\sin\omega t + X_C\cos\omega t) \\ &= I_m\sqrt{R^2+X_C^2}\sin(\omega t+\theta) \end{aligned} \qquad \cdots\cdots (3.43)$$

단, $\theta = \tan^{-1}\frac{X_C}{R} = \tan^{-1}\frac{-\frac{1}{\omega C}}{R} = -\tan^{-1}\frac{1}{R\omega C}$

$R-C$ 직렬회로의 임피던스 삼각도은 그림 3-23과 같으며 회로 전체의 임피던스 Z는

$$Z = \sqrt{R^2+{X_C}^2} = \sqrt{R^2+\left(\frac{-1}{\omega C}\right)^2} \qquad \cdots\cdots (3.44)$$

가 된다.

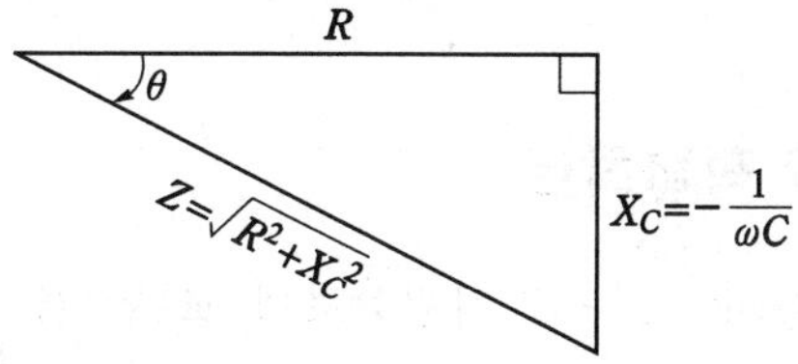

그림 3-23 *R-C* 직렬회로의 임피던스 삼각도

$R-C$ 직렬회로의 특징은 다음과 같다.

① 전압과 전류는 동일주파수의 정현파이다.

② 전압은 전류보다 위상이 θ만큼 뒤진다.

θ는 $-90° \le \theta \le 0°$인 관계가 있고 $\theta = 0°$인 경우에는 저항 R만이 존재하는 회로이고, $\theta = -90°$일 때는 C만의 회로이다. 그리고 R에 비해 X_C가 클수록 회로는 용량성 회로이다.

③ 전압과 전류의 최대치 또는 실효값의 비는 임피던스 Z인 $\sqrt{R^2+X_C^2}$ 이다.

$$V_m = \sqrt{R^2+X_C^2}\, I_m = ZI_m$$
$$V = \sqrt{R^2+X_C^2}\, I = ZI \qquad \cdots\cdots (3.45)$$

예제 3-19

저항 8[Ω]과 용량성 리액턴스 X_C[Ω]이 직렬로 접속된 회로에 100[V], 60[Hz]의 교류를 가하니 10[A]의 전류가 흘렀다. 이때 용량 리액턴스 X_C를 구하라.

|풀이| $I = \dfrac{V}{Z} = \dfrac{V}{\sqrt{R^2+X_C{}^2}} = \dfrac{100}{\sqrt{8^2+X_C{}^2}} = 10$

양변을 제곱하면

$$\frac{100^2}{8^2+X_C^2} = 100$$

$$8^2+X_C^2 = 100, \qquad X_C^2 = 36$$

$$\therefore X_C = 6[\Omega]$$

임피던스 삼각도는 그림 3-24와 같다.

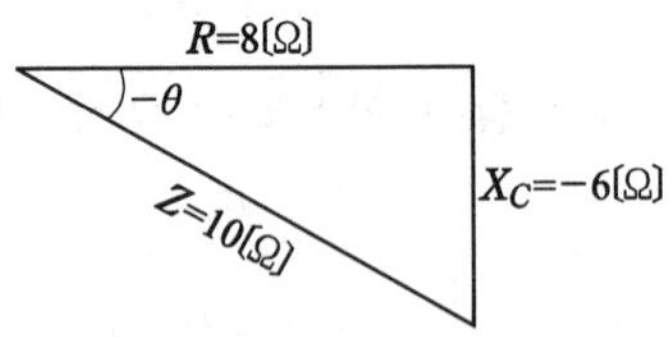

그림 3-24

예제 3-20

$R = 100$[Ω], $C = 30$[μF]의 직렬 회로에 $f = 60$[Hz], $V = 100$[V]의 교류 전압을 가할 때 전류 I를 구하라.

|풀이| $I = \dfrac{V}{Z} = \dfrac{V}{\sqrt{R^2+X_C^2}} = \dfrac{V}{\sqrt{R^2+\left(\dfrac{-1}{2\pi fC}\right)^2}} = \dfrac{100}{\sqrt{100^2+\left(\dfrac{-1}{2\times 3.14\times 60\times 30\times 10^{-6}}\right)^2}}$

$= 0.75$[A]

3.6.6 $R-L-C$ 직렬회로

그림 3-25와 같은 $R-L-C$ 직렬회로에 교류전류 $i = I_m \sin\omega t$[A]가 흐를 때 R, L, C에서의 전압강하를 구하면

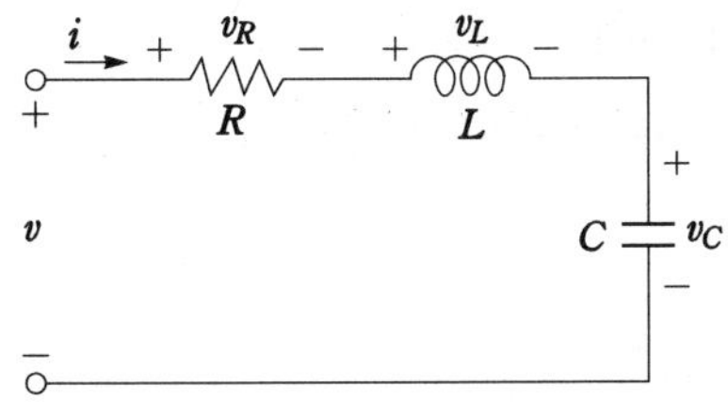

그림 3-25 *R-L-C* 직렬회로

$$v_R = Ri = RI_m \sin\omega t$$

$$v_L = L\frac{di}{dt} = \omega L I_m \cos\omega t = X_L I_m \cos\omega t$$

$$v_C = \frac{1}{C}\int i dt = \frac{1}{C}\int I_m \sin\omega t dt = -\frac{1}{\omega C} I_m \cos\omega t = X_C I_m \cos\omega t \quad \cdots\cdots (3.46)$$

그러므로 삼각함수 합성법에 의해 단자전압 v를 구하면 다음과 같이 된다.

$$\begin{aligned} v = v_R + v_L + v_C &= I_m\left\{R\sin\omega t + \left(\omega L - \frac{1}{\omega C}\right)\cos\omega t\right\} \\ &= I_m\{R\sin\omega t + (X_L + X_C)\cos\omega t\} \\ &= I_m\sqrt{R^2 + (X_L + X_C)^2}\sin(\omega t + \theta) \\ &= I_m\sqrt{R^2 + X^2}\sin(\omega t + \theta) \end{aligned} \quad \cdots\cdots (3.47)$$

단, $\theta = \tan^{-1}\frac{X}{R} = \tan^{-1}\frac{X_L + X_C}{R} = \tan^{-1}\frac{\omega L - \frac{1}{\omega C}}{R}$

R-L-C 직렬회로의 임피던스 삼각도는 그림 3-26과 같으며 회로 전체의 임피던스 Z는

$$\begin{aligned} Z &= \sqrt{R^2 + X^2} = \sqrt{R^2 + (X_L - X_C)^2} \\ &= \sqrt{R^2 + \left(\omega L - \frac{1}{\omega C}\right)^2} \end{aligned} \quad \cdots\cdots (3.48)$$

이다.

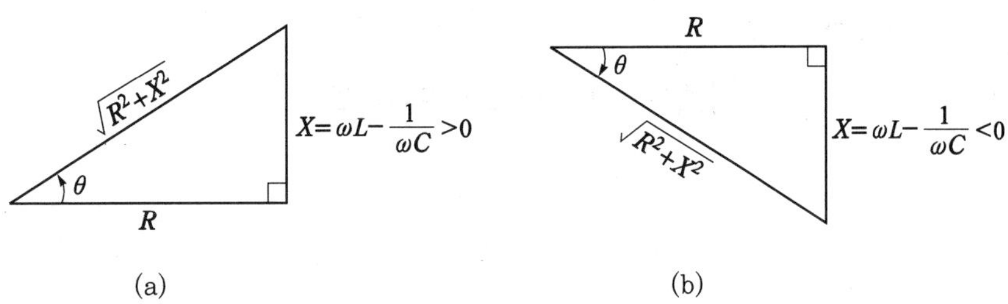

그림 3-26 *R-L-C* 직렬회로의 임피던스 삼각도

$R-L-C$ 직렬회로의 특징은 다음과 같다.

① 전압과 전류는 동일주파수의 정현파이다.

② 위상차 θ에 대해

i) $\omega L > \dfrac{1}{\omega C}$인 경우

$\theta > 0$이므로 그림(a)와 같이 전압이 전류보다 위상이 θ만큼 빠른 유도성 회로이다.

ii) $\omega L < \dfrac{1}{\omega C}$인 경우

$\theta < 0$이므로 그림(b)와 같이 전압이 전류보다 위상이 θ만큼 느린 용량성 회로이다.

iii) $\omega L = \dfrac{1}{\omega C}$인 경우

$\theta = 0, X = 0$ 이므로 회로는 저항 R만 존재하는 공진상태이다.

③ 전압과 전류의 최대치 또는 실효값의 비는 $\sqrt{R^2+(X_L+X_C)^2}$ 이다.

$$V_m = \sqrt{R^2+(X_L+X_C)^2}\, I_m = ZI_m$$

$$V = \sqrt{R^2+(X_L+X_C)^2}\, I = ZI \qquad \cdots\cdots (3.49)$$

예제 3-21

$R = 100$〔Ω〕, $L = 25.3$〔mH〕, $C = 100$〔μF〕의 직렬회로에 $v = 220\sqrt{2}\sin 628t$〔V〕의 전압을 가했을 때 회로전류의 순시값 i를 구하라.

|풀이| 리액턴스 X_L, X_C는 각각 다음과 같다.

$$X_L = \omega L = 628 \times 25.3 \times 10^{-3} = 15.9\ 〔\Omega〕$$

$$X_C = \frac{-1}{\omega C} = \frac{-1}{628 \times 100 \times 10^{-6}} = -15.9\ 〔\Omega〕$$

임피던스 Z, 위상각 θ는

$$Z = \sqrt{R^2+(X_L+X_C)^2} = \sqrt{(100^2+0)} = 100〔\Omega〕$$

$$\theta = \tan^{-1}\frac{X_L+X_C}{R} = \tan^{-1}\frac{15.9-15.9}{100} = 0°$$

회로전류 i는

$$i = \frac{v}{Z} = \frac{220\sqrt{2}}{100}\sin 628t = 2.2\sqrt{2}\sin 628t〔A〕$$

03장 연습문제

3-1 최대값 100〔V〕, 주파수 60〔Hz〕인 정현파 전압이 있다. $t=0$에서 순시값이 50〔V〕이고, 이 순간에 전압이 감소하고 있을 경우의 정현파의 순시값 v는 얼마인가?

|정답| $v=100\sin(120\pi t+150°)$〔V〕

3-2 $v=V_m\sin(\omega t+30°)$와 $i=I_m\cos(\omega t-100°)$와의 위상차는 몇 도인가?

|정답| $\theta=40°$

3-3 $i=10\sin\left(\omega t-\frac{\pi}{3}\right)$〔A〕로 표시되는 전류 파형보다 위상이 30°만큼 앞서고 최대값이 100〔V〕인 전압 v를 구하라.

|정답| $v=100\sin\left(\omega t-\frac{\pi}{6}\right)$〔V〕

3-4 $v=100\sqrt{2}\sin(500t+60°)$〔V〕로 표시되는 정현파 교류에 대해 다음을 구하라.

(1) 최대값 V_m〔V〕 (2) 각주파수 ω〔rad/s〕

(3) 주파수 f〔Hz〕 (4) 주기 T〔s〕

(5) 위상 $\theta°$

|정답| (1) $V_m=100\sqrt{2}$ (2) $\omega=500$〔rad/s〕

(3) $f=\frac{\omega}{2\pi}=\frac{500}{2\times3.14}=79.6$〔Hz〕 (4) $T=\frac{1}{f}=\frac{1}{79.6}=0.013$〔s〕

(5) $\theta=60°$

3-5 그림 3-27과 같은 구형파 전압의 평균값을 구하라.

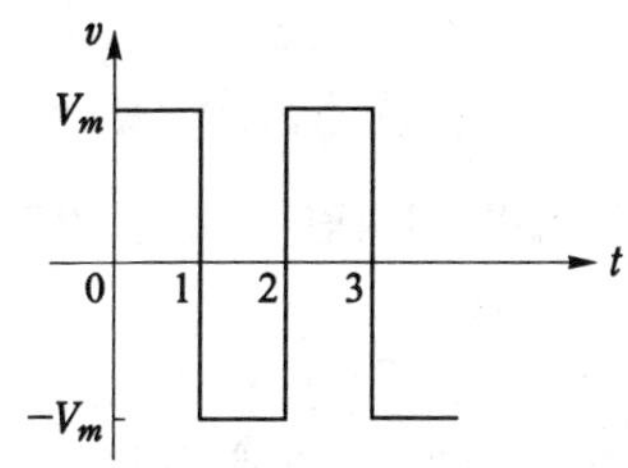

그림 3-27

|정답| $V_{av}=V_m$

3-6 그림 3-28과 같은 제형파의 평균값을 구하라.

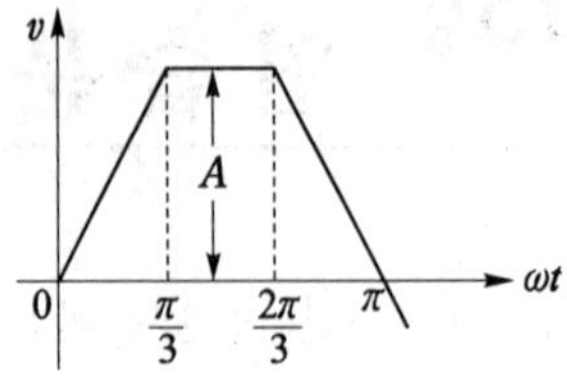

그림 3-28

|정답| $V_{av} = \frac{2}{3}A$ 〔V〕

3-7 그림 3-29와 같은 파형의 실효값을 구하라.

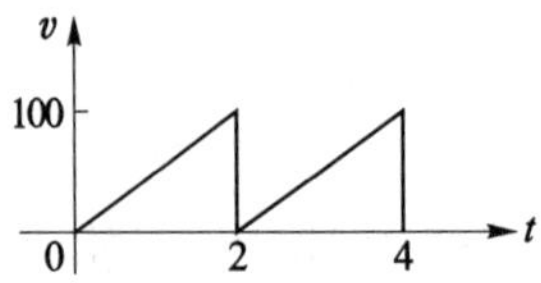

그림 3-29

|정답| $V = 57.7$〔V〕

3-8 처음 10〔s〕간은 10〔A〕의 전류를 흘리고, 다음 20〔s〕간은 20〔A〕의 전류를 흘리는 전류의 실효값 I를 구하라.

|정답| $I = 22.3$〔A〕

3-9 그림 3-30과 같은 파형의 파고율을 구하라.

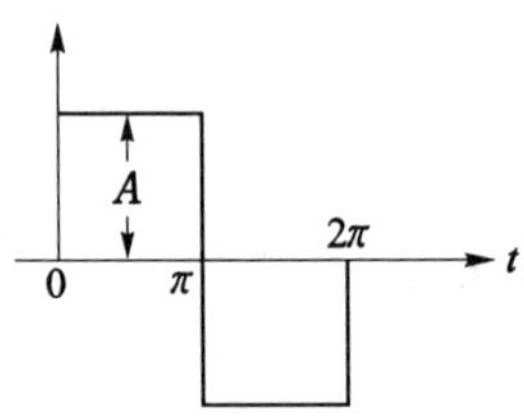

그림 3-30

|정답| 1.0

3-10 어떤 회로 소자에 $v = 125\sin 377t$〔V〕를 가했을 때 전류 $i = 25\sin 377t$〔A〕가 흐른다. 이 소자는 무엇이며 임피던스 Z는 얼마인가?

|정답| 순저항 소자, $Z = 5$〔Ω〕

3-11 0.1〔μF〕인 정전용량을 가지는 커패시터에 실효값 1,414〔V〕, 주파수 1〔kHz〕, 위상각 0°인 전압을 가했을 때 순시값 전류 i를 구하라.

|정답| $i = 1.26\sin(\omega t + 90°)$〔A〕

3-12 3〔μF〕인 커패시턴스는 50〔Ω〕의 용량 리액턴스로 사용하면 주파수 f는 몇〔Hz〕인가?

|정답| $f = 1.06 \times 10^3$〔Hz〕

3-13 $L = 20$〔mH〕의 인덕터에 $v = 10\sqrt{2}\sin 100t$〔V〕의 전압이 인가될 때 이 인덕터의 리액턴스 X_L, 전류의 실효값 I 및 순시값 표시식 i를 구하라.

|정답| $X_L = 2$〔Ω〕, $I = 5$〔A〕, $i = 5\sqrt{2}\sin(100t - 90°)$〔A〕

3-14 그림 3-31에서 $R = 10$〔Ω〕, $L = 20$〔mH〕이고 $i = 2\sin 500t$이면 v_R, v_L 및 v는 얼마인가?

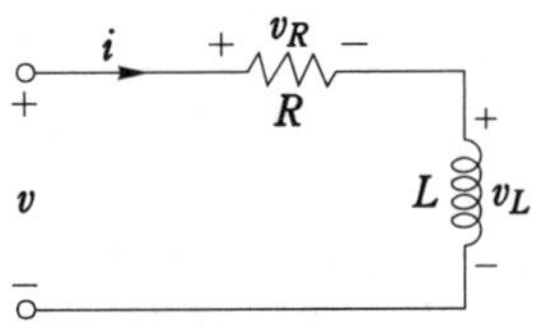

그림 3-31

|정답| $v_R = 20\sin 500t$〔V〕
$v_L = 20\sin(500t + 90°)$〔V〕
$v = 20\sqrt{2}\sin(500t + 45°)$〔V〕

3-15 저항 4〔Ω〕과 인덕턴스 L의 인덕터에 100〔V〕, 60〔Hz〕의 교류를 가하니 20〔A〕의 전류가 흘렀다. 인덕턴스 L을 구하라.

|정답| $L = 8$〔mH〕

3-16 $R - C$ 직렬회로에 $v = 10\sin 10000t$〔V〕로 표시되는 정현파 전압이 인가되어 있다. $R = 80$〔Ω〕, $C = 1$〔μF〕이라 할 때 회로전류의 순시값 표시식 i를 구하라.

|정답| $i = 0.078\sin(10000t + 51.3°)$〔A〕

3-17 $R = 50$〔Ω〕, $C = 10$〔μF〕의 직렬회로에 100〔V〕, 50〔Hz〕의 전압을 인가할 때의 임피던스 Z와 위상각 θ, 전류 I를 구하라.

|정답| $Z = 322.4$〔Ω〕, $\theta = 81.1°$, $I = 0.31$〔A〕

3-18 $R = 10$〔Ω〕, $L = 20$〔mH〕, $C = 100$〔μF〕인 $R - L - C$ 직렬회로에
$v = 100\sqrt{2}\sin 100\pi t$〔V〕인 전압이 인가되었을 때 회로전류의 순시값 표시식 i를 구하라.

|정답| $i = 3.65\sqrt{2}\sin(100\pi t + 68.6°)$〔A〕

chapter **04**

복소수를 이용한 교류회로 해석

3장에서는 정현파 교류회로의 해석에 있어서 삼각함수를 이용하였다. 그러나 좀 더 복잡한 회로에서는 삼각함수를 이용하여 회로를 해석하는 것이 쉽지 않게 된다. 복소수를 이용하면 전압, 전류의 복잡한 상호관계를 보다 간단하게 취급할 수 있는 이점이 있다. 따라서 본 장에서는 복소수 개념을 도입하여 교류회로를 해석하기 위해 복소수의 기본개념과 복소수를 이용한 R, L, C 소자의 교류해석 방법에 대해 설명한다.

4.1 복소수

복소수(complex number)는 실수(real number)와 허수(imaginary number)로 이루어진 수를 말하며 실수는 1을 기본 단위로 하여 이의 배수로 하고, 허수는 $\sqrt{-1}$ 을 기본 단위로 하여 j로 나타낸다.

$$j=\sqrt{-1} \text{ 또는 } j^2=-1 \qquad \cdots\cdots (4.1)$$

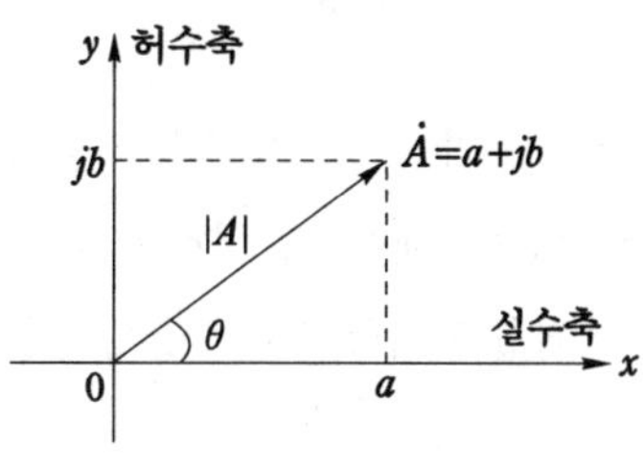

그림 4-1 복소평면

실수를 x축, 허수를 y축으로 하는 직교좌표형식을 복소평면(complex plane)이라하고 복소수는 이 평면상에 한 점으로 나타낸다. 복소수는 복소평면 상에서 그림 4-1과 같이 나타내며 크기와 방향을 갖는 벡터의 성질을 갖는다.

복소평면 상의 벡터는 직교좌표로서 다음과 같은 복소수의 식으로 나타낸다.

$$\dot{A} = a + jb \qquad \cdots\cdots (4.2)$$

여기서 a, b는 각각 복소수의 실수부와 허수부의 크기이며 다음과 같이 나타내기도 한다.

$$a = R_e(\dot{A})$$
$$b = I_m(\dot{A}) \qquad \cdots\cdots (4.3)$$

예제 4-1

다음의 복소수를 복소평면상에 나타내시오.

(1) $\dot{A} = 6 + j4$

(2) $\dot{B} = -5 + j6$

(3) $\dot{C} = -2 - j4$

| 풀이 | 각각의 복소수를 복소평면상에 나타내면 그림 4-2와 같다.

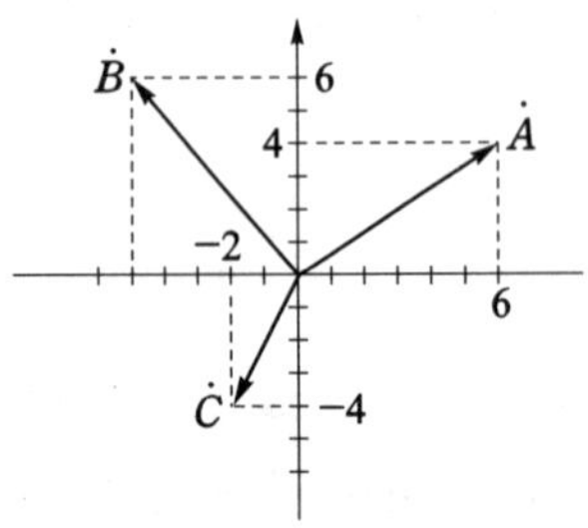

그림 4-2

4.2 복소수의 여러 가지 표현법

복소수는 일반적으로 $a + jb$와 같이 직교좌표형식(rectangular form)을 취하며 이 형식은 복소수의 덧셈과 뺄셈에서 매우 편리하게 사용될 수 있다. 그 외에 삼각함수형식(trigonometric form), 극좌표형식(polar form) 및 지수함수형식(exponential form) 등으로 나타낼 수 있다.

4.2.1 극좌표형식

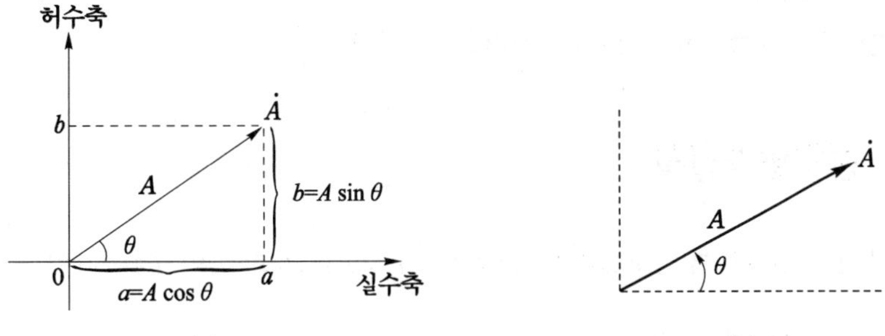

(a) (b)

그림 4-3 복소수의 크기와 편각

극좌표 형식이란 복소수 $\dot{A} = a + jb$를 그림 4-3(a)에서 크기 A와 편각 θ로서 나타내는 좌표형식이다. 크기 A와 편각 θ는 각각

$$A = \sqrt{a^2 + b^2}, \quad \theta = \tan^{-1}\frac{b}{a} \qquad \cdots\cdots (4.4)$$

이므로 극좌표형식은 그림 4-3(b)와 같이 나타내고 다음 식으로 표시한다.

$$\dot{A} = a + jb = A\angle\theta = \sqrt{a^2 + b^2}\angle\tan^{-1}\frac{b}{a} \qquad \cdots\cdots (4.5)$$

극좌표형식은 다음과 같이 복소수의 곱셈과 나눗셈의 계산에 편리하게 사용된다.

$$\dot{A}\cdot\dot{B} = A\angle\theta_1 \cdot B\angle\theta_2 = A\cdot B\angle\theta_1 + \theta_2 \qquad \cdots\cdots (4.6)$$

$$\frac{\dot{A}}{\dot{B}} = \frac{A\angle\theta_1}{B\angle\theta_2} = \frac{A}{B}\angle\theta_1 - \theta_2 \qquad \cdots\cdots (4.7)$$

그리고 j와 $\frac{1}{j}$을 극좌표형식으로 나타내면

$$j = 1\angle\frac{\pi}{2}$$

$$\frac{1}{j} = -j = 1\angle-\frac{\pi}{2} \qquad \cdots\cdots (4.8)$$

이므로 $\dot{A} = A\angle\theta$라고 하면

$$j\dot{A} = \left(1\angle\frac{\pi}{2}\right)(A\angle\theta) = A\angle\theta + \frac{\pi}{2}$$

$$\frac{1}{j}\dot{A} = -j\dot{A} = \left(1\angle-\frac{\pi}{2}\right)(A\angle\theta) = A\angle\theta - \frac{\pi}{2} \qquad \cdots\cdots (4.9)$$

가 되어 어떤 복소수 $\dot{A}$에 j를 곱하거나 나누면 복소수의 크기는 변하지 않고 단지 복소수 $\dot{A}$가 반시계방향 또는 시계방향으로 90° 회전이동하는 결과가 됨을 알 수 있다. 그래서 j를 회전연산자(rotational operator)라고도 한다.

4.2.2 삼각함수형식

그림 4-3(a)의 복소평면에서 복소수 $\dot{A}=a+jb$의 a와 b는 각각

$$a=A\cos\theta$$
$$b=A\sin\theta \qquad \cdots\cdots (4.10)$$

임을 알 수 있다.

따라서 복소수 $\dot{A}$는 다음 식으로 표할 수 있다.

$$\dot{A}=a+jb=A(\cos\theta+j\sin\theta) \qquad \cdots\cdots (4.11)$$

이와 같이 삼각함수를 사용하여 표현하는 것을 삼각함수형식이라 한다.

삼각함수형식은 다음과 같이 극좌표형식을 직교좌표형식으로 변환할 때 사용되며, 직교좌표형식은 복소수의 덧셈과 뺄셈에 편리하게 사용된다.

$$\dot{A}=A\angle\theta_1=A(\cos\theta_1+j\sin\theta_1)=a+jb$$
$$\dot{B}=B\angle\theta_2=B(\cos\theta_2+j\sin\theta_2)=c+jd$$
$$\dot{A}+\dot{B}=(a+jb)+(c+jd)=(a+c)+j(b+d)$$
$$\dot{A}-\dot{B}=(a+jb)-(c+jd)=(a-c)+j(b-d) \qquad \cdots\cdots (4.12)$$

4.2.3 지수함수형식

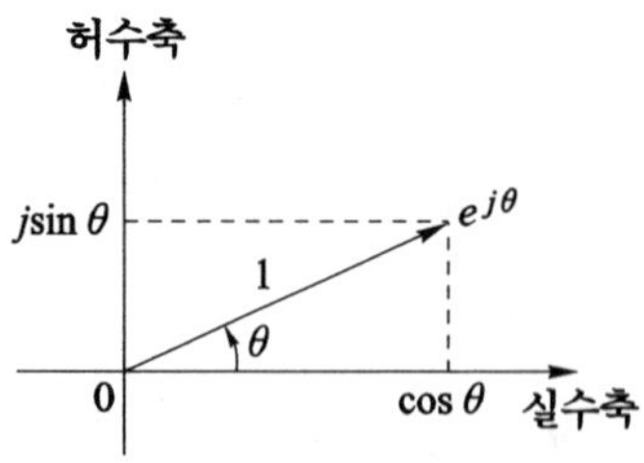

그림 4-4 지수함수 형식

복소수를 표현하는 형식으로 지수함수 형식이 있다. e^x의 형식을 지수함수라고 하며 밑수 e는 다음과 같이 정의된다.

$$e = \lim_{x \to \infty}\left(1+\frac{1}{x}\right)^x \simeq 2.72 \qquad \cdots\cdots (4.13)$$

$e^{j\theta}$는 오일러 정리(Euler's theorem)에 의해

$$e^{j\theta} = \cos\theta + j\sin\theta \qquad \cdots\cdots (4.14)$$

로 나타낼 수 있으며 그림 4-4와 같이 나타낸다. $e^{j\theta}$의 크기는

$$|e^{j\theta}| = \cos\theta + j\sin\theta = \sqrt{\cos^2\theta + \sin^2\theta} = 1 \qquad \cdots\cdots (4.15)$$

이므로 극좌표형식으로 나타내면 다음과 같이 된다.

$$e^{j\theta} = \cos\theta + j\sin\theta = 1\angle\theta \qquad \cdots\cdots (4.16)$$

그러므로 $\dot{A} = A\angle\theta$인 복소수의 지수함수형식은 다음 식으로 나타낸다.

$$\dot{A} \equiv A\angle\theta = A(\cos\theta + j\sin\theta) = Ae^{j\theta} \qquad \cdots\cdots (4.17)$$

그리고 j와 $\frac{1}{j}$을 지수함수형식으로 나타내면 다음과 같이 된다.

$$j = 1\angle\frac{\pi}{2} = 1e^{j\frac{\pi}{2}}$$

$$\frac{1}{j} = -j = 1\angle-\frac{\pi}{2} = 1e^{j(-\frac{\pi}{2})} \qquad \cdots\cdots (4.18)$$

지수함수 형식은 다음과 같이 복소수의 미·적분에 유용하게 이용된다.

$$\frac{d}{dx}e^{ax} = ae^{ax} \qquad \cdots\cdots (4.19)$$

이므로 $\dot{A} = Ae^{j\theta}$일 때

$$\frac{d\dot{A}}{dx} = \frac{d}{dx}(Ae^{j\theta}) = jAe^{j\theta} = j\dot{A}$$

$$\int \dot{A}\,d\theta = \int Ae^{j\theta}\,d\theta = \frac{A}{j}e^{j\theta} = -j\dot{A} \qquad \cdots\cdots (4.20)$$

가 된다.

예제 4-2

$\dot{V}_1 = 100\angle\tan^{-1}\frac{4}{3}$, $\dot{V}_2 = 50\angle\tan^{-1}\frac{3}{4}$일 때 $\dot{V}_1 + \dot{V}_2$를 구하라.

|풀이| $\tan^{-1}\frac{4}{3} = \theta_1$

$\tan^{-1}\frac{3}{4}=\theta_2$의 삼각형은 그림 4-5와 같다.

$$\begin{aligned}\dot{V}_1+\dot{V}_2 &= 100\underline{/\theta_1}+50\underline{/\theta_2} \\ &= 100(\cos\theta_1+j\sin\theta_1)+50(\cos\theta_2+j\sin\theta_2) \\ &= 100\left(\frac{3}{5}+j\frac{4}{5}\right)+50\left(\frac{4}{5}+j\frac{3}{5}\right) \\ &= (60+40)+j(80+30)=100+j110\text{[V]}\end{aligned}$$

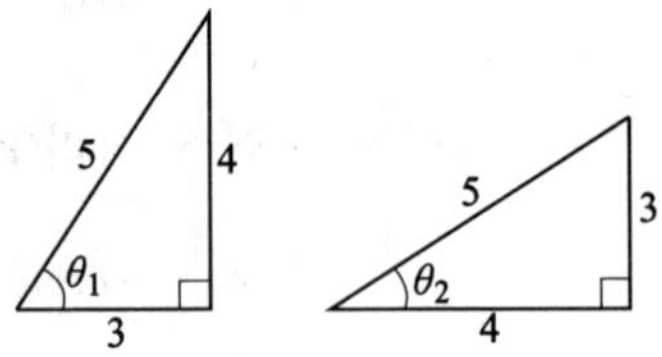

그림 4-5

예제 4-3

$e^{j\frac{2}{3}\pi}$를 직교좌표 형식으로 나타내어라.

| 풀이 | 오일러 정리(또는 복소수의 표현형식)를 이용하면

$$e^{j\frac{2}{3}\pi}=1\underline{\left/\frac{2}{3}\pi\right.}=\cos\frac{2}{3}\pi+j\sin\frac{2}{3}\pi=-\frac{1}{2}+j\frac{\sqrt{3}}{2}$$

예제 4-4

다음 복소수를 극좌표 형식으로 나타내시오.

(1) $\dot{A}=4-j3$　　　　(2) $\dot{B}=6+j8$

| 풀이 | (1) $\dot{A}=4-j3$

$A=\sqrt{4^2+3^2}=5,\quad \theta=\tan^{-1}\left(-\frac{3}{4}\right)=-36.9°\qquad \therefore \dot{A}=5\underline{/-36.9°}$

(2) $\dot{B}=6+j8$

$B=\sqrt{6^2+8^2}=10,\quad \theta=\tan^{-1}\frac{8}{6}=53.1°\qquad \therefore \dot{B}=10\underline{/53.1°}$

4.3 정현파의 페이저 표시

페이저(phasor)란 정현파를 크기와 위상(편각)으로 나타낸 것을 말한다. 여러 전압의 순시값 표시식이 다음과 같을 때 각 전압은 주파수가 동일하므로 실효값과 위상만이 다르게 된다.

$$\begin{aligned}v_0 &= \sqrt{2}\,V_0\sin(\omega t+0) \\ v_1 &= \sqrt{2}\,V_1\sin(\omega t+\theta_1) \\ v_2 &= \sqrt{2}\,V_2\sin(\omega t-\theta_2)\end{aligned} \qquad \cdots\cdots (4.21)$$

따라서 위 전압들의 페이저 표시식은 다음과 같이 극좌표형식으로 간단하게 나타낼 수 있다.

$$\dot{V}_0=V_0\underline{/0}$$

$$\dot{V}_1 = V_1 \angle \theta_1$$
$$\dot{V}_2 = V_2 \angle -\theta_2 \qquad \cdots\cdots (4.22)$$

위의 전압들의 파형과 벡터도를 그림 4-6에 나타내었다.

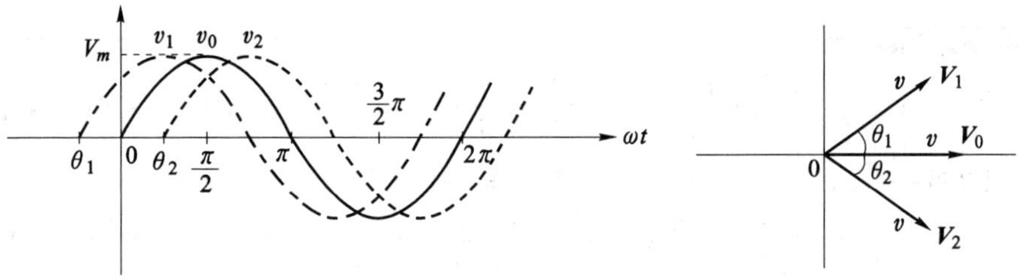

(a) 정현파의 순시값 표시 (b) 페이저도

그림 4-6 정현파의 페이저 표시

정현파의 페이저 표시는 최댓값 대신에 실효값을 사용하며 그림 (b)와 같은 벡터표시를 각 정현파의 순시값에 대한 페이저도(phasor diagram)라고 한다.

예제 4-5

다음의 정현파 교류를 페이저로 표시하고 페이저도를 그리시오.

(1) $v_1 = 110\sqrt{2}\sin(\omega t + 30°)$〔V〕

(2) $v_2 = 141.4\sin\left(\omega t - \frac{\pi}{3}\right)$〔V〕

| 풀이 | (1) $v_1 = 110\sqrt{2}\sin(\omega t + 30°) \rightarrow \dot{V}_1 = 110\angle 30°$〔V〕

(2) $v_2 = 141.4\sin\left(\omega t - \frac{\pi}{3}\right) \rightarrow \dot{V}_2 = 100\angle -\frac{\pi}{3}$〔V〕

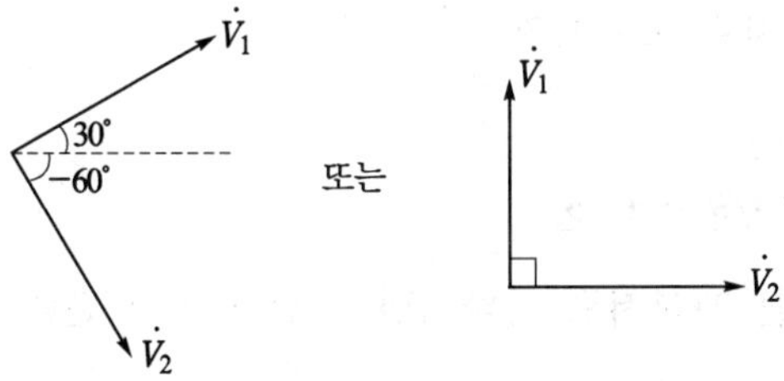

그림 4-7

예제 4-6

$i_1 = 20\sqrt{2}\sin\left(\omega t + \frac{\pi}{3}\right)$〔A〕, $i_2 = 10\sqrt{2}\sin\left(\omega t - \frac{\pi}{6}\right)$〔A〕의 합성전류를 복소수로 표시하여라.

| 풀이 | $\dot{I}_1 + \dot{I}_2 = 20\angle\frac{\pi}{3} + 10\angle -\frac{\pi}{6}$

$$= 20\left(\cos\frac{\pi}{3} + j\sin\frac{\pi}{3}\right) + 10\left[\cos\left(-\frac{\pi}{6}\right) + j\sin\left(-\frac{\pi}{6}\right)\right]$$

$$= (10 + 5\sqrt{3}) + j(10\sqrt{3} - 5) = 18.66 + j12.32\text{〔A〕}$$

예제 4-7

$\dot{I}_1 = 5\left(\cos\frac{\pi}{6} + j\sin\frac{\pi}{6}\right)$와 $\dot{I}_2 = 4\left(\cos\frac{\pi}{3} + j\sin\frac{\pi}{3}\right)$로 표시되는 두 벡터의 곱은 얼마인가?

| 풀이 | 복소수의 곱셈, 나눗셈은 극좌표 형식이 편리하므로

$$\dot{I}_1 \times \dot{I}_2 = 5\angle\frac{\pi}{6} \times 4\angle\frac{\pi}{3} = (5 \times 4)\angle\frac{\pi}{6} + \frac{\pi}{3} = 20\angle\frac{\pi}{2} = 20\left(\cos\frac{\pi}{2} + j\sin\frac{\pi}{2}\right) = j20\text{〔A〕}$$

4.4 회로소자의 페이저 해석

4.4.1 저항 회로

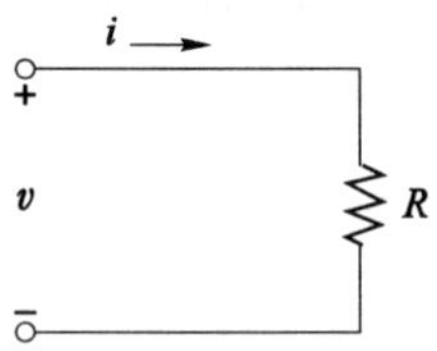

그림 4-8 *R*회로의 전압, 전류 관계

그림 4-8과 같이 저항 R 회로에 교류전류 $i = \sqrt{2}I\sin(\omega t + \theta)$〔A〕가 흐를 때 저항에 걸리는 전압 v는 옴의 법칙에 의해

$$v = Ri = \sqrt{2}RI\sin(\omega t + \theta) = \sqrt{2}V\sin(\omega t + \theta)\text{〔V〕} \quad \cdots\cdots (4.23)$$

이 관계를 페이저로 표시하면

$$\dot{I} = I\angle\theta$$

$$\dot{V} = RI\angle\theta = V\angle\theta \quad \cdots\cdots (4.24)$$

$\dot{V}$와 $\dot{I}$의 관계를 페이저로 나타내면 그림 4-9와 같다.

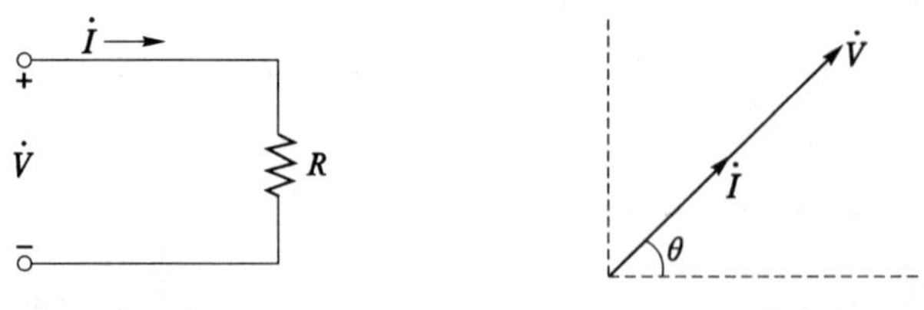

(a) R 회로 (b) 페이저도

그림 4-9 *R*회로의 전압, 전류 페이저 관계

예제 4-8

$R=10[\Omega]$의 저항회로에 $v=100\sqrt{2}\sin(\omega t+30°)[V]$ 의 전압이 인가되었을 때 회로전류 $\dot{I}$를 구하고 $\dot{V}$와 $\dot{I}$의 페이저도를 그리시오.

|풀이| $\dot{V}=100\underline{/30°}$ [V]이므로

$$\dot{I}=\frac{\dot{V}}{R}=\frac{100\underline{/30°}}{10}=10\underline{/30°}[A]$$

페이저도는 그림 4-10과 같다.

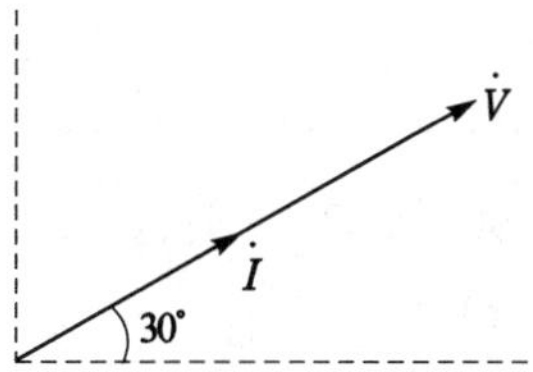

그림 4-10

4.4.2 인덕턴스 회로

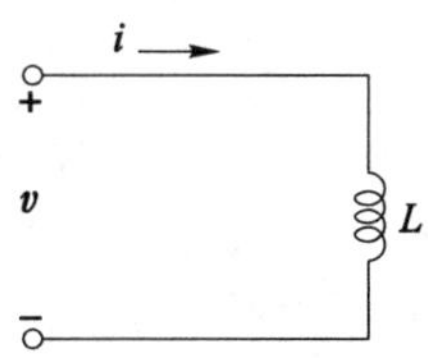

그림 4-11 인덕턴스 회로

그림 4-11과 같이 인덕턴스 L 회로에 교류전류 $i=\sqrt{2}I\sin(\omega t+\theta)[A]$가 흐를 때, L 양단에 걸리는 전압 v는

$$v=L\frac{di}{dt}=X_L I_m\cos(\omega t+\theta)=\sqrt{2}\omega L\,I\cos(\omega t+\theta)$$

$$=\sqrt{2}X_L I\cos(\omega t+\theta)=\sqrt{2}X_L I\sin\left(\omega t+\theta+\frac{\pi}{2}\right)[V] \quad \cdots\cdots (4.25)$$

전압, 전류를 페이저로 나타내면

$$\dot{I}=I\underline{/\theta} \quad \cdots\cdots (4.26)$$

$$\dot{V}=\omega LI\underline{/\theta+\frac{\pi}{2}}=(\omega LI\underline{/\theta})\left(1\underline{/\frac{\pi}{2}}\right)=j\omega L\dot{I}=j\,X_L\dot{I} \quad \cdots\cdots (4.27)$$

$$\dot{I}=\frac{\dot{V}}{j\,X_L}=\frac{\dot{V}}{j\omega L} \quad \cdots\cdots (4.28)$$

이고, 그림 4-12와 같다.

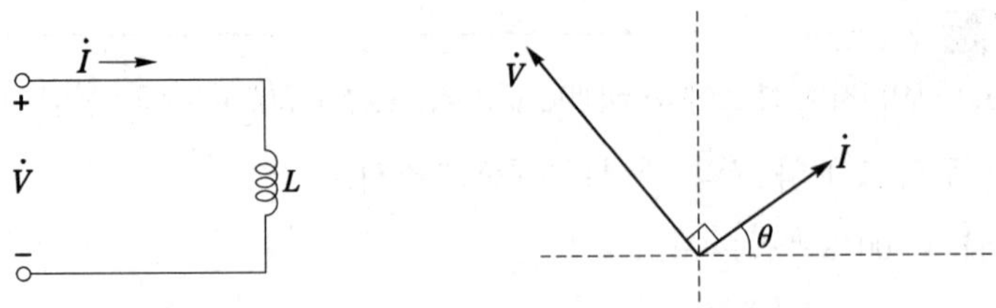

(a) L 회로 (b) 페이저도

그림 4-12 L 회로의 전압, 전류의 페이저 관계

예제 4-9

4[H] 인덕터에 $\dot{V}=8\angle -50°$[V]의 전압을 가하였을 때 흐르는 전류의 순시값 i를 구하라. 단, ω는 100[rad/s] 이다.

| 풀이 | $I=\dfrac{V}{\omega L}=\dfrac{8}{100\times 4}=0.02$[A]

또, 전류는 전압보다 90° 위상이 뒤지므로

$\dot{I}=0.02\angle -50°-90°=0.02\angle -140°$[A]

그러므로 $i=0.02\sqrt{2}\sin(100t-140°)$[A]

4.4.3 커패시턴스 회로

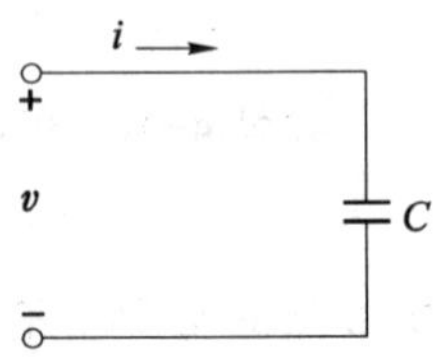

그림 4-13 커패시턴스 회로

그림 4-13과 같이 커패시턴스 C 회로에 교류전류 $i=\sqrt{2}I\sin(\omega t+\theta)$[A]가 흐를 때 C 양단에 생기는 전압강하 v는

$$v=\frac{1}{C}\int i\,dt=X_c I_m\cos(\omega t+\theta)$$
$$=-\sqrt{2}\frac{1}{\omega C}I\cos(\omega t+\theta)$$
$$=\sqrt{2}\frac{1}{\omega C}I\sin\left(\omega t+\theta-\frac{\pi}{2}\right)$$
$$=\sqrt{2}\,|X_C|\,I\sin\left(\omega t+\theta-\frac{\pi}{2}\right)\text{[V]} \quad \cdots\cdots (4.29)$$

이 식을 전압, 전류의 페이저로 나타내면 $\dot{I} = I\angle\theta$ 일 때

$$\dot{V} = \frac{1}{\omega C} I\angle\theta - \frac{\pi}{2} = \left(\frac{1}{\omega C} I\angle\theta\right)\left(1\angle -\frac{\pi}{2}\right) = \frac{1}{j\omega C}\dot{I} = -j\frac{1}{\omega C}\dot{I} = jX_C\dot{I}\,[\mathrm{V}]$$

$$\dot{I} = \frac{\dot{V}}{jX_C} = \frac{\dot{V}}{-j\frac{1}{\omega C}} = j\omega C\dot{V}\,[\mathrm{A}] \qquad \cdots\cdots (4.30)$$

가 되고 페이저로 나타내면 그림 4-14와 같다.

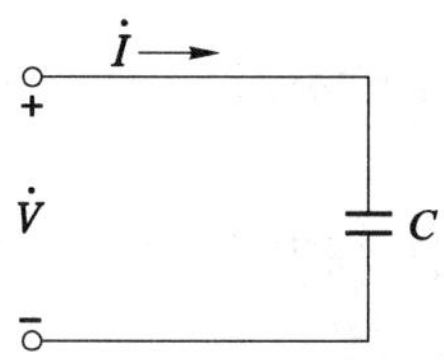

(a) C 회로

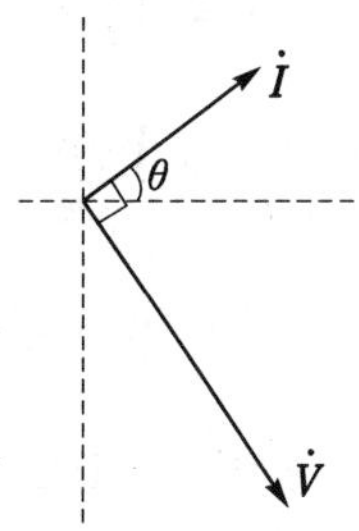

(b) 페이저도

그림 4-14 C회로의 전압, 전류의 페이저 관계

예제 4-10

$C = 100[\mu\mathrm{F}]$ 커패시터의 양단에 $v = 100\sqrt{2}\sin(100t + 30°)[\mathrm{V}]$의 전압을 인가했을 때 회로에 흐르는 전류 $\dot{I}$를 구하라.

| 풀이 | $X_C = \frac{-1}{\omega C} = \frac{-1}{100 \times 100 \times 10^{-6}} = -100\,[\Omega]$

$\dot{V} = 100\angle 30°$ 이므로

$$\dot{I} = \frac{\dot{V}}{jX_C} = \frac{100\angle 30°}{-j100} = \frac{100\angle 30°}{100\angle -90°} = 1\angle 120°[\mathrm{A}]$$

4.5 복소 임피던스

앞의 3장에서 임피던스와 임피던스 삼각도에 대해 설명하였다. 임피던스는 크기와 위상을 가지고 있으므로 임피던스에 복소수 개념을 도입하면 더욱 쉽게 회로를 해석할 수 있다.

그림 3-19에 나타낸 임피던스 삼각도를 복소평면에 대입하여 그림 4-15에 나타내었다. 이와 같이 표현한 것을 복소 임피던스(complex impedance)라고 한다.

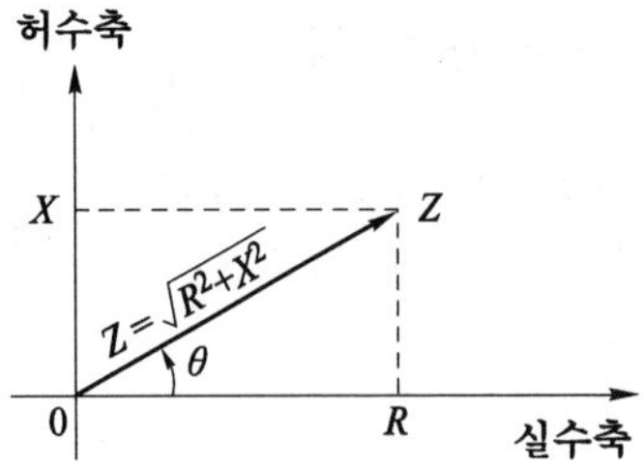

그림 4-15 복소 임피던스

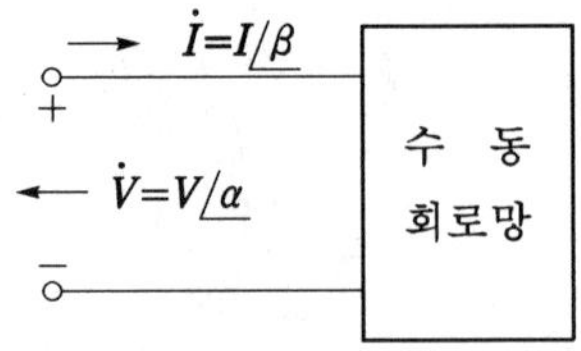

그림 4-16 수동회로

그림 4-16에서 $\dot{V}=V\angle\alpha$, $\dot{I}=I\angle\beta$라고 하면 복소 임피던스 $\dot{Z}$는

$$\dot{Z}=\frac{\dot{V}}{\dot{I}}=\frac{V\angle\alpha}{I\angle\beta}=\frac{V}{I}\angle\alpha-\beta=Z\angle\theta\,[\Omega] \qquad \cdots\cdots (4.31)$$

복소 임피던스 $\dot{Z}$를 직교좌표형식으로 나타내면 다음과 같이 된다.

$$\begin{aligned}\dot{Z}&=Z\angle\theta=Z(\cos\theta+j\sin\theta)\\ &=Z\cos\theta+jZ\sin\theta=R+jX\end{aligned} \qquad \cdots\cdots (4.32)$$

그러므로 복소 임피던스의 크기와 편각은 각각

$$\begin{aligned}Z&=\sqrt{R^2+X^2}\\ \theta&=\tan^{-1}\frac{X}{R}\end{aligned} \qquad \cdots\cdots (4.33)$$

로 되며, 그림 4-15와 같이 복소평면 상에서 실수축은 저항 R, 허수축은 리액턴스 X $(X_L,\ X_C)$가 된다.

따라서 R, L, C 소자의 복소 임피던스는 다음과 같다.

$$\begin{aligned}R&:\ \dot{Z}_R=R\\ L&:\ \dot{Z}_L=jX_L=j\omega L\\ C&:\ \dot{Z}_C=jX_C=-j\frac{1}{\omega C}\end{aligned} \qquad \cdots\cdots (4.34)$$

예제 4-11

어떤 회로의 전압 및 전류의 순시값이 $v=200\sin 314t\,[\mathrm{V}]$, $i=10\sin\left(314t-\frac{\pi}{6}\right)[\mathrm{A}]$일 때, 이 회로의 임피던스를 복소수로 표시하여라.

| 풀이 | $\dot{Z}=\dfrac{\dot{V}}{\dot{I}}=\dfrac{\frac{200}{\sqrt{2}}\angle 0}{\frac{10}{\sqrt{2}}\angle -\frac{\pi}{6}}=20\angle\frac{\pi}{6}=20(\cos 30^\circ+j\sin 30^\circ)=10\sqrt{3}+j10\,[\Omega]$

예제 4-12

저항과 리액턴스의 직렬회로에 $\dot{V}=14+j38$〔V〕인 교류전압을 인가했을 때 $\dot{I}=6+j2$〔A〕의 전류가 흘렀다. 이 회로의 저항과 리액턴스를 구하라.

|풀이| $\dot{Z}=\dfrac{\dot{V}}{\dot{I}}=\dfrac{14+j38}{6+j2}=\dfrac{(14+j38)(6-j2)}{(6+j2)(6-j2)}=\dfrac{(84+76)+j(228-28)}{36+4}=4+j5=R+jX$

$\therefore\ R=4〔\Omega〕,\ X=X_L=5〔\Omega〕$

4.5.1 직렬접속

임피던스 소자가 그림 4-17과 같이 직렬접속되어 있을 때, 합성 임피던스 $\dot{Z}_0$는 다음과 같다.

$$\dot{Z}_0=\dot{Z}_1+\dot{Z}_2+\cdots+\dot{Z}_n$$

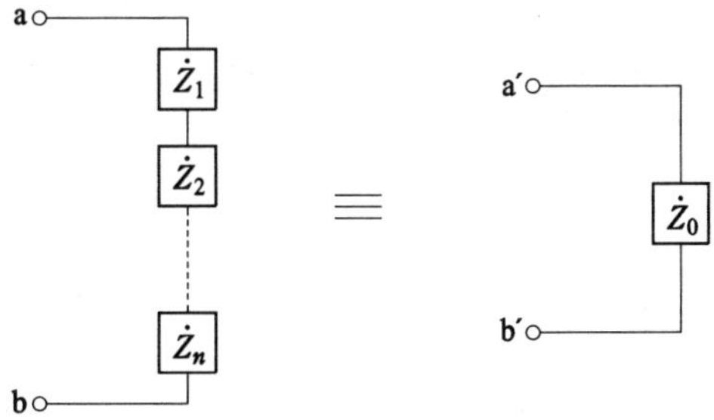

그림 4-17 임피던스의 직렬접속

4.5.2 병렬접속

임피던스 소자가 그림 4-18과 같이 병렬접속되어 있을 때, 합성 임피던스 $\dot{Z}_0$는 다음과 같다.

$$\frac{1}{\dot{Z}_o}=\frac{1}{\dot{Z}_1}+\frac{1}{\dot{Z}_2}+\cdots+\frac{1}{\dot{Z}_n} \qquad \cdots\cdots (4.35)$$

$$\dot{Z}_0=\frac{1}{\dfrac{1}{\dot{Z}_1}+\dfrac{1}{\dot{Z}_2}+\cdots+\dfrac{1}{\dot{Z}_n}} \qquad \cdots\cdots (4.36)$$

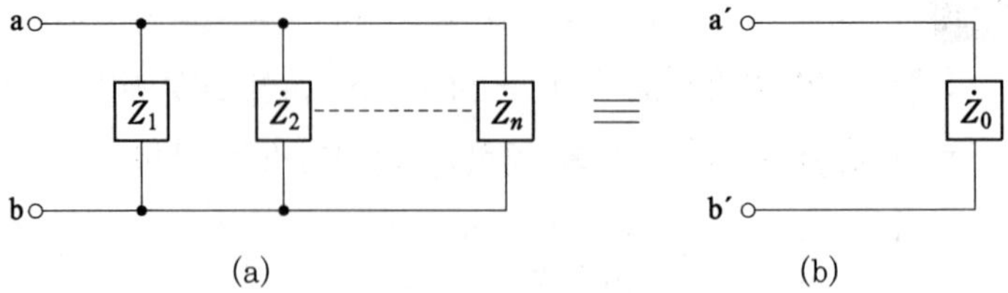

그림 4-18 임피던스의 병렬접속

예제 4-13

그림 4-19와 같은 회로의 합성 임피던스 $\dot{Z}_{ab}$를 구하라.

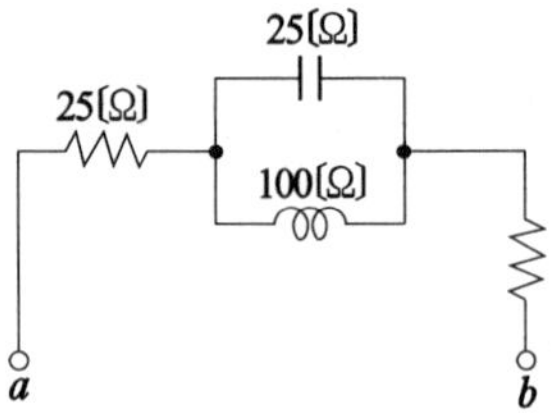

그림 4-19

| 풀이 | C와 L은 병렬접속 관계이고, 이들과 R는 직렬접속 관계이므로

$$\dot{Z}=25+\frac{(j100)\times(-j25)}{j100+(-j25)}=25+\frac{2500}{j75}=25-j\frac{100}{3}[\Omega]$$

4.6 복소 어드미턴스

복소 임피던스 $\dot{Z}$의 역수를 복소 어드미턴스(complex admittance)라고 하며 기호는 $\dot{Y}$, 단위는 [℧]로 나타낸다.

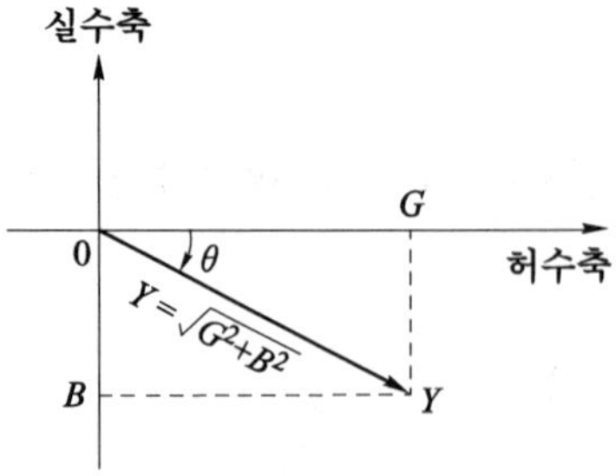

그림 4-20 복소 어드미턴스

그림 4-20에서 $\dot{V}=V\underline{/\alpha}$, $\dot{I}=I\underline{/\beta}$라고 하면 복소 어드미턴스 $\dot{Y}$는

$$\dot{Y} = \frac{1}{\dot{Z}} = \frac{\dot{I}}{\dot{V}} = \frac{I\angle\beta}{V\angle\alpha} = \frac{I}{V}\angle\beta - \alpha = Y\angle\theta' \ [℧] \qquad \cdots\cdots (4.37)$$

또는

$$\dot{Y} = \frac{1}{\dot{Z}} = \frac{1}{R + jX} = \frac{R}{R^2 + X^2} + j\frac{-X}{R^2 + X^2} = G + jB \ [℧] \qquad \cdots\cdots (4.38)$$

여기서 실수부 G는 컨덕턴스(conductance), 허수부 B는 서셉턴스(susceptance)를 나타낸다.

복소 어드미턴스의 크기 Y와 편각 θ는 각각

$$Y = \sqrt{G^2 + B^2}$$
$$\theta = \tan^{-1}\frac{B}{G} \qquad \cdots\cdots (4.39)$$

이므로 $\dot{Y}$는 다음과 같이 나타낼 수 있다.

$$\begin{aligned}\dot{Y} &= Y\angle\theta = Y(\cos\theta + j\sin\theta)\\ &= Y\cos\theta + jY\sin\theta\\ &= G + jB = \sqrt{G^2 + B^2}\angle\tan^{-1}\frac{B}{G}\end{aligned} \qquad \cdots\cdots (4.40)$$

R, L, C 소자의 복소 어드미턴스는 다음과 같다.

$$\begin{aligned} R &: \dot{Y}_R = G_R = \frac{1}{R}\\ L &: \dot{Y}_L = ZB_L = -j\frac{1}{X_L} = -j\frac{1}{\omega L}\\ C &: \dot{Y}_C = ZB_C = -\frac{1}{X_C} = j\omega C\end{aligned} \qquad \cdots\cdots (4.41)$$

예제 4-14

어떤 회로에 100[V], 60[Hz]의 교류전압을 인가했더니 5[A]의 전류가 흘렀고 전류는 전압보다 위상이 60° 늦음이 관측되었다. 전압 페이저를 기준으로 한 전압·전류 페이저를 나타내고 회로에 대한 어드미턴스를 복소평면상에 나타내어라.

|풀이| 전압 페이저를 기준으로 하여 전류·전압 페이저를 나타내면 그림 4-21(a)와 같으며

$\dot{V} = 100\angle 0°$[V], $\dot{I} = 5\angle -60°$[A] 이므로

어드미턴스는

$$\dot{Y} = \frac{\dot{I}}{\dot{V}} = \frac{5\angle -60°}{100\angle 0°} = 0.05\angle -60°$$

$$=0.05\{\cos(-60°)+j\sin(-60°)\}$$
$$=0.025-j0.025\sqrt{3}\,[\mho]$$

이를 복소평면상에 나타내면 그림 4-21(b)와 같다.

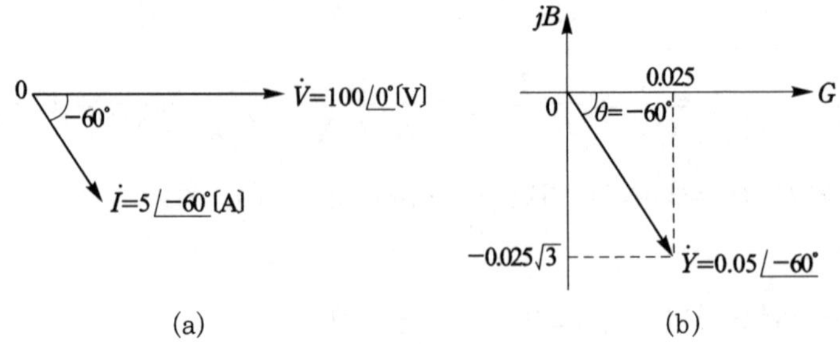

그림 4-21

4.6.1 직렬접속

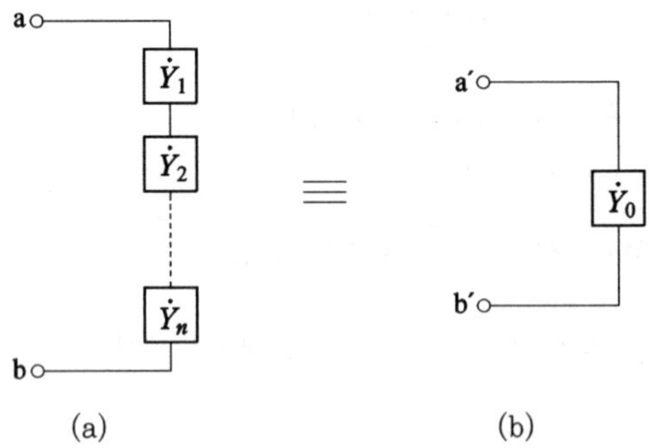

그림 4-22 어드미턴스의 직렬접속

어드미턴스 소자가 그림 4-22와 같이 직렬접속 되어있을 때, 합성 임피던스 $\dot{Y}_0$는 다음과 같이 나타낸다.

$$\frac{1}{\dot{Y}_o}=\frac{1}{\dot{Y}_1}+\frac{1}{\dot{Y}_2}+\cdots+\frac{1}{\dot{Y}_n}$$

$$\dot{Y}_0=\frac{1}{\dfrac{1}{\dot{Y}_1}+\dfrac{1}{\dot{Y}_2}+\cdots+\dfrac{1}{\dot{Y}_n}} \qquad \cdots\cdots (4.42)$$

4.6.2 병렬접속

어드미턴스 소자가 그림 4-23과 같이 병렬접속 되어 있을 때, 합성 임피던스 $\dot{Y}_0$는 다음과 같이 나타낸다.

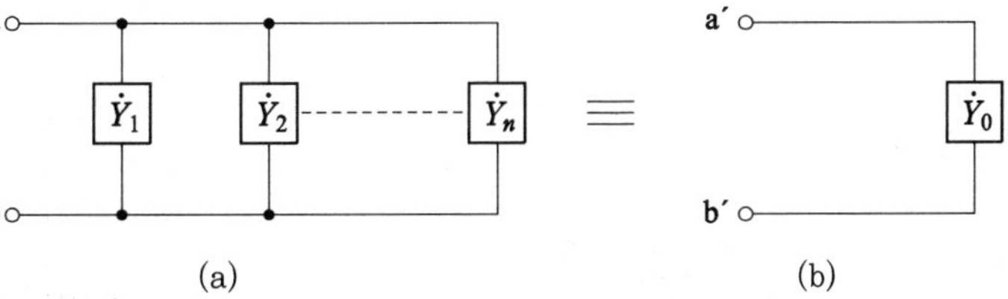

그림 4-23 어드미턴스의 병렬접속

$$\dot{Y}_0 = \dot{Y}_1 + \dot{Y}_2 + \cdots + \dot{Y}_n \qquad \cdots\cdots (4.43)$$

예제 4-15

그림 4-24와 같은 회로의 합성 어드미턴스 $\dot{Y}_0$는 몇 〔℧〕인가?

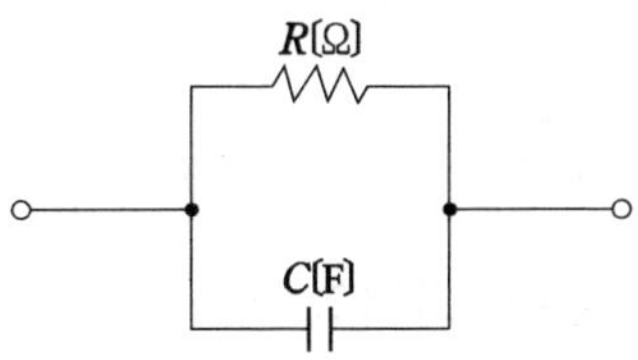

그림 4-24

| 풀이 | 병렬 접속이므로

$$\dot{Y}_0 = \dot{Y}_1 + \dot{Y}_2 = \frac{1}{R} + j\omega C = \frac{1}{R}(1 + j\omega CR)〔℧〕$$

4.7 교류회로의 페이저 해석

4.7.1 직렬회로

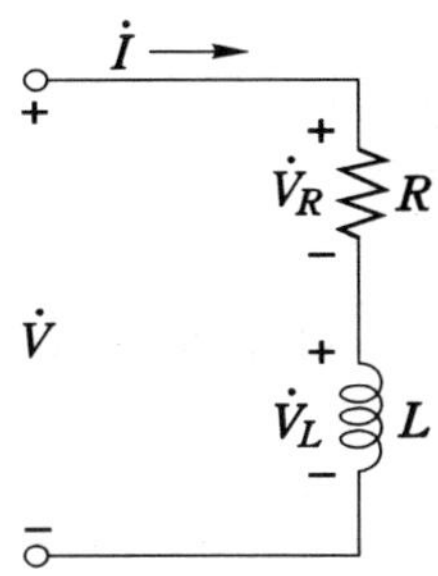

그림 4-25 *R-L* 직렬회로

그림 4-25의 $R-L$ 직렬회로에 있어서 임피던스 $\dot{Z}$는

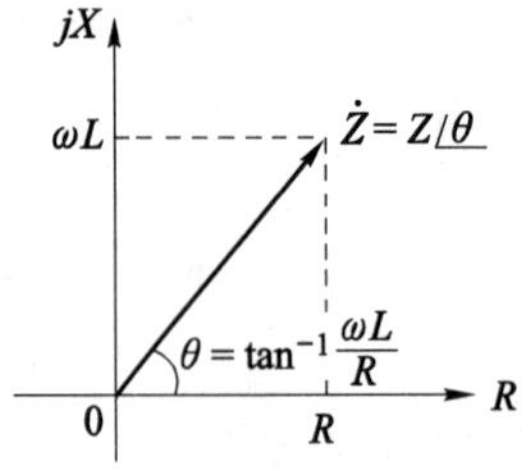

(a) $R-L$ 회로의 임피던스

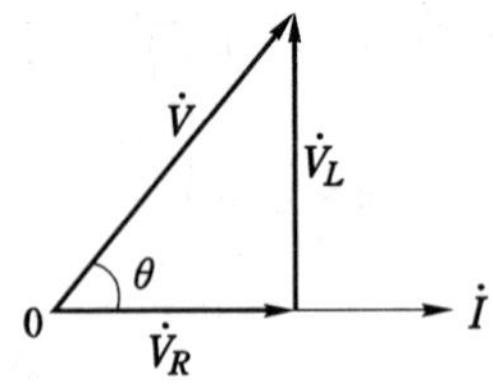

(b) 전압 페이저도

그림 4-26 *R-L* 직렬회로의 복소수 표시

$$\dot{Z} = R + j\omega L = Z\angle\theta \qquad \cdots\cdots (4.44)$$

이고, 그림 4-26(a)와 같다.

여기서 임피던스의 크기 Z와 편각 θ는

$$Z = \sqrt{(R^2 + (\omega L)^2}\,, \quad \theta = \tan^{-1}\frac{\omega L}{R} \qquad \cdots\cdots (4.45)$$

이 된다. 각 소자에 걸리는 단자전압은

$$\dot{V}_R = R\dot{I}, \quad \dot{V}_L = j\omega L\dot{I} \qquad \cdots\cdots (4.46)$$

이며, 전체 전압 $\dot{V}$는

$$\dot{V} = \dot{V}_R + \dot{V}_L = R\dot{I} + j\omega L\dot{I} = (R + j\omega L)\dot{I} = \dot{Z}\,\dot{I} \qquad \cdots\cdots (4.47)$$

이다. 또한 $V = \sqrt{V_R^2 + V_L^2}$ 의 관계가 있다.

회로전류 $\dot{I}$는 다음 식으로 된다.

$$\dot{I} = \frac{\dot{V}}{\dot{Z}} = \frac{\dot{V}}{R + j\omega L} \qquad \cdots\cdots (4.48)$$

그리고 전류의 크기는

$$I = \frac{V}{\sqrt{R^2 + (\omega L)^2}} \qquad \cdots\cdots (4.49)$$

가 되며, 전압-전류 페이저는 그림 4-26(b)와 같이 나타낼 수 있다.

예제 4-16

$R-L$ 직렬회로에 $v = 100\sin 120\pi t$〔V〕의 전원을 연결하여 $i = 2\sin(120\pi t - 45°)$〔A〕의 전류가 흐를 때 저항 R의 값은 얼마인가?

|풀이| $\dot{Z} = \dfrac{\dot{V}}{\dot{I}} = \dfrac{\dfrac{100}{\sqrt{2}}\angle 0°}{\dfrac{2}{\sqrt{2}}\angle -45°} = 50\angle 45°[\Omega]$

$= 50(\cos 45° + j\sin 45°) = 25\sqrt{2} + j25\sqrt{2} = R + jX[\Omega]$

임피던스 삼각도는 그림 4-27과 같고 R은

$R = 25\sqrt{2}[\Omega]$

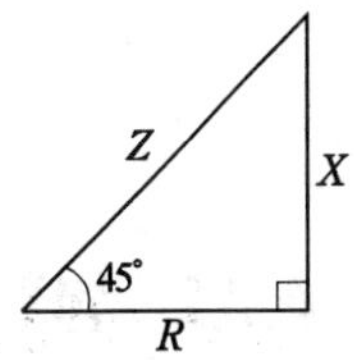

그림 4-27

예제 4-17

$R-L$ 직렬회로에 10[V]의 교류전압을 인가하였을 때 저항에 걸리는 전압이 6[V]였다면 인덕터에 유기되는 전압 V는 얼마인가?

|풀이| $V = \sqrt{V_R^2 + V_L^2}$ 에서 $V_L = \sqrt{V^2 - V_R^2} = \sqrt{10^2 - 6^2} = 8[V]$

이고 전압의 페이저도는 그림 4-28과 같다.

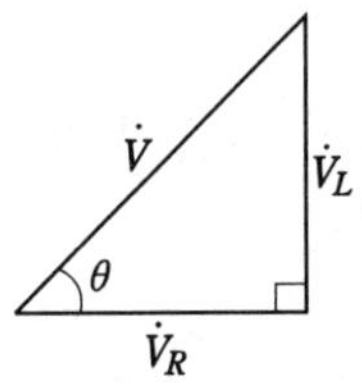

그림 4-28

예제 4-18

$R = 100[\Omega]$, $C = 30[\mu F]$의 직렬회로에 $f = 60[Hz]$, $V = 100[V]$의 교류전압을 인가할 때 전류의 크기 I를 구하라.

|풀이| $\dot{Z} = R + jX = R - j\dfrac{1}{\omega C} = R - j\dfrac{1}{2\pi \times 60 \times 30 \times 10^{-6}} = 100 + j88[\Omega]$

$I = \dfrac{V}{Z} = \dfrac{100}{\sqrt{100^2 + 88^2}} = \dfrac{100}{133} = 0.75[A]$

예제 4-19

$R = 200[\Omega]$, $L = 1.59[H]$, $C = 3.315[\mu F]$을 직렬로 한 회로에 $v = 141.4\sin 377t[V]$를 인가할 때 C의 단자전압을 구하라.

|풀이| X_L과 X_C를 구하면

$X_L = \omega L = 377 \times 1.59 = 600[\Omega]$

$X_C = -\dfrac{1}{\omega C} = -\dfrac{1}{377 \times 3.315 \times 10^{-6}} = -800[\Omega]$

그러므로 그림 4-29와 같이 나타낼 수 있다.

직렬회로이므로 전압 분배 법칙을 적용하면

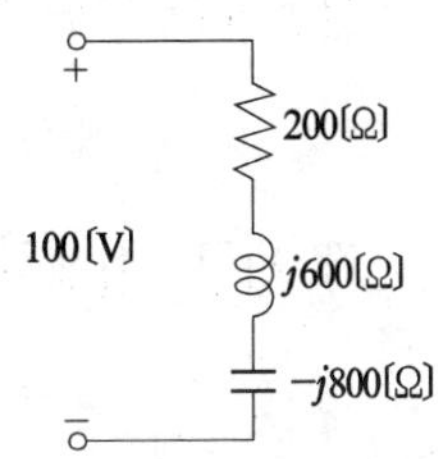

그림 4-29

$$V_C = \frac{-j800}{200+j600-j800} \times 100 = 283[\text{V}]$$

4.7.2 병렬회로

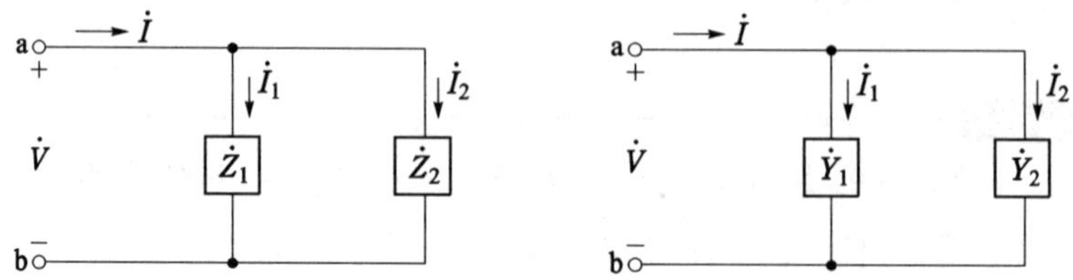

(a) (b)

그림 4-30 병렬회로

그림 4-30과 같은 병렬회로에 전압 $\dot{V}$가 인가되면 (a)와 같은 임피던스회로의 경우

$$\dot{I}_1 = \frac{\dot{V}}{\dot{Z}_1} \qquad \dot{I}_2 = \frac{\dot{V}}{\dot{Z}_2} \quad \cdots\cdots (4.50)$$

가 되며, 전체전류 $\dot{I}$는 다음과 같이 구할 수 있다.

$$\dot{I} = \dot{I}_1 + \dot{I}_2 \quad \cdots\cdots (4.51)$$

단자 a, b에 대한 합성 임피던스 $\dot{Z}_{ab}$는

$$\dot{Z}_{ab} = \frac{1}{\frac{1}{\dot{Z}_1} + \frac{1}{\dot{Z}_2}} \quad \cdots\cdots (4.52)$$

가 된다.

그런데 이와 같은 해석법은 회로가 복잡해지면 계산이 어렵게 될 수 있다. 따라서 병렬회로의 해석에서는 임피던스보다 어드미턴스를 이용하는 것이 편리하다. $\dot{Y} = \frac{1}{\dot{Z}}$의 관계를 이용하여 그림 (a)를 그림 (b)와 같이 변환하면 (b)와 같은 어드미턴스회로의 경우

$$\dot{I}_1 = \dot{Y}_1 \dot{V}, \qquad \dot{I}_2 = \dot{Y}_2 \dot{V} \quad \cdots\cdots (4.53)$$

가 되고, 전체전류 $\dot{I}$는 다음과 같이 된다.

$$\dot{I} = \dot{I}_1 + \dot{I}_2 = \dot{Y}_1 \dot{V} + \dot{Y}_2 \dot{V} = (\dot{Y}_1 + \dot{Y}_2)\dot{V} \quad \cdots\cdots (4.54)$$

단자 a, b에 대한 합성 어드미턴스 $\dot{Y}_{ab}$는

$$\dot{Y}_{ab} = \dot{Y}_1 + \dot{Y}_2 = G + jB \quad \cdots\cdots (4.55)$$

가 되고, 회로 전체전류의 크기 I와 어드미턴스각 θ는

$$I = Y_{ab}V = \sqrt{G^2 + B^2}\, V$$

$$\theta = \tan^{-1}\frac{B}{G} \quad \cdots\cdots (4.56)$$

로 나타낼 수 있다.

예제 4-20

저항 4〔Ω〕과 X_L의 리액턴스가 병렬로 접속된 회로에 12〔V〕의 교류전압을 인가하니 5〔A〕의 전류가 흘렀다. 이 회로의 리액턴스 X_L은 몇 〔Ω〕인가?

| 풀이 | $Y = \frac{I}{V} = \frac{5}{12} = 0.4167 = \sqrt{G^2 + B^2} = \sqrt{\left(\frac{1}{R}\right)^2 + \left(\frac{1}{X_L}\right)^2}$

$$Y = 0.4167 = \sqrt{\left(\frac{1}{4}\right)^2 + \left(\frac{1}{X_L}\right)^2}$$

$\frac{1}{X_L} = \sqrt{0.4167^2 - 0.25^2}$ 에서 $X_L = 3$〔Ω〕

예제 4-21

그림 4-31과 같이 $R = 15$〔Ω〕, $X_L = 12$〔Ω〕, $X_C = -30$〔Ω〕이 병렬로 된 회로에 120〔V〕의 교류전압을 가하면 전원에 흐르는 전류 I는 얼마인가?

| 풀이 | 그림 4-31에서 키르히호프 전류법칙에 의해 $\dot{I} = \dot{I}_R + \dot{I}_L + \dot{I}_C$

병렬접속이므로 R, L, C에 걸리는 전압이 $\dot{V} = 120\angle 0°$로 동일하므로

$$\dot{I}_R = \frac{\dot{V}}{R} = \frac{120}{15} = 8 \qquad \dot{I}_L = \frac{\dot{V}}{jX_L} = \frac{120}{j12} = -j10$$

$$\dot{I}_C = \frac{\dot{V}}{-jX_C} = \frac{120}{-j30} = j4$$

$$\dot{I} = \dot{I}_R + \dot{I}_L + \dot{I}_C = 8 - j6$$

$$\therefore |\dot{I}| = \sqrt{8^2 + 6^2} = 10〔A〕$$

가 되고 전류의 페이저도는 그림 4-32와 같다.

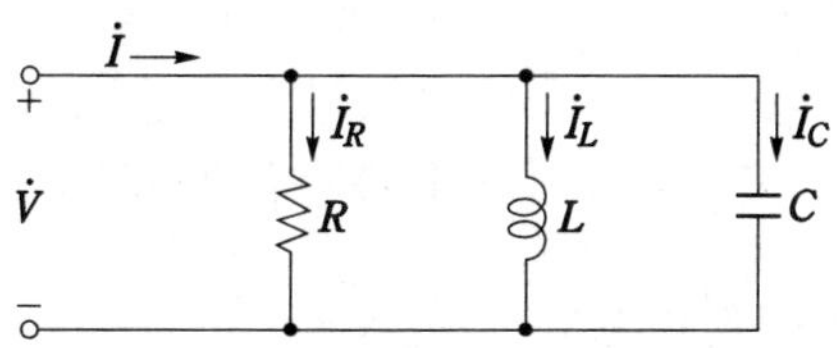

그림 4-31

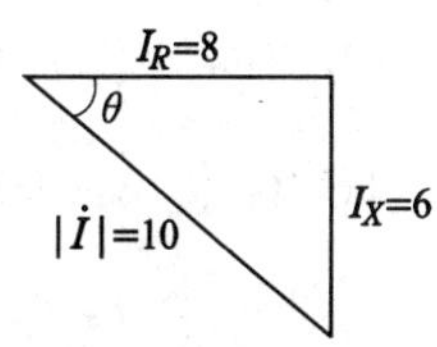

그림 4-32

4.7.3 직 · 병렬회로

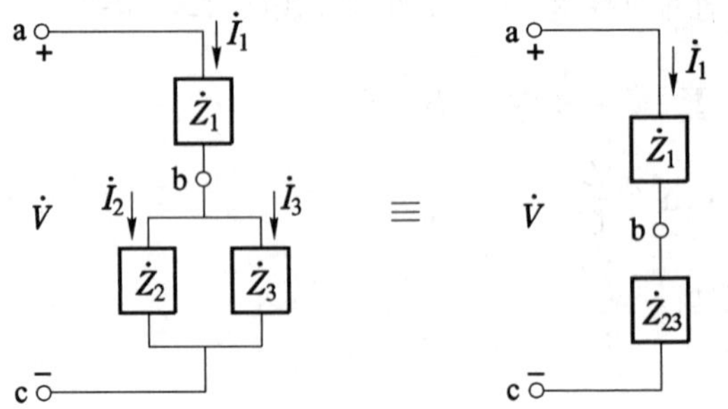

그림 4-33 직 · 병렬회로

그림 4-33과 같은 회로에 전압 $\dot{V}$가 인가되어있을 때 회로를 해석해 보자.

전체 임피던스 $\dot{Z}$는

$$\dot{Z} = \dot{Z}_1 + \dot{Z}_{23} \qquad \cdots\cdots (4.57)$$

이고, 병렬회로의 합성임피던스 $\dot{Z}_{23}$는

$$\dot{Z}_{23} = \frac{\dot{Z}_2 \cdot \dot{Z}_3}{\dot{Z}_2 + \dot{Z}_3} \qquad \cdots\cdots (4.58)$$

가 된다. 각 부분의 전압강하 $\dot{V}_{ab}$, $\dot{V}_{bc}$는

$$\dot{V}_{ab} = \dot{Z}_1 \dot{I}_1, \qquad \dot{V}_{bc} = \dot{Z}_{23} \dot{I}_1 \qquad \cdots\cdots (4.59)$$

이고, 전체전압 $\dot{V}$는 다음과 같이 구할 수 있다.

$$\dot{V} = \dot{Z}\dot{I}_1 = (\dot{Z}_1 + \dot{Z}_{23})\dot{I}_1 = \left(\dot{Z}_1 + \frac{\dot{Z}_2 \cdot \dot{Z}_3}{\dot{Z}_2 + \dot{Z}_3}\right)\dot{I}_1 \qquad \cdots\cdots (4.60)$$

예제 4-22

그림 4-34에서

(1) 회로 전체의 합성 임피던스 $\dot{Z}_0$

(2) 전류 $\dot{I}$를 구하라.

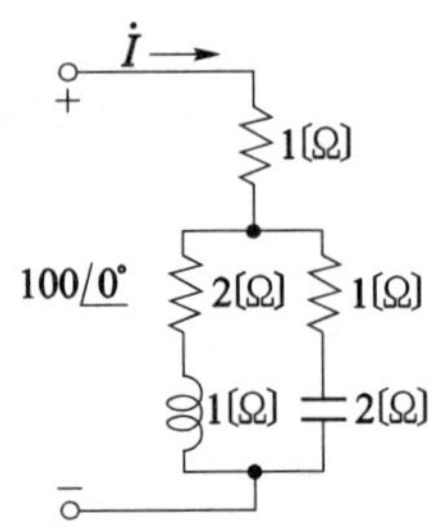

그림 4-34

| 풀이 | (1) $\dot{Z}_0 = 1 + \dfrac{(2+j)(1-j2)}{(2+j)+(1-j2)} = 1.5 - j0.5 = 1.58\angle -18.4°$[Ω]

(2) $\dot{I} = \dfrac{100\angle 0°}{1.58\angle -18.4°} = 63.3\angle 18.4$[A]

04장 연습문제

4-1 $\dot{A}=-1+j\sqrt{3}$ 을 극좌표형식, 삼각함수형식 및 지수함수형식으로 나타내어라.

|정답| $\dot{A}=2\angle 120° = 2(\cos 120° + j\sin 120°) = 2e^{j120°}$

4-2 $\dot{A}=6+j8$, $\dot{B}=20\angle 60°$일 때 $\dot{A}+\dot{B}$를 극좌표형식으로 나타내어라.

|정답| $\dot{A}+\dot{B}=30\angle 57.7°$

4-3 $v_1=100\sqrt{2}\sin(\omega t+30°)$, $v_2=20\sqrt{2}\sin(\omega t+60°)$일 때 v_1과 v_2를 페이저 표시식으로 나타내고 v_1+v_2를 직교 좌표형식으로 나타내어라.

|정답| $\dot{V}_1=100\angle 30°$[V], $\dot{V}_2=20\angle 60°$[V]

$\dot{V}_1+\dot{V}_2=96.6+j67.3$[V]

4-4 복소전압 $\dot{V}=-20e^{j\frac{3}{2}\pi}$를 순시치 표시식으로 나타내어라.

|정답| $v=20\sqrt{2}\sin\left(\omega t+\frac{\pi}{2}\right)$[V]

4-5 $v_1=20\sqrt{2}\sin\omega t$, $v_2=50\sqrt{2}\cos\left(\omega t-\frac{\pi}{6}\right)$일 때 v_1+v_2의 실효값을 구하라.

|정답| $v_1+v_2=\sqrt{3900}$[V]

4-6 $L=10$[mH]인 인덕터 회로에 $v=100\sqrt{2}\sin(377t+30°)$[V]의 전압이 인가될 때 회로에 흐르는 페이저 전류 I와 페이저도를 그리시오.

|정답| $\dot{I}=26.5\angle -60°$[A]

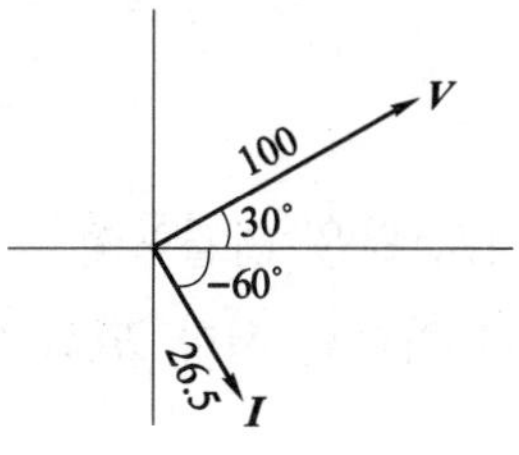

4-7 임피던스 $\dot{Z}=15+j4$〔Ω〕의 회로에 $\dot{I}=20+j10$〔A〕를 흘리는 데 필요한 전압 $\dot{V}$를 구하라.

|정답| $\dot{V}=260+j230$〔V〕

4-8 어떤 회로의 단자전압 및 회로 전류가 다음 식으로 표시될 때 회로의 임피던스 $\dot{Z}$를 구하라.

$$v=100\sqrt{2}\sin(377t+60°),\qquad i=2\sqrt{2}\sin(377t+30°)$$

|정답| $\dot{Z}=50\angle 30°$〔Ω〕

4-9 어떤 인덕터에 100〔V〕의 교류전압을 인가하니 10〔A〕의 전류가 흐르고, 전압과 전류의 위상차는 $\frac{\pi}{3}$〔rad〕이 되었다. 이 인덕터의 저항값을 구하라.

|정답| $R=5$〔Ω〕

4-10 그림 4-35와 같은 병렬회로의 합성 임피던스 $\dot{Z}_{ab}$를 구하라.

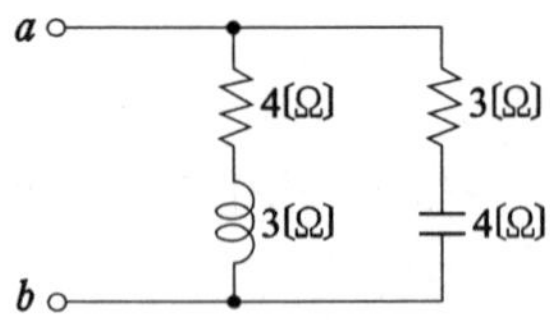

그림 4-35

|정답| $\dot{Z}_{ab}=3.5-j0.5$〔Ω〕

4-11 그림 4-36과 같은 회로에서 벡터 어드미턴스 $\dot{Y}$〔℧〕를 구하라.

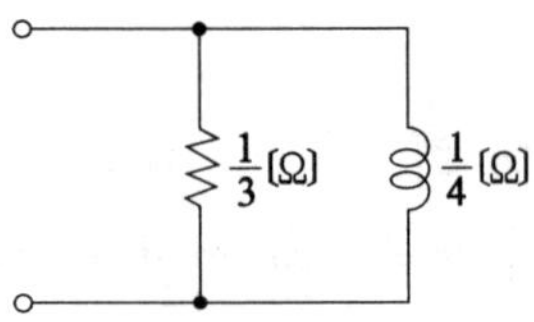

그림 4-36

|정답| $\dot{Y}=3-j4$〔℧〕

4-12 $R-L$ 직렬회로에 $v=100\sin(120\pi t)$〔V〕의 전원을 연결하여 $i=2\sin(120\pi t-45°)$〔A〕의 전류가 흐르도록 하려면 저항 R〔Ω〕의 값은 얼마가 되어야 하는가?

|정답| $R=\frac{50}{\sqrt{2}}$〔Ω〕

4-13 그림 4-37에서 단자전압 $\dot{V}$를 구하고 전압과 전류의 페이저도를 그리시오.

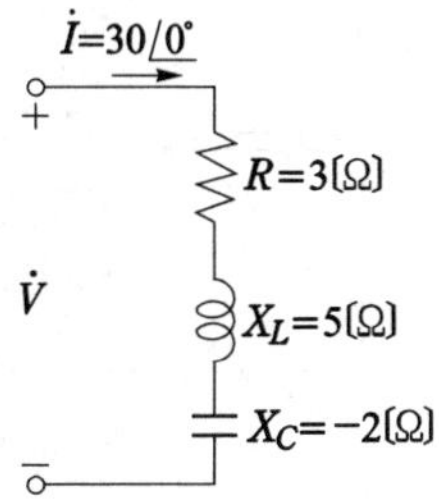

그림 4-37

|정답| $\dot{V}=90\sqrt{2}\,\angle 45°$

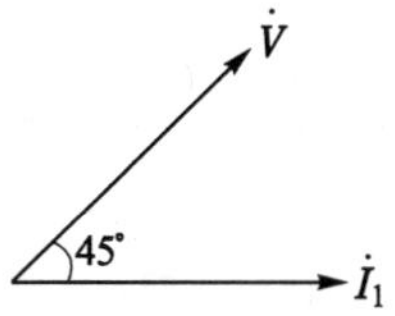

4-14 $R=15[\Omega]$, $X_L=12[\Omega]$, $X_C=-30[\Omega]$이 병렬로 된 회로에 120[V]의 교류 전압을 가하면 전원에 흐르는 전류의 크기 I는 얼마인가?

|정답| $I=10[\text{A}]$

4-15 $R-C$ 직렬회로에 $v=100\sin 1000t[\text{V}]$의 전압이 인가되어 있다.
$R=80[\Omega]$, $C=1[\mu\text{F}]$이라 할 때

(1) 회로전류의 순시값 표시식 i

(2) R, C 각각의 단자 전압인 V_R, V_C를 구하라.

|정답| (1) $i=0.1\sin(1000t+85.4°)[\text{A}]$
(2) $V_R=5.7[\text{V}]$, $V_C=70.7[\text{V}]$

4-16 $R-L$ 직렬회로에 60[Hz], 100[V]의 교류전압을 가했더니 위상이 60° 뒤진 3[A]의 전류가 흘렀다. 이때 리액턴스 X를 구하라.

|정답| $X=28.86[\Omega]$

4-17 저항 20[Ω], 인덕턴스 56[mH]의 직렬회로에 60[Hz], 실효값 141.4[V]의 전압을 가할 때 이 회로전류의 순시값 i를 구하라.

|정답| $i=6.9\sin(377t-46.5°)[\text{A}]$

4-18 그림 4-38과 같은 회로에서 전류 $\dot{I}$를 구하라.

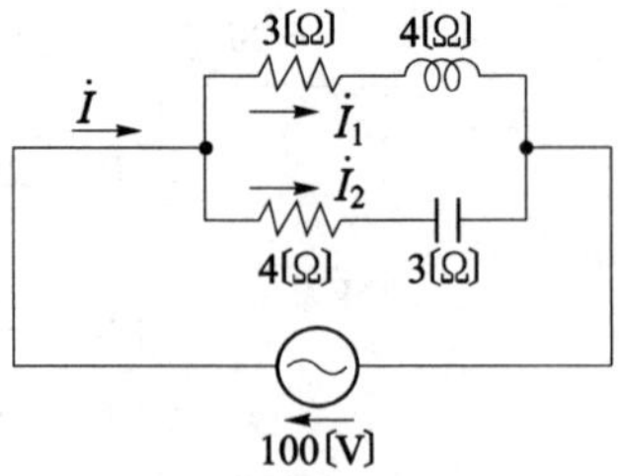

그림 4-38

|정답| $\dot{I} = 28 - j4$[A]

4-19 그림 4-39와 같은 회로에서 전류 I를 구하라.

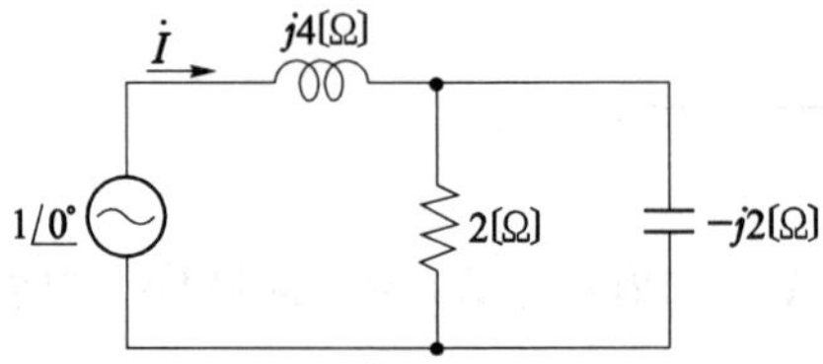

그림 4-39

|정답| $I = 0.316$[A]

4-20 그림 4-40의 회로에서 $G = 0.1$[℧], $B_L = -0.125$[℧], $B_C = 0.05$[℧]이고 $\dot{V} = 80\angle 0°$일 때 회로전류 $\dot{I}$를 구하고 전압과 전류의 페이저도를 그려라.

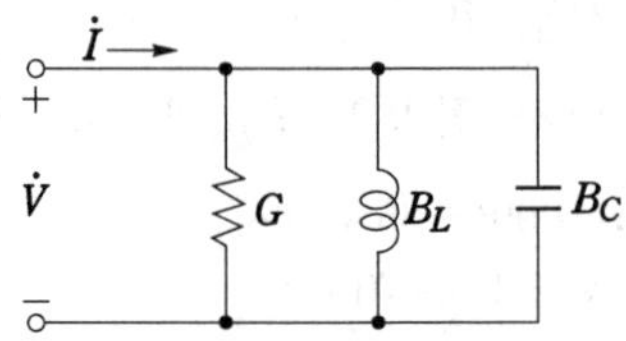

그림 4-40

|정답| $\dot{I} = 10\angle -36.9°$

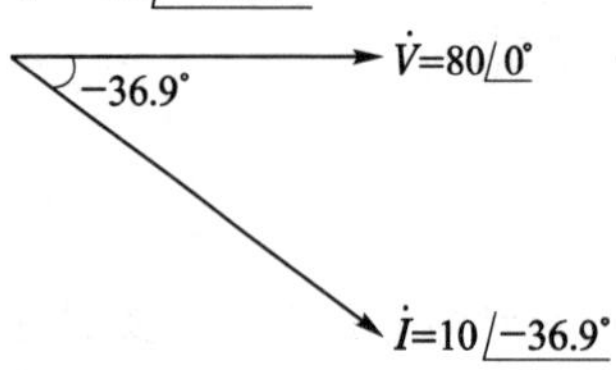

4-21 저항과 커패시터를 병렬로 접속한 회로에 직류 100[V]를 가하면 5[A]가 흐르고, 교류 300[V]를 가하면 25[A]가 흐른다. 이때 용량 리액턴스 X_C를 구하라.

|정답| $X_C = -15[\Omega]$

chapter 05

회로망 해석

전기회로 또는 회로망에 존재하는 전원은 각각의 지로에 전류를 흘리고, 그 결과 모든 회로소자에는 전압강하가 발생한다. 회로망 해석은 각 지로에 흐르는 전류 및 모든 회로소자에 생기는 전압을 구하는 것을 말한다. 본 장에서는 지금까지 다루어온 회로보다 복잡한 회로망의 해석에 필요한 여러 가지 해석법 및 정리에 대해 알아보기로 한다.

5.1 행렬

5.1.1 행렬의 정의

행렬(matrix)은 매트릭스라고도 하며 가로줄을 행(row), 세로줄을 열(column)이라고 한다. $m \times n$ 개수의 a_{jk} $(j=1, 2, \cdots, m,\ k=1, 2, \cdots, n)$를 m행 n열로 배열한 수의 군을 다음과 같이 나열한 것을 (m, n)형 행렬이라고 한다. 여기서 a_{jk}는 j행 k열이 교차하는 지점에 있는 행렬의 원소(element)라고 한다.

$$\begin{bmatrix} a_{11} & a_{12} & \cdots & a_{1n} \\ a_{21} & a_{22} & \cdots & a_{2n} \\ \cdots & \cdots & \cdots & \cdots \\ a_{m1} & a_{m2} & \cdots & a_{mn} \end{bmatrix} \quad \cdots\cdots (5.1)$$

위와 같은 형태를 행렬이라고 하며, 이와 달리 다음과 같은 형식의 식은 행렬식이라고 하며 어떤 값을 갖게 된다.

$$\begin{vmatrix} a_{11} & a_{12} \\ a_{21} & a_{22} \end{vmatrix} = a_{11}a_{22} - a_{12}a_{21} \quad \cdots\cdots (5.2)$$

5.1.2 행렬의 연산

행렬의 가법과 감법은

$$[A] \pm [B] = [C] \quad \cdots\cdots (5.3)$$

으로 나타내며 다음과 같이 구할 수 있다.

$$\begin{bmatrix} a_{11} & a_{12} \\ a_{21} & a_{22} \end{bmatrix} \pm \begin{bmatrix} b_{11} & b_{12} \\ b_{21} & b_{22} \end{bmatrix} = \begin{bmatrix} a_{11} \pm b_{11} & a_{12} \pm b_{12} \\ a_{21} \pm b_{21} & a_{22} \pm b_{22} \end{bmatrix} \quad \cdots\cdots (5.4)$$

행렬의 승법은 다음과 같다.

$$\alpha[A] = [A]\alpha = \alpha \begin{bmatrix} a_{11} & a_{12} \\ a_{21} & a_{22} \end{bmatrix} = \begin{bmatrix} \alpha a_{11} & \alpha a_{12} \\ \alpha a_{21} & \alpha a_{22} \end{bmatrix}$$

$$[A][B] = \begin{bmatrix} a_{11} & a_{12} \\ a_{21} & a_{22} \end{bmatrix} \begin{bmatrix} b_{11} & b_{12} \\ b_{21} & b_{22} \end{bmatrix} = \begin{bmatrix} a_{11}b_{11} + a_{12}b_{21} & a_{11}b_{12} + a_{12}b_{22} \\ a_{21}b_{11} + a_{22}b_{21} & a_{21}b_{12} + a_{22}b_{22} \end{bmatrix} \quad \cdots\cdots (5.5)$$

행렬의 제법(나눗셈)은 회로해석에서 사용할 경우가 거의 없으므로 생략하도록 한다.

회로망의 해석에서 크래머의 방법(Cramer's rule)을 사용하면 연립방정식을 쉽게 구할 수 있다.

3개의 미지수 x_1, x_2, x_3을 가진 연립방정식

$$\begin{aligned} a_{11}x_1 + a_{12}x_2 + a_{13}x_3 &= y_1 \\ a_{21}x_1 + a_{22}x_2 + a_{23}x_3 &= y_2 \\ a_{31}x_1 + a_{32}x_2 + a_{33}x_3 &= y_3 \end{aligned} \quad \cdots\cdots (5.6)$$

를 행렬을 사용해서 나타내면

$$\begin{bmatrix} a_{11} & a_{12} & a_{13} \\ a_{21} & a_{22} & a_{23} \\ a_{31} & a_{32} & a_{33} \end{bmatrix} \begin{bmatrix} x_1 \\ x_2 \\ x_3 \end{bmatrix} = \begin{bmatrix} y_1 \\ y_2 \\ y_3 \end{bmatrix} \quad \cdots\cdots (5.7)$$

로 된다. 계수행렬식(coefficient determinant) D의 값을

$$\begin{aligned} D = \begin{vmatrix} a_{11} & a_{12} & a_{13} \\ a_{21} & a_{22} & a_{23} \\ a_{31} & a_{32} & a_{33} \end{vmatrix} &= a_{11}a_{22}a_{33} + a_{12}a_{23}a_{31} + a_{13}a_{21}a_{32} \\ &\quad - (a_{13}a_{22}a_{31} + a_{12}a_{21}a_{33} + a_{11}a_{23}a_{32}) \end{aligned} \quad \cdots\cdots (5.8)$$

라고 하면

$$x_1 = \frac{\begin{vmatrix} y_1 & a_{12} & a_{13} \\ y_2 & a_{22} & a_{23} \\ y_3 & a_{32} & a_{33} \end{vmatrix}}{D} = \frac{D_1}{D}$$

$$x_2 = \frac{\begin{vmatrix} a_{11} & y_1 & a_{13} \\ a_{21} & y_2 & a_{23} \\ a_{31} & y_3 & a_{33} \end{vmatrix}}{D} = \frac{D_2}{D}$$

$$x_3 = \frac{\begin{vmatrix} a_{11} & a_{12} & y_1 \\ a_{21} & a_{22} & y_2 \\ a_{31} & a_{32} & y_3 \end{vmatrix}}{D} = \frac{D_3}{D} \qquad \cdots\cdots (5.9)$$

로 구할 수 있다. 이 방법을 크래머의 방법이라고 한다.

예제 5-1

크래머의 방법을 적용하여 다음 연립방정식을 풀어라.

$2x + y - z = 2$

$x - y + z = 7$

$x + 2y + z = 4$

|풀이| 연립방정식의 행렬식은

$$D = \begin{vmatrix} 2 & 1 & -1 \\ 1 & -1 & 1 \\ 1 & 2 & 1 \end{vmatrix} = -9$$

$$D_1 = \begin{vmatrix} 2 & 1 & -1 \\ 7 & -1 & 1 \\ 4 & 2 & 1 \end{vmatrix} = -27,\ D_2 = \begin{vmatrix} 2 & 2 & -1 \\ 1 & 7 & 1 \\ 1 & 4 & 1 \end{vmatrix} = 9,\ D_3 = \begin{vmatrix} 2 & 1 & 2 \\ 1 & -1 & 7 \\ 1 & 2 & 4 \end{vmatrix} = -27$$

이다. 그러므로

$$x = \frac{D_1}{D} = \frac{-27}{-9} = 3,\ y = \frac{D_2}{D} = \frac{9}{-9} = -1,\ z = \frac{D_3}{D} = \frac{-27}{-9} = 3$$

5.2 회로망의 기본용어

그림 5-1과 같은 회로망의 해석에 필요한 기본적인 용어는 다음과 같다.

① 절점 또는 마디(node) : 3개 이상의 소자가 연결되어 있는 접속점을 말한다. (a, b, c 3개의 절점)

② 지로 또는 가지(branch) : 절점과 절점을 연결하는 통로를 말한다.

($a-R_1-v-c$와 $a-R_2-c$, $a-C_1-b$, $a-L_1-b$, $b-R_3-c$, $b-i-c$ 등 4개의 지로)

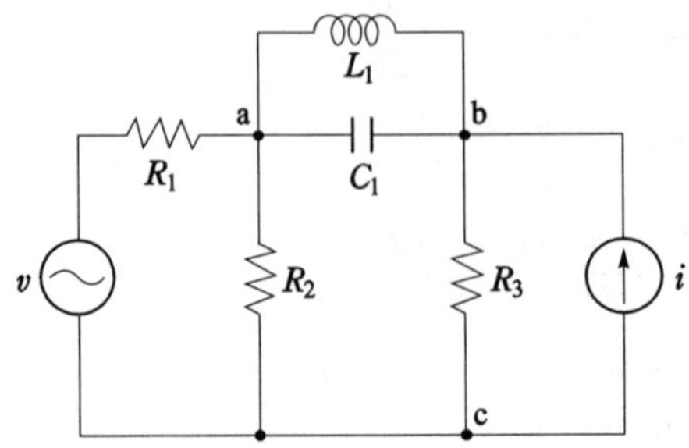

그림 5-1 회로망의 예

③ 폐로 또는 루프(loop) : 몇 개의 지로를 통해 연결된 닫힌 회로를 말하며 다른 폐회로를 포함하지 않는 폐회로를 의미한다. ($a-R_1-v-c-a$, $a-R_2-c-R_3-b-a$ 등 4개의 폐로)

④ 개방회로(Open Circuit) : 개방회로란 그림 5-2(a)와 같이 고립된 두 단자가 열려있는 모양으로 전원은 연결되어 있으나 회로가 연결되지 않아 전류의 흐름이 없는 회로를 말한다.

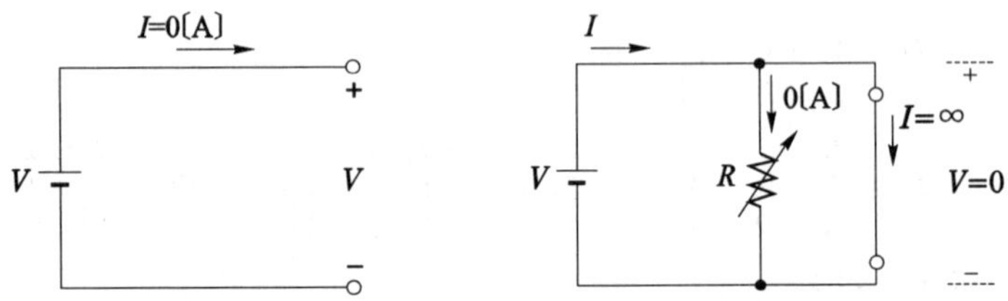

(a) 개방회로 (b) 단락회로

그림 5-2 개방회로와 단락회로

⑤ 단락회로(Short Circuit) : 단락회로란 두 단자사이가 도선으로 연결되어 전류가 무한대로 흐르는 회로를 말한다. 그림 5-2(b)와 같이 저항 R에 일정한 전류가 흐르고 있을 때 저항 양 단자에 도선이 연결되면 전류는 저항으로 흐르지 않고 단락 된 도선 쪽으로만 흐르게 된다. 일반적으로 단락회로의 저항은 0〔Ω〕이므로 전압강하는 발생하지 않고($V=0$) 거의 무한대의 전류가 흐르게 된다.

5.3 회로망의 일반해석

5.3.1 지로해석법

지로해석법(branch analysis)이란 회로망의 각 지로를 흐르는 전류 또는 각 지로 양단간의 전압을 미지수로 하고 전류방정식(KCL)과 전압방정식(KVL)을 이용하여 해를 구하는 방법이다.

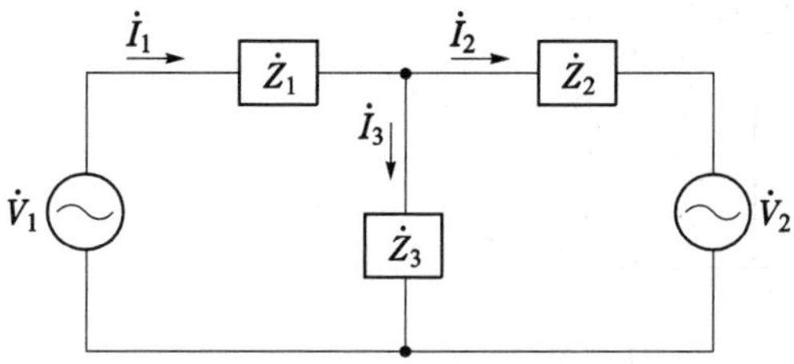

그림 5-3 지로 해석법

그림 5-3의 회로를 사용하여 지로해석법을 설명한다. 먼저 각 지로에 흐르는 전류 $\dot{I}_1$, $\dot{I}_2$, $\dot{I}_3$를 임의로 방향을 정하여 미지수로 놓는다. 그 다음, KCL을 이용하여 방정식을 세우면

$$\dot{I}_1 = \dot{I}_2 + \dot{I}_3 \qquad \cdots\cdots (5.10)$$

가 된다. KVL을 이용하여 전압방정식을 세우면

$$\begin{aligned} &\dot{Z}_1\dot{I}_1 + \dot{Z}_3\dot{I}_3 = \dot{V}_1 \\ &-\dot{Z}_3\dot{I}_3 + \dot{Z}_2\dot{I}_2 = -\dot{V}_2 \end{aligned} \qquad \cdots\cdots (5.11)$$

위 식을 정리하면

$$\begin{aligned} &\dot{I}_1 - \dot{I}_2 - \dot{I}_3 = 0 \\ &\dot{Z}_1\dot{I}_1 + \dot{Z}_3\dot{I}_3 = \dot{V}_1 \\ &\dot{Z}_2\dot{I}_2 - \dot{Z}_3\dot{I}_3 = -\dot{V}_2 \end{aligned} \qquad \cdots\cdots (5.12)$$

이 된다.

위 식을 크래머의 방법을 사용하여 풀어보자.

위 연립방정식을 행렬식으로 정리하면

$$\begin{bmatrix} 1 & -1 & -1 \\ \dot{Z}_1 & 0 & \dot{Z}_3 \\ 0 & \dot{Z}_2 & -\dot{Z}_3 \end{bmatrix} \begin{bmatrix} I_1 \\ I_2 \\ I_3 \end{bmatrix} = \begin{bmatrix} 0 \\ \dot{V}_1 \\ -\dot{V}_2 \end{bmatrix} \qquad \cdots\cdots (5.13)$$

이고, 계수 행렬식 D는

$$D=\begin{vmatrix} 1 & -1 & -1 \\ \dot{Z}_1 & 0 & \dot{Z}_3 \\ 0 & \dot{Z}_2 & -\dot{Z}_3 \end{vmatrix} \quad \cdots\cdots (5.14)$$

가 되므로, 전류를 구하면

$$\dot{I}_1=\frac{\begin{vmatrix} 0 & -1 & -1 \\ \dot{V}_1 & 0 & \dot{Z}_3 \\ -\dot{V}_2 & \dot{Z}_2 & -\dot{Z}_3 \end{vmatrix}}{D}$$

$$\dot{I}_2=-\frac{\begin{vmatrix} 1 & 0 & -1 \\ \dot{Z}_1 & \dot{V}_1 & \dot{Z}_3 \\ 0 & -V_2 & -\dot{Z}_3 \end{vmatrix}}{D}$$

$$\dot{I}_3=\frac{\begin{vmatrix} 1 & -1 & 0 \\ \dot{Z}_1 & 0 & \dot{V}_1 \\ 0 & \dot{Z}_2 & -\dot{V}_2 \end{vmatrix}}{D} \quad \cdots\cdots (5.15)$$

가 된다. 그런데 구한 전류의 부호가 정(+)이면 가정한 전류와 실제 전류의 방향이 일치하는 것이고, 전류의 부호가 부(-)이면 실제의 전류 방향이 반대방향임을 나타낸다.

예제 5-2

그림 5-4에서 지로전류 I_2를 지로해석법으로 구하라.

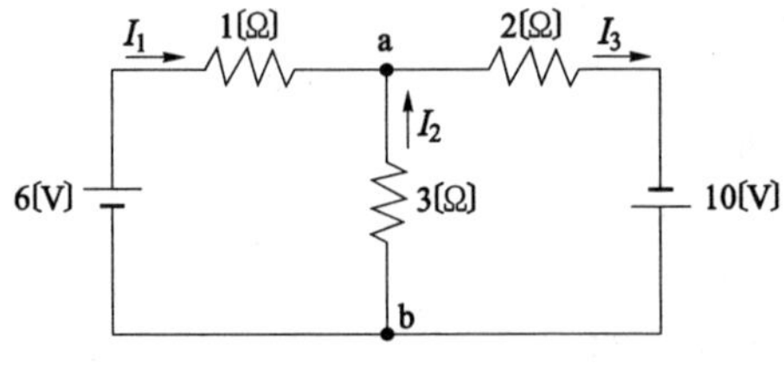

그림 5-4

| 풀이 | 절점 a에서 KCL을 적용하면 다음과 같다.

$I_1+I_2=I_3$ ······ ①

두 폐로에 대해 시계방향으로 KVL을 적용하면

$I_1-3I_2=6$ ······ ②

$3I_2+2I_3=10$ ······ ③

로 되고 방정식 ①, ②, ③을 연립하여 풀면

$I_2=-\dfrac{2}{11}$[A]

가 된다.

5.3.2 폐로해석법

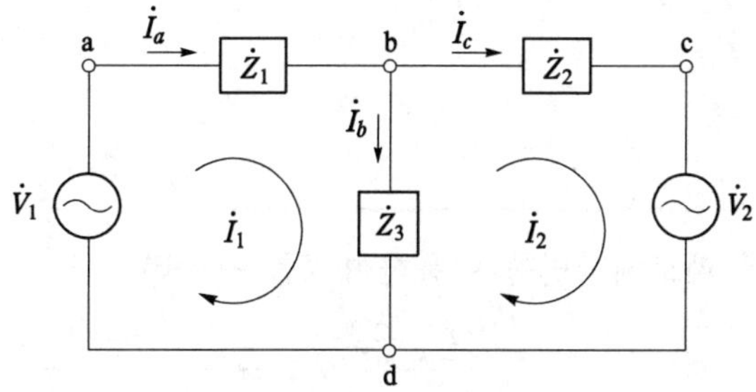

그림 5-5 폐로해석법

폐로해석법(loop analysis)은 각각의 폐로전류의 방향으로 일주하면서 KVL에 의하여 전류값을 구하는 방법이다. 그림 5-5의 폐로전류 $\dot{I}_1$, $\dot{I}_2$의 방향을 정(+)방향으로 하여 정리하면 다음과 같이 된다.

$$\begin{aligned}
&\dot{Z}_1\dot{I}_1+\dot{Z}_3(\dot{I}_1-\dot{I}_2)=\dot{V}_1\\
&\dot{Z}_3(\dot{I}_2-\dot{I}_1)+\dot{Z}_2\dot{I}_2=-\dot{V}_2\\
&(\dot{Z}_1+\dot{Z}_3)\dot{I}_1-\dot{Z}_3\dot{I}_2=\dot{V}_1\\
&-\dot{Z}_3\dot{I}_1+(\dot{Z}_2+\dot{Z}_3)\dot{I}_2=-\dot{V}_2
\end{aligned} \qquad \cdots\cdots (5.16)$$

여기서

$$\begin{aligned}
&\dot{Z}_{11}=\dot{Z}_1+\dot{Z}_3,\ \dot{Z}_{12}=-\dot{Z}_3\\
&\dot{Z}_{21}=-\dot{Z}_3,\ \dot{Z}_{22}=\dot{Z}_2+\dot{Z}_3
\end{aligned} \qquad \cdots\cdots (5.17)$$

이라고 하면 위 식은

$$\begin{aligned}
&\dot{Z}_{11}\dot{I}_1+\dot{Z}_{12}\dot{I}_2=\dot{V}_1\\
&\dot{Z}_{21}\dot{I}_1+\dot{Z}_{22}\dot{I}_2=\dot{V}_2
\end{aligned} \qquad \cdots\cdots (5.18)$$

여기서, $\dot{Z}_{11}$, $\dot{Z}_{22}$를 자기 임피던스(self impedance), $\dot{Z}_{12}$, $\dot{Z}_{21}$을 상호 임피던스(mutual impedance)라고 한다. 행렬로 나타내면 다음과 같이 된다.

$$\begin{bmatrix}\dot{Z}_{11} & \dot{Z}_{12}\\ \dot{Z}_{21} & \dot{Z}_{22}\end{bmatrix}\begin{bmatrix}\dot{I}_1\\ \dot{I}_2\end{bmatrix}=\begin{bmatrix}\dot{V}_1\\ \dot{V}_2\end{bmatrix} \qquad \cdots\cdots (5.19)$$

지로 해석법에서 설명한 것과 같이 크래머의 방법으로 폐로전류 $\dot{I}_1$, $\dot{I}_2$를 구하면, 각 지로의 전류 $\dot{I}_a$, $\dot{I}_b$, $\dot{I}_c$는 다음과 같이 나타낼 수 있다.

$$\dot{I}_a = \dot{I}_1$$
$$\dot{I}_b = \dot{I}_1 - \dot{I}_2$$
$$\dot{I}_c = \dot{I}_2 \qquad \cdots\cdots (5.20)$$

예제 5-3

그림 5-6에서 폐로해석법을 이용하여 I를 구하라.

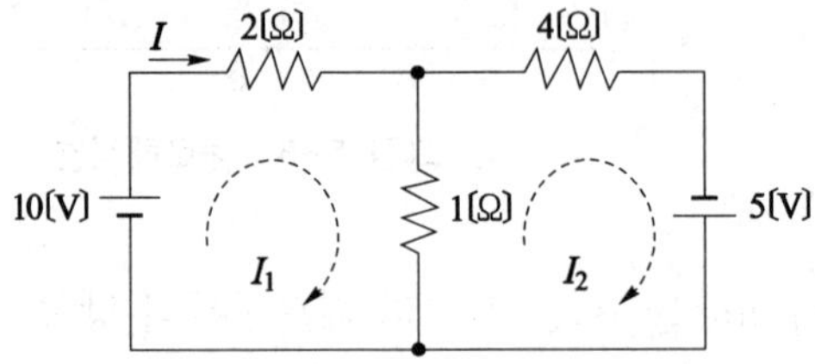

그림 5-6

| 풀이 | 행렬식을 이용해서 풀면(폐로 전류 I_1, I_2의 방향을 시계-시계 방향으로 한다.)

$$\begin{bmatrix} 3 & -1 \\ -1 & 5 \end{bmatrix}\begin{bmatrix} I_1 \\ I_2 \end{bmatrix} = \begin{bmatrix} 10 \\ 5 \end{bmatrix}$$

$$D = \begin{vmatrix} 3 & -1 \\ -1 & 5 \end{vmatrix} = 14$$

$$\therefore I = \frac{\begin{bmatrix} 10 & -1 \\ 5 & 5 \end{bmatrix}}{14} = \frac{55}{14}\,[\mathrm{A}]$$

예제 5-4

그림 5-7에서 폐로해석법을 이용하여 I를 구하라.

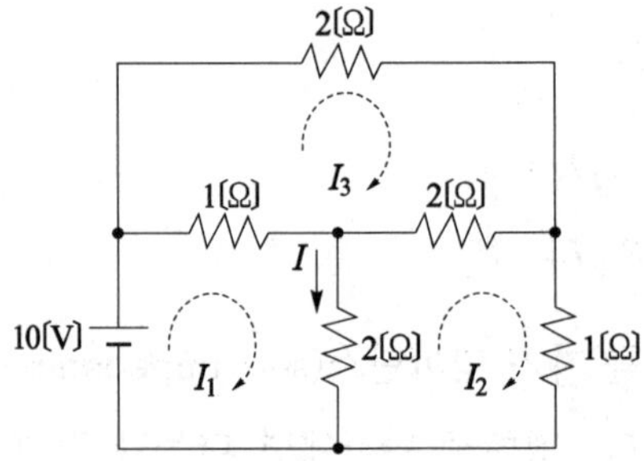

그림 5-7

| 풀이 | 그림과 같이 폐로전류 I_1, I_2, I_3를 가정하면

$$\begin{bmatrix} 3 & -2 & -1 \\ -2 & 5 & -2 \\ -1 & -2 & 5 \end{bmatrix}\begin{bmatrix} I_1 \\ I_2 \\ I_3 \end{bmatrix} = \begin{bmatrix} 10 \\ 0 \\ 0 \end{bmatrix} \qquad D = \begin{vmatrix} 3 & -2 & -1 \\ -2 & 5 & -2 \\ -1 & -2 & 5 \end{vmatrix} = 30$$

$$I_1 = \frac{\begin{vmatrix} 10 & -2 & -1 \\ 0 & 5 & -2 \\ 0 & -2 & 5 \end{vmatrix}}{30} = \frac{210}{30} = 7\text{[A]}$$

$$I_2 = \frac{\begin{vmatrix} 3 & 10 & -1 \\ -2 & 0 & -2 \\ -1 & 0 & 5 \end{vmatrix}}{30} = \frac{120}{30} = 4\text{[A]}$$

그러므로 $I = I_1 - I_2 = 7 - 4 = 3\text{[A]}$

5.3.3 절점해석법

절점해석법(node analysis)은 각 절점의 전위를 구하고, 각 절점간의 전위차(전압)를 이용하여 각 지로에 흐르는 지로전류를 구하는 방법이다. 회로가 접지되어 있거나 0전위를 갖는 절점을 기준전위($V = 0$)로 정하여 해석한다. 각 절점의 전위를 알면 각 지로에 흐르는 전류는 옴의 법칙에 의해 쉽게 구할 수 있다.

절점해석법을 그림 5-8의 회로를 통해 설명하기로 한다.

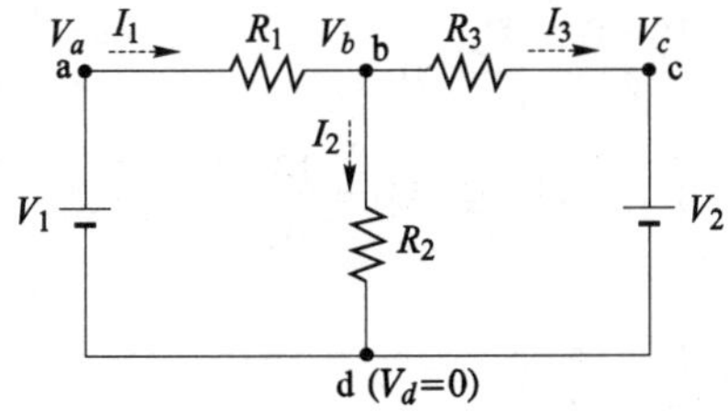

그림 5-8 절점해석법

먼저 d점을 전위 $V = 0$인 기준절점으로 정하고 d점에 대한 a, b, c점의 상대적 전위를 각각 V_a, V_b, V_c로 정한다. 절점 d를 기준전위로 하여 각 절점에서의 전류방정식(각 절점에서 나가는 방향을 +로 한다)을 세우면

$$\begin{aligned} &\text{a점}: V_a = V_1 \\ &\text{b점}: \frac{V_b - V_1}{R_1} + \frac{V_b - 0}{R_2} + \frac{V_b - V_2}{R_3} = 0 \\ &\text{c점}: V_c = V_2 \end{aligned} \qquad \cdots\cdots (5.21)$$

이므로 이 식을 정리해서 풀면 V_b를 구할 수 있다.

만일 $V_a \geq V_b \geq V_c$라면 그림 5-8에 점선으로 나타낸 전류의 방향으로 지로 전류가 흐르게 되고 각 지로전류는

$$I_1 = \frac{V_1 - V_b}{R_1},\ I_2 = \frac{V_b}{R_2},\ I_3 = \frac{V_b - V_2}{R_3} \qquad \cdots\cdots (5.22)$$

로 구할 수 있다.

예제 5-5

그림 5-9에서 절점해석법으로 I를 구하라.

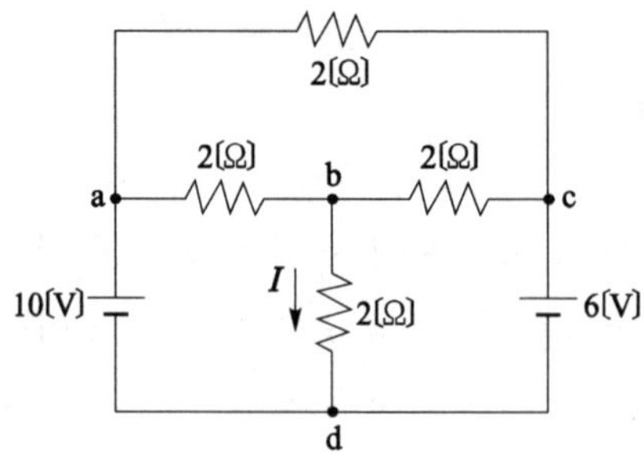

그림 5-9

|풀이| d점을 기준전위로 하면 $V_a = 10$[V], $V_c = 6$[V] 이다. b점에서 나가는 전류 방향을 (+)로 하면 KCL에 의해

$$\frac{V_b - 10}{2} + \frac{V_b - 6}{2} + \frac{V_b}{2} = 0$$

$3V_b - 16 = 0$ 그러므로 $V_b = \frac{16}{3}$[V]

$$I = \frac{\frac{16}{3}}{2} = \frac{16}{6} = \frac{8}{3}\text{[A]}$$

예제 5-6

그림 5-10에서 절점해석법을 이용하여 I를 구하라.

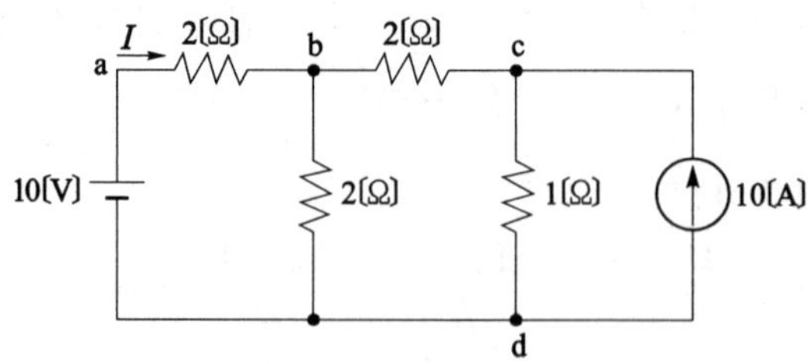

그림 5-10

|풀이| 점 d를 기준 전위로 하면 $V_a = 10$[V] 이다.

점 b와 c에서 KCL에 의해 방정식을 구하면

점 b : $\frac{V_b - 10}{2} + \frac{V_b}{2} + \frac{V_b - V_c}{2} = 0$ $\quad\cdots$ ①

점 c : $\frac{V_c - V_b}{2} + V_c - 10 = 0$ … ②

식 ①, ②를 정리하면

$3V_b - V_c = 10$ … ③

$-V_b + 3V_c = 20$ … ④

식 ③, ④을 풀면

$V_b = \frac{25}{4}$〔V〕

그러므로 $I = \frac{10 - \frac{25}{4}}{2} = \frac{15}{8}$〔A〕

5.4 회로망의 정리

5.4.1 전원의 등가대치

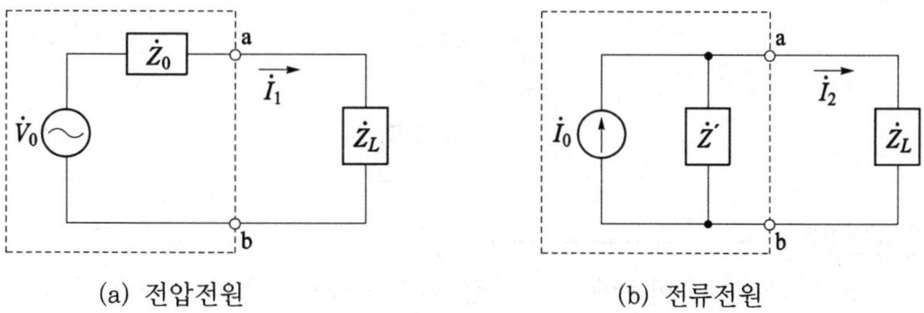

그림 5-11 전원의 등가대치

그림 5-11(a)와 같은 전압원은 그림 (b)와 같이 전류원으로 간단하게 등가대치 할 수 있다. 그림 5-11 (a)의 전류 $\dot{I}_1$과 (b)의 $\dot{I}_2$를 구해보면 다음과 같다.

$$\dot{I}_1 = \frac{\dot{V}_0}{\dot{Z}_0 + \dot{Z}_L} \qquad \dot{I}_2 = \frac{\dot{Z}'}{\dot{Z}' + \dot{Z}_L}\dot{I}_0 \qquad \cdots\cdots (5.23)$$

이 두 회로가 등가가 되기 위해선 $\dot{I}_1 = \dot{I}_2$ 이어야 하므로

$$\frac{\dot{V}_0}{\dot{Z}_0 + \dot{Z}_L} = \frac{\dot{Z}'}{\dot{Z}' + \dot{Z}_L}\dot{I}_0 \qquad \cdots\cdots (5.24)$$

이고, 이 식을 $\dot{Z}_L$에 대해 정리하면

$$\dot{V}_0\left(\dot{Z}' + \dot{Z}_L\right) = \left(\dot{Z}_0 + \dot{Z}_L\right)\dot{Z}'\dot{I}_0$$

$$(\dot{V}_0 - \dot{Z}'\dot{I}_0)\dot{Z}_L + (\dot{V}_0 - \dot{Z}_0\dot{I}_0)\dot{Z}' = 0 \qquad \cdots\cdots (5.25)$$

가 된다. 이 식이 $\dot{Z}_L$에 관계없이 항상 성립하기 위해서는

$$\dot{V}_0 - \dot{Z}'\dot{I}_0 = 0, \qquad \dot{V}_0 - \dot{Z}\dot{I}_0 = 0 \qquad \cdots\cdots (5.26)$$

인 조건을 만족하면 된다. 그러므로

$$\dot{Z}' = \dot{Z}_0, \qquad \dot{I}_0 = \frac{\dot{V}_0}{\dot{Z}_0} \qquad \cdots\cdots (5.27)$$

인 조건을 만족할 때 두 회로가 등가회로가 된다. 예를 들어 그림 5-12의 전압원은 (b)와 같은 전류원으로 등가대치될 수 있다.

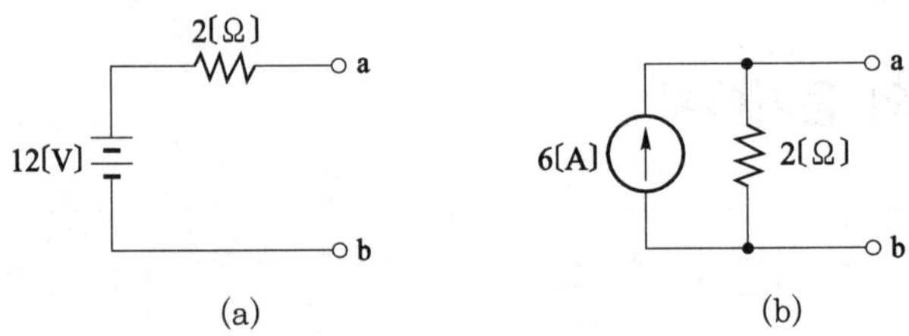

그림 5-12

예제 5-7

그림 5-13과 같은 회로에서 전류전원의 등가변환에 의해 I를 구하라.

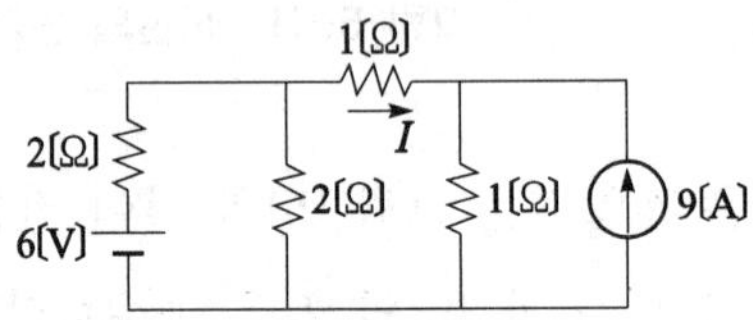

그림 5-13

| 풀이 | 전원의 등가변환을 이용하여 그림 5-14와 같이 회로를 변환시킬 수 있다.

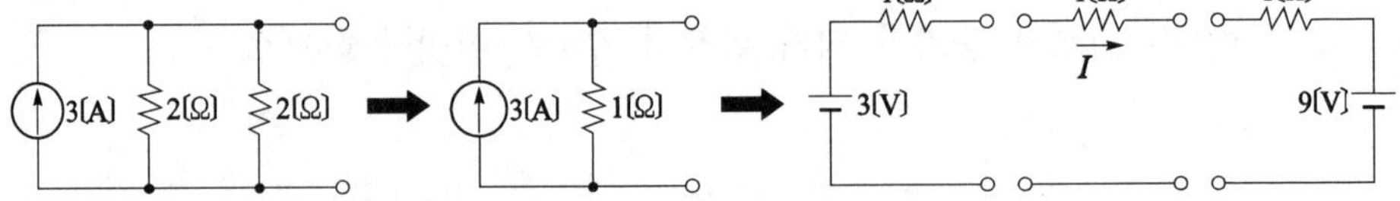

그림 5-14

$$I = \frac{E_t}{R_t} = \frac{3-9}{1+1+1} = \frac{-6}{3} = -2\text{[A]}$$

5.4.2 부하의 Δ-Y 등가변환

뒤에서 다루게 될 3상회로에서 다시 설명하겠지만, 여기서 먼저 Δ-Y 부하의 등가변환에 대해 설명하기로 한다. 그림 5-15 (a)와 같은 형태의 부하를 Δ형 이라하고 (b)와 같은 형태를 Y형 부하라고 한다.

(1) Δ-Y 변환

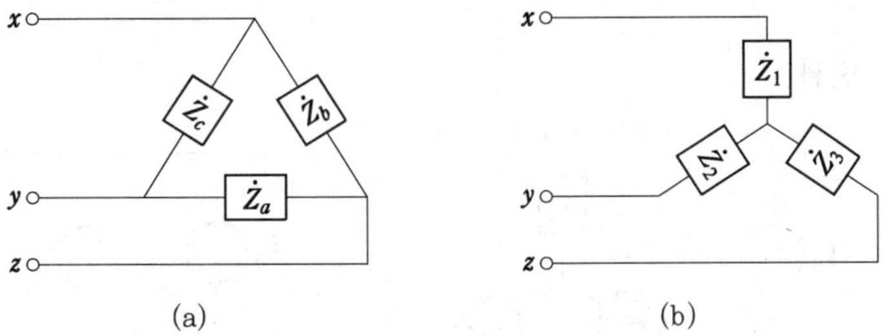

그림 5-15 Δ-Y 등가변환

먼저 Δ-Y 변환을 설명한다. 선 z를 개방하고 x, y에서 본 각 결선에서의 임피던스는 Δ형에서는

$$\dot{Z}_{xy}=\frac{(\dot{Z}_a+\dot{Z}_b)\dot{Z}_c}{(\dot{Z}_a+\dot{Z}_b)+\dot{Z}_c} \quad \cdots\cdots (5.28)$$

이고, Y형에서는

$$\dot{Z}_{xy}=\dot{Z}_1+\dot{Z}_2 \quad \cdots\cdots (5.29)$$

따라서 두 임피던스가 같을 때 등가이므로

$$\dot{Z}_{xy}=\dot{Z}_1+\dot{Z}_2=\frac{(\dot{Z}_a+\dot{Z}_b)\dot{Z}_c}{(\dot{Z}_a+\dot{Z}_b)+\dot{Z}_c} \quad \cdots\cdots (5.30)$$

선 x, y를 각각 개방했을 때에도 마찬가지로 풀면

$$\dot{Z}_{yz}=\dot{Z}_2+\dot{Z}_3=\frac{(\dot{Z}_b+\dot{Z}_c)\dot{Z}_a}{(\dot{Z}_b+\dot{Z}_c)+\dot{Z}_a}$$

$$\dot{Z}_{zx}=\dot{Z}_3+\dot{Z}_1=\frac{(\dot{Z}_c+\dot{Z}_a)\dot{Z}_b}{(\dot{Z}_c+\dot{Z}_a)+\dot{Z}_b} \quad \cdots\cdots (5.31)$$

위 식으로 부터 $\dot{Z}_1$, $\dot{Z}_2$, $\dot{Z}_3$를 구하면

$$\dot{Z}_1 = \frac{\dot{Z}_b \dot{Z}_c}{\dot{Z}_a + \dot{Z}_b + \dot{Z}_c}$$

$$\dot{Z}_2 = \frac{\dot{Z}_c \dot{Z}_a}{\dot{Z}_a + \dot{Z}_b + \dot{Z}_c}$$

$$\dot{Z}_3 = \frac{\dot{Z}_a \dot{Z}_b}{\dot{Z}_a + \dot{Z}_b + \dot{Z}_c} \qquad \cdots\cdots (5.32)$$

의 관계가 주어진다.

(2) Y−Δ 변환

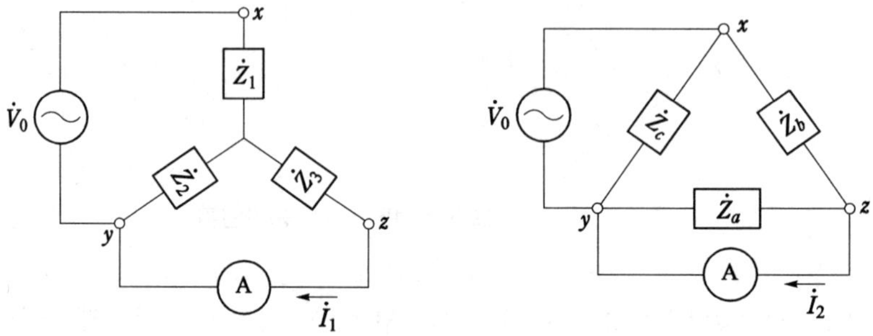

(a) (b)

그림 5-16 Y−Δ 등가변환

그림 5-16의 (a)와 (b)에서 단자 y, z를 흐르는 전류 $\dot{I}_1$과 $\dot{I}_2$는

$$\dot{I}_1 = \frac{\dot{V}_0}{\dot{Z}_1 + \frac{\dot{Z}_2 \dot{Z}_3}{\dot{Z}_2 + \dot{Z}_3}} \times \frac{\dot{Z}_2}{\dot{Z}_2 + \dot{Z}_3} = \frac{\dot{V}_0 \dot{Z}_2}{\dot{Z}_1 \dot{Z}_2 + \dot{Z}_2 \dot{Z}_3 + \dot{Z}_3 \dot{Z}_1}$$

$$\dot{I}_2 = \frac{\dot{V}_0}{\dot{Z}_b} \qquad \cdots\cdots (5.33)$$

이다. 그러므로 두 회로가 등가가 되기 위해서는 두 전류가 같아야 하므로 $\dot{I}_1 = \dot{I}_2$를 풀면

$$\dot{Z}_b = \frac{\dot{Z}_1 \dot{Z}_2 + \dot{Z}_2 \dot{Z}_3 + \dot{Z}_3 \dot{Z}_1}{\dot{Z}_2} \qquad \cdots\cdots (5.34)$$

동일한 방법으로 단자 z, x와 단자 x, y에 대해 풀면

$$\dot{Z}_a = \frac{\dot{Z}_1 \dot{Z}_2 + \dot{Z}_2 \dot{Z}_3 + \dot{Z}_3 \dot{Z}_1}{\dot{Z}_1}, \quad \dot{Z}_c = \frac{\dot{Z}_1 \dot{Z}_2 + \dot{Z}_2 \dot{Z}_3 + \dot{Z}_3 \dot{Z}_1}{\dot{Z}_3} \qquad \cdots\cdots (5.35)$$

로 나타낼 수 있다.

예제 5-8

그림 5-17의 Y회로를 Δ회로로 변환하라.

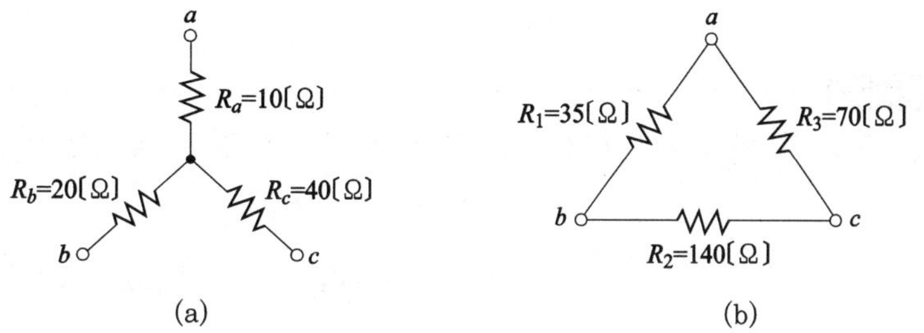

그림 5-17

|풀이| 식 (5.35)로부터 Δ회로의 저항을 구하면 다음과 같다.

$$R_1 = \frac{R_aR_b+R_bR_c+R_cR_a}{R_c} = \frac{10 \cdot 20+20 \cdot 40+40 \cdot 10}{40} = \frac{1400}{40} = 35\ [\Omega]$$

$$R_2 = \frac{R_aR_b+R_bR_c+R_cR_a}{R_a} = \frac{1400}{10} = 140\ [\Omega]$$

$$R_3 = \frac{R_aR_b+R_bR_c+R_cR_a}{R_b} = \frac{1400}{20} = 70\ [\Omega]$$

따라서 Δ회로로 변환하면 그림 (b)와 같다.

5.4.3 중첩의 정리

다수의 전압원이나 전류원이 존재하는 선형회로망내의 전압, 전류는 전압, 전류가 단독으로 존재할 때의 전압, 전류의 총합과 같다는 것을 중첩의 정리(theorem of superposition)라고 한다.

중첩의 정리를 이용해서 회로를 해석할 때, 전원을 제거하는 방법은 그림 5-18과 같이 전압원의 경우는 양 단자를 단락(short)시켜서 $V=0$로 만들고 전류원의 경우는 그림 (b)와 같이 전류원의 양 단자를 개방(open)시켜서 $I=0$로 만들면 된다.

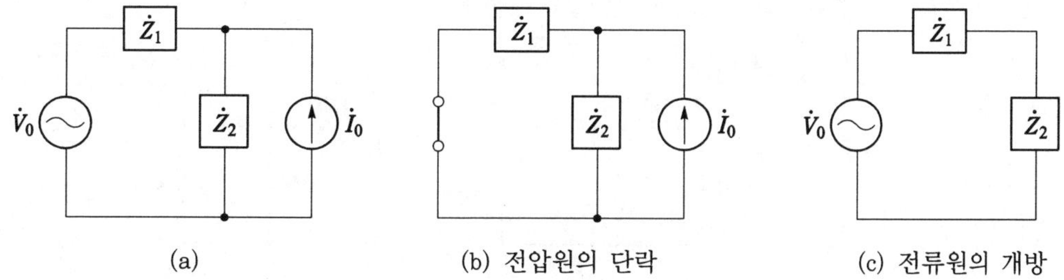

그림 5-18 중첩의 정리

따라서 그림 5-18(a) 회로의 임피던스 $\dot{Z}_1$과 $\dot{Z}_2$에 흐르는 전류는 (b)와 같이 전류원만 존재할 때의 전류와 (c)와 같이 전압원만이 존재할 때의 전류의 합이 흐르게 된다.

예제 5-9

그림 5-19의 회로에서 I의 값은 몇 〔A〕인가? 중첩의 정리를 이용하여 구하라.

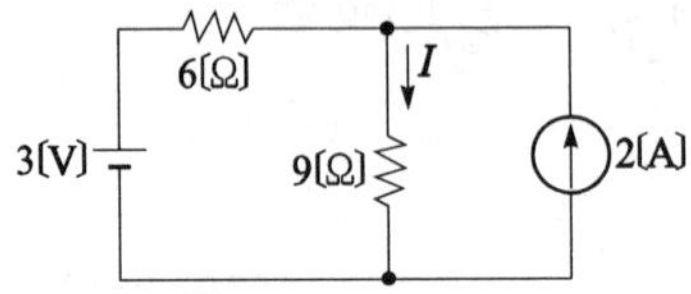

그림 5-19

| 풀이 | 3〔V〕의 전압원에 의해서 9〔Ω〕에 흐르는 전류를 I'라 하면 그림 5-20(a)와 같이 되므로

$$I' = \frac{3}{6+9} = \frac{3}{15} = 0.2〔A〕$$

2〔A〕의 전류원에 의해 9〔Ω〕에 흐르는 전류를 I''라 하면 그림 (b)와 같으며

$$I'' = \frac{6}{6+9} \times 2 = \frac{12}{15} = 0.8〔A〕$$

그러므로 중첩의 정리에 의해

$$I = I' + I'' = 0.2 + 0.8 = 1〔A〕$$

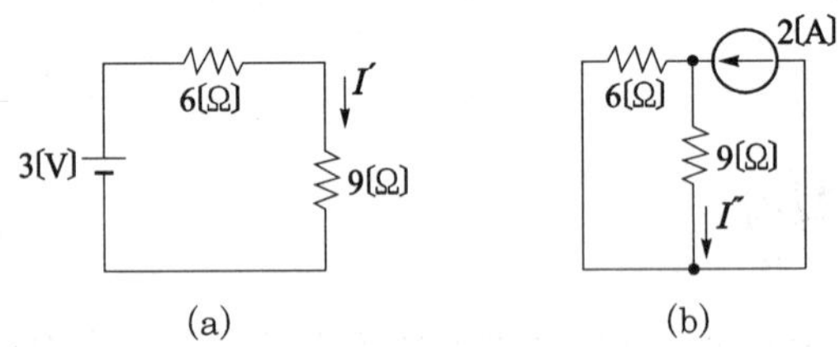

그림 5-20

예제 5-10

그림 5-21과 같은 회로에서 5〔Ω〕에 흐르는 전류를 중첩의 정리를 이용하여 구하라.

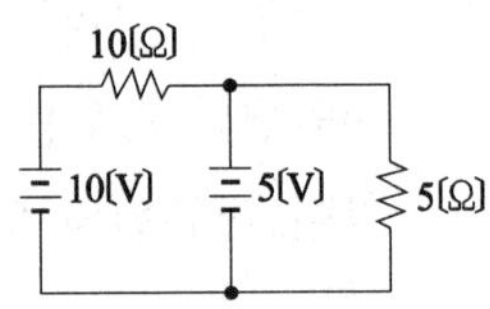

그림 5-21

| 풀이 | 10〔V〕의 전압원에 대해 풀면 그림 5-22(a)와 같으므로 5〔Ω〕으로 전류는 흐르지 않는다. 5〔V〕의 전압원만 존재하는 경우, 그림 (b)에서 전류 I를 구하면

$$I = \frac{5}{5} = 1〔A〕$$

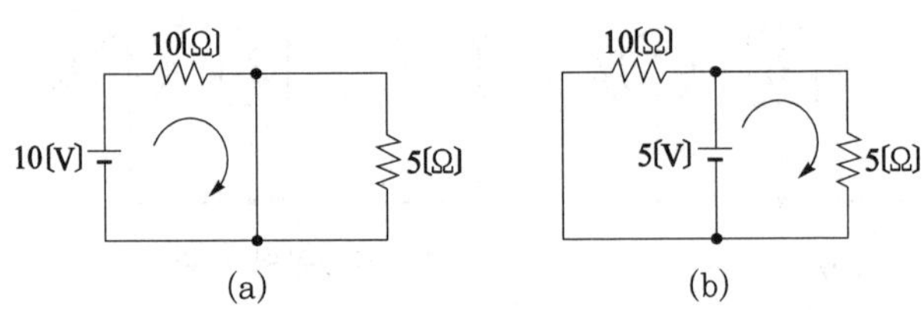

그림 5-22

5.4.4 테브낭의 정리

테브낭의 정리(Thevenin's theorem)의 정의는 다음과 같다. “모든 능동회로망은 두 단자 a, b 외측에 대해 하나의 전압전원과 임피던스가 직렬 접속된 형태로 등가대치가 가능하다. 여기서 등가전압원은 단자 a, b를 개방 했을 때의 개방전압과 같고, 등가임피던스는 회로망 내의 모든 전원을 제거한 후 단자 a, b에서 회로측을 바라본 임피던스값과 같다.” 그림 5-23에 테브낭의 등가회로를 나타내었다.

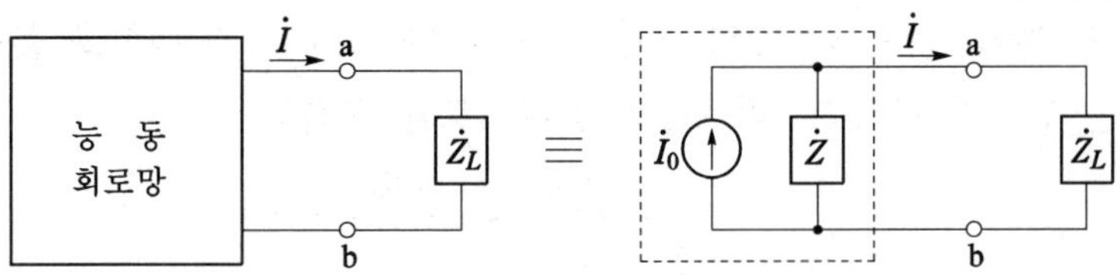

(a) (b) 테브낭의 등가회로

그림 5-23 테브낭의 등가회로

그림 5-24의 회로에서 5〔Ω〕에 흐르는 전류 I_L을 테브낭의 정리에 의해서 구해보자

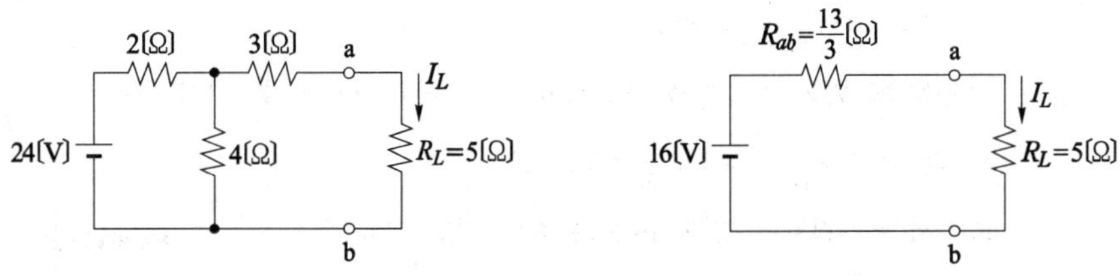

(a) (b)

그림 5-24

단자 a, b의 개방전압 V_{ab}는 4〔Ω〕에 걸리는 전압이므로

$$V_{ab} = IR = \frac{24}{2+4} \times 4 = 16〔\text{V}〕 \qquad \cdots\cdots (5.36)$$

가 된다. 전원을 제거하기 위해 24〔V〕의 전원을 단락한 상태에서 a, b단자에서 전원측으로 본 합성저항 (등가 임피던스) R_{ab}는

$$R_{ab} = 3 + \frac{2 \times 4}{2+4} = \frac{13}{3}〔\Omega〕 \qquad \cdots\cdots (5.37)$$

따라서 V_{ab}와 R_{ab}를 이용한 등가회로는 그림 (b)와 같게 된다.

그러므로 2〔Ω〕에 흐르는 전류 I_L은

$$I_L = \frac{V_{ab}}{R_{ab}+R_L} = \frac{16}{\frac{13}{3}+5} = \frac{12}{7}〔A〕 \quad \cdots\cdots (5.38)$$

가 된다. 이와 같은 방법으로 테브낭정리를 이용하여 어느 지로에 흐르는 전류를 구할 수 있다.

예제 5-11

그림 5-25와 같은 회로망의 단자 a, b 사이에 1.8〔Ω〕의 저항을 접속했을 때, 이 저항에 흐르는 전류를 구하고, 테브낭의 등가회로를 그려라.

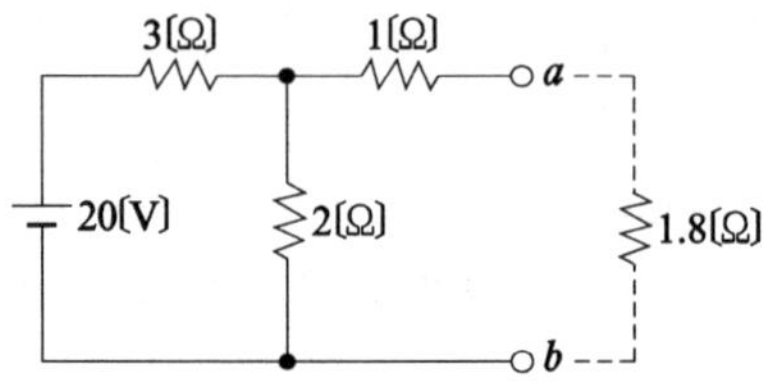

그림 5-25

|풀이| 테브낭의 정리에 의해서 그림 5-25에서의 개방 단자전압(단자 a, b 사이의 전압) V_0는

$$V_0 = 20 \times \frac{2}{3+2} = 8〔V〕$$

다음에 20〔V〕의 전압원을 단락시키고, 단자 a, b에서 본 저항 R는

$$R_0 = 1 + \frac{3\times 2}{3+2} = 1 + \frac{6}{5} = 2.2〔Ω〕$$

따라서 등가회로는 그림 5-26과 같이 되고 전류는

$$I = \frac{V}{Z+Z_0} = \frac{8}{1.8+2.2} = 2〔A〕$$

따라서 테브낭의 등가회로를 그리면 그림 5-26과 같다.

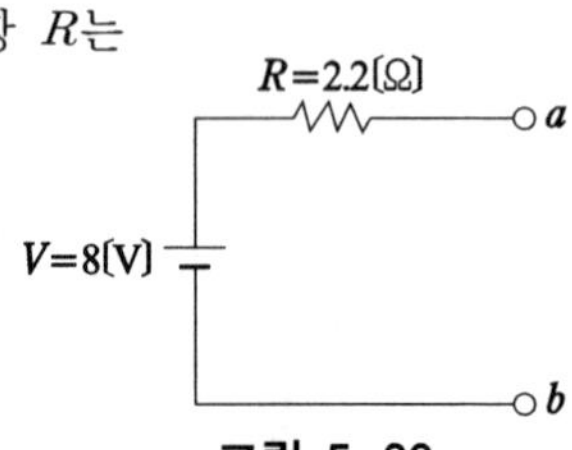

그림 5-26

예제 5-12

그림 5-27에서 저항 0.2〔Ω〕에 흐르는 전류 I를 구하라.

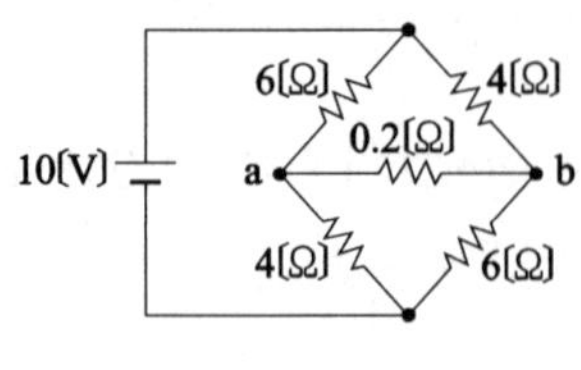

그림 5-27

|풀이| 그림 5-28과 같은 등가회로로 그려보면 테브낭 정리를 이용할 수 있다.

a, b를 개방했을 때 전압 V_0는 a'와 b'간의 전위차이므로

$$V_T = V_{b'} - V_{a'} = 10 \times \frac{6}{4+6} - 10 \times \frac{4}{4+6} = 2〔V〕$$

다음, 전원을 단락하고 a, b에서 본 저항 R_0는

$$R_0 = \frac{6 \times 4}{6+4} + \frac{6 \times 4}{6+4} = 4.8〔\Omega〕$$

$$\therefore\ I = \frac{V_0}{R_0 + R} = \frac{2}{4.8 + 0.2} = 0.4〔A〕$$

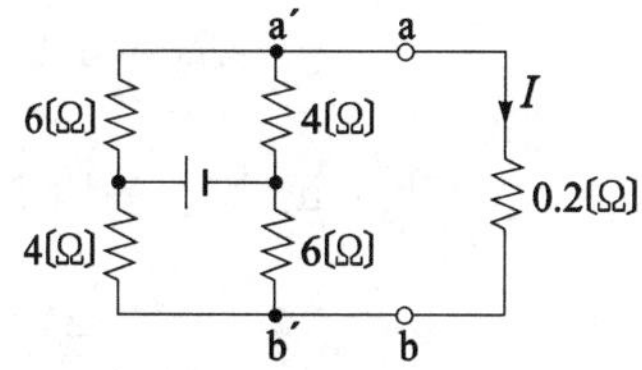

그림 5-28

5.4.5 노튼의 정리

노튼의 정리(Norton's theorem)의 정의는 다음과 같다. "모든 능동회로망은 두 단자 a, b 외측에 대해 하나의 전류전원과 하나의 임피던스가 병렬접속된 것으로 등가대치가 가능하다. 여기서 등가전류원은 단자 a, b 단락시의 단락전류이고, 등가임피던스는 테브낭의 정리에서와 마찬가지로 능동회로망내의 모든 전원을 제거 후 단자 a, b에서 회로측을 본 임피던스 값과 같다." 그림 5-29에 노튼의 등가회로를 나타내었다.

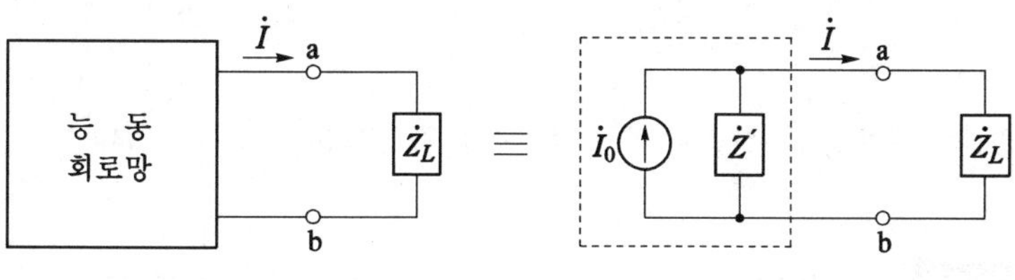

그림 5-29 노튼의 등가회로

그림 5-30(a)의 회로에서 5〔Ω〕에 흐르는 전류 I_L을 노튼의 정리에 의해 구해보자.

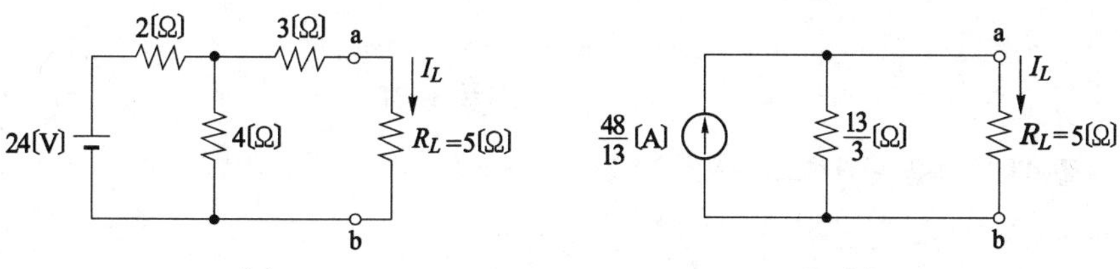

그림 5-30

단자 a, b를 단락했을때의 단락전류 I_s는 3〔Ω〕에 흐르는 전류와 같다. 단자 a, b 단락시의 합성저항 R_0는

$$R_0 = 2 + \frac{3 \times 4}{3+4} = \frac{26}{7}[\Omega] \qquad \cdots\cdots (5.39)$$

단자 a, b를 단락했을 때 2[Ω]에 흐르는 전류 I_0는

$$I_0 = \frac{24}{\frac{26}{7}} = \frac{84}{13}[\text{A}] \qquad \cdots\cdots (5.40)$$

따라서 단락전류 I_s는

$$I_s = I_0 \times \frac{4}{3+4} = \frac{84}{13} \times \frac{4}{7} = \frac{48}{13}[\text{A}] \qquad \cdots\cdots (5.41)$$

가 된다. 전압원을 단락한 상태에서 a, b 단자에서 전원측으로 본 합성저항 R_{ab}는

$$R_{ab} = 3 + \frac{2 \times 4}{2+4} = \frac{13}{3}[\Omega] \qquad \cdots\cdots (5.42)$$

I_s와 R_{ab}를 이용한 노튼의 등가회로는 그림 (b)와 같이 된다. 이때의 부하전류 I_L은

$$I_L = I_s \times \frac{R_{ab}}{R_{ab}+R_L} = \frac{48}{13} \times \frac{\frac{13}{3}}{\frac{13}{3}+5} = \frac{48}{13} \times \frac{13}{28} = \frac{12}{7}[\text{A}] \qquad \cdots\cdots (5.43)$$

그러므로 테브낭의 정리에서 구한 전류와 같음을 알 수 있다.

예제 5-13

그림 5-31에서 노튼의 정리를 이용하여 I를 구하라.

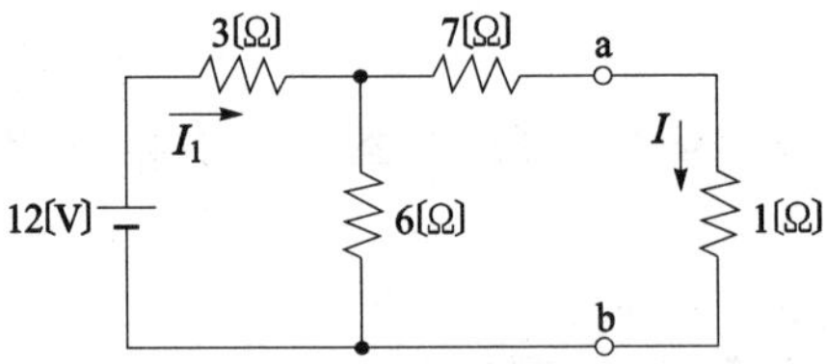

그림 5-31

|풀이| a, b를 단락하고 전체전류 I_1을 구하면

$$I_1 = \frac{12}{3 + \frac{6 \times 7}{6+7}} = \frac{12}{6.23} = 1.93[\text{A}]$$

그러므로 등가전류 I_0는

$$I_0 = 1.93 \times \frac{6}{7+6} = 0.89[\text{A}]$$

등가 임피던스를 구하기 위해 전압원을 단락하고 a, b에서 바라본 임피던스 Z_0를 구하면

$$Z_0 = 7 + \frac{3 \times 6}{3+6} = 9[\Omega]$$

그러므로 노튼의 등가회로는 그림 5-32와 같고

$I = 0.89 \times \dfrac{9}{9+1} = 0.8[\mathrm{A}]$가 된다.

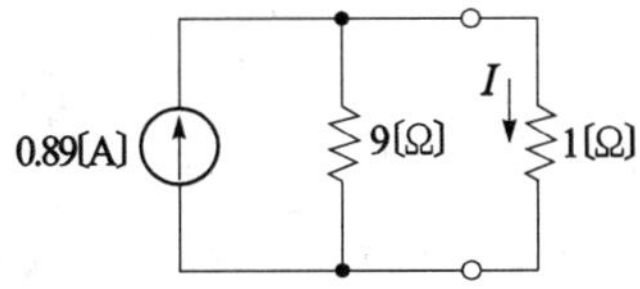

그림 5-32

5.4.6 밀만의 정리

밀만의 정리(Millman's theorem)는 주파수가 같은 다수의 전압원이 병렬로 접속된 회로를 간단하게 하나의 등가전원으로 변환시키는 방법으로서 그 정의는 "내부임피던스를 갖는 전압원 여러 개가 병렬로 접속되어 있을 때, 그 병렬접속점에 나타나는 합성전압은 각 전원을 단락하였을 때 흐르는 단락전류의 총합을 각 전원의 내부어드미턴스의 총합으로 나눈 값과 동일하다."이다.

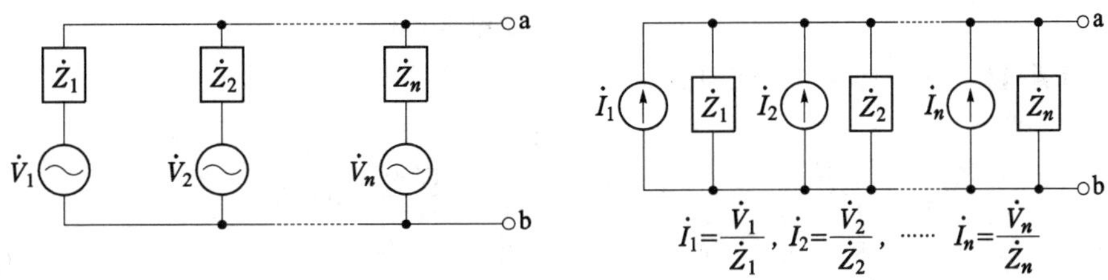

(a) (b)

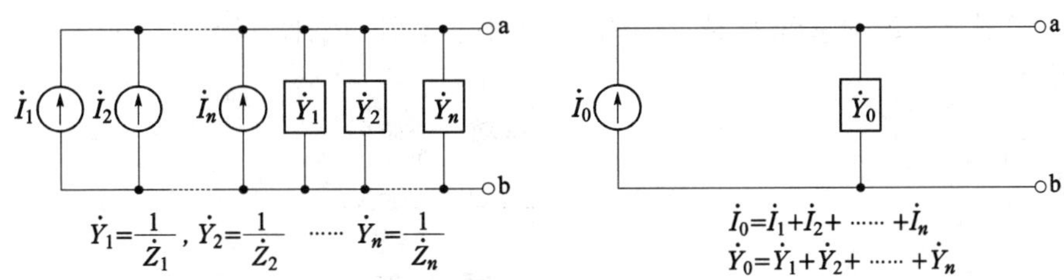

(c) (d)

그림 5-33 밀만의 정리

그림 5-33(a)의 회로에서 전압원을 전류원으로 변환하면 그림 (b)가 된다. 임피던스를 어드미턴스로 변환하여 정리하면 그림 (c)가 되고 $\dot{V} = \dfrac{\dot{I}}{\dot{Y}}$ 이므로 그림 (d)로부터

$$\dot{V}_{ab} = \frac{\dfrac{\dot{V}_1}{\dot{Z}_1} + \dfrac{\dot{V}_2}{\dot{Z}_2} + \cdots + \dfrac{\dot{V}_n}{\dot{Z}_n}}{\dfrac{1}{\dot{Z}_1} + \dfrac{1}{\dot{Z}_2} + \cdots + \dfrac{1}{\dot{Z}_n}} = \frac{\dot{Y}_1 \dot{V}_1 + \dot{Y}_2 \dot{V}_2 + \cdots + \dot{Y}_n \dot{V}_n}{\dot{Y}_1 + \dot{Y}_2 + \cdots + \dot{Y}_n}$$

$$= \frac{\dot{I}_1 + \dot{I}_2 + \cdots + \dot{I}_n}{\dot{Y}_1 + \dot{Y}_2 + \cdots + \dot{Y}_n} = \frac{\dot{I}_0}{\dot{Y}_0} = \frac{\sum_{i=1}^{n} \dot{Y}_i \dot{V}_i}{\sum_{i=1}^{n} \dot{Y}_i} \quad \cdots\cdots (5.44)$$

가 된다.

예제 5-14

그림 5-34와 같은 회로에서 $V_1 = 110$〔V〕, $V_2 = 120$〔V〕, $R_1 = 1$〔Ω〕, $R_2 = 2$〔Ω〕일 때, a, b 단자에 5〔Ω〕의 R_3를 접속하였을 때 a, b간의 전압 V_{ab}를 구하라.

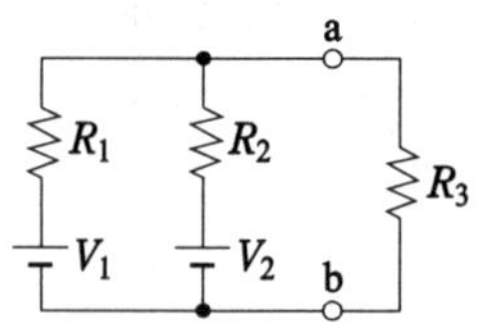

그림 5-34

| 풀이 | 밀만의 정리를 적용하면

$$V_{ab} = \frac{\dfrac{V_1}{R_1} + \dfrac{V_2}{R_2}}{\dfrac{1}{R_1} + \dfrac{1}{R_2} + \dfrac{1}{R_3}} = \frac{\dfrac{110}{1} + \dfrac{120}{2}}{\dfrac{1}{1} + \dfrac{1}{2} + \dfrac{1}{5}} = \frac{1700}{17} = 100\text{〔V〕}$$

예제 5-15

그림 5-35 회로의 단자 a, b에 나타나는 전압 V_{ab}를 구하라.

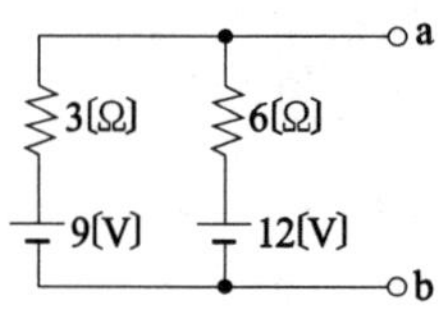

그림 5-35

| 풀이 | 밀만의 정리를 사용하여

$$V_{ab} = \frac{V_1 Y_1 + V_2 Y_2}{Y_1 + Y_2} = \frac{\dfrac{9}{3} + \dfrac{12}{6}}{\dfrac{1}{3} + \dfrac{1}{6}} = 10\text{〔V〕}$$

5.4.7 브리지 회로

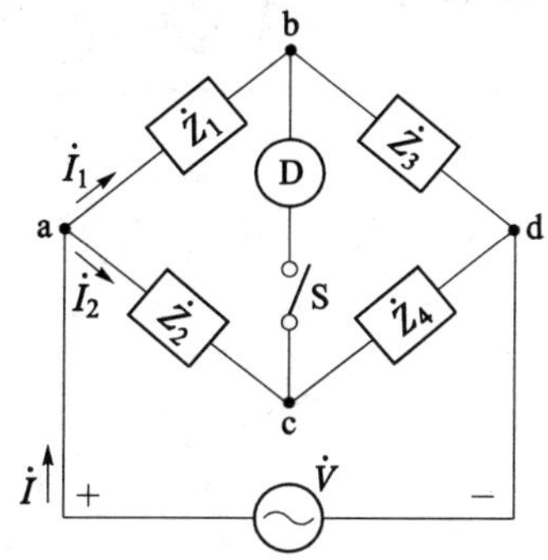

그림 5-36 브리지 회로

그림 5-36의 회로에서 a-b간의 전위차와 a-d간의 전위차가 같고, b-c간과 d-c간의 전위차가 같은 상태를 브리지 평형상태라 한다. 즉,

$$\dot{Z}_1 \dot{I}_1 = \dot{Z}_2 \dot{I}_2, \quad \dot{Z}_3 \dot{I}_1 = \dot{Z}_4 \dot{I}_2 \qquad \cdots\cdots (5.45)$$

인 조건을 만족하는 상태이다. 그러므로

$$\frac{\dot{Z}_2}{\dot{Z}_1} = \frac{\dot{Z}_4}{\dot{Z}_3} \text{ 또는 } \dot{Z}_1 \dot{Z}_4 = \dot{Z}_2 \dot{Z}_3 \qquad \cdots\cdots (5.46)$$

일 때 스위치 S를 닫아도 검류계 D에 전류가 흐르지 않는다. 이와 같은 조건을 만족하는 회로를 브리지 회로(bridge circuit)라고 한다. 그러므로 브리지 회로에서 3개의 임피던스를 알고 있으면 하나의 미지 임피던스는 식 (5.46)에 의해 구할 수 있다.

예제 5-16

그림 5-37과 같은 교류 브리지가 평형되는 조건은?

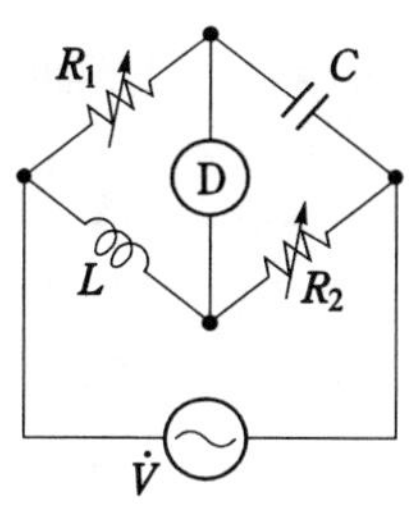

그림 5-37

| 풀이 | $R_1 R_2 = j\omega L \times \frac{1}{j\omega C} = \frac{L}{C}$

그러므로 $L = R_1 R_2 C$

05장 연습문제

5-1 다음 그림 5-38에서 저항 R_1과 R_2를 지나는 전류 I_1, I_2를 지로해석법으로 구하라. 단, $R_1 = 5[\Omega]$, $R_2 = 2[\Omega]$ 이다.

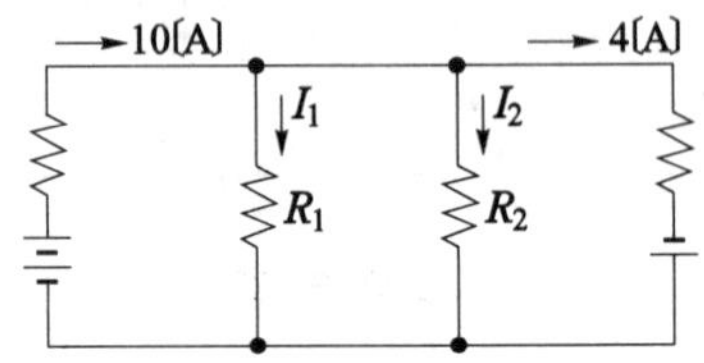

그림 5-38

|정답| $I_1 = \frac{12}{7}[A]$, $I_2 = \frac{30}{7}[A]$

5-2 그림 5-39에서 폐로해석법을 이용하여 4[Ω]에 흐르는 전류 I와 전압강하 V를 구하라.

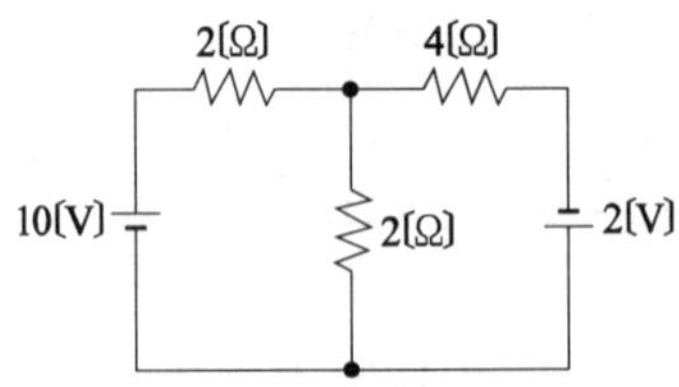

그림 5-39

|정답| $I = 1.4[A]$, $V = 5.6[V]$

5-3 그림 5-40에서 폐로해석법을 이용하여 I를 구하라.

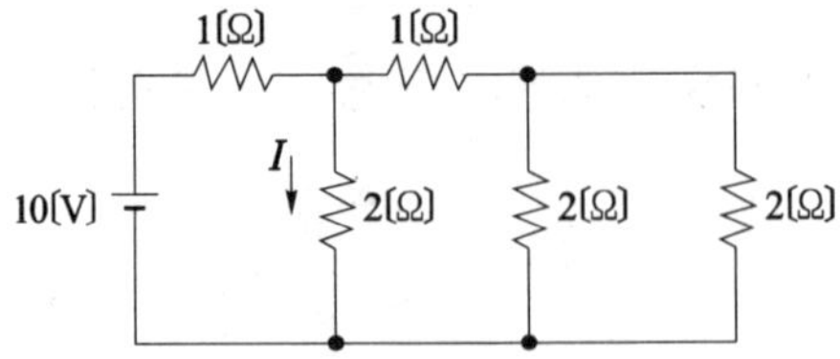

그림 5-40

|정답| $I = 2.5[A]$

5-4 그림 5-41에서 절점해석법을 이용하여 I_1과 V_1을 구하라.

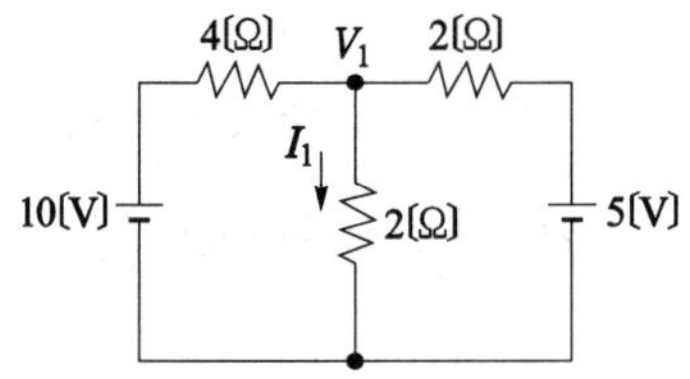

그림 5-41

|정답| $I_1 = 2$[A], $V_1 = 4$[V]

5-5 그림 5-42에서 절점해석법을 이용하여 I_1, I_2, I_3를 구하라.

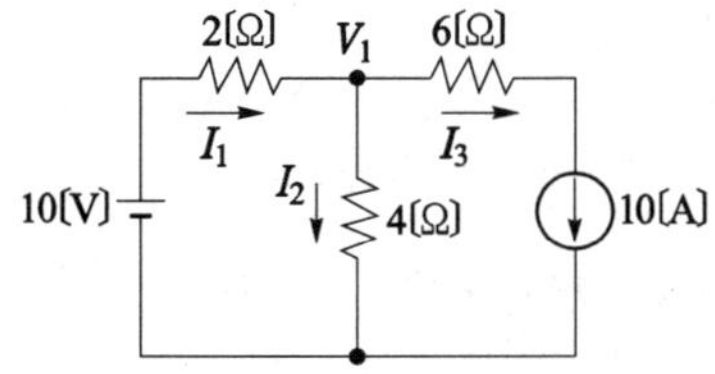

그림 5-42

|정답| $I_1 = 8.33$[A], $I_2 = -1.67$[A], $I_3 = 10$[A]

5-6 그림 5-43과 같은 회로에서 a, b 사이의 전압 V_{ab}를 구하라.

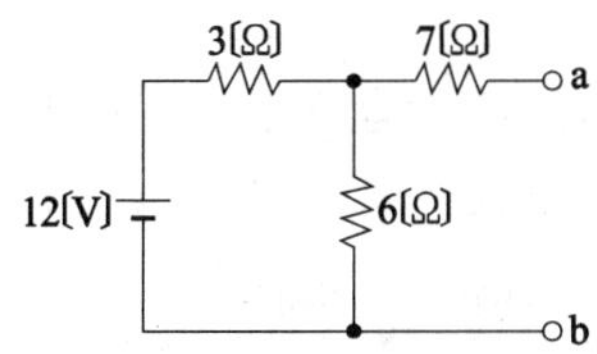

그림 5-43

|정답| $V_{ab} = 8$[V]

5-7 그림 5-44와 같은 회로에서 전류 I를 구하라.

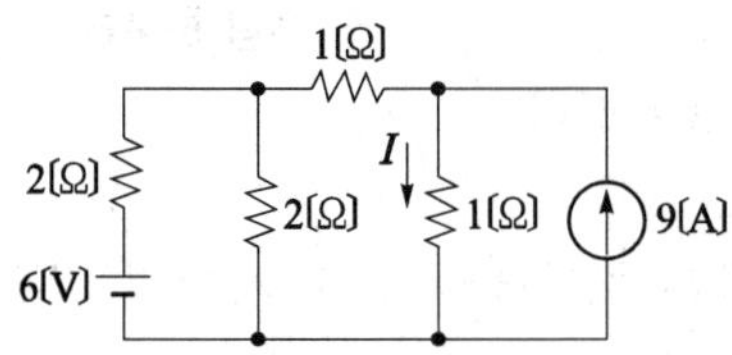

그림 5-44

|정답| $I = 7$[A]

5-8 그림 5-45와 같은 회로에서 전압 V를 구하라.

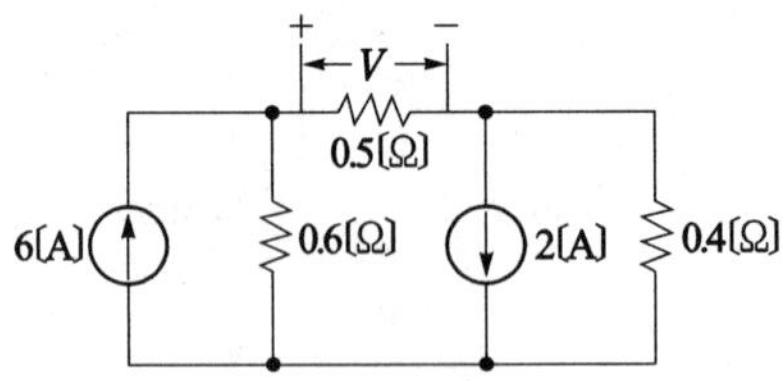

그림 5-45

|정답| $V = 1.47$[V]

5-9 그림 5-46(a)와 같은 회로를 (b)와 같은 등가 전압원과 직렬저항으로 변환시켰을 때 V_s 및 R_s를 구하라.

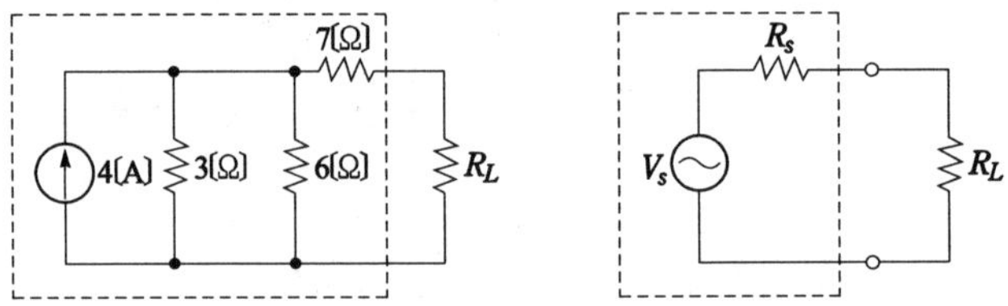

(a) (b)

그림 5-46

|정답| $V_s = 8$[V], $R_s = 9$[Ω]

5-10 그림 5-47과 같은 (a)의 회로를 그림 (b)와 같은 등가회로로 구성하고자 한다. 이때 V 및 R의 값을 구하라.

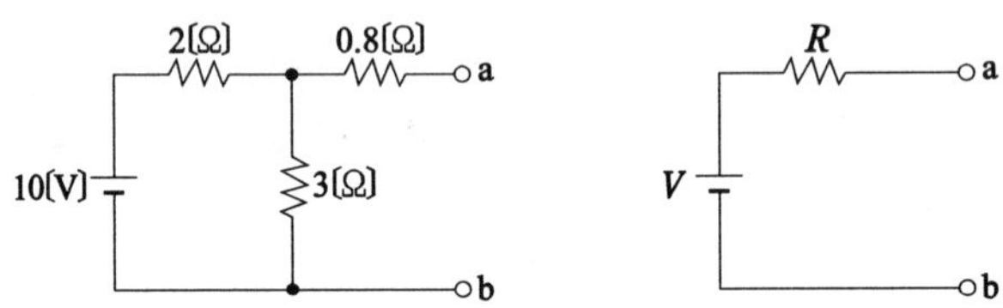

(a) (b)

그림 5-47

|정답| $R = 2$[Ω], $V = 6$[V]

5-11 그림 5-48과 같은 회로에서 a, b 사이의 전위차 V_{ab}를 구하라.

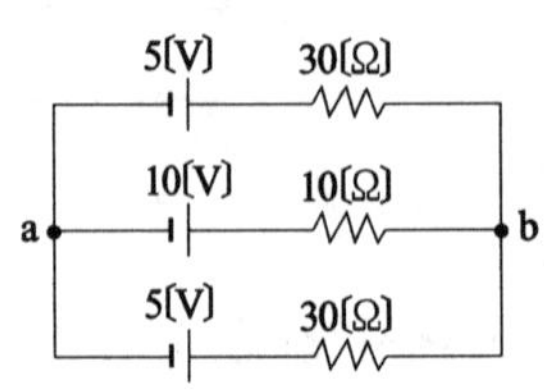

그림 5-48

|정답| $V_{ab} = 8$〔V〕

5-12 기전력 2〔V〕, 내부저항 0.5〔Ω〕의 전지 9개가 있다. 이것은 3개씩 직렬로 하여 3조 병렬 접속한 것에 부하저항 1.5〔Ω〕을 접속하면 부하전류 I는 얼마인가?

|정답| $I = 3$〔A〕

5-13 그림 5-49와 같은 회로를 테브낭의 등가회로로 변환할 때 a, b 단자에서 본 등가전압원의 값 V_{ab}를 구하라.

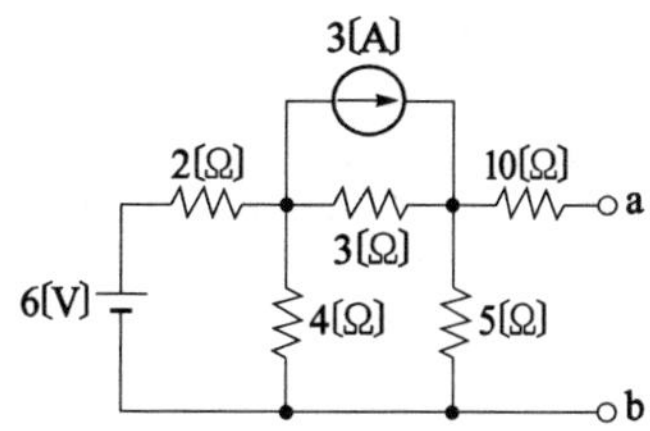

그림 5-49

|정답| $V_{ab} = 6.96$〔V〕

5-14 그림 5-50과 같은 브리지가 평형되어 있다. 미지인덕터의 저항 R_4 및 인덕턴스 L_4의 값은 각각 얼마인가?

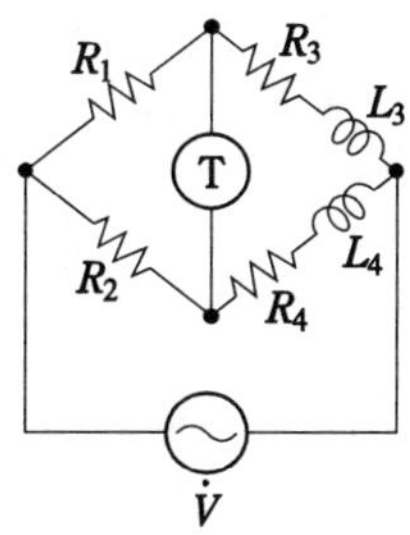

그림 5-50

|정답| $R_4 = \dfrac{R_2}{R_1} R_3$, $L_4 = \dfrac{R_2}{R_1} L_3$

chapter **06**

교류 전력

일을 할 수 있는 능력을 에너지라 하고, 전기공학에서 전력은 에너지가 사용되는 척도라고 할 수 있다. 전기소자들은 주어진 시간 내에 일정량의 에너지를 소모할 수 있어야 한다. 제1장에서 설명한 직류전력과는 달리 교류전력에는 실제로 일을 할 수 있는 유효전력이 존재하고, 또 일은 하지 않으나 엄연히 존재하는 무효전력이 있다. 따라서 교류전력을 표현하는 용어로는 순시전력, 평균전력, 유효전력, 무효전력, 피상전력, 복소전력 등이 있고 본 장에서는 이들의 특성과 계산법에 대해 설명하기로 한다.

6.1 회로소자의 전력

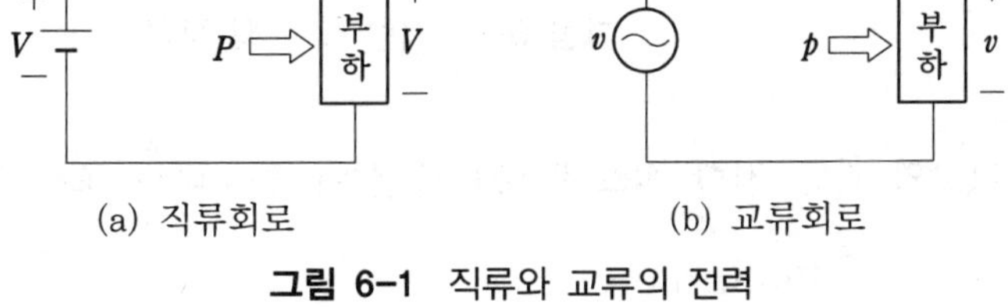

(a) 직류회로 (b) 교류회로

그림 6-1 직류와 교류의 전력

어느 회로에 흐르는 전류는 일을 하게 되며 이때 단위 시간(1초) 동안 전기가 한 일의 양을 전력이라고 한다.

그림 6-1과 같은 직류 회로의 부하에 전류 I[A]가 흐르면 전기는 일을 하게 되어 전압강하 V[V]가 발생하며, 교류 회로에서도 직류 회로와 마찬가지로 부하에 전류 i[A]가 흐르면

전압강하 v〔V〕가 발생한다.

이때 직류 회로에서의 전력은

$$P = VI〔W〕 \quad \cdots\cdots (6.1)$$

이고, 교류 회로에서의 전력은 식 (1.5)로부터

$$p = vi〔W〕 \quad \cdots\cdots (6.2)$$

로 나타낸다.

직류 회로에서는 전압과 전류의 값이 일정하므로 전력도 일정한 값을 가진다. 그러나 교류 회로에서는 전압과 전류의 크기가 시간에 따라 변화하므로 전력의 크기도 시간에 따라 변화하게 되므로 식 (6.2)에 나타낸 전력 p를 순시전력이라고 한다. 그러나 교류 회로에서 소비 전력을 말할 때는 일반적으로 평균 전력을 의미하며 이것은 순시전력의 1주기간의 평균을 구한 값이다.

6.1.1 저항에서의 전력

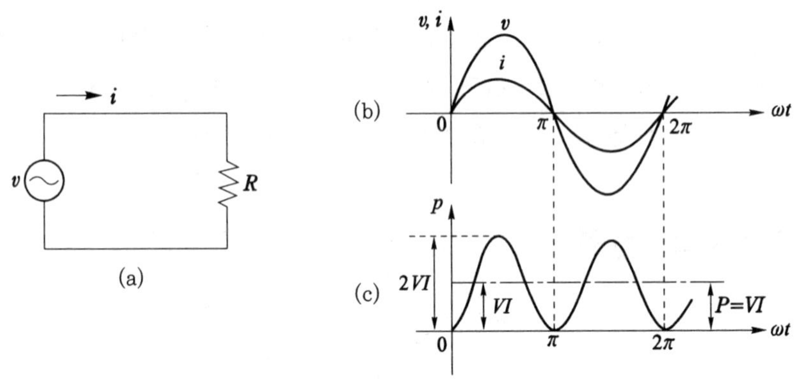

그림 6-2 저항 회로 및 파형

그림 6-2(a)와 같은 저항 회로에 다음과 같이 표시되는 교류 전압

$$v = \sqrt{2}\, V\sin\omega t〔V〕 \quad \cdots\cdots (6.3)$$

가 인가되면 이때 회로에 흐르는 전류 i는

$$i = \sqrt{2}\, I\sin\omega t〔A〕 \quad \cdots\cdots (6.4)$$

로 표시되며, 그림 (b)에서 보는 바와 같이 전압과 전류의 위상은 같게 된다.

따라서 저항에서의 순시전력 p는

$$p = vi = \sqrt{2}\,V\sin\omega t \cdot \sqrt{2}\,I\sin\omega t$$
$$= 2VI\sin^2\omega t = VI(1-\cos 2\omega t)[\mathrm{W}] \qquad \cdots\cdots (6.5)$$

가 되며 이를 그림으로 나타낸 것이 그림 (c)이다.

평균전력 P는 순시전력 p의 한 주기간의 평균값이며 이를 구하면

$$P = \frac{1}{T}\int_0^T p\,dt = \frac{1}{T}\int_0^T VI(1-\cos 2\omega t)dt = \frac{VI}{T}\int_0^T (1-\cos 2\omega t)dt$$
$$= \frac{VI}{T}\left[t - \frac{1}{2\omega}\sin 2\omega t\right]_0^T = \frac{VI}{T}\left\{\left(T - \frac{1}{2\omega}\sin 2\omega T\right) - (0-0)\right\}$$
$$= \frac{VI}{T}T = VI = RI^2 = \frac{V^2}{R} = GV^2[\mathrm{W}] \qquad \cdots\cdots (6.6)$$

로 표시된다.

그림 (c)를 보면 순시전력 p의 부호는 항상 0보다 크며 평균전력도 항상 0보다 큰 값을 나타내게 되는데 이는 항상 전원으로부터 전력이 공급되고 있으며 동시에 항상 에너지의 소비가 이루어지고 있음을 의미한다.

시간 $t(s)$ 동안에 저항에서 열에너지로 소비되는 에너지(전력량)은 다음 식과 같다.

$$W_R = Pt = VIt[\mathrm{J}] \qquad \cdots\cdots (6.7)$$

예제 6-1

그림 6-3의 회로에 $v = 100\sqrt{2}\sin 377t[\mathrm{V}]$의 전압이 인가되었을 때 각 전구의 소비 전력이 100[W], 200[W]를 나타내었다. 이 때 각 전구의 저항 R을 구하라. 단 전구 필라멘트의 인덕턴스는 무시한다.

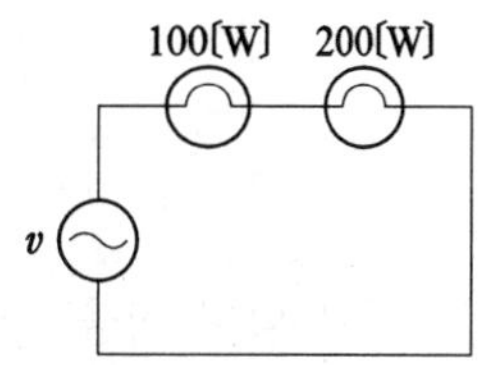

그림 6-3

| 풀이 | $P = IV$에서 $P_0 = 300[\mathrm{W}]$이고, $V = 100[\mathrm{V}]$이므로 $I = 3[\mathrm{A}]$ 이다.

$P = RI^2$ 이므로

$$R_1 = \frac{P_1}{I^2} = \frac{100}{3^2} = \frac{100}{9}[\Omega], \qquad R_2 = \frac{200}{3^2} = \frac{200}{9}[\Omega]$$

6.1.2 인덕터에서의 전력

그림 6-4(a)와 같은 인덕터 회로에

$$i = \sqrt{2}\,I\sin\omega t[\mathrm{A}] \qquad \cdots\cdots (6.8)$$

로 표시되는 교류 전류가 흐르면 이때의 인덕터 양단의 단자 전압 v는

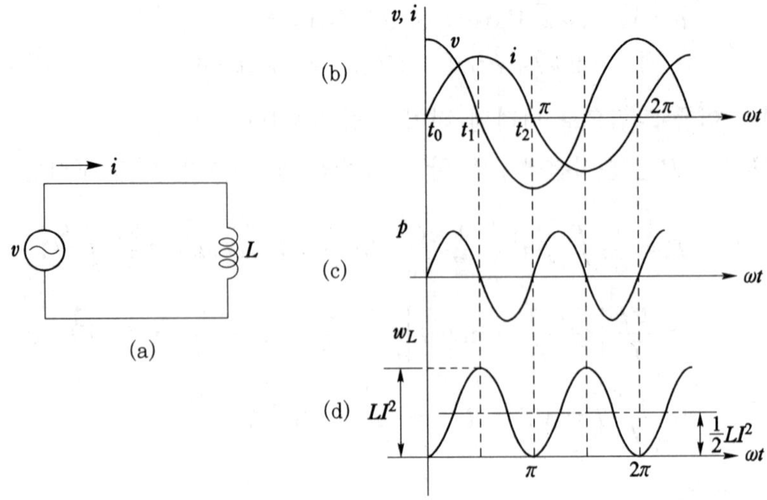

그림 6-4 인덕터 회로 및 파형

$$v = \sqrt{2}\,V\cos\omega t = \sqrt{2}\,V\sin\left(\omega t + \frac{\pi}{2}\right)[\mathrm{V}] \qquad \cdots\cdots (6.9)$$

로 표시되며, 그림 (b)에서 보는 바와 같이 전류는 전압보다 위상이 $\frac{\pi}{2}$[rad](= 90°)만큼 늦게 된다.

따라서 인덕터에서의 순시전력 p는

$$\begin{aligned} p = vi &= \sqrt{2}\,V\cos\omega t \cdot \sqrt{2}\,I\sin\omega t \\ &= 2\,VI\sin\omega t\cos\omega t = VI\sin 2\omega t[\mathrm{W}] \qquad \cdots\cdots (6.10) \end{aligned}$$

$$(\because \sin 2\theta = 2\sin\theta \cdot \cos\theta)$$

가 되며 이를 파형으로 나타낸 것이 그림 (c)이다. 이 그림에서 알 수 있는 것처럼 순시전력 p는 사인파이므로 한 주기 동안에 파형의 +부분과 −부분의 넓이가 같다. 그러므로 평균전력 P를 구하면

$$\begin{aligned} P &= \frac{1}{T}\int_0^T p\,dt = \frac{1}{T}\int_0^T VI\sin 2\omega t dt = \frac{VI}{T}\int_0^T \sin 2\omega t dt \\ &= \frac{VI}{T}\left[-\frac{1}{2\omega}\cos 2\omega t\right]_0^T = \frac{VI}{T}\left\{\left(-\frac{1}{2\omega}\cos 2\omega T\right) - \left(-\frac{1}{2\omega}\cos 0\right)\right\} \\ &= \frac{VI}{T}\left(-\frac{1}{2\omega} + \frac{1}{2\omega}\right) = 0 \qquad \cdots\cdots (6.11) \end{aligned}$$

로 표시된다.

그림 (c)에서 +부분(> 0)은 전원으로부터 인덕터에 전력이 공급되고 있고 −부분(< 0)은

인덕터로부터 전원으로 전력을 반환하고 있어서 인덕터 자체에서는 전력의 소모가 없음을 알 수 있다. 이것은 인덕터가 전원으로부터 전력을 공급 받음과 동시에 이 전력을 에너지의 형태로 인덕터자체에 축적하였다가 다시 전원부로 에너지를 반환하는 것을 반복함을 의미한다. 그러므로 인덕터 자체에서 평균전력은 0이 된다.

인덕턴스 L인 인덕터에 $i=\sqrt{2}\,I\sin\omega t$〔A〕의 전류가 흐르면 저장되는 자기에너지의 순시치 w_L은 다음 식과 같다.

$$w_L=\frac{1}{2}Li^2=LI^2\sin^2\omega t=\frac{1}{2}LI^2(1-\cos 2\omega t)〔\mathrm{J}〕 \quad \cdots\cdots (6.12)$$

$$(\because \cos 2\theta=2\cos^2\theta-1=1-2\sin^2\theta)$$

따라서 저장되는 자기에너지의 평균치 W_L은

$$W_L=\frac{1}{T}\int_0^T w_L\,dt=\frac{1}{T}\int_0^T \frac{1}{2}LI^2(1-\cos 2\omega t)\,dt=\frac{1}{2}LI^2〔\mathrm{J}〕 \quad \cdots\cdots (6.13)$$

로 주어지고, 인덕터에 축적되는 자기에너지의 최대값 W_m은

$$W_m=\frac{1}{2}LI_m^2=\frac{1}{2}L(\sqrt{2}\,I)^2=LI^2$$

이 된다. 저장에너지 ω_L은 그림(d)에 나타내었다.

6.1.3 커패시터에서의 전력

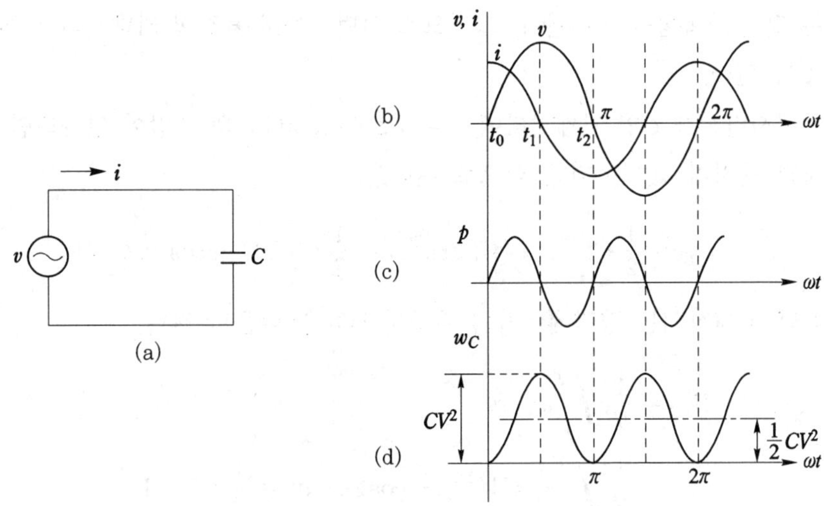

그림 6-5 커패시터 회로 및 파형

그림 6-5의 (a)와 같은 커패시터 회로에

$$v = \sqrt{2}\, V\sin\omega t\,[\mathrm{V}] \qquad \cdots\cdots (6.14)$$

로 표시되는 교류 전압이 인가되면 이때 회로에 흐르는 전류는

$$i = \sqrt{2}\, I\cos\omega t = \sqrt{2}\, I\sin\left(\omega t + \frac{\pi}{2}\right)[\mathrm{A}] \qquad \cdots\cdots (6.15)$$

로 표시되며, 그림 (b)에서 보는 바와 같이 전류는 전압보다 위상이 $\frac{\pi}{2}$[rad]만큼 빠르게 된다. 따라서 커패시터에서의 순시전력 p는

$$\begin{aligned} p = vi &= \sqrt{2}\, V\sin\omega t \cdot \sqrt{2}\, I\cos\omega t \\ &= 2VI\sin\omega t\cos\omega t = VI\sin 2\omega t\,[\mathrm{W}] \end{aligned} \qquad \cdots\cdots (6.16)$$

가 되며 그림 (c)에 그 파형을 나타내었다. 그림에서 알 수 있는 것처럼 커패시터에서의 전력의 파형은 인덕터에서의 전력의 파형과 같고 평균전력 P를 구하면 인덕터에서와 마찬가지로

$$P = \frac{1}{T}\int_0^T p\, dt = \frac{1}{T}\int_0^T VI\sin 2\omega t\, dt = 0\,[\mathrm{W}] \qquad \cdots\cdots (6.17)$$

로 표시된다.

그림 (c)에서 +부분(>0)은 전원으로부터 커패시터에 전력이 공급되고 있고 −부분(<0)은 커패시터로부터 전원으로 전력을 반환하고 있어서 커패시터 자체에서는 전력의 소모가 없음을 알 수 있다. 이것은 커패시터가 전원으로부터 전력을 공급 받음과 동시에 이 전력을 에너지의 형태로 커패시터 자체에 축적(충전)하였다가 다시 전원부로 에너지를 반환(방전)하는 것을 반복함을 의미한다. 그러므로 인덕터에서와 같이 커패시터 자체에서도 평균전력은 0이 된다.

커패시턴스가 C인 커패시터에 $v = \sqrt{2}\, V\sin\omega t$[V]의 전압이 인가되면 저장되는 정전에너지의 순시치 w_C는 다음 식으로 된다.

$$w_C = \frac{1}{2}Cv^2 = CV^2\sin^2\omega t = \frac{1}{2}CV^2(1-\cos 2\omega t)\,[\mathrm{J}] \qquad \cdots\cdots (6.18)$$

따라서 저장되는 정전에너지의 평균치 W_C은 다음과 같다.

$$\begin{aligned} W_C &= \frac{1}{T}\int_0^T w_C\, dt \\ &= \frac{1}{T}\int_0^T \frac{1}{2}CV^2(1-\cos 2\omega t)dt = \frac{1}{2}CV^2\,[\mathrm{J}] \end{aligned} \qquad \cdots\cdots (6.19)$$

콘덴서에 저장되는 정전에너지의 최대값 W_m은

$$W_m = \frac{1}{2}CV_m^2 = CV^2$$

이고, 정전에너지 w_C는 그림(d)에 나타내었다.

예제 6-2

커패시턴스 $C = 60[\mu F]$인 회로에 $v = 220\sqrt{2}\sin 377t[V]$의 전압이 인가되었을 때 커패시터에 축적되는 평균에너지는 몇 [J]인가?

| 풀이 | $W_C = \frac{1}{2}CV^2 = \frac{1}{2} \times 60 \times 10^{-6} \times 220^2 = 1.45[J]$

6.2 임피던스 부하의 전력

이상에서 R, L, C 소자가 단독으로 연결되어있는 회로소자에서의 전력을 알아보았다. 이제 이 소자들이 하나의 회로에 함께 연결되어 회로를 구성하고 있는 임피던스 부하 회로의 전력에 대해서 알아보기로 하자.

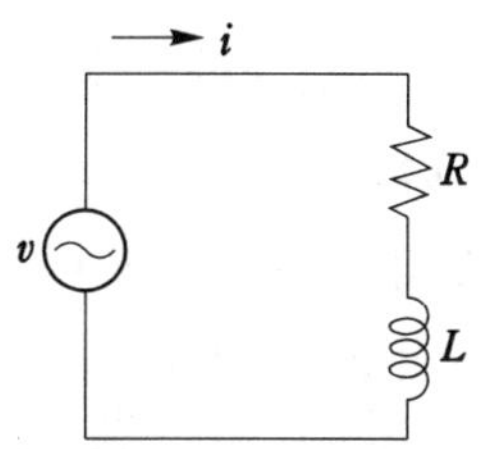

그림 6-6 *R-L* 직렬회로

그림 6-6과 같은 $R-L$ 직렬회로의 전력을 구해보기로 하자. 이 회로의 임피던스를 $Z\angle\theta$라 하고

$$i = \sqrt{2}I\sin\omega t[A] \quad \cdots\cdots (6.20)$$

로 표시되는 전류가 흐르면 그림 6-7에 나타낸 바와 같이 회로에 흐르는 전류는 전압보다 θ만큼 늦게 된다. 그러므로 회로의 전압 v는

$$v = \sqrt{2}V\sin(\omega t + \theta)[V] \quad \cdots\cdots (6.21)$$

가 된다. 회로에 공급되는 전력의 순시값 p는 전압 v와 전류 i의 곱으로 구하므로

$$p = vi = \sqrt{2}V\sin(\omega t + \theta) \cdot \sqrt{2}I\sin\omega t[W] \quad \cdots\cdots (6.22)$$

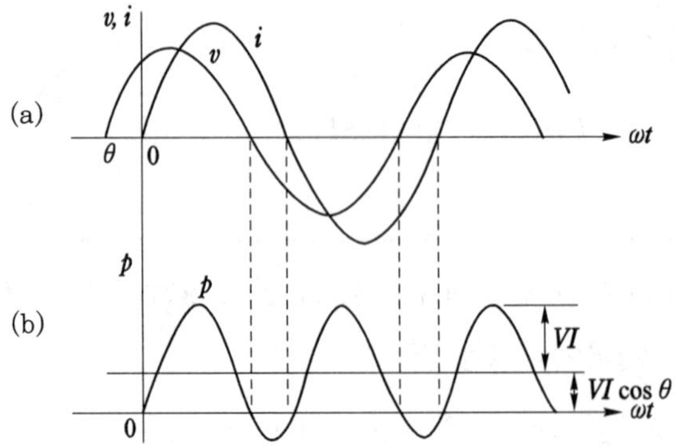

v, i, p의 시간적 변화

그림 6-7 *R–L* 직렬회로 및 파형

가 된다. 이 식을 풀면

$$\begin{aligned} p = vi &= 2VI\sin(\omega t+\theta)\sin\omega t = 2VI(\sin\omega t\cdot\cos\theta+\cos\omega t\cdot\sin\theta)\sin\omega t \\ &= 2VI(\sin^2\omega t\cdot\cos\theta+\cos\omega t\cdot\sin\omega t\cdot\sin\theta) \\ &= 2VI\left(\frac{1-\cos 2\omega t}{2}\cdot\cos\theta+\frac{\sin 2\omega t}{2}\cdot\sin\theta\right) \\ &= VI\cos\theta - VI(\cos 2\omega t\cdot\cos\theta-\sin 2\omega t\cdot\sin\theta) \\ &= VI\cos\theta - VI\cos(2\omega t+\theta)\text{[W]} \qquad \cdots\cdots (6.23) \end{aligned}$$

와 같이 표시된다. 그림 6-7은 전압 v와 전류 i 및 순시전력 p의 시간에 대한 파형의 변화를 나타낸 것이다. 순시전력 p의 파형은 전압 v와 전류 i의 파형의 곱으로 구할 수 있으므로 그림 (b)와 같은 파형으로 나타난다. 그림에서 볼 수 있듯이 전압 v와 전류 i가 같은 부호를 가지는 동안에는 $p>0$ 이고, 이 동안에는 에너지가 회로로 유입이 된다. 그러나 전압 v와 전류 i의 부호가 다른 동안에는 $p<0$이고 이 동안에는 회로에 축적되었던 에너지가 전원으로 다시 반환된다.

평균전력 P는

$$\begin{aligned} P &= \frac{1}{T}\int_0^T p\,dt = \frac{1}{T}\int_0^T [VI\cos\theta - VI\cos(2\omega t+\theta)]\,dt \\ &= \frac{VI}{T}\int_0^T [\cos\theta-\cos(2\omega t+\theta)]\,dt \\ &= \frac{VI}{T}\left[\cos\theta\cdot t-\frac{1}{2\omega}\sin(2\omega t+\theta)\right]_0^T \\ &= VI\cos\theta\text{[W]} \qquad \cdots\cdots (6.24) \end{aligned}$$

가 된다. 여기서 V, I는 각각 인가 전압과 전류의 실효값이고 θ는 임피던스각 즉, 전압과 전류의 위상차이다.

교류전력은 시간에 따라 그 값이 변화하므로 앞에서 나타낸 식 (6.24)와 같은 평균 전력을 주로 사용하며 전압과 전류의 곱에 $\cos\theta$라는 계수를 곱해야 한다. 이 계수를 역률(power factor)이라고 하며 PF 또는 $p.f$로 표시한다. 이는 효율과 같은 의미를 가지며 때로는 백분율(%)로도 표시한다. 그러므로 역률 PF는

$$PF = \cos\theta = \frac{P}{VI} \text{ 또는 } \frac{P}{VI} \times 100[\%] \quad \cdots\cdots (6.25)$$

가 된다.

그림 6-6 회로의 임피던스 삼각도를 그리면 그림 6-8과 같으므로

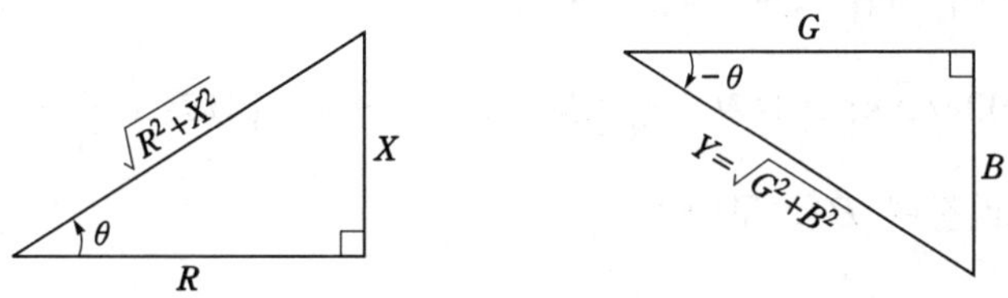

(a) 임피던스 삼각도　　(b) 어드미턴스 삼각도

그림 6-8 *R–L* 직렬 회로의 임피던스와 어드미턴스 삼각도

$$PF = \cos\theta = \frac{R}{\sqrt{R^2 + X^2}} = \frac{R}{Z} = \frac{G}{Y} \quad \cdots\cdots (6.26)$$

로 표시할 수 있다.

여기서 $\theta > 0$일 때를 유도성 부하, $\theta < 0$일 때를 용량성 부하라고 한다.
θ는 임피던스각으로서 −90°와 +90°사이의 각이므로

$$0 \le PF \le 1 \quad \cdots\cdots (6.27)$$

의 범위의 값을 갖는다. 그리고 $\theta > 0$인 경우 전류는 전압보다 위상이 뒤지므로 이때의 역률을 지상역률(lagging power factor)이라 하며, $\theta < 0$인 때는 전류가 위상이 앞서므로 이때의 역률을 진상역률(leading power factor)이라 한다.

위 식을 대입하여 평균전력 P를 다시 표현하면

$$P = VI\cos\theta = VI\frac{R}{Z} = RI^2 = VI\frac{G}{Y} = GV^2[\text{W}] \quad \cdots\cdots (6.28)$$

이다.

예제 6-3

어느 교류 회로에 $v = 200\sqrt{2}\sin 377t$[V]의 전압을 인가했더니 $i = 5\sqrt{2}\sin(377t$

$-60°)$[A]의 전류가 흘렀다. 이 교류 회로의 부하에서 소비되는 전력 P와 역률 PF는 얼마인가?

| 풀이 | 전압의 실효값은 200[V]이고 전류의 실효값은 5[A]이다. 그리고 임피던스 각 θ는 60°이다. 그러므로 부하에서 소비되는 전력 P는

$$P = VI\cos\theta = 200 \times 5 \times \cos 60° = 1000 \times 0.5 = 500[\text{W}]$$

가 된다. 그리고 역률 PF는

$$PF = \cos\theta = \cos 60° = 0.5$$

즉 역률은 0.5 또는 50[%]이다.

예제 6-4

어떤 회로에 전압 v와 전류 i가 각각

$$v = 100\sqrt{2}\sin\left(377t + \frac{\pi}{3}\right)[\text{V}],\ i = \sqrt{8}\sin\left(377t + \frac{\pi}{6}\right)[\text{A}]$$

일 때 소비전력 P를 구하라.

| 풀이 | $P = VI\cos\theta = 100 \times \frac{\sqrt{8}}{\sqrt{2}}\cos\left(\frac{\pi}{3} - \frac{\pi}{6}\right) = 100\sqrt{3}[\text{W}]$

예제 6-5

$R = 40[\Omega]$, $L = 80[\text{mH}]$의 인덕터가 있다. 이 인덕터에 100[V], 60[Hz]의 전압을 가할 때에 소비되는 전력 P를 구하라.

| 풀이 | $X_L = \omega L = 2\pi f L = 2\pi \times 60 \times 80 \times 10^{-3} \fallingdotseq 30[\Omega]$

$$Z = \sqrt{R^2 + X_L^2} = \sqrt{40^2 + 30^2} = 50[\Omega], \quad I = \frac{V}{Z} = \frac{100}{50} = 2[\text{A}]$$

$$P = I^2 R = 2^2 \times 40 = 160[\text{W}]$$

6.3 교류전력의 종류

교류회로에서 사용되는 전력의 종류는 유효전력, 무효전력, 피상전력 및 복소전력의 네가지이다. 유효전력은 실제로 일을 하는 전력으로서 저항에서의 에너지소비를 말한다. 무효전력은 실제로는 일을 하지 않는 전력이지만 L과 C에 의해 존재하는 전력이다. 유효전력은 실수로서 복소수 평면상에 실수축에 위치하고, 무효전력은 허수로서 허수축 상에 위치한다. 피상전력은 이들 전력의 총합을 말하며 발전기나 변압기의 용량은 피상전력으로 표시한다. 복소전력은 유효전력과 무효전력이 복소수 평면상에 존재하므로 이들의 합을 $P + jP_r$의 형태로 나타낸 것을 일컫는다.

6.3.1 유효전력과 무효전력

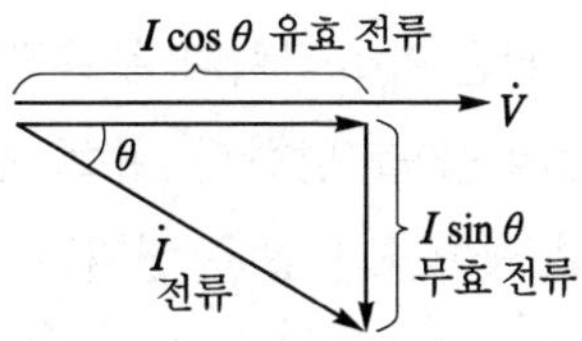

그림 6-9 전압과 전류의 벡터도

어느 교류 회로의 단자 전압과 전류가 θ의 위상차를 가지고 있을 때 전압과 전류의 벡터도를 그림 6-9와 같이 나타낼 수 있다. 이때 전류는 전압보다 θ만큼 뒤지는데 전류를 두 개의 벡터성분으로 나눌 수 있다. 즉 전압과 동상인 유효전류 (active current, $I\cos\theta$)와 전압과 90° 위상차를 갖는 무효전류 (reactive current, $I\sin\theta$)로 나눌 수 있다.

평균전력 $VI\cos\theta$는 유효전류에 의해 이루어지므로 유효전력(active power)이라고 한다. 그러나 무효전류에 기인하는 $VI\sin\theta$는 회로에서의 직접적인 전력소모와는 무관하므로 이를 무효전력(reactive power)이라고 한다. 유효전력은 기호를 P, 단위는 와트(W, watt)이고, 무효전력은 기호를 P_r, 단위는 바아르(Var, voltampere reactive) 이다.

그러므로 유효전력 P와 무효전력 P_r은 다음과 같다.

$$P = VI\cos\theta\,[\mathrm{W}]$$
$$P_r = VI\sin\theta\,[\mathrm{Var}] \qquad \cdots\cdots (6.29)$$

이때 무효전력에 관계되는 계수 $\sin\theta$를 무효율(reactive factor)이라 하며 RF 또는 r.f로 표시한다. 그림 6-8의 임피던스와 어드미턴스 삼각도로부터 무효율을 구하면 다음과 같다.

$$RF = \sin\theta = \frac{P_r}{VI} = \frac{X}{Z} = -\frac{B}{Y} \qquad \cdots\cdots (6.30)$$

그러므로 무효전력 P_r은 다음과 같이 나타낼 수 있다.

$$P_r = VI\sin\theta = XI^2 = -BV^2\,[\mathrm{Var}] \qquad \cdots\cdots (6.31)$$

무효전력은 인덕터에서는 정(+)의 값을 갖고, 커패시터에서는 음(−)의 값을 갖는다. 전압과 전류의 위상차 θ가 커지면 역률 $\cos\theta$는 작아지고 무효율 $\sin\theta$는 커지게 된다. 따라서, 부하에서 유효하게 사용되는 유효전력은 작아지고 무효전력은 커진다. 그러므로 회로의 역률이 낮으면 동일 전압 하에서 큰 전류를 흘려주어야 부하에 원하는 전력을 공급할 수 있는 단점이 있다.

6.3.2 피상전력

피상전력(apparent power)은 유효전력과 무효전력을 포함한 전체 전력의 절대값의 크기(단자전압과 전류의 실효값의 곱)를 말한다. 주로 전력의 전체 용량을 말할 때 사용되는 용어로서 발전기나 변압기 및 케이블과 같은 전기관련 기기들의 에너지 허용 용량 등을 기술할 때 사용한다. 기호는 P_a이고 단위는 〔VA〕 이다.

즉 피상전력 P_a는

$$P_a = VI = ZI^2 = YV^2 \text{〔VA〕} \qquad \cdots\cdots (6.32)$$

유효전력 P, 무효전력 P_r, 피상전력 P_a 사이에는 다음과 같은 관계가 있다.

$$P^2 + P_r^2 = (VI\cos\theta)^2 + (VI\sin\theta)^2 = (VI)^2 = P_a^2 \qquad \cdots\cdots (6.33)$$

즉

$$P_a = \sqrt{P^2 + P_r^2} \text{〔VA〕} \qquad \cdots\cdots (6.34)$$

이 세 가지 전력의 상호 관계는 그림 6-10과 같으며 이 그림을 전력삼각도라고 한다. 전력삼각도로 부터 역률 PF 및 무효율 RF는 다음과 같이 표시될 수 있다.

$$PF = \cos\theta = \frac{\text{유효전력 } P}{\text{피상전력 } P_a} \qquad \cdots\cdots (6.35)$$

$$RF = \sin\theta = \frac{\text{무효전력 } P_r}{\text{피상전력 } P_a} \qquad \cdots\cdots (6.36)$$

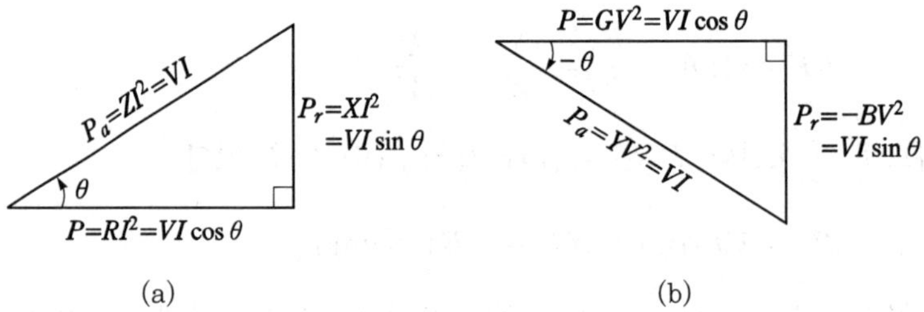

그림 6-10 전력삼각도

예제 6-6

전압 $V = 100$〔V〕, 전류 $I = 5$〔A〕인 회로에서 역률은 0.8이다. 이 회로의 유효전력 P, 무효전력 P_r, 피상전력 P_a를 구하라.

|풀이| 유효전력 P는

$P= VI\cos\theta = 100\times5\times0.8 = 400$〔W〕

피상전력 P_a는

$P_a = VI = 100\times5 = 500$〔VA〕

$P_a^{\ 2} = P^2 + P_r^{\ 2}$인 관계가 있으므로 무효전력 P_r는

$P_r = \sqrt{P_a^{\ 2} - P^2} = \sqrt{500^2 - 400^2} = \sqrt{90000} = 300$〔Var〕

예제 6-7

그림 6-11과 같은 $R-L-C$ 직렬 교류회로에서 $V=200$〔V〕, $R=40$〔Ω〕, $X_L=100$〔Ω〕, $X_C=-70$〔Ω〕 이다. 이 회로에서의 유효전력 P, 무효전력 P_r, 피상전력 P_a는 얼마인가?

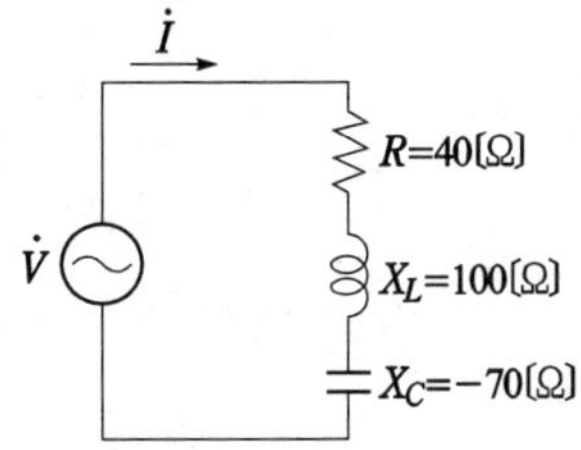

그림 6-11

| 풀이 | 직렬 회로이므로 이 회로의 임피던스 $\dot{Z}$는

$\dot{Z} = R + j(X_L + X_C) = 40 + j(100-70) = 40 + j30$〔Ω〕

이며 임피던스 벡터는 그림 6-12(a)와 같다.

그러므로 임피던스의 크기 Z는

$Z = \sqrt{R^2 + X^2} = \sqrt{40^2 + (30)^2} = 50$〔Ω〕

$I = \dfrac{V}{Z} = \dfrac{200}{50} = 4$〔A〕

$PF = \cos\theta = \dfrac{R}{Z} = \dfrac{40}{50} = 0.8$

$RF = \sin\theta = \dfrac{X}{Z} = \dfrac{30}{50} = 0.6$

따라서, 유효전력 P, 무효전력 P_r, 피상전력 P_a는

$P = VI\cos\theta = 200\times4\times0.8 = 640$〔W〕

$P_r = VI\sin\theta = 200\times4\times0.6 = 480$〔Var〕

$P_a = VI = 200\times4 = 800$〔VA〕

참고로 이 회로의 부하는 임피던스 삼각도에서 알 수 있듯이 $\theta > 0$이므로 유도성 부하이며 전력 삼각도를 그리면 그림(b)와 같다.

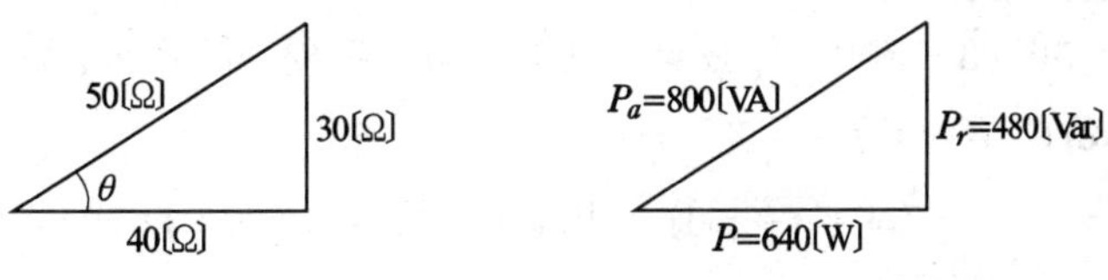

(a) 임피던스 삼각도 (b) 전력 삼각도

그림 6-12

6.3.3 복소전력

복소수 평면상의 한 점에서 유효전력 P와 무효전력 P_r을 각각 실수부와 허수부를 갖는 복소수로 표현한 전력을 복소전력(complex power)이라 한다. 기호는 $\dot{P}_a$이고 단위는 〔VA〕이다.

$$\begin{aligned}\dot{P}_a &= P + jP_r = VI\cos\theta + jVI\sin\theta \\ &= VI\angle\theta = VIe^{j\theta} = RI^2 + jXI^2 = \dot{Z}I^2 \\ &= GV^2 + j(-B)V^2 = \dot{Y}^* V^2 \text{〔VA〕}\end{aligned} \qquad \cdots\cdots (6.37)$$

위 식에서 $I^2 = \dot{I} \cdot \dot{I}^*$ 이므로

$$\dot{P}_a = \dot{Z}I^2 = \dot{Z}\dot{I}\dot{I}^* = \dot{V}\dot{I}^* \qquad \cdots\cdots (6.38)$$

즉 유효전력 P와 무효전력 P_r은 다음과 같다.

$$P = Re(\dot{V}\dot{I}^*) \qquad \cdots\cdots (6.39)$$

$$P_r = I_m(\dot{V}\dot{I}^*) \qquad \cdots\cdots (6.40)$$

이다. 그림 6-13에 복소전력을 나타내었다.

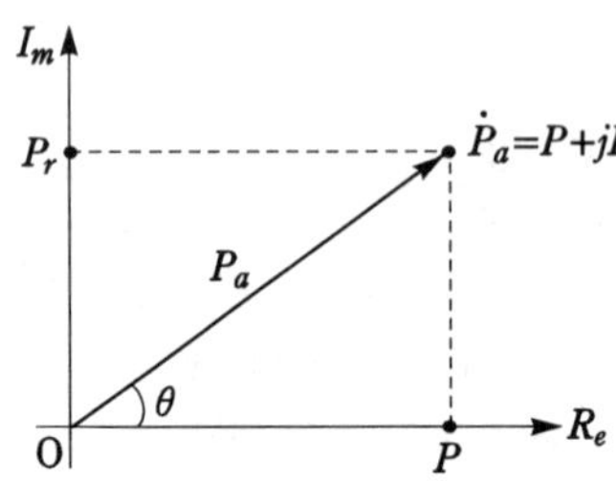

그림 6-13 복소전력

예제 6-8

$\dot{V} = 50\sqrt{3} + j50$〔V〕, $\dot{I} = 15\sqrt{3} - j15$〔A〕일 때 유효전력 P와 무효전력 P_r을 구하라.

|풀이| $\dot{P}_a = \dot{V}\dot{I}^*$

$= (50\sqrt{3} + j50) \times (15\sqrt{3} + j15) = 1{,}500 + j1{,}500\sqrt{3}$〔VA〕

그러므로

$P = 1{,}500$〔W〕, $P_r = 1{,}500\sqrt{3}$〔Var〕

가 된다.

예제 6-9

어떤 회로에 $\dot{V}=100\angle\frac{\pi}{3}$[V]의 전압을 가하니 $\dot{I}=10\sqrt{3}+j10$[A]의 전류가 흘렀다. 이 회로의 무효전력 P_r을 구하라.

|풀이| $\dot{I}=10\sqrt{3}+j10=\sqrt{(10\sqrt{3})^2+10^2}\angle\tan^{-1}\left(\frac{1}{\sqrt{3}}\right)=20\angle 30°$ [A]

$\therefore\ \dot{P}_a=\dot{V}\dot{I}^*=100\angle 60°\times 20\angle -30°=2000\angle 30°$

$=2000(\cos 30+j\sin 30)=1000\sqrt{3}+j1000$[VA]

그러므로 무효전력 P_r은

$P_r=1000$[Var]

가 된다.

6.4 역률개선

전력계통은 전기를 사용하는 시간대에 따라 서로 다른 위상특성을 나타내기도 하며 낮 시간대에는 대부분의 부하가 전동기를 포함한 유도성이기 때문에 역률은 1보다 작은 지상역률이 된다. 역률이 낮으면 $I=\frac{P}{V\cos\theta}$인 관계식으로부터 보듯이 어떤 부하에 소정의 전력을 공급해야 할 때 동일 전압 하에서 큰 전류를 흘려주어야 할 필요성이 생기게 된다. 그러나 큰 전류가 흐르게 되면 송전계통에서의 열손실이 많아지고 기기의 용량이 커져야 하며 선로에서의 전압강하가 증가하여 전압변동률이 커지게 된다. 따라서 이를 위해 역률개선(보상)을 해주어야 한다. 역률개선이란 낮 시간대에 유도성 부하로 인한 역률의 떨어짐을 막기 위해 전력계통에 병렬로 커패시터를 투입하여 무효전력값을 줄여 역률을 1에 가깝도록 해주는 것을 말한다. 실제로 계통의 역률개선은 변전소의 커패시터 값을 시간대별로 단계적으로 투입하여 시행된다.

역률개선은 개선 전의 역률 $\cos\theta_1$을 개선후의 $\cos\theta_2$로 변경하는 것을 말한다.

피상전력의 감소는 동일한 전압에서 감소분만큼 부하전류를 적게 보내도 됨을 의미하며, 발전소에서 그만큼 전기를 덜 생산해도 된다는 뜻이다.

역률개선에서 가장 중요한 것은 역률 보상용 커패시터의 용량을 구하는 것이다. 그림 6-14를 통해 구하는 것이 편리하며 커패시터의 용량 P_{rC}는 다음과 같이 나타낼 수 있다.

$$P_{rC}=P(\tan\theta_1-\tan\theta_2)=P\left(\frac{\sin\theta_1}{\cos\theta_1}-\frac{\sin\theta_2}{\cos\theta_2}\right)$$

$$=P\left(\sqrt{\frac{1}{\cos^2\theta_1}-1}-\sqrt{\frac{1}{\cos^2\theta_2}-1}\right)\text{[kVA]} \qquad \cdots\cdots (6.41)$$

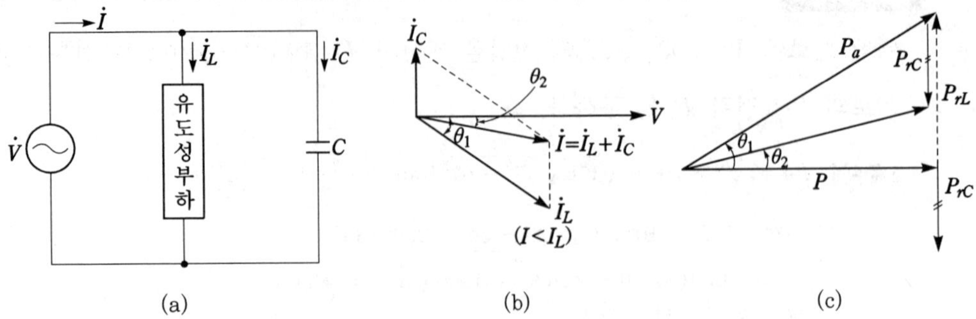

그림 6-14 역률개선

단, P_{rC} : 커패시터의 용량〔VA〕, P : 부하의 유효전력〔W〕

$\cos\theta_1$: 개선 전의 역률, $\cos\theta_2$: 개선 후의 역률

예제 6-10

100〔kVA〕의 변압기가 역률이 0.7(늦음)으로 전부하 운전하고 있다. 여기서 커패시터를 설치하여 변압기의 역률을 0.9(늦음)으로 개선하고자 하는 경우의 커패시터의 용량 P_{rC}〔kVA〕을 구하라.

| 풀이 | $P_{rC}=P\left(\sqrt{\frac{1}{\cos^2\theta_1}-1}-\sqrt{\frac{1}{\cos^2\theta_2}-1}\right)$

$$=100\times0.7\times\left(\sqrt{\frac{1}{0.7^2}-1}-\sqrt{\frac{1}{0.9^2}-1}\right)$$

$$=70\times(1.02-0.48)=37.8\text{〔kVA〕}$$

6.5 최대 전력전송

어떤 회로의 전원부를 통해 부하에 전력을 공급할 때 그 전원부는 내부전원과 직렬로 접속된 임피던스로 등가시킬 수 있다. 이 때 부하에 최대 전력을 공급하는 것이 중요한 문제가 된다.

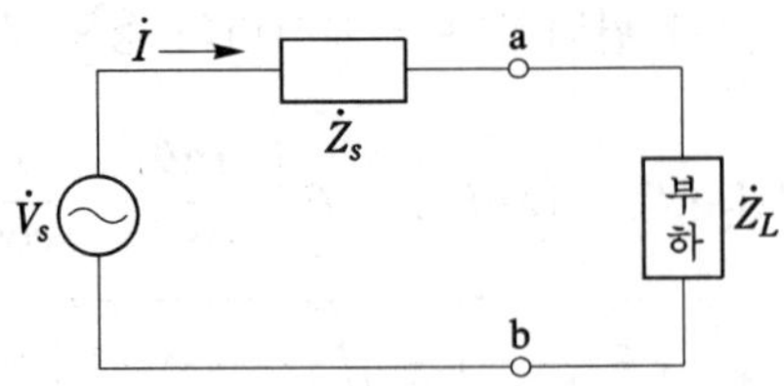

그림 6-15 최대 전력전송

그림 6-15에서 전원부 임피던스와 부하의 임피던스를 각각 $\dot{Z}_s$, $\dot{Z}_L$이라 하면

$$\dot{Z}_s = R_s + jX_s, \quad \dot{Z}_L = R_L + jX_L \qquad \cdots\cdots (6.42)$$

이라 할 수 있다. 여기서 $\dot{Z}_s$는 고정된 것으로 볼 수 있다.

회로에 흐르는 전류 $\dot{I}$는

$$\dot{I} = \frac{\dot{V}_s}{\dot{Z}} = \frac{\dot{V}_s}{\dot{Z}_s + \dot{Z}_L} = \frac{\dot{V}_s}{(R_s + R_L) + j(X_s + X_L)} \qquad \cdots\cdots (6.43)$$

이고 이의 크기 I는

$$I = \frac{V_s}{Z} = \frac{V_s}{\sqrt{(R_s + R_L)^2 + (X_s + X_L)^2}} \qquad \cdots\cdots (6.44)$$

이다. 부하에서의 전력 P_L은

$$P_L = R_L I^2 = \frac{R_L \cdot V_s^2}{(R_s + R_L)^2 + (X_s + X_L)^2} \qquad \cdots\cdots (6.45)$$

이므로, 전원부로 부터 부하에 공급되는 전력 P_L이 최대가 되는 조건은 분모가 최소가 되는 것이다. 따라서 X_L을 변화시키면

$$X_s + X_L = 0, \quad X_L = -X_s \qquad \cdots\cdots (6.46)$$

인 경우 분모의 둘째 항은 0이 된다. 그러므로

$$P_L = R_L I^2 = \frac{R_L \cdot V_s^2}{(R_s + R_L)^2} \qquad \cdots\cdots (6.47)$$

가 된다. $X_L = -X_s$인 조건에서 R_L을 변화시켜 $R_L/(R_s + R_L)^2$이 최대가 되게 하려면 변수 R_L에 대해 이 식을 미분하여 0이 되도록 하면 된다. 그러므로

$$\begin{aligned} d\left\{\frac{R_L}{(R_s + R_L)^2}\right\} \Bigg/ dR_L &= (R_s + R_L)^{-2} + (-2)(R_L)(R_s + R_L)^{-3} \\ &= (R_s + R_L)^{-2}(1 - 2R_L(R_s + R_L)^{-1}) \\ &= 0 \end{aligned} \qquad \cdots\cdots (6.48)$$

가 되며 이 식에서

$$1 - \frac{2R_L}{(R_s + R_L)} = 0 \qquad \cdots\cdots (6.49)$$

의 조건을 만족하기 위해 $R_L = R_s$이 되어야 하고 이때 부하전력 P_L은 최대값이 된다. 결국

$$R_L = R_s, \quad X_L = -X_s \qquad \cdots\cdots (6.50)$$

즉,

$$\dot{Z}_L = \dot{Z}_s^* \qquad \cdots\cdots (6.51)$$

인 조건이 만족되는 순간 부하는 전원부로부터 최대전력을 공급받게 된다.

이때 전원부 자체에서 소비되는 전력과 부하의 최대전력은

$$P_{L\max} = \frac{V_s^2}{4R_s}[\mathrm{W}] \qquad \cdots\cdots (6.52)$$

이 되어 전송효율은 50[%]가 된다.

그림 6-16에 R_L의 변화에 따른 부하전력의 변화를 나타내었다.

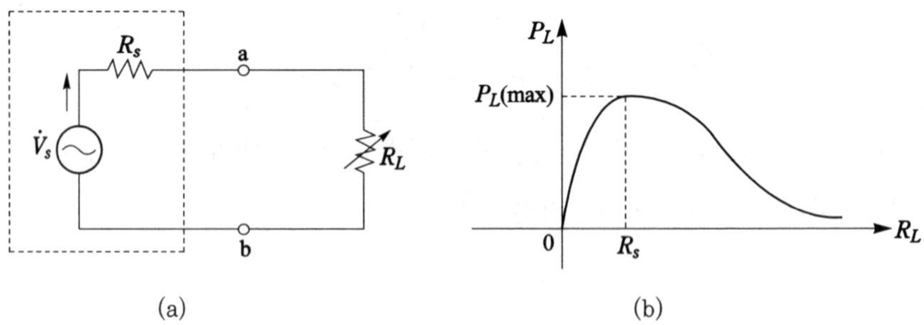

그림 6-16 R_L의 변화에 따른 부하전력 변화

예제 6-11

내부 임피던스 $\dot{Z}_g = 0.4 + j3[\Omega]$인 발전기에 임피던스 $\dot{Z}_l = 1.6 + j4[\Omega]$인 선로를 연결하여 부하에 전력을 공급하고 있다. 이때 부하 임피던스 $\dot{Z}_L$이 몇 $[\Omega]$일 때 부하에 최대전력이 전달되는가?

| 풀이 | 전원 임피던스

$$\dot{Z}_s = \dot{Z}_g + \dot{Z}_l = 0.4 + j3 + 1.6 + j4 = 2 + j7$$

∴ 최대전력 전달 조건에서 $\dot{Z}_L = \dot{Z}_s^*$ 이므로

$$\dot{Z}_L = 2 - j7[\Omega]$$

예제 6-12

그림 6-17과 같은 회로에서 부하 임피던스 $\dot{Z}_L$을 얼마로 할 때 최대 전력이 공급되는가?

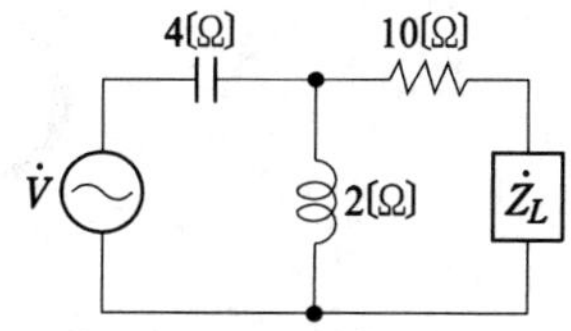

그림 6-17

|풀이| $\dot{V}$를 단락하고 부하측에서 본 임피던스 $\dot{Z}_s$가 전원 임피던스이므로

$$\dot{Z}_s = 10 + \frac{(j2)(-j4)}{j2 - j4} = 10 + j4〔\Omega〕$$

$$\therefore \dot{Z}_L = \dot{Z}_s^* = 10 - j4〔\Omega〕$$

06장 연습문제

6-1 60〔Hz〕, 100〔V〕의 교류 전압이 100〔Ω〕의 전구에 인가될 때 소비되는 전력 P를 구하라.

|정답| $P = 100$〔W〕

6-2 인덕턴스 $L = 40$〔mH〕인 인덕터회로에 $v = 220\sqrt{2}\sin 377t$〔V〕의 전압이 인가되었을 때 인덕터에 축적되는 평균 에너지는 몇 〔J〕인가?

|정답| $W_L = 4.3$〔J〕

6-3 0.2〔μF〕인 커패시터에 $v = 4\sin 377t$〔V〕의 전압이 인가될 때 이 커패시터에 축적되는 정전 에너지의 평균값을 구하라.

|정답| $W = 8 \times 10^{-7}$〔J〕

6-4 저항 $R = 3$〔Ω〕과 유도 리액턴스 $X_L = 4$〔Ω〕이 직렬로 연결된 회로에 $v = 100\sqrt{2}\sin \omega t$〔V〕인 전압을 가하였다. 이 회로에서 소비되는 전력 P를 구하라.

|정답| $P = 1.2$〔kW〕

6-5 어떤 전기 회로에 100〔V〕의 교류 전압을 가했더니 위상차가 $\frac{\pi}{6}$〔rad〕이고 15〔A〕의 늦은 전류가 흐른다. 전기 회로에서 소비되는 전력 P를 구하라.

|정답| $P = 1.3$〔kW〕

6-6 $R = 6$〔Ω〕, $L = 21.2$〔mH〕의 $R-L$ 직렬회로에 $v = 100\sqrt{2}\sin 120\pi t$〔V〕의 전압이 인가되었을 때 회로 역률을 구하라.

|정답| $PF = 0.6$

6-7 어떤 회로에 전압을 115〔V〕를 인가하였더니 유효 전력이 230〔W〕, 무효 전력이 345〔Var〕를 지시한다면 회로에 흐르는 전류는 얼마인가?

|정답| $I = 3.6$〔A〕

6-8 $R-C$ 병렬 회로에 60〔Hz〕, 100〔V〕의 전압을 가했더니 유효 전력이 800〔W〕, 무효 전력이 600〔Var〕이었다. 저항과 정전용량의 값을 각각 구하라.

|정답| $R = 12.5[\Omega]$, $C = 159[\mu F]$

6-9 $\dot{V} = 40 + j30$[V]의 전압을 가하면 $\dot{I} = 30 + j10$[A]의 전류가 흐른다. 이 회로의 역률 값을 구하라.

|정답| $PF = 0.949$

6-10 어떤 회로에 $\dot{V} = 100 + j20$[V]인 전압을 가했을 때 $\dot{I} = 4 + j3$[A]의 전류가 흘렀다. 이 회로의 임피던스 $\dot{Z}$와 소비전력 P를 구하라.

|정답| $\dot{Z} = 18.4 - j8.8[\Omega]$, $P = 460$[W]

6-11 전압 200[V], 전류 20[A]로서 2.4[kW]의 전력을 소비하는 회로의 리액턴스를 구하라.

|정답| $X = 8[\Omega]$

6-12 어떤 회로에 $\dot{V} = 100 + j20$[V]인 전압을 가했을 때 $\dot{I} = 8 + j6$[A]인 전류가 흘렀다. 이때 부하의 유효전력에 P 및 $\dot{V}$와 $\dot{I}$의 위상차를 구하라.

|정답| $P = 920$[W], $\theta = 25.6°$

6-13 $\cos\theta = 0.6$의 유도성 부하 480[kW]의 전력을 공급하고 있는 발전소에서 320[kVA]의 커패시턴스를 이용하면 역률은 얼마나 개선되는가?

|정답| 83[%]

6-14 $\cos\theta = 0.65$, 용량 2000[kW]의 유도성 부하를 역률 90[%]로 개선하기 위한 커패시터의 용량 Q_C를 구하라.

|정답| $Q_C = 1380$[kVA]

6-15 그림 6-18과 같은 교류 회로에서 저항 R를 변화시킬 때 저항에서 소비되는 최대 전력을 구하라.

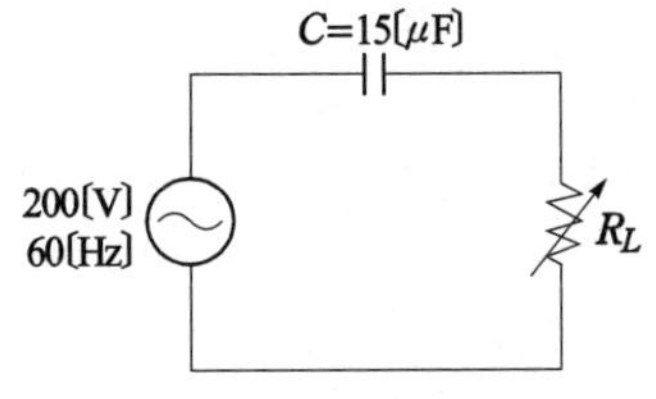

그림 6-18

|정답| $P_{max} = 113$[W]

6-16 그림 6-19와 같은 회로에서 부하 R_L에서 소비되는 최대전력 P_{max}를 구하라.

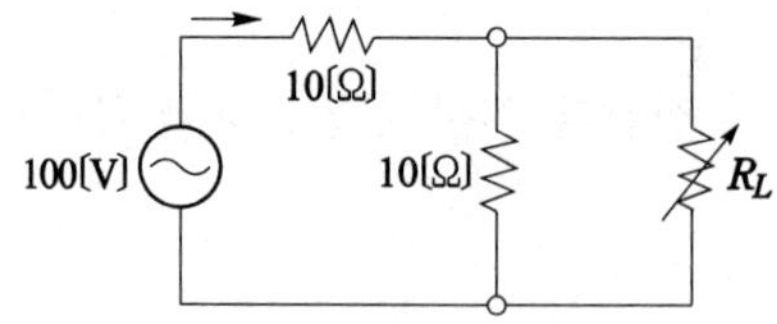

그림 6-19

|정답| $P_{max} = 125$〔W〕

6-17 내부 임피던스 $\dot{Z}_g = 0.3 + j2$〔Ω〕인 발전기에 임피던스 $\dot{Z}_l = 1.7 + j3$〔Ω〕인 선로를 연결하여 부하에 전력을 공급하고 있다. 부하 임피던스 Z_0〔Ω〕이 어떤 값을 취할 때 부하에 최대 전력이 전송되는가?

|정답| $\dot{Z}_0 = 2 - j5$〔Ω〕

chapter **07**

유도결합회로

인덕터(코일)을 가지고 있는 두 회로가 전기적으로는 접속되어있지는 않고 인접되어있을 때, 한 쪽 회로의 코일에서 생긴 자속이 다른 회로의 코일과 쇄교하고 있으면 이 두 회로는 유도결합 되었다고 하며 한 회로에서 다른 회로로 에너지의 전달이 일어나게 된다. 이와 같은 회로를 유도결합회로(inductively coupled circuit)라고 한다. 본 장에서는 유도결합회로의 원리와 전기적인 특성 및 회로해석방법에 대해 알아보기로 한다.

7.1 상호유도작용

그림 7-1과 같은 회로에서 코일 1(1차 코일)에 전류 i_1이 흐르면 그 주위에 생긴 자력선의 일부는 코일 2(2차 코일)와 쇄교(cross link)한다. 만일 i_1이 시간적으로 변하면$\left(\frac{di}{dt} \neq 0\right)$ 패러데이 법칙$\left(v = L\frac{di}{dt}\right)$에 의해서 코일 2의 양단에는 전압이 유도된다. 이러한 작용을 상호유도작용(mutual induction)이라 하고, 이와 같은 회로를 상호유도결합회로라고 한다.

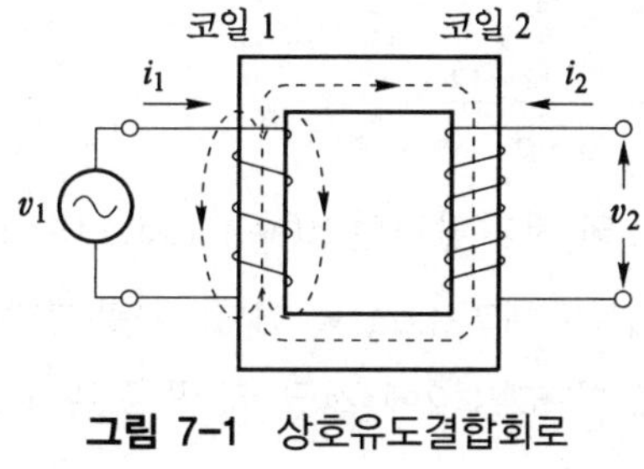

그림 7-1 상호유도결합회로

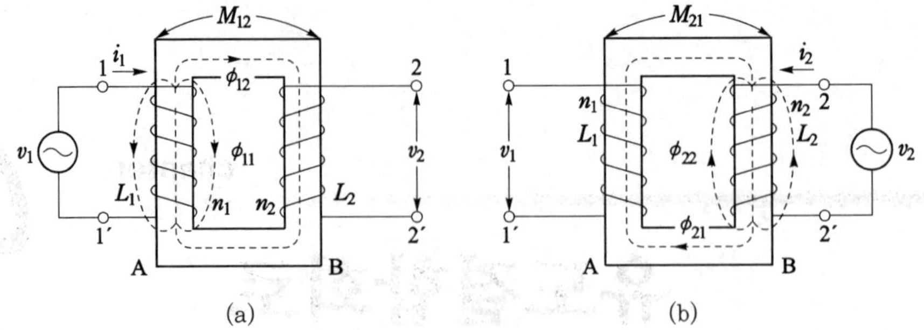

그림 7-2 상호유도작용

그림 7-2(a)와 같이 유도결합된 회로의 1차 코일에 흐르는 전류 i_1에 의해 발생된 총 자속 중 일부는 자체에서 누설되어 없어지고 나머지는 권선을 통해 2차 코일과 쇄교하게 된다.

이 때 2차 코일과 쇄교하는 자속을 상호자속(mutual flux) ϕ_{12}, 쇄교하지 않은 자속을 누설자속(leakage flux) ϕ_{11}이라 한다. 따라서 1차 코일의 총자속 ϕ_1은 다음과 같이 나타낸다.

$$\phi_1 = \phi_{11} + \phi_{12} \qquad \cdots\cdots (7.1)$$

권수 n_1인 1차 코일과 권수 n_2인 2차 코일을 통과하는 자속의 자속쇄교수를 각각 λ_1, λ_2라 하면 다음 식으로 나타낸다.

$$\lambda_1 = n_1 \phi_1 = n_1 (\phi_{11} + \phi_{12}) \qquad \cdots\cdots (7.2)$$

$$\lambda_2 = n_2 \phi_{12} \qquad \cdots\cdots (7.3)$$

또한 자속은 전류에 비례하므로 자속쇄교수 λ를 비례상수 L와 M을 사용하여 다음과 같이 전류식으로 나타낸다.

$$\lambda_1 = L_1 i_1 \qquad \cdots\cdots (7.4)$$

$$\lambda_2 = M_{12} i_1 \qquad \cdots\cdots (7.5)$$

그러므로

$$L_1 = \frac{\lambda_1}{i_1} = \frac{n_1 \phi_1}{i_1} \qquad \cdots\cdots (7.6)$$

$$M_{12} = \frac{\lambda_2}{i_1} = \frac{n_2 \phi_{12}}{i_1} \qquad \cdots\cdots (7.7)$$

여기서, L_1은 코일 1의 자기인덕턴스(self inductance)이고 M_{12}는 상호인덕턴스(mutual inductance)이고, 단위는 헨리(henry, H)를 사용한다.

다음에 그림(b)와 같이 코일 2에 전류 i_2가 흐르면 i_2에 의해 누설자속 ϕ_{22}와 상호자속 ϕ_{21}이 발생되며 2차 코일의 총자속 ϕ_2는

$$\phi_2 = \phi_{22} + \phi_{21} \quad \cdots\cdots (7.8)$$

또한

$$\lambda_1 = n_1\, \phi_{21} = M_{21} i_2 \quad \cdots\cdots (7.9)$$

$$\lambda_2 = n_2\, \phi_2 = n_2(\phi_{22} + \phi_{21}) = L_2 i_2 \quad \cdots\cdots (7.10)$$

그러므로 L_2와 상호인덕턴스 M_{21}는 각각 다음과 같이 나타낼 수 있다.

$$L_2 = \frac{\lambda_2}{i_2} = \frac{n_2\, \phi_2}{i_2} \quad \cdots\cdots (7.11)$$

$$M_{21} = \frac{\lambda_1}{i_2} = \frac{n_1\, \phi_{21}}{i_2} \quad \cdots\cdots (7.12)$$

상호인덕턴스 M은 자성체 매질의 투자율(magnetic permeability)이 일정할 때는 동일한 값을 가지므로 일반적으로

$$M_{12} = M_{21} = M \quad \cdots\cdots (7.13)$$

으로 표시한다. 그러므로 그림 7-2(a)와 같은 상호유도결합회로에서 i_1에 의해 2차 코일에 유도되는 상호유도전압 v_{12}는 패러데이 법칙에 의해

$$v_{12} = M\frac{di_1}{dt} \quad \cdots\cdots (7.14)$$

이 되고, (b)와 같은 회로에서 i_2에 의해 1차 코일에 유도되는 상호유도전압 v_{12}는

$$v_{21} = M\frac{di_2}{dt} \quad \cdots\cdots (7.15)$$

가 된다. 즉, 상호 인덕턴스 M은 1차 코일에 흐르는 전류가 변화할 때 2차 코일에 어느 정도의 전압이 유도되는가를 나타내는 양이다.

예제 7-1

권수가 200회이고, 자기 인덕턴스가 10〔mH〕의 코일에 2〔A〕의 전류를 흘리면 코일의 자속 ϕ는 얼마인가?

| 풀이 | $\phi = \frac{Li}{n} = \frac{10 \times 10^{-3} \times 2}{200} = 1 \times 10^{-4}$〔Wb〕

예제 7-2

한 코일의 전류가 매초 120〔A〕의 비율로 변화할 때 다른 코일에 15〔V〕의 기전력이 발생하였다면 두 코일의 상호 인덕턴스 M은 얼마인가?

| 풀이 | $V_L = M\frac{di}{dt}$, $\quad M = \frac{V_L}{\frac{di}{dt}} = \frac{15}{120} = 0.125$〔H〕

예제 7-3

권수가 200, 150회인 코일 A, B가 있다. A코일의 자속이 0.2〔Wb〕인데 이중 80〔%〕가 B코일과 쇄교한다. A코일의 전류가 4〔A〕라면 두 코일의 상호 인덕턴스 M은 얼마인가?

|풀이| 식 (7.7)로부터 $M=\dfrac{n_B\phi_{AB}}{i_A}=\dfrac{150\times0.2\times0.8}{4}=6$〔H〕

7.2 코일의 극성표시

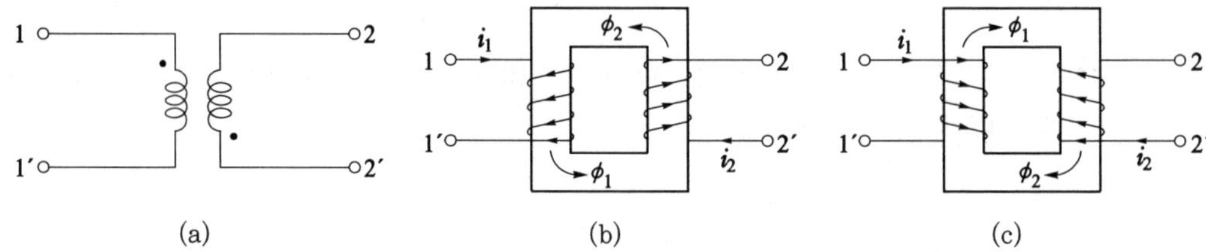

그림 7-3 극성표시 방법

그림 7-2와 같은 유도결합회로에서 유도전압의 방향은 인가 전압의 방향과 두 코일의 상대적인 권선방향에 따라 달라지므로 코일이 감긴 방향과 전류가 유입되는 코일의 단자는 유도결합회로의 해석에서 매우 중요하다.

따라서 유도결합된 두 코일의 상대적 권선방향을 표시하기 위하여 그림 7-3(a)와 같이 각 코일의 한쪽 단자에 점을 찍어서 극성을 표시한다. 이것을 코일의 극성표시라고 한다. 점을 찍는 규칙은 "점을 찍은 단자로 각 코일에 유입되는 전류에 의해서 생기는 자속이 서로 같은 방향이 되도록 점을 찍는 것"이다. 자속의 발생 방향은 오른나사의 법칙에 의해 결정된다. 그림 7-3에서 1차 코일과 2차 코일의 권선의 방향은 다르지만 각 코일에 점이 찍힌 단자로 전류 i_1과 i_2가 유입되면 이로 인해 발생되는 자속 ϕ_1과 i_2가 서로 같은 방향으로 생긴다는 것을 알 수 있다.

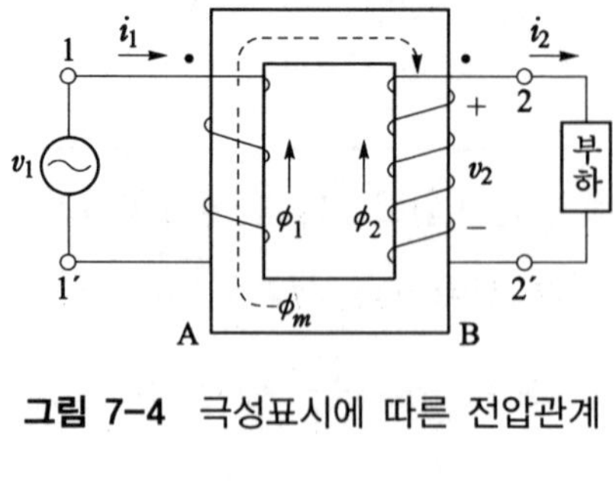

그림 7-4 극성표시에 따른 전압관계

그런데 극성표시를 하면 그림 7-4에 나타낸 것처럼 2차 코일에서 전류의 방향(또는 전압 상승의 방향)이 결정된다. 즉, 상호유도전압의 방향은 "1차 코일의 점이 찍힌 단자로 유입하는 전류가 증가하면 2차 코일에서는 점이 찍히지 않은 단자에서 점이 찍힌 단자 쪽으로 전압상승 v_2가 일어난다"는 것을 알 수 있다. 보다 알기 쉽게 설명하면 1차 코일에서 극점이 찍힌 단자로 전류 i_1이 유입(유입전류가 증가)되면 2차 코일에 부하를 연결했을 때 2차 코일에서는 극점이 찍힌 단자에서 전류 i_2가 나가는 방향으로 전압상승이 일어난다는 것으로 이해하면 된다.

7.3 유도결합회로의 전압과 전류의 관계식

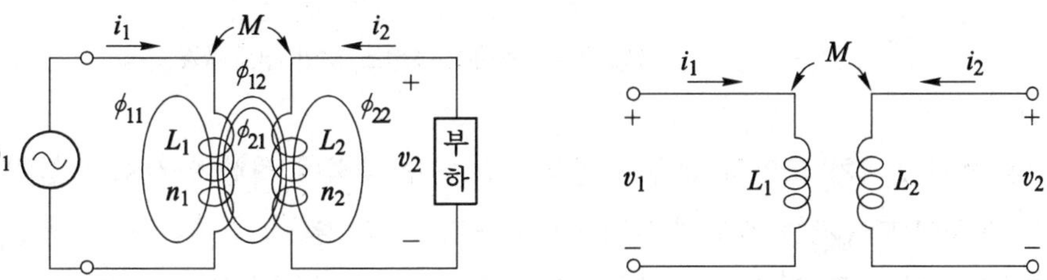

(a) 유도결합회로 (b) 등가회로

그림 7-5 유도결합회로 및 등가회로

그림 7-5의 유도결합회로에서 코일 1과 코일 2의 총 자속쇄교수 λ_1, λ_2는 다음 식으로 나타낸다.

$$\lambda_1 = n_1\,\phi_1 \pm n_1\,\phi_{21} = L_1\,i_1 \pm M\,i_2 \qquad \cdots\cdots (7.16)$$

$$\lambda_2 = n_2\,\phi_2 \pm n_2\,\phi_{12} = L_2\,i_2 \pm M\,i_1 \qquad \cdots\cdots (7.17)$$

따라서 1, 2차 코일에 유도되는 전압 v_1, v_2는 다음 식과 같다.

$$v_1 = \frac{d\lambda_1}{dt} = L_1\frac{di_1}{dt} \pm M\frac{di_2}{dt} \qquad \cdots\cdots (7.18)$$

$$v_2 = \frac{d\lambda_2}{dt} = L_2\frac{di_2}{dt} \pm M\frac{di_1}{dt} \qquad \cdots\cdots (7.19)$$

그림 7-5에서 극점의 위치와 1차와 2차코일의 두 전류 i_1, i_2의 방향에 의해서 두 코일의 자속의 방향이 서로 합해질 수도 있고, 상쇄되어질 수도 있다. 그러므로 위 식에서 (+) 부호는 1차와 2차코일의 두 전류에 의해 발생한 자속이 서로 합해지는 경우(가동결합)에 적용되고, (−) 부호는 두 자속이 서로 상쇄되는 경우(차동결합)에 적용된다.

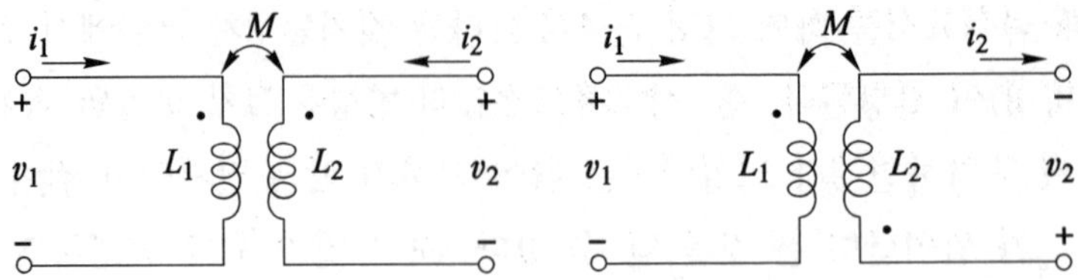

(a) M이 (+)인 경우(가동결합)

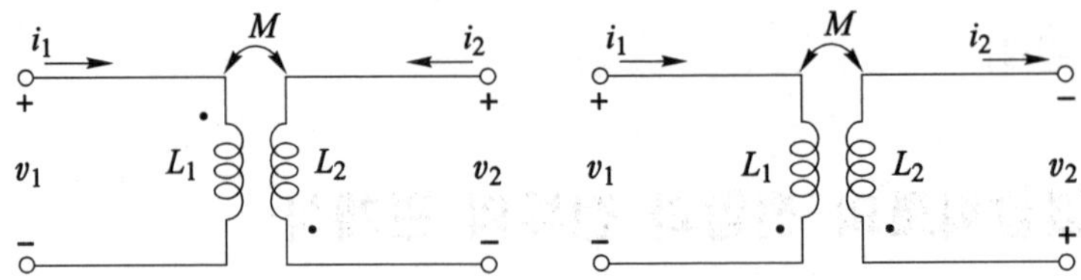

(b) M이 (−)인 경우(차동결합)

그림 7-6 상호인덕턴스 M의 부호관계

따라서 1, 2차 코일의 전류의 방향이 모두가 극점이 찍힌 단자로 유입(또는 유출)된다면 두 자속이 합해지는 경우에 해당하므로 +가 되고, 한 쪽 전류는 점이 찍힌 단자로 유입(유출)하고 다른 쪽 전류는 점이 안 찍힌 단자로 유출(유입)된다면 −가 된다.

그림 7-6은 위 식에서 +부호와 −부호가 되는 회로의 예를 간단하게 나타내었다.

7.4 유도결합회로의 등가 T회로 변환

유도결합회로의 해석은 다소 복잡한 편이므로 유도결합이 없는 회로로 변환시켜서 해석하는 것이 편리할 때가 많다. 여기서는 유도결합이 없는 등가 T회로(또는 T형 등가회로)로 변환하는 방법을 설명하기로 한다.

T형 등가회로는 1, 2차 전류의 방향과 극점의 위치를 고려하여 결정된다. 특히 1, 2차 전류의 방향은 1차측의 전류의 기준방향과 2차측의 전류의 기준방향이 같은 경우와 각각 다른 경우로 구분이 된다.

7.4.1 1, 2차측 전류의 기준방향이 다른 경우(시계-반시계방향)

(1) 자속이 합해지는 경우

그림 7-7의 (a)와 같이 자속이 합해지는 경우에는 식 (7.18)과 식 (7.19)에 의해 v_1과 v_2는

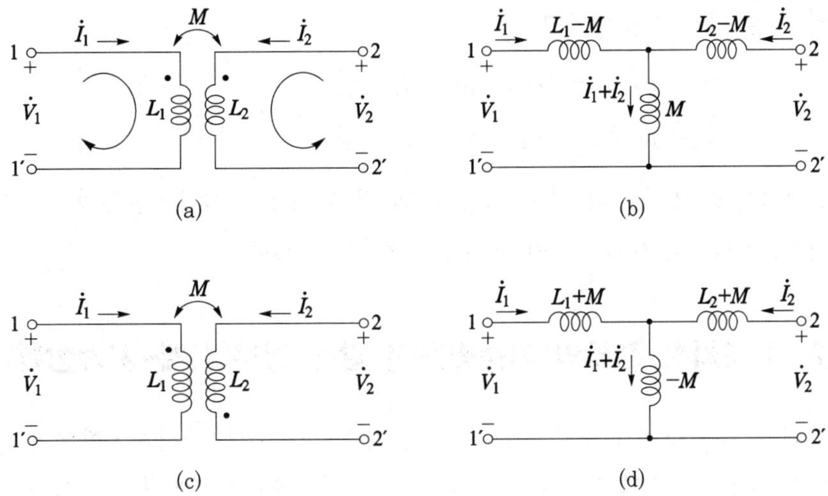

그림 7-7 전류의 기준방향이 다른 경우

$$v_1 = L_1 \frac{di_1}{dt} + M \frac{di_2}{dt}$$
$$v_2 = L_2 \frac{di_2}{dt} + M \frac{di_1}{dt} \qquad \cdots\cdots (7.20)$$

가 되고, 페이저 표시식으로 나타내면 다음과 같다.

$$\dot{V}_1 = j\omega L_1 \dot{I}_1 + j\omega M I_2$$
$$\dot{V}_2 = j\omega L_2 \dot{I}_2 + j\omega M \dot{I}_1 \qquad \cdots\cdots (7.21)$$

이 식은 다시 다음과 같이 변형시켜서 표현할 수 있다.

$$\dot{V}_1 = j\omega(L_1 - M)\dot{I}_1 + j\omega M(\dot{I}_1 + \dot{I}_2)$$
$$\dot{V}_2 = j\omega(L_2 - M)\dot{I}_2 + j\omega M(\dot{I}_1 + \dot{I}_2) \qquad \cdots\cdots (7.22)$$

위 식을 그림 (b)를 비교해보면 식(7.22)는 그림 (b)의 전압·전류관계식임을 확인할 수 있다. 따라서 두 회로 (a)와 (b)는 등가 관계가 있음을 알 수 있다. 따라서 그림 (a)와 같은 유도결합회로는 (b)와 같이 T형 등가변환할 수 있다.

(2) 자속이 상쇄되는 경우

그림 (c)와 같이 자속이 상쇄되는 유도결합회로에도 위와 동일한 방법으로 등가회로를 구할 수 있다. 그림 (c)의 전압과 전류관계는 다음과 같다.

$$\dot{V}_1 = j\omega L_1 \dot{I}_1 - j\omega M \dot{I}_2$$
$$\dot{V}_2 = j\omega L_2 \dot{I}_2 - j\omega M \dot{I}_1 \qquad \cdots\cdots (7.23)$$

이 식을 다시 변형시키면

$$\dot{V}_1 = j\omega(L_1 + M)\dot{I}_1 - j\omega M(\dot{I}_1 + \dot{I}_2)$$
$$\dot{V}_2 = j\omega(L_2 + M)\dot{I}_2 - j\omega M(\dot{I}_1 + \dot{I}_2) \quad \cdots\cdots (7.24)$$

으로 된다. 그러므로 위 식은 그림 (d)와 같은 회로의 전압·전류관계식 임을 알 수 있다. 따라서 (c)회로는 (d)와 같이 등가변환 시킬 수 있다.

7.4.2 1, 2차측 전류의 기준방향이 같은 경우(시계-시계방향)

그림 7-8과 같이 1, 2차 측의 전류의 기준방향이 시계-시계방향으로 같은 경우도 위와 동일한 방법으로 T형 등가회로를 구할 수 있다. 그림 (a)와 같이 자속이 합이 되는 경우는 (b)와 같은 등가회로로, 그리고 자속이 상쇄되는 (c)와 같은 회로는 (d)와 같이 변환시킬 수 있다.

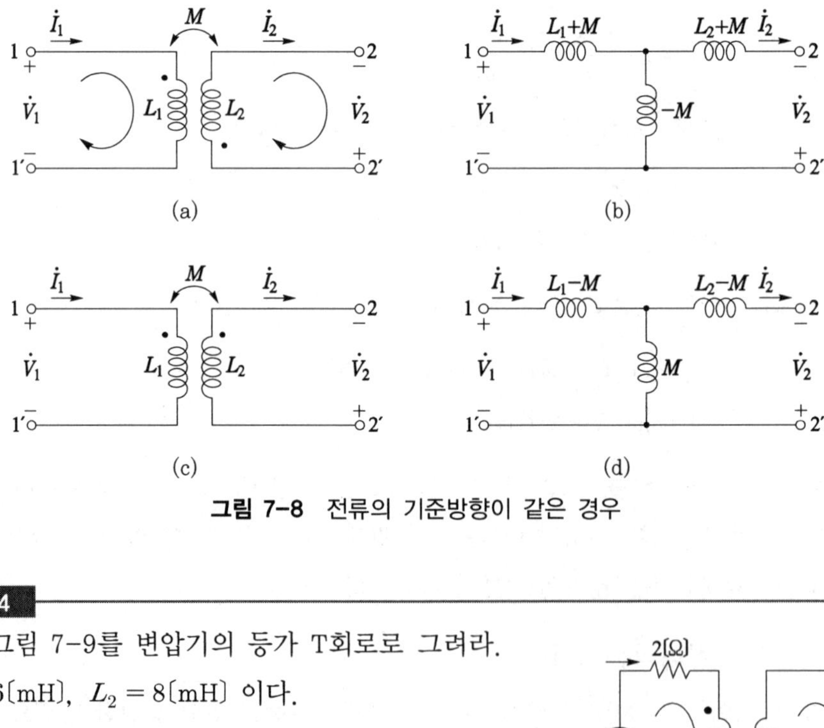

그림 7-8 전류의 기준방향이 같은 경우

예제 7-4

다음 그림 7-9를 변압기의 등가 T회로로 그려라.
$L_1 = 6$〔mH〕, $L_2 = 8$〔mH〕 이다.

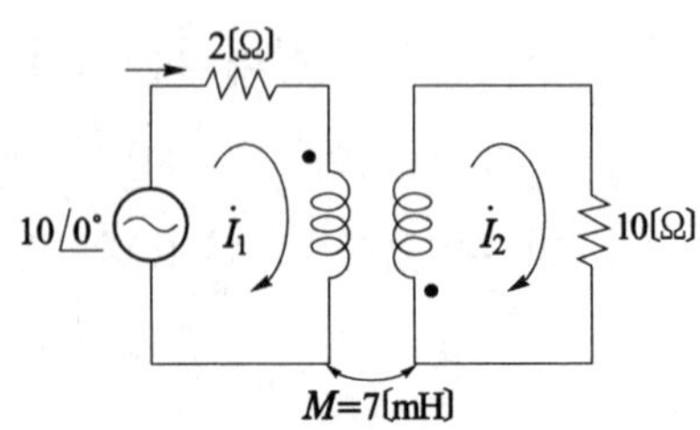

그림 7-9

| 풀이 | 전류의 기준 방향이 같고 자속이 합해지는 회로이므로 그림 7-10과 같이 변환할 수 있다.

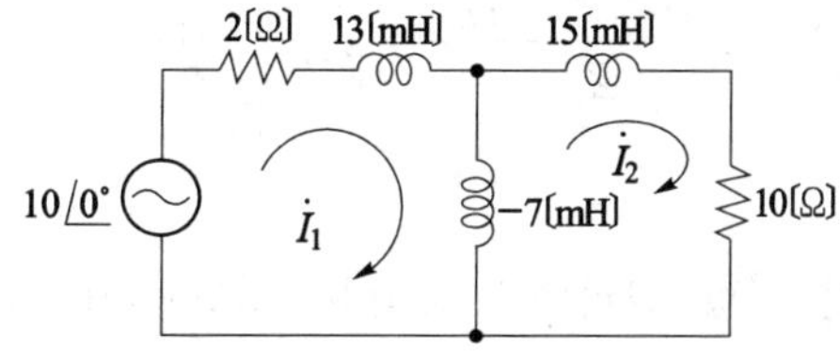

그림 7-10

7.4.3 유도결합회로의 해석 예

T형 등가회로 변환을 이용하여 그림 7-13(a)와 같이 정현파전원을 갖는 유도결합회로를 해석해 보도록 한다. 그림 (a)와 같은 회로는 전류의 기준방향이 같고(시계-시계), 자속이 서로 합해지는 경우에 해당이 되므로 (b)와 같은 등가T회로로 변환시킬 수 있다.

이 회로의 전압방정식은 폐로 해석법을 이용하여 다음과 같이 구할 수 있다.

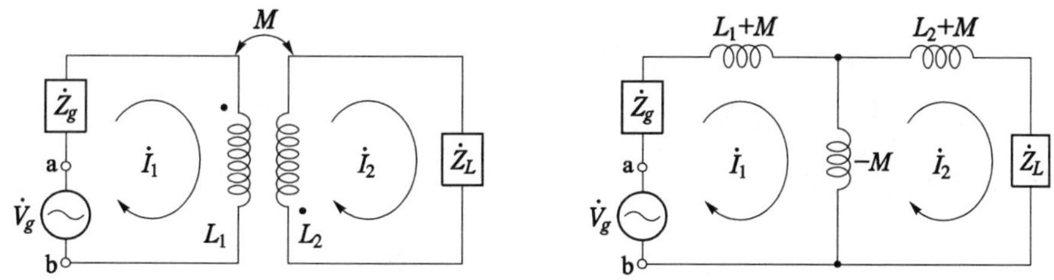

(a) 정현파 전원을 갖는 유도결합회로 (b) (a)회로에 대한 등가 무유도결합회로

그림 7-13 유도결합회로의 해석

$$\dot{Z}_{11}\dot{I}_1 + \dot{Z}_{12}\dot{I}_2 = \dot{V}_g$$
$$\dot{Z}_{21}\dot{I}_1 + \dot{Z}_{22}\dot{I}_2 = 0 \qquad \cdots\cdots (7.25)$$

여기에서 $\dot{Z}_{11} = \dot{Z}_g + j\omega L_1$, $\dot{Z}_{12} = \dot{Z}_{21} = j\omega M$, $\dot{Z}_{22} = \dot{Z}_L + j\omega L_2$ 이다.

크래머 방법으로 $\dot{I}_1$과 $\dot{I}_2$를 구하면 다음과 같다.

$$\dot{I}_1 = \frac{\dot{Z}_{22}\dot{V}_g}{\dot{Z}_{11}\dot{Z}_{22} - \dot{Z}_{12}^2}\text{[A]}, \quad \dot{I}_2 = \frac{-\dot{Z}_{12}\dot{V}_g}{\dot{Z}_{11}\dot{Z}_{22} - \dot{Z}_{12}^2}\text{[A]} \qquad \cdots\cdots (7.26)$$

그림 (a)에서 1차측 전원단자 a, b로부터 우측회로를 바라본 임피던스 $\dot{Z}_{ab}$를 구동점 임피던스(driving-point impedance) $\dot{Z}_{ab}$라 하면

$$\dot{Z}_{ab} = \frac{\dot{V}_g}{\dot{I}_1} = \frac{\dot{Z}_{11}\dot{Z}_{22} - \dot{Z}_{12}^{\,2}}{\dot{Z}_{22}} = \dot{Z}_{11} - \frac{\dot{Z}_{12}^{\,2}}{\dot{Z}_{22}} \quad \cdots\cdots (7.27)$$

여기서 $-\dfrac{\dot{Z}_{12}^{\,2}}{\dot{Z}_{22}}$를 결합 임피던스(coupled impedance) 또는 반사 임피던스(reflected impedance) $\dot{Z}_c$라 한다.

1차 전류에 대한 2차 전류의 비는

$$\frac{\dot{I}_2}{\dot{I}_1} = -\frac{\dot{Z}_{12}}{\dot{Z}_{22}} \quad \cdots\cdots (7.28)$$

2차 회로의 부하임피던스 $\dot{Z}_L$에 걸리는 전압 $\dot{V}_L$은

$$\dot{V}_L = \dot{Z}_L \dot{I}_2 [\mathrm{V}] \quad \cdots\cdots (7.29)$$

전원전압에 대한 부하전압의 비는

$$\frac{\dot{V}_L}{\dot{V}_g} = \frac{-\dot{Z}_{12}\dot{Z}_L}{\dot{Z}_{11}\dot{Z}_{22} - \dot{Z}_{12}^{\,2}} \quad \cdots\cdots (7.30)$$

로 나타낼 수 있다.

예제 7-5

다음 그림 7-14 회로의 1, 2차측 전류 $\dot{I}_1$, $\dot{I}_2$를 구하라. 단, $\omega = 1{,}000$[rad/s] 이다.

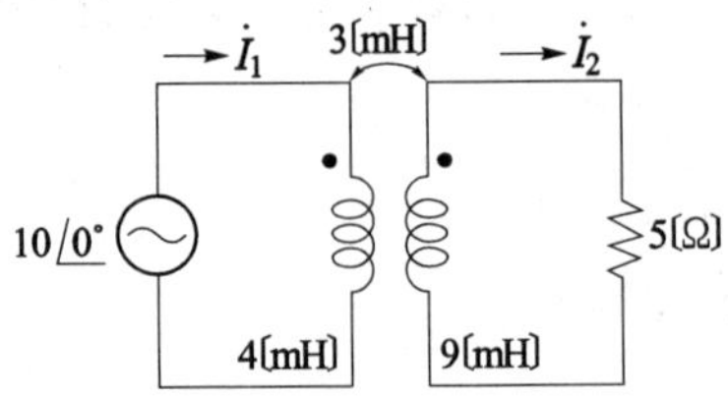

그림 7-14

|풀이| 전류의 기준 방향이 같고 자속이 상쇄되므로 등가회로는 그림 7-15와 같다.
그러므로

$$\dot{Z}_1 = j\omega \cdot 4 = j \times 1{,}000 \times 4 \times 10^{-3} = j4[\Omega]$$

$$\dot{Z}_{12} = \dot{Z}_{21} = -j\omega \cdot 3 = -j3[\Omega]$$

$$\dot{Z}_{22} = j\omega \cdot 9 = j9[\Omega] + 5$$

$$\begin{bmatrix} j4 & -j3 \\ -j3 & 5+j9 \end{bmatrix} \begin{bmatrix} \dot{I}_1 \\ \dot{I}_2 \end{bmatrix} = \begin{bmatrix} 10 \\ 0 \end{bmatrix}$$

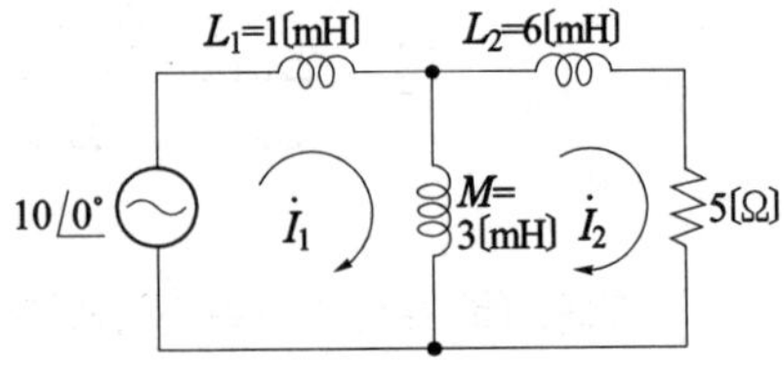

그림 7-15

$$D = \begin{vmatrix} j4 & -j3 \\ -j3 & 5+j9 \end{vmatrix} = -27 + j20 = 33.6\underline{/143.5°}$$

$$D_1 = \begin{vmatrix} 10 & -j3 \\ 0 & 5+j9 \end{vmatrix} = 50 + j90 = 103\underline{/61°}$$

$$D_2 = \begin{vmatrix} j4 & 10 \\ -j3 & 0 \end{vmatrix} = j30 = 30\underline{/90°}$$

그러므로

$$\dot{I}_1 = \frac{D_1}{D} = \frac{103\underline{/61°}}{33.6\underline{/-36.5°}} = 3.1\underline{/97.5°}\text{[A]}$$

$$\dot{I}_2 = \frac{D_2}{D} = \frac{30\underline{/90°}}{33.6\underline{/-36.5°}} = 0.9\underline{/126.5°}\text{[A]}$$

7.5 유도결합회로의 인덕턴스의 접속

7.5.1 직렬접속

그림 7-16과 같이 유도결합회로를 직렬 접속했을 때 상호 자속이 합해지는 경우 (a)와 상쇄되는 경우 (b)로 나타낼 수 있다. 전류 i에 의해 두 코일 L_1, L_2 양 단에 생기는 전압강하를 v_1, v_2라 하면 (a)회로에서 v_{ab}는 다음과 같이 나타낼 수 있다.

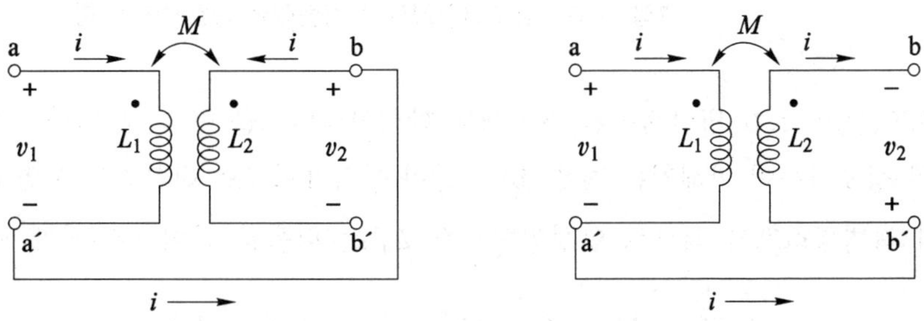

(a) $+M$의 경우 (b) $-M$의 경우

그림 7-16 유도결합회로의 직렬접속

$$v_{ab} = v_1 + v_2 = \left(L_1\frac{di}{dt} + M\frac{di}{dt}\right) + \left(L_2\frac{di}{dt} + M\frac{di}{dt}\right)$$

$$= (L_1 + L_2 + 2M)\frac{di}{dt} = L^+\frac{di}{dt} \qquad \cdots\cdots (7.31)$$

그러므로 합성 인덕턴스 L^+는 다음과 같다.

$$L^+ = L_1 + L_2 + 2M \qquad \cdots\cdots (7.32)$$

또한 그림 (b)의 유도결합회로에서는 상호자속이 상쇄되므로 v_{ab}는

$$v_{ab} = v_1 + v_2 = \left(L_1\frac{di}{dt} - M\frac{di}{dt}\right) + \left(L_2\frac{di}{dt} - M\frac{di}{dt}\right)$$
$$= (L_1 + L_2 - 2M)\,\frac{di}{dt} = L^-\,\frac{di}{dt} \qquad \cdots\cdots (7.33)$$

그러므로 합성 인덕턴스 L^-는 다음과 같이 나타낼 수 있다.

$$L^- = L_1 + L_2 - 2M \qquad \cdots\cdots (7.34)$$

7.5.2 병렬접속

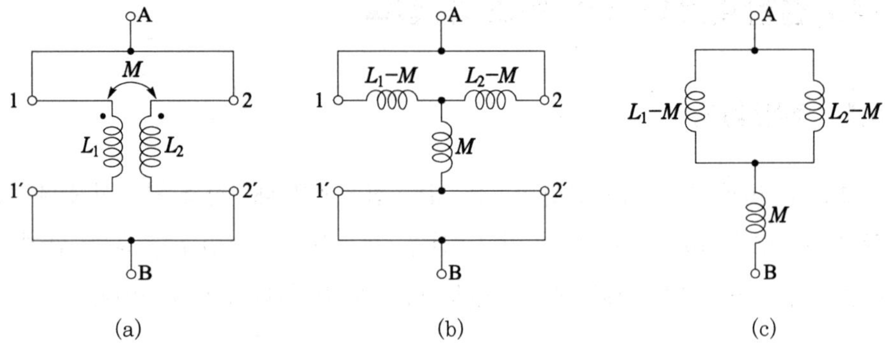

그림 7-17 유도결합회로의 병렬접속(상호자속이 합)

유도결합회로가 병렬접속된 경우에도 합성인덕턴스를 구할 수 있다. 그림 7-17(a)와 같이 두 상호자속이 합해지는 경우 (b)와 같이 등가 T회로로 변환하여 풀면 (c)와 같이 인덕턴스의 직병렬회로가 되므로 합성인덕턴스 L_0^+는 다음과 같이 간단하게 구할 수 있다.

$$L_0^+ = \frac{(L_1 - M)\cdot(L_2 - M)}{(L_1 - M) + (L_2 - M)} + M = \frac{L_1L_2 - M^2}{L_1 + L_2 - 2M} \qquad \cdots\cdots (7.35)$$

마찬가지로 그림 7-18과 같이 상호자속이 상쇄되는 경우에도 합성인덕턴스 L_0^-는 다음과 같이 구할 수 있다.

$$L_0^- = \frac{(L_1 + M)\cdot(L_2 + M)}{(L_1 + M) + (L_2 + M)} - M = \frac{L_1L_2 - M^2}{L_1 + L_2 + 2M} \qquad \cdots\cdots (7.36)$$

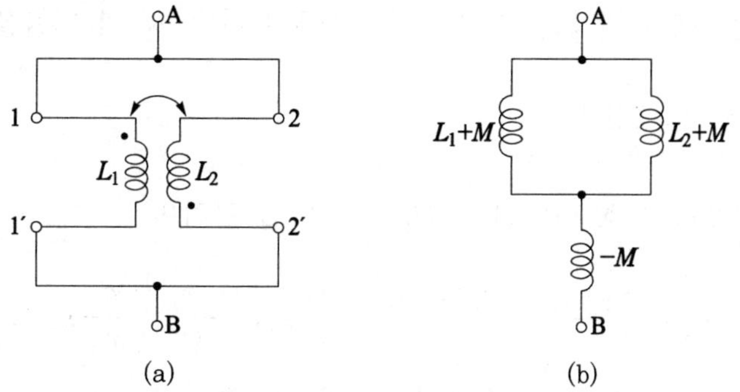

그림 7-18 유도결합회로의 병렬접속(상호자속이 상쇄)

예제 7-6

그림 7-19와 같은 결합회로의 합성 인덕턴스 L_0를 구하라.

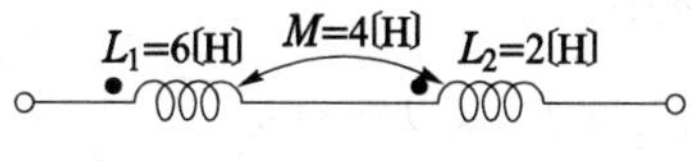

그림 7-19

| 풀이 | $M>0$이므로 합성 인덕턴스는

$$L_0 = L_1 + L_2 + 2M = 6 + 2 + 2 \times 4 = 16\text{[H]}$$

예제 7-7

서로 결합하고 있는 두 코일 A와 B를 같은 방향으로 감아서 직렬로 접속하면 합성 인덕턴스가 10[mH]가 되고, 반대로 연결하면 합성 인덕턴스가 40[%] 감소한다. A코일의 자기 인덕턴스가 5[mH]라면 B코일의 자기 인덕턴스 L_B는 얼마인가?

| 풀이 |

$$5 + L_B + 2M = 10 \quad \cdots\cdots ①$$

$$5 + L_B - 2M = 10(1 - 0.4) \quad \cdots\cdots ②$$

식 ①+②에서

$$10 + 2L_B = 16$$

$$\therefore L_B = 3\text{[mH]}$$

7.6 결합계수

결합계수(coefficient of coupling)는 두 코일간의 유도결합 정도를 나타내는 양이다. 그림 7-2에서 코일 1에서 발생한 총 자속 ϕ_1중에서 상호 자속 ϕ_{12}의 비율을 k_{12}라고 하면

$$k_{12} = \frac{\phi_{12}}{\phi_1} \quad \cdots\cdots (7.37)$$

또한 코일 2에서 발생한 총 자속 ϕ_2 중에서 자속 ϕ_{21}의 비율을 k_{21}이라고 하면

$$k_{21} = \frac{\phi_{21}}{\phi_2} \qquad \cdots\cdots (7.38)$$

이 식으로부터 상호 인덕턴스 M_{12}와 M_{21}을 구하면

$$M_{12} = \frac{n_2\,\phi_{12}}{i_1} = \frac{n_2\,k_{12}\,\phi_1}{i_1} = \frac{n_2}{n_1}k_{12}\,\frac{n_1\,\phi_1}{i_1} = \frac{n_2}{n_1}k_{12}\,L_1$$

$$M_{21} = \frac{n_1\,\phi_{21}}{i_2} = \frac{n_1\,\phi_2\,k_{21}}{i_2} = \frac{n_1}{n_2}k_{21}\,\frac{n_2\,\phi_2}{i_2} = \frac{n_1}{n_2}k_{21}\,L_2 \qquad \cdots\cdots (7.39)$$

가 되고, $M_{12} = M_{21} = M$ 인 경우

$$M_{12} \cdot M_{21} = M^2 = k_{12}\,k_{21}\,L_1\,L_2$$

$$M = \sqrt{k_{12}k_{21}L_1L_2} \qquad \cdots\cdots (7.40)$$

가 된다. 일반적으로 $k_{12} = k_{21} = k$이므로

$$k = \frac{M}{\sqrt{L_1L_2}} \qquad \cdots\cdots (7.41)$$

여기서, k는 $0 \leq k \leq 1$의 값을 갖으며 다음과 같은 관계가 있다.

$k = 0$: 상호자속이 전혀 없는 경우(무유도결합 상태)

$k = 1$: 누설자속이 없는 경우 (완전유도결합 상태)

예제 7-8

인덕턴스 L_1, L_2가 각각 4〔mH〕, 5〔mH〕인 두 코일간의 상호 인덕턴스 M이 4.2〔mH〕라고 하면 결합계수 k는 얼마인가?

|풀이| $k = \dfrac{M}{\sqrt{L_1L_2}} = \dfrac{4.2}{\sqrt{4\times 5}} = 0.94$

예제 7-9

코일 L_1, L_2가 서로 결합되어 있다. 이 경우 자기 인덕턴스 $L_1 = 10$〔μH〕, $L_2 = 20$〔μH〕이다. 결합계수 $k = 0.45$일 때 두 코일의 상호 인덕턴스를 구하라.

|풀이| $k = \dfrac{M}{\sqrt{L_1L_2}}$ 에서

$M = k\sqrt{L_1L_2} = 0.45\sqrt{10\times 20} = 6.36$〔$\mu$H〕

7.7 이상변압기

어떤 변압기가 ① 두 코일의 결합계수가 1이고 ② 코일에 관계되는 손실이 없고 ③ 각 코일의 인덕턴스가 무한대인 조건을 만족할 때 이러한 변압기를 이상변압기(ideal transformer)라고 한다. 물론 이와 같은 조건을 만족하는 변압기는 없으나 변압기의 해석을 용이하게 할 수 있고 실제의 철심변압기는 이에 가까운 것으로 간주하여 이상변압기로 해석하는 경우가 많다.

이상변압기의 조건 ①로부터

$$M = \frac{n_2 \phi_1}{i_1} = \frac{n_1 \phi_2}{i_2} \qquad \cdots\cdots (7.42)$$

$$L_1 = \frac{n_1 \phi_1}{i_1}, \qquad L_2 = \frac{n_2 \phi_2}{i_2} \qquad \cdots\cdots (7.43)$$

그러므로 이상변압기의 권수비 n은 다음과 같이 구할 수 있다.

$$n = \frac{n_1}{n_2} = \frac{L_1}{M} = \frac{M}{L_2} = \sqrt{\frac{L_1}{L_2}} \qquad \cdots\cdots (7.44)$$

그림 7-20의 회로를 이상변압기라고 할 때 전압비를 구하면 식 7-30으로부터

$$\begin{aligned}\frac{\dot{V}_2}{\dot{V}_1} &\equiv \frac{-\dot{Z}_{12}\dot{Z}_L}{\dot{Z}_{11}\dot{Z}_{22} - \dot{Z}_{12}^{\,2}} = \frac{-(-j\omega M)\dot{Z}_L}{j\omega L_1(j\omega L_2 + \dot{Z}_L) - (-j\omega M)^2} \\ &= \frac{j\omega M \dot{Z}_L}{(j\omega)^2(L_1L_2 - M^2) + j\omega L_1 \dot{Z}_L}\end{aligned} \qquad \cdots\cdots (7.45)$$

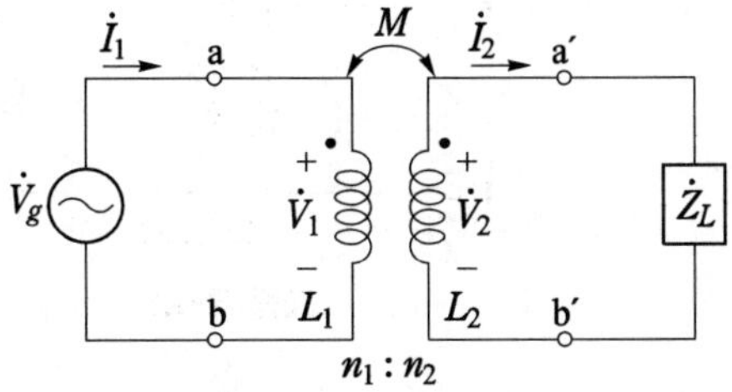

그림 7-20 이상변압기

로 나타낼 수 있다. 또한 이상변압기의 조건 ①로 부터 $M = \sqrt{L_1 L_2}$ 이므로

$$\frac{\dot{V}_2}{\dot{V}_1} = \frac{M}{L_1} = \frac{1}{n} = \frac{n_2}{n_1} \qquad \cdots\cdots (7.46)$$

이 되고, 전류비는

$$\frac{\dot{I}_2}{\dot{I}_1}=-\frac{\dot{Z}_{12}}{\dot{Z}_{22}}=-\frac{(-j\omega M)}{j\omega L_2+\dot{Z}_L} \quad \cdots\cdots (7.47)$$

이상변압기의 조건 ③으로 부터 $\omega L_2 \gg Z_L$이므로 Z_L은 무시할 수 있으므로

$$\frac{\dot{I}_2}{\dot{I}_1}=\frac{M}{L_2}=n=\frac{n_1}{n_2} \quad \cdots\cdots (7.48)$$

이 되고, 다음과 같은 관계가 있다.

$$\frac{\dot{I}_2/\dot{I}_1}{\dot{V}_2/\dot{V}_1}=\frac{\dot{I}_2}{\dot{I}_1}\frac{\dot{V}_1}{\dot{V}_2}=n^2 \quad \cdots\cdots (7.49)$$

1차측 단자로부터 2차 측을 바라 본 구동점 임피던스를 $\dot{Z}_{ab}$, 부하 임피던스를 $\dot{Z}_L$이라 하면

$$\dot{Z}_{ab}=\frac{\dot{V}_1}{\dot{I}_1}, \qquad \dot{Z}_L=\frac{\dot{V}_2}{\dot{I}_2} \quad \cdots\cdots (7.50)$$

이 되므로 구동점 임피던스 $\dot{Z}_{ab}$는 다음과 같이 나타낼 수 있다.

$$\dot{Z}_{ab}=n^2\dot{Z}_L=\left(\frac{n_1}{n_2}\right)^2\dot{Z}_L \quad \cdots\cdots (7.51)$$

그림 7-21에 이상변압기의 표시를 나타내었다.

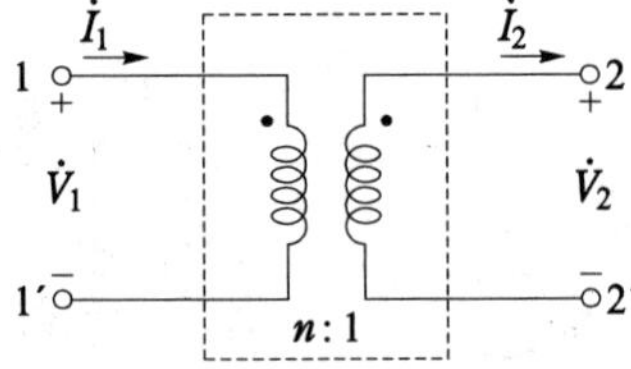

그림 7-21

예제 7-10

그림 7-22와 같은 전원측 저항 100[Ω], 부하저항 1[Ω]일 때 이것에 변압비 $n:1$의 이상변압기를 써서 정합을 취하려고 한다. 이때 n의 값을 구하라.

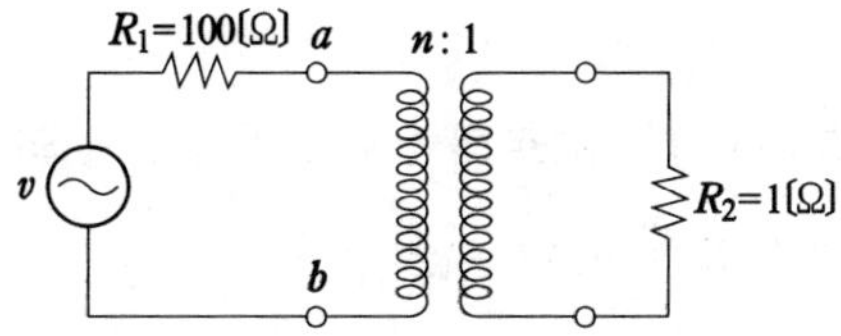

그림 7-22

|풀이| 정합이란 최대전력전송을 위해 구동점 임피던스와 부하 임피던스를 같게 하는 것이다.

$$Z_{ab} = n^2 Z_L = n^2 R_2 = n^2$$

정합이 되기 위해 $Z_{ab} = Z_i = R_1 = 100$이어야 하므로

$$n^2 = 100$$

$$\therefore n = 10$$

예제 7-11

이상변압기의 1차측 코일의 권선수가 $n_1 = 400$이고 자기유도계수 $L_1 = 200[\mu\text{H}]$ 이다. 2차측 코일의 권선수가 $n_2 = 200$일 때 2차측 자기유도계수 L_2 및 상호유도계수 M을 구하라. 그리고 $V_1 = 400[\text{V}]$, $I_1 = 4[\text{A}]$일 때 2차측 V_2 및 I_2를 구하라.

|풀이| $n = \dfrac{n_1}{n_2} = \sqrt{\dfrac{L_1}{L_2}}$, $n^2 = \dfrac{L_1}{L_2}$, $L_2 = \dfrac{L_1}{n^2}$

$n = 2$이므로

$$L_2 = \frac{200}{2^2} = 50[\mu\text{H}]$$

$$M = \sqrt{L_1 L_2} = \sqrt{200 \times 50} = 100[\mu\text{H}]$$

$$V_2 = \frac{V_1}{n} = \frac{400}{2} = 200[\text{V}]$$

$$I_2 = nI_1 = 2 \times 4 = 8[\text{A}]$$

07장 연습문제

7-1 상호인덕턴스 50[mH]인 회로의 1차 코일에 3[A]의 전류가 0.3초 동안에 18[A]로 변화할 때 2차 유도기전력 v_2를 구하라.

|정답| $v_2 = 2.5$[V]

7-2 두 개의 코일이 있다. 한 코일의 전류가 매초 6[A]의 비율로 변화하여 다른 코일에는 8[V]의 기전력이 발생한다. 두 코일의 상호 인덕턴스 M을 구하라.

|정답| $M = 1.33$[H]

7-3 그림 7-23과 같은 회로에서 a, b간의 합성 인덕턴스 L_0의 값을 구하라.

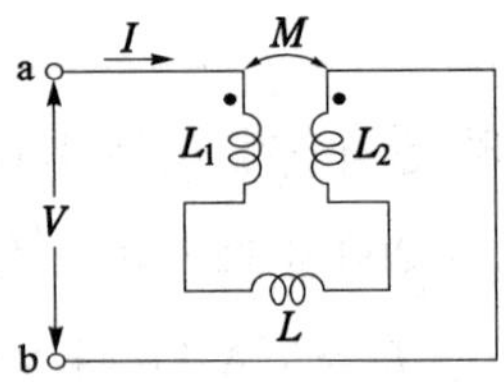

그림 7-23

|정답| $L_0 = L_1 + L_2 - 2M + L$

7-4 그림 7-24와 같이 고주파 브리지를 가지고 상호 인덕턴스를 측정하고자 한다. 그림 (a)와 같이 접속하면 합성 자기인덕턴스는 30[mH]이고, (b)와 같이 접속하면 14[mH]이다. 상호 인덕턴스 M을 구하라.

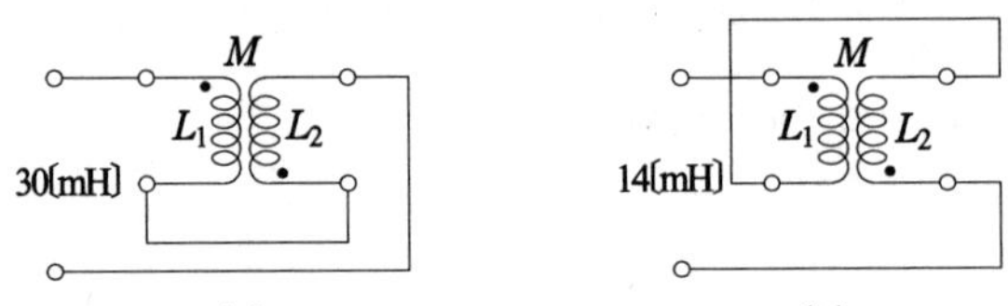

그림 7-24

|정답| $M = 4$[mH]

7-5 두 개의 코일 a, b가 있다. 두 개를 직렬로 접속하였더니 합성 인덕턴스가 119[mH]이었다. 극성을 반대로 했더니 합성 인덕턴스가 11[mH]이고, 코일 a의 자기 인덕턴스 $L_a = 20$[mH]라면 결합계수 k는 얼마인가?

|정답| $k=0.9$

7-6 그림 7-25와 같은 회로에서 $L_1=6$[mH], $R_1=4$[Ω], $R_2=9$[Ω], $L_2=7$[mH], $M=5$[mH]이며 L_1과 L_2가 서로 유도 결합되어 있을 때 합성직렬 임피던스 Z_0는 얼마인가? 단, $\omega=100$[rad/s] 이다.

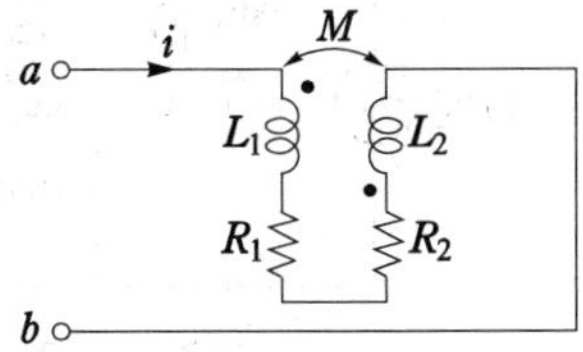

그림 7-25

|정답| $\dot{Z}_0=13+j2.3$[Ω]

7-7 그림 7-26과 같은 이상 변압기의 권선비가 $n_1 : n_2 = 1 : 3$일 때 a, b 단자에서 본 임피던스 Z_{ab}를 구하라.

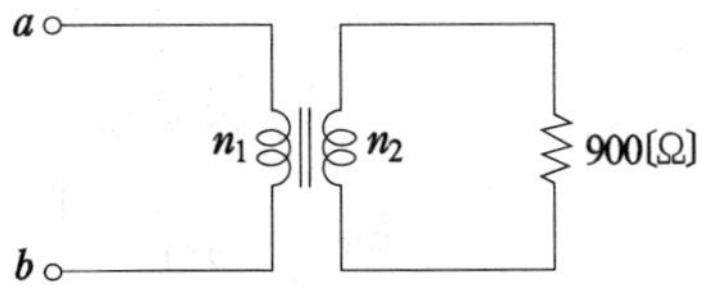

그림 7-26

|정답| $Z_{ab}=100$[Ω]

7-8 이상 변압기의 1차측 코일의 권선수가 $n_1=200$이고 1차측 자기 인덕턴스가 $L_1=320$ [μH] 이다. 2차측 코일의 권선수가 $n_2=100$일 때 상호 인덕턴스 M을 구하라.

|정답| $M=160$[μH]

7-9 20[mH]의 두 자기 인덕턴스가 있다. 결합계수를 0.1부터 0.9까지 변화시킬 수 있다면 이것을 접속시켜 얻을 수 있는 합성 인덕턴스의 최대값과 최소값의 비는 얼마인가?

|정답| 19 : 1

7-10 그림 7-27의 회로에서 $\dot{I}_2$ 및 $\dot{V}_L$을 구하라.
단, $\dot{V}_1=1\angle 0°$, $f=318$[Hz], $L_1=10$[mH], $L_2=5$[mH], $M=7$[mH], $R_L=10$[Ω] 이다.

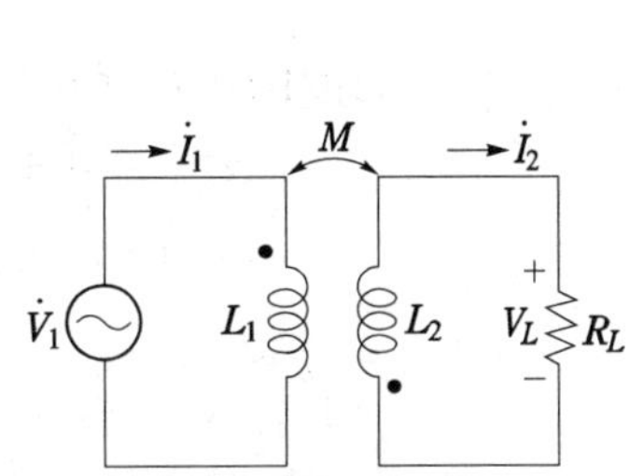

그림 7-27

|정답| $\dot{I}_2 = 0.07\underline{/179°}$〔A〕, $\dot{V}_L = 0.7\underline{/179°}$〔V〕

7-11 그림 7-28에서 $R = 5$〔Ω〕일 때 R양단의 전압 $\dot{V}_R$과 소비전력 P_R을 구하라.

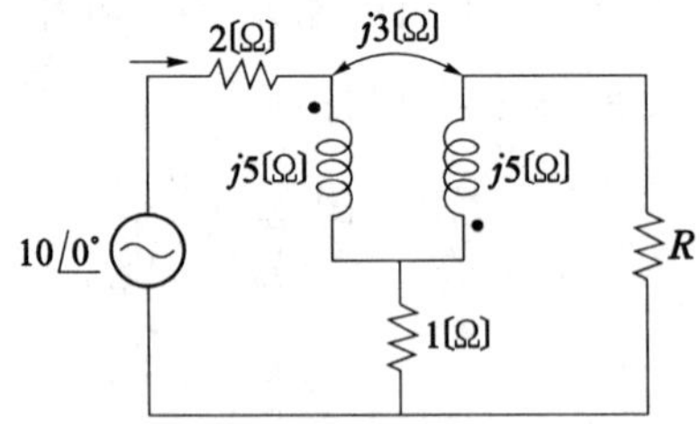

그림 7-28

|정답| $\dot{V}_R = 3\underline{/-160°}$〔V〕, $P_R = 1.92$〔W〕

7-12 그림 7-29의 이상변압기에서 $n_1 = 100$, $n_2 = 200$, $L_1 = 100$〔mH〕, $\dot{Z}_L = 10 + j10$〔Ω〕이다. L_2, M, $\dot{Z}_{ab}$를 구하라.

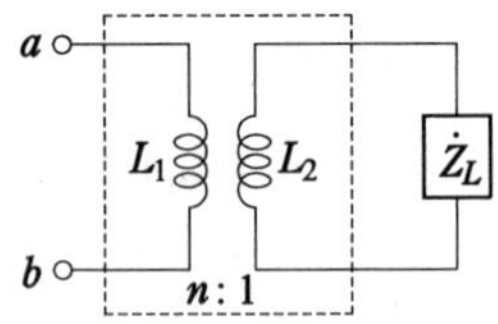

그림 7-29

|정답| $L_2 = 400$〔mH〕, $M = 200$〔mH〕, $\dot{Z}_{ab} = 2.5 + j2.5$〔Ω〕

7-13 그림 7-30의 회로에서 $R_1 = 2$〔Ω〕, $R_2 = 8$〔Ω〕, $L_1 = 4$〔mH〕, $L_2 = 9$〔mH〕, $M = 4$〔mH〕, $w = 1000$〔rad/s〕 이다.

(1) 결합계수 k

(2) 합성임피던스 $\dot{Z}_0$

(3) 전류 $\dot{I}$를 구하라.

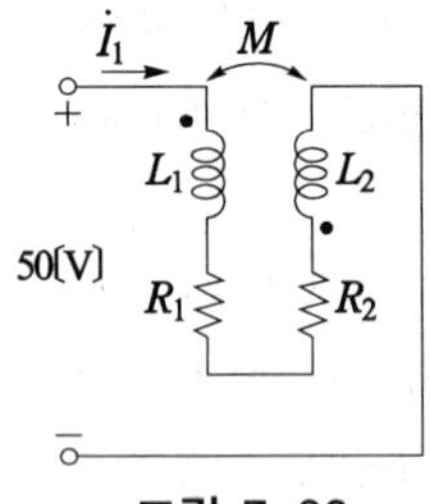

그림 7-30

|정답| (1) $k = 0.67$

(2) $\dot{Z}_0 = 10 + j21 = 23.3\underline{/64.5°}$〔Ω〕

(3) $\dot{I} = 2.14\underline{/-64.5°}$〔A〕

chapter 08

3상 교류

전원이 한 개만 존재하는 방식을 단상 방식(single phase system)이라 하며 주파수는 같지만 위상을 달리하는 여러 개의 전원이 동시에 존재하는 교류 방식을 다상 방식(poly phase system)이라 한다. 다상 방식을 이용하면 단상에 비해 송전선을 절약할 수 있으며(50%) 회전자계가 이루어지는 이점이 있다(전동기).

다상 방식 가운데 가장 많이 쓰이는 것은 3상 방식이며, 발전, 송전, 배전 등 공업용 전력계통에는 거의 다 3상 방식이 채택되고 있다. 본장에서는 3상 교류의 전기적인 특성과 결선방법, 해석방법 등에 대해 알아보기로 한다.

8.1 3상 교류의 발생과 표시법

8.1.1 3상 교류의 발생

3상 교류 발전기의 원리는 근본적으로 앞에서 배운 단상 발전기의 원리와 같다.

그림 8-1은 3상 발전의 원리를 보여주고 있다. 그림 (a)와 같이 동일 구조를 갖는 3개의 권선이 $120°\left(=\dfrac{2}{3}\pi[\text{rad}]\right)$의 간격으로 배치되어 있다. 이 권선이 반시계방향으로 일정한 속도로 회전하게 되면 각 권선의 양단에는 그림 (b)와 같이 크기와 주파수가 같으며 위상이 120°씩 차이나는 3개의 정현파 교류 전압이 발생된다. 그림 (c)에 3상 전원의 등가표시를 나타내었다. 이와 같이 크기와 주파수가 같으며 위상이 120°씩 서로 다른 3개의 파형을 3상 교류라 한다.

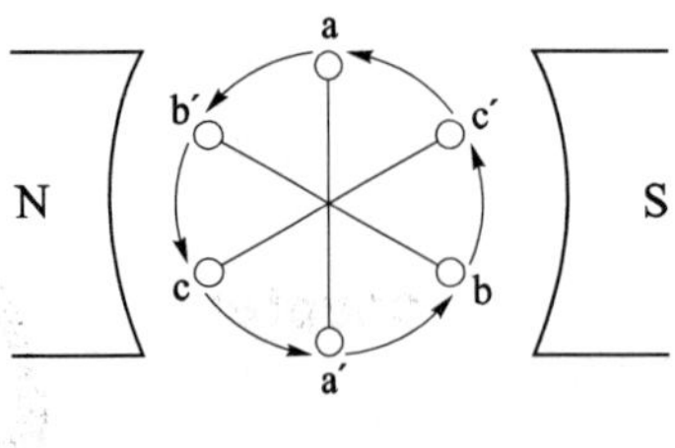

(a) 3상 발전의 원리

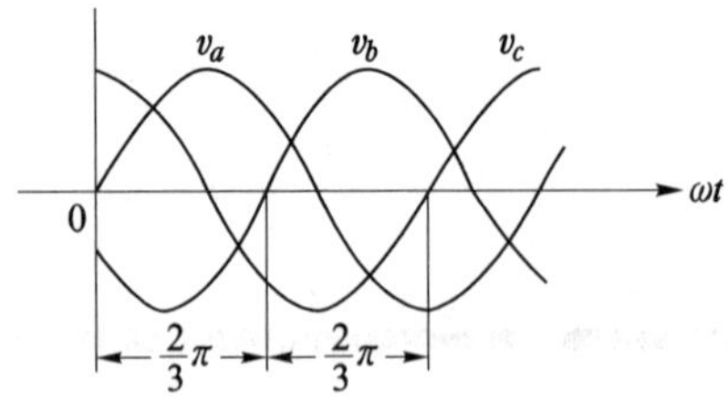

(b) 각 인덕터에 발생되는 전압파형

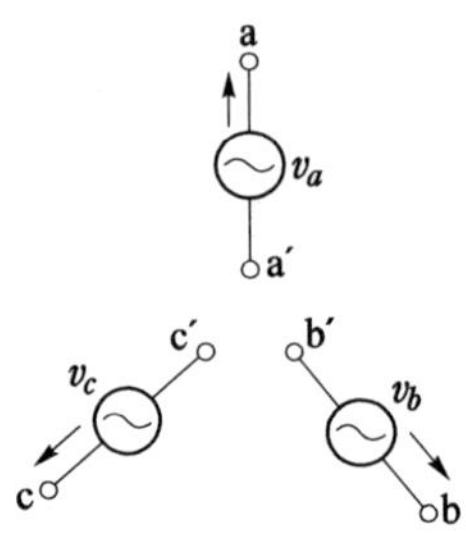

(c) 3상 전원의 등가표시

그림 8-1 3상 발전

그림 (c)에서 v_a, v_b, v_c와 같은 3개의 각 단상 교류를 상(phase)이라 하며 위상이 빠른 순서대로 제 1상, 제 2상, 제 3상, 또는 a상, b상, c상 이라 부른다. 또 도면에서는 R, S, T로 표시하기도 한다. 그리고 이 순서를 상순 또는 상회전순이라 한다. 앞으로 특별한 언급이 없는 한 상순은 v_a, v_b, v_c로 한다.

그림 (b)와 같은 3상 교류 전압 v_a, v_b, v_c를 v_a를 기준으로 하여 나타내면 다음과 같다.

$$v_a = \sqrt{2}\,V\sin\omega t\,[\mathrm{V}]$$
$$v_b = \sqrt{2}\,V\sin\left(\omega t - \frac{2}{3}\pi\right)[\mathrm{V}]$$
$$v_c = \sqrt{2}\,V\sin\left(\omega t - \frac{4}{3}\pi\right)[\mathrm{V}] \qquad \cdots\cdots (8.1)$$

식 (8.1)과 같이 크기와 주파수가 같고 위상이 120°씩 서로 다른 3상 교류를 대칭 3상 교류라 하고, 그렇지 않은 3상 교류를 비대칭 3상 교류라 한다. 앞으로 3상 교류라 함은 대칭 3상 교류를 의미한다.

단상 교류와 마찬가지로 3상 교류에서도 각 상의 전압 또는 전류가 정현파이며 동일한 속도로 회전하므로 그림 8-2 (a)와 같은 페이저도로 표시할 수 있다. 상순이 v_a, v_b, v_c이므로, $\dot{V}_b$, $\dot{V}_c$ 는 $\dot{V}_a$를 기준 벡터로 하여 각각 120°, 240°만큼 위상이 뒤지도록 그린 것이다. 이것을 벡터 표시로 나타내면 다음과 같다.

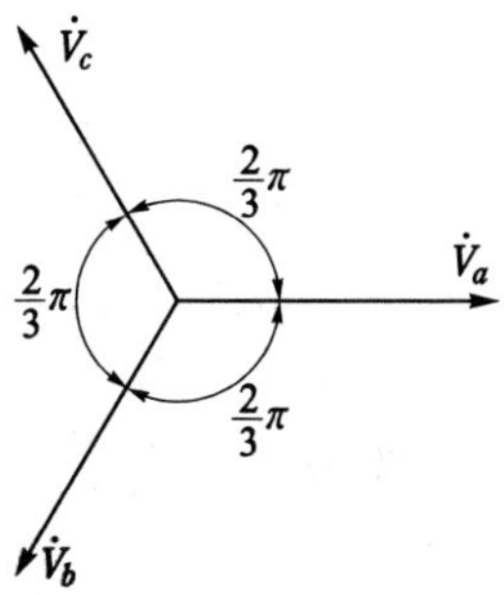

(a) 3상 교류 전압의 벡터 표시

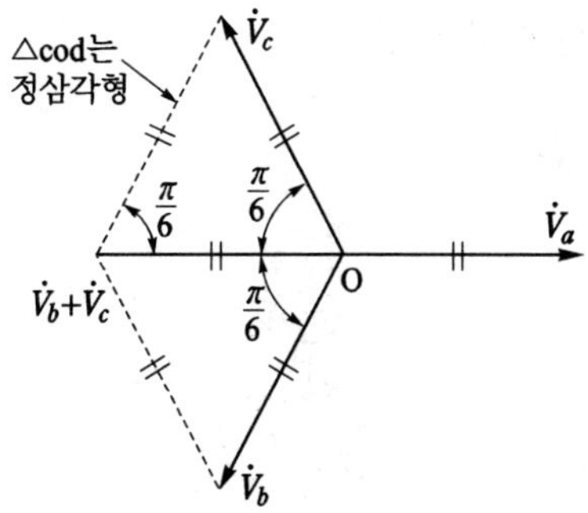

(b) 벡터합

그림 8-2 3상 교류 전압의 벡터 표시

$$\dot{V}_a = V\angle 0° \text{〔V〕}$$
$$\dot{V}_b = V\angle -120° = V\angle -\frac{2}{3}\pi \text{〔V〕}$$
$$\dot{V}_c = V\angle -240° = V\angle -\frac{4}{3}\pi \text{〔V〕} \qquad \cdots\cdots (8.2)$$

그림 (b)에 $\dot{V}_a$, $\dot{V}_b$, $\dot{V}_c$의 합을 그림을 이용하여 구하는 방법을 나타내었으며, 그 합은

$$\dot{V}_a + \dot{V}_b + \dot{V}_c = 0\text{〔V〕} \qquad \cdots\cdots (8.3)$$

가 된다. 즉, 대칭 3상 교류 전압의 벡터 합은 0이며, 대칭 3상 교류 전류에서도 같다. 식 (8.2)를 복소수 표현식으로 하면 다음과 같다.

$$\dot{V}_a = V\angle 0 = V(\cos 0 + j\sin 0) = V\text{〔V〕}$$
$$\dot{V}_b = V\angle -\frac{2}{3}\pi = V\left\{\cos\left(-\frac{2}{3}\pi\right) + j\sin\left(-\frac{2}{3}\pi\right)\right\} = V\left(-\frac{1}{2} - j\frac{\sqrt{3}}{2}\right)\text{〔V〕}$$
$$\dot{V}_c = V\angle -\frac{4}{3}\pi = V\left\{\cos\left(-\frac{4}{3}\pi\right) + j\sin\left(-\frac{4}{3}\pi\right)\right\}$$
$$= V\left(-\frac{1}{2} + j\frac{\sqrt{3}}{2}\right)\text{〔V〕} \qquad \cdots\cdots (8.4)$$

8.1.2 3상 교류의 결선법

3상 교류 발전기에서는 120°씩 서로 다른 3개의 단상 교류가 발생된다. 이들 3개의 단상 교류를 3상 교류전원으로 사용하기 위해서는 적당한 결선법이 필요하다.

대표적인 3상 결선법으로는 3개의 단상 교류를 Y형으로 접속하는 Y결선법(성형결선법)과, △형으로 접속하는 △결선법(환상결선법)이 있다.

(1) Y결선과 △결선

1) 전원

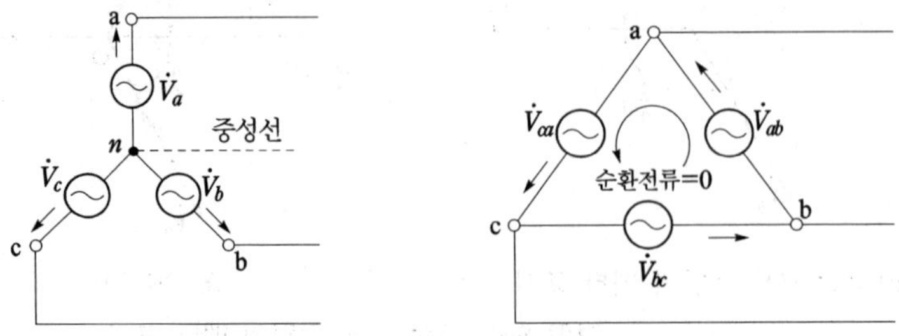

(a) Y결선 (b) △결선

그림 8-3 3상 교류의 결선

그림 8-1 (c)에 나타낸 단상 교류들을 그림 8-3 (a)와 같이 결선한 방식을 Y결선이라 하며, 특히 중성점 n에 중성선(점선)이 설치된 경우를 3상 4선식 Y결선이라 하고, 설치되지 않은 경우를 3상 3선식 Y결선이라 한다.

한편 그림 (b)와 같이 결선한 방식을 △결선이라 한다. △결선시 전원의 내부에는 반시계 방향으로 순환 전류가 흐를 것으로 예상되지만 대칭 3상 전원의 경우 그림 8-2 (a)와 같이 3개의 교류 전압이 평형을 이루기 때문에 순환되는 방향으로의 전압의 총합은 $\dot{V}_a + \dot{V}_b + \dot{V}_c = 0$가 되어 내부 순환전류는 흐르지 않는다.

2) 부하

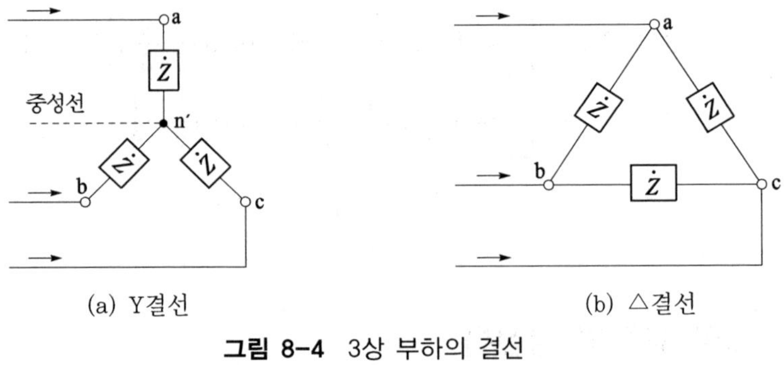

(a) Y결선 (b) △결선

그림 8-4 3상 부하의 결선

부하의 3상 교류 접속 방법에서도 그림 8-4에 나타낸 것과 같이 Y결선법과 △결선법이 있다.

3상 교류 전원에 부하를 접속하여 구성되는 3상 회로는 부하측도 Y결선 또는 △결선이 될 수 있으므로 전원부와의 조합 방식에 따라 Y-Y, Y-△, △-Y, △-△형으로 구분된다. 대칭 3상 전원이면서 동시에 3상 부하 측의 각 상의 임피던스가 동일할 때 이를 평형 3상 회로라 하며, 그렇지 않은 것을 불평형 3상 회로라 한다.

8.2 평형 3상 회로의 전압 · 전류

8.2.1 Y결선

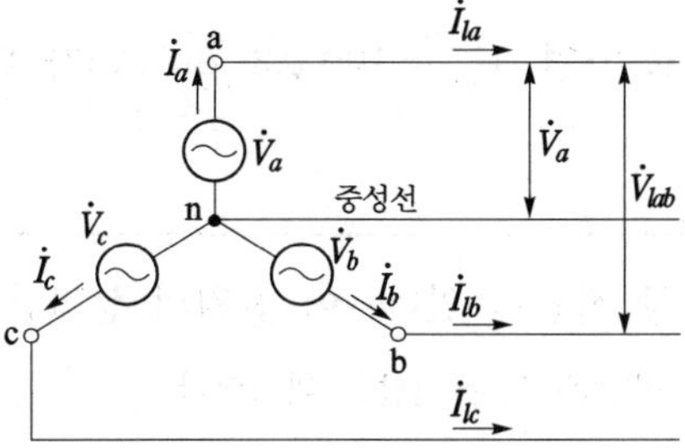

(a) Y결선의 전압과 전류

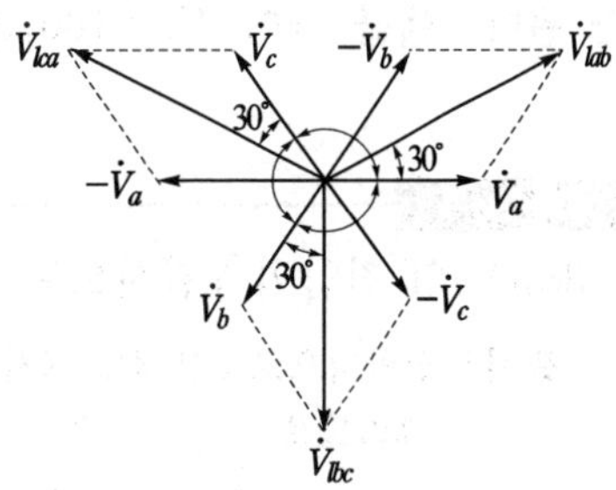

(b) 상전압과 선간 전압의 페이저도

그림 8-5 Y결선

그림 8-5(a)는 평형 3상 회로에 있어서 Y형 결선의 전원부이다.

3상 교류에서 3상을 구성하는 각 단상 교류를 상이라 하므로 각 상의 전압을 상전압(phase voltage) $\dot{V}_p$라 하고, 각 상에 흐르는 전류를 상전류(phase current) $\dot{I}_p$라 한다. 그러므로 $\dot{V}_a$, $\dot{V}_b$, $\dot{V}_c$ 가 상전압이며, $\dot{I}_a$, $\dot{I}_b$, $\dot{I}_c$ 는 상전류이다.

또, 부하에 전력을 공급하는 선들 사이의 전압을 선간전압(line voltage) $\dot{V}_l$, 이 선들에 흐르는 전류를 선전류(line current) $\dot{I}_l$이라 한다. 그림에서 $\dot{V}_{lab}$, $\dot{V}_{lbc}$, $\dot{V}_{lca}$등이 선간전압이며, $\dot{I}_{la}$, $\dot{I}_{lb}$, $\dot{I}_{lc}$등이 선전류이다. 그리고 점 n을 중성점이라 한다.

그림 (a)에서 알 수 있듯이 Y형 결선에서 상전류와 선전류는 항상 동일하므로

$$\dot{I}_a = \dot{I}_{la}, \quad \dot{I}_b = \dot{I}_{lb}, \quad \dot{I}_c = \dot{I}_{lc} \qquad \cdots\cdots (8.5)$$

의 관계가 있다.

각 선로간의 선간전압 $\dot{V}_{lab}$, $\dot{V}_{lbc}$, $\dot{V}_{lca}$는 각 단자 ab, bc, ca 간의 전압차와 같으므로

$$\begin{aligned} \dot{V}_{lab} &= \dot{V}_a - \dot{V}_b = \dot{V}_a + (-\dot{V}_b) \\ \dot{V}_{lbc} &= \dot{V}_b - \dot{V}_c = \dot{V}_b + (-\dot{V}_c) \\ \dot{V}_{lca} &= \dot{V}_c - \dot{V}_a = \dot{V}_c + (-\dot{V}_a) \end{aligned} \qquad \cdots\cdots (8.6)$$

가 되어 그림 (b)와 같이 페이저도로 그릴 수 있다. 그림에서 보는 바와 같이 Y결선에서는 상전압 $\dot{V}_a$, $\dot{V}_b$, $\dot{V}_c$가 크기가 같고 120° 씩의 위상차를 가지므로 $\dot{V}_{lab}$, $\dot{V}_{lbc}$, $\dot{V}_{lca}$ 도 대칭 3상 전압이 된다. 그리고 그림 (b)에서 알 수 있는 것처럼 선간 전압의 위상은 상전압 보다 30°만큼 앞서게 된다.

그러므로

$$\dot{I}_l = \dot{I}_p$$
$$\dot{V}_l = \sqrt{3}\,\dot{V}_p \angle 30° \text{〔V〕} \qquad \cdots\cdots (8.7)$$

가 된다. 예를 들어 $\dot{V}_a = 100\angle 30°$〔V〕라고 하면 $\dot{V}_{lab} = 100\sqrt{3}\angle 60°$〔V〕가 된다.

예제 8-1

381〔V〕의 전압이 Y결선으로 접속된 3상 전원이 있다. 이 전원의 상전압 V_p를 구하라.

| 풀이 | 일반적으로 3상 회로에서 주어지는 전압은 선간 전압을 의미한다.

그러므로

$$V_p = \frac{1}{\sqrt{3}} V_l = \frac{1}{\sqrt{3}} \times 381 = 220 \text{〔V〕}$$

8.2.2 △결선

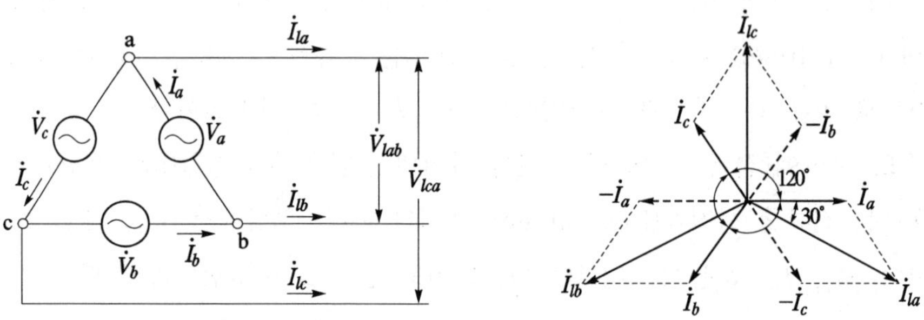

(a) △결선의 전압, 전류 (b) 상전류와 선전류의 페이저도

그림 8-6 △결선

그림 8-6(a)는 평형 3상 회로에 있어서 △결선의 전원부이다. 각각의 선간전압은 전원이 상전압과 일치하므로 크기와 위상이 완전히 같게 된다. 즉,

$$\dot{V}_{lab} = \dot{V}_a,\ \ \dot{V}_{lbc} = \dot{V}_b,\ \ \dot{V}_{lca} = \dot{V}_c \qquad \cdots\cdots (8.8)$$

선전류와 상전류 사이에는 키르히호프 전류법칙에 따라

$$\dot{I}_{la} = \dot{I}_a - \dot{I}_c = \dot{I}_a + (-\dot{I}_c)$$
$$\dot{I}_{lb} = \dot{I}_b - \dot{I}_a = \dot{I}_c + (-\dot{I}_a)$$
$$\dot{I}_{lc} = \dot{I}_c - \dot{I}_b = \dot{I}_c + (-\dot{I}_b) \quad \cdots\cdots (8.9)$$

이 성립된다. 선전류와 상전류 사이의 관계를 설명하기 위해 식 (8.9)를 벡터그림으로 나타내면 그림 8-6 (b)와 같다. 그림에서 보면 선전류 $\dot{I}_l$은 상전류 $\dot{I}_p$보다 위상이 30° 뒤지며 그 크기는 상전류의 $\sqrt{3}$ 배가 된다. 그러므로 △결선에서는

$$\dot{V}_l = \dot{V}_p \quad \cdots\cdots (8.10)$$
$$\dot{I}_l = \sqrt{3}\,\dot{I}_p \angle -30° \quad \cdots\cdots (8.11)$$

의 관계가 있음을 알 수 있다. 예를 들어 $\dot{I}_a = 10 \angle 30°$〔A〕라고 하면 $\dot{I}_{la} = 10\sqrt{3} \angle 0°$〔A〕가 된다.

예제 8-2

△결선인 3상 유도 전동기의 상전압 V_p과 상전류 I_p를 측정하니 각각 200〔V〕, 27〔A〕이었다. 이 3상 유도 전동기의 선간 전압 V_l과 선전류 I_l을 구하라.

|풀이| △결선의 경우 선간 전압 V_l은 상전압 V_p와 같으므로 선간 전압 V_l은

$$V_l = V_p = 200〔V〕$$

선전류 I_l은 식 (8.11)에 의해

$$I_l = \sqrt{3}\,I_p = \sqrt{3} \times 27 = 46.8〔A〕$$

예제 8-3

△결선인 3상전원의 상전류가 각각 다음과 같을 때 각 선에 흐르는 선전류 $\dot{I}_l$을 구하라.

$$\dot{I}_a = 15\angle 0°〔A〕$$
$$\dot{I}_b = 15\angle -120°〔A〕$$
$$\dot{I}_c = 15\angle -240°〔A〕$$

|풀이| 선전류 $\dot{I}_l = \sqrt{3}\,\dot{I}_p \angle -30°$의 관계로부터

$$\dot{I}_1 = \sqrt{3}\,\dot{I}_a \angle -30° = 15\sqrt{3}\angle -30°〔A〕$$
$$\dot{I}_2 = \sqrt{3}\,\dot{I}_b \angle -30° = 15\sqrt{3}\angle -150°〔A〕$$
$$\dot{I}_3 = \sqrt{3}\,\dot{I}_c \angle -30° = 15\sqrt{3}\angle -270°〔A〕$$

8.2.3 부하

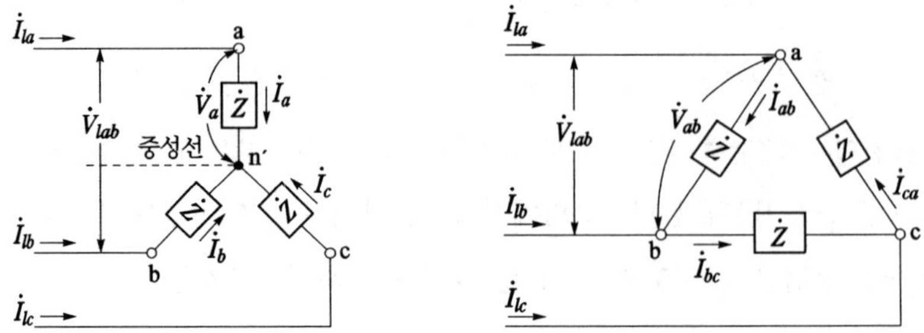

(a) 평형 3상 Y부하　　　(b) 평형 3상 △부하

그림 8-7 평형 3상 부하

평형 3상 회로의 3상 부하와 선로 사이에서도 전원부와 동일한 조건이 성립된다. 그러므로 그림 8-7에서 보는 바와 같이 이들의 관계는 전원부에서와 동일하게 적용할 수 있다.

따라서 Y형 부하에서는

$$\dot{I}_l = \dot{I}_p \qquad \cdots\cdots (8.12)$$

$$\dot{V}_l = \sqrt{3}\,\dot{V}_p \underline{/30^\circ} \qquad \cdots\cdots (8.13)$$

이고, △형 부하에서는

$$\dot{V}_l = \dot{V}_p \qquad \cdots\cdots (8.14)$$

$$\dot{I}_l = \sqrt{3}\,\dot{I}_p \underline{/-30^\circ} \qquad \cdots\cdots (8.15)$$

의 관계가 있다.

예제 8-4

그림 8-8과 같이 $\dot{Z} = 8 + j6$〔Ω〕인 평형 3상 Y부하에 선간 전압 200〔V〕인 대칭 3상 전압을 가할 때 선전류 I_l은 얼마인가?

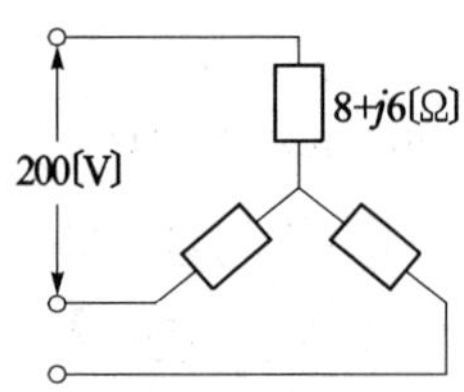

그림 8-8

|풀이| $I_l = I_p = \dfrac{V_p}{Z} = \dfrac{\frac{200}{\sqrt{3}}}{\sqrt{8^2+6^2}} = \dfrac{115.5}{10} = 11.6$〔A〕

예제 8-5

그림 8-9와 같은 평형 3상 회로에 선간 전압 100〔V〕를 가했을 때 흐르는 선전류 I_l은 얼마인가?

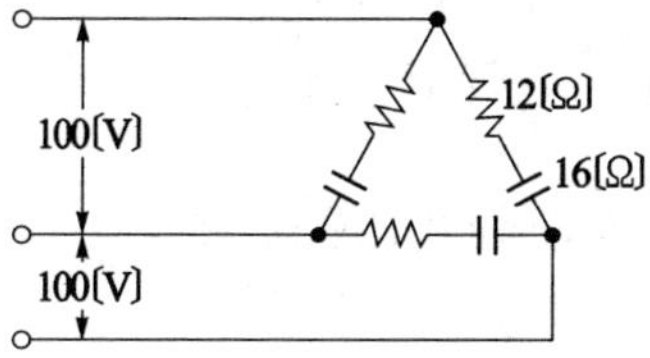

그림 8-9

|풀이| $I_p = \dfrac{V_p}{Z}$ 에서 $V_p = V_l = 100〔\text{V}〕$ 이므로

$$I_p = \frac{100}{\sqrt{12^2+16^2}} = 5〔\text{A}〕,\quad I_l = \sqrt{3}\,I_p = 5\sqrt{3}〔\text{A}〕$$

8.3 평형 3상 회로의 등가변환

8.3.1 전원의 등가변환

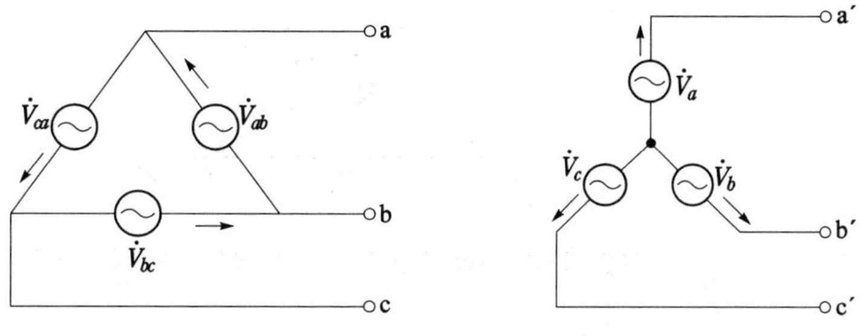

(a) △결선 (b) Y결선

그림 8-10 3상 전원의 등가변환

그림 8-10(a)와 (b)의 두 전원부가 외부 회로에 대해 등가가 되기 위해서는 각 선간 전압, 즉 △결선의 단자전압 $\dot{V}_{ab}$와 Y결선의 단자전압 $\dot{V}_{a'b'}$가 같아야 한다. 그러므로

$$\begin{aligned} \dot{V}_{ab} &= \dot{V}_{a'b'} \\ \dot{V}_{bc} &= \dot{V}_{b'c'} \\ \dot{V}_{ca} &= \dot{V}_{c'a'} \end{aligned} \qquad \cdots\cdots (8.16)$$

의 관계가 성립해야 한다.

따라서 Y전원에서 △전원으로 등가변환할 때

$$\dot{V}_{ab} = \dot{V}_a - \dot{V}_b = \sqrt{3}\,\dot{V}_a \angle 30°$$
$$\dot{V}_{bc} = \dot{V}_b - \dot{V}_c = \sqrt{3}\,\dot{V}_b \angle 30°$$
$$\dot{V}_{ca} = \dot{V}_c - \dot{V}_a = \sqrt{3}\,\dot{V}_c \angle 30° \qquad \cdots\cdots (8.17)$$

또 △전원에서 Y전원으로 등가변환할 때

$$\dot{V}_a = \frac{1}{\sqrt{3}}\dot{V}_{ab} \angle -30°$$
$$\dot{V}_b = \frac{1}{\sqrt{3}}\dot{V}_{bc} \angle -30°$$
$$\dot{V}_c = \frac{1}{\sqrt{3}}\dot{V}_{ca} \angle -30° \qquad \cdots\cdots (8.18)$$

의 관계가 있다. 그림 8-11에 3상 전원의 등가변환에 관해 알기 쉽도록 페이저도를 나타냈다.

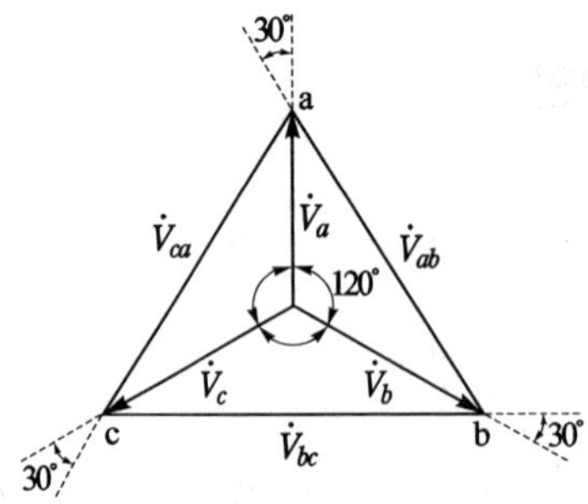

그림 8-11 3상 전원의 등가변환에 관한 페이저도

8.3.2 부하의 등가변환

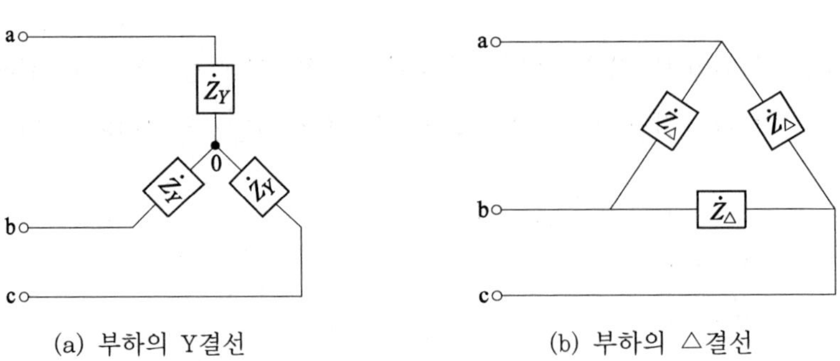

그림 8-12 부하의 3상 결선

그림 8-12 (a)에서와 같은 Y결선의 부하를 그림 (b)와 같은 △결선의 부하로 바꾸어야 할 경우, 또는 그 반대의 경우가 있다. 이 때, 회로를 변환하기 전과 후의 부하의 크기는 같아야 한다.

즉, 어느 3상 전원에 그림 8-63의 (a)와 같은 Y결선 부하를 연결했을 때와 (b)와 같은 △결선 부하를 연결했을 때의 선간 전압과 선전류가 동일하여야 한다. 이것은 그림에서 (a)의 Y결선에서와 (b)의 △결선에서의 단자 a, b에서 본 임피던스가 같음을 의미한다. 물론 단자 b, c와 단자 c, a에 대하여도 동일하다. 그러므로 그림 (a), (b)에서 다음 등식이 성립되어야 한다.

$$\dot{Z}_{ab}=\dot{Z}_{bc}=\dot{Z}_{ca}=\dot{Z}_Y+\dot{Z}_Y=\frac{\dot{Z}_\triangle \cdot (\dot{Z}_\triangle+\dot{Z}_\triangle)}{\dot{Z}_\triangle+(\dot{Z}_\triangle+\dot{Z}_\triangle)}=\frac{2\dot{Z}_\triangle^2}{3\dot{Z}_\triangle}[\Omega] \quad \cdots\cdots (8.19)$$

그러므로

$$\dot{Z}_Y=\frac{\dot{Z}_\triangle}{3}[\Omega] \quad \cdots\cdots (8.20)$$

또는

$$\dot{Z}_\triangle=3\dot{Z}_Y[\Omega] \quad \cdots\cdots (8.21)$$

의 관계가 있다.

예제 8-6

그림 8-13(a)와 같은 △형의 평형 3상 전원을 그림 (b)와 같은 Y형 전원으로 등가변환하여라. $\dot{V}_{ab}=30\angle 0°[V]$, $\dot{V}_{bc}=30\angle -120°[V]$, $\dot{V}_{ca}=30\angle -240°[V]$ 이다.

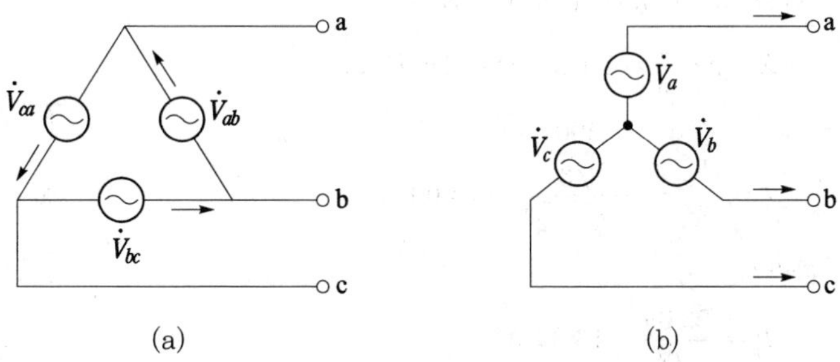

그림 8-13

| 풀이 | $\dot{V}_p=\frac{1}{\sqrt{3}}\dot{V}_l\angle -30°$ 이므로

$$\dot{V}_a=\frac{1}{\sqrt{3}}\dot{V}_{ab}\angle -30°=\frac{30}{\sqrt{3}}\angle -30°=10\sqrt{3}\angle -30°[V]$$

$$\dot{V}_b = \frac{1}{\sqrt{3}}\dot{V}_{bc}\angle -30° = \frac{30}{\sqrt{3}}\angle -150° = 10\sqrt{3}\angle -150°\text{[V]}$$

$$\dot{V}_c = \frac{1}{\sqrt{3}}\dot{V}_{ca}\angle -30° = \frac{30}{\sqrt{3}}\angle -270° = 10\sqrt{3}\angle -270°\text{[V]}$$

예제 8-7

R[Ω]인 3개의 저항을 같은 전원에 △결선으로 접속시킬 때와 Y결선으로 접속시킬 때 선전류의 크기 비$\left(\frac{I_\triangle}{I_Y}\right)$를 구하라.

| 풀이 | $$\frac{I_\triangle}{I_Y} = \frac{\dfrac{\sqrt{3}\,V}{R}}{\dfrac{V}{\sqrt{3}\,R}} = 3\text{[A]}$$

예제 8-8

그림 8-14와 같이 △형으로 접속된 부하에서 각 선로의 저항은 $r = 1$[Ω]이고 부하의 임피던스는 $\dot{Z} = 6 + j12$[Ω] 이다. 단자 a, b, c간에 200[V]의 평형 3상 전압을 가할 때 부하의 상전류 I_p는 얼마인가?

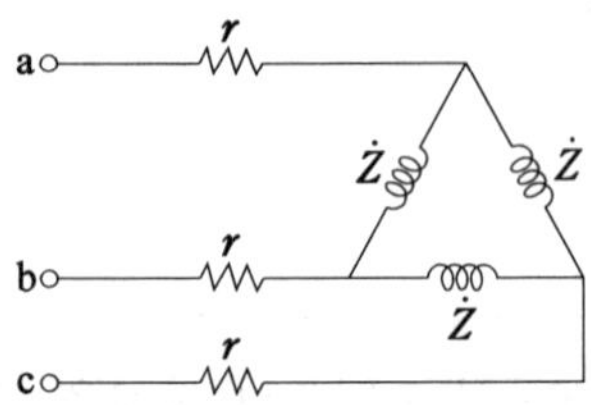

그림 8-14

| 풀이 | △ → Y로 등가변환하면 그림 8-15와 같이 된다.
그러므로 한 상의 임피던스 $\dot{Z}$는

$$\dot{Z} = r + \frac{Z}{3} = 1 + 2 + j4 = 3 + j4\text{[Ω]}$$

$$I_l = \frac{V_p}{Z} = \frac{\dfrac{200}{\sqrt{3}}}{\sqrt{3^2+4^2}} = 23.09\text{[A]}$$

따라서,

$$I_p = \frac{23.09}{\sqrt{3}} = 13.33\text{[A]}$$

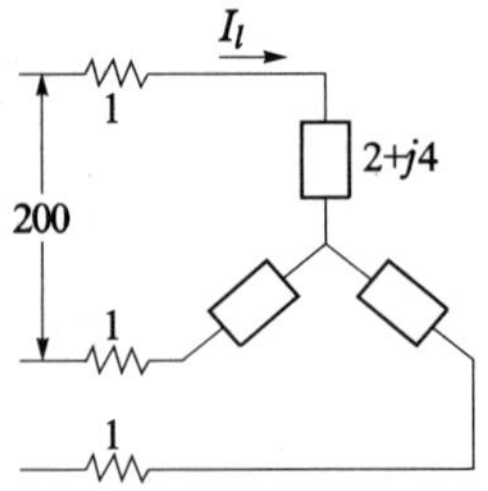

그림 8-15

8.4 평형 3상 교류의 해석

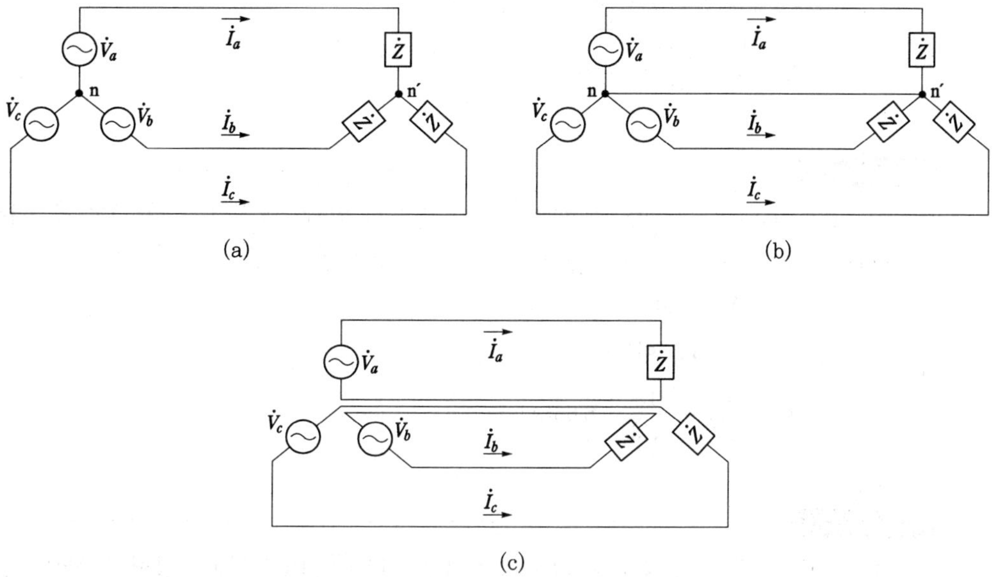

그림 8-16 평형 3상 회로의 등가 단상 회로

앞에서 설명한 바와 같이 평형 3상 전원이나 부하는 모두 △-Y 변환이 가능하기 때문에 어떠한 평형 3상 회로도 Y-Y 형 회로로 변환할 수 있다. 평형 3상 회로가 그림 8-16 (a)와 같은 Y-Y형 회로로 변환되면 회로해석이 용이해진다. 평형 3상 회로는 각 상의 부하가 $\dot{Z}$ 로서 모두동일하며 그림 (b)와 같이 중성선을 연결하더라도 $\dot{I}_a+\dot{I}_b+\dot{I}_c=0$[A]인 관계가 있으므로 중성선에 흐르는 전류 $\dot{I}_{nn'}$는 0이 되어 회로의 다른 부분에 아무런 영향을 주지 않게 된다

따라서 그림 8-16(a)는 (c)와 같이 세 부분으로 분리하여 3개의 단상 회로로 나눌 수 있다. 그러므로 각 상에 흐르는 전류는

$$\dot{I}_a=\frac{\dot{V}_a}{\dot{Z}},\quad \dot{I}_b=\frac{\dot{V}_b}{\dot{Z}},\quad \dot{I}_c=\frac{\dot{V}_c}{\dot{Z}} \qquad \cdots\cdots (8.22)$$

가 된다.

예제 8-9

그림 8-16(a)의 Y-Y형 회로에서 전원의 a상 전압 V_a가 220[V]이고 부하 한 상의 임피던스 $\dot{Z}$는 $8+j6$[Ω]이다. 이 때 회로의 선전류 I_l을 구하라.

| 풀이 | 한 상의 임피던스의 크기 $\dot{Z}$는

$$Z = |8 + j6| = \sqrt{8^2 + 6^2} = 10[\Omega]$$

그러므로 선전류 I_l는 식 (8.22)에 의해

$$I_l = \frac{V_a}{Z} = \frac{200}{10} = 22[\text{A}]$$

예제 8-10

선간 전압 220[V], 선전류 15[A]의 △-△ 회로가 있다. 상전압 V_p와 상전류 I_l을 구하라.

| 풀이 | △-△ 회로에서 선간 전압(V_l)과 상전압(V_p)은 같으므로

$$V_p = V_l = 220[\text{V}]$$

한편, $I_l = \sqrt{3}I_p$ 이므로

$$I_p = \frac{I_l}{\sqrt{3}} = \frac{15}{\sqrt{3}} = 8.66[\text{A}]$$

예제 8-11

그림 8-17과 같은 대칭 3상 회로에서 $\dot{V}_{ab} = 110 + j0$[V]이고, 평형 부하의 임피던스가 $\dot{Z} = 3 + j6[\Omega]$일 경우에 부하의 상전류 $\dot{I}_p$와 선전류 $\dot{I}_l$을 구하라.

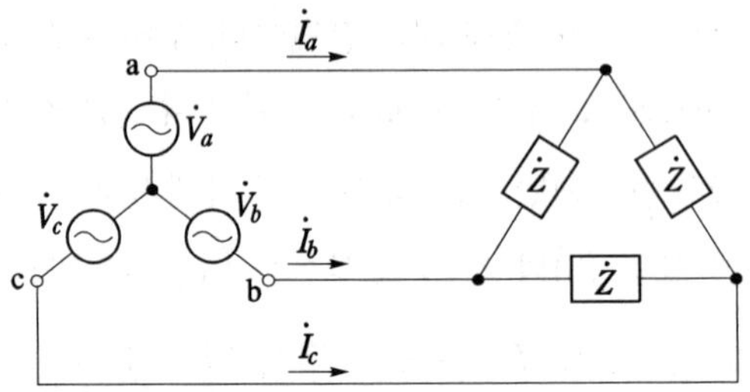

그림 8-17

| 풀이 | 평형 3상 회로이므로 부하 △결선을 그림 8-18(a)와 같이 등가 Y결선으로 변환하면 Y-Y 회로로 되어 그림 (b)와 같이 1상에 대한 등가 단상 회로로 간주할 수 있다.

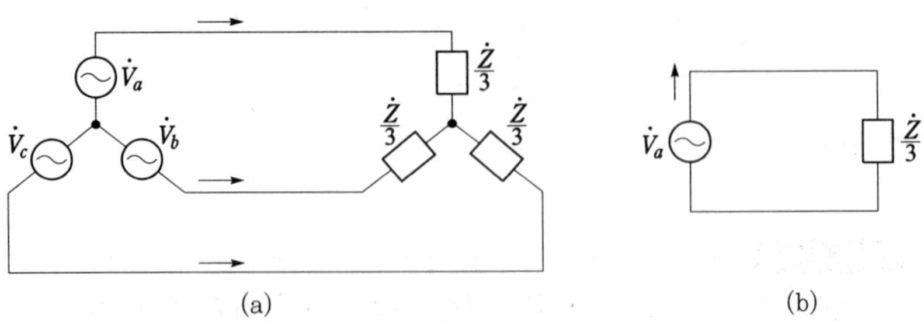

그림 8-18

상전압 $\dot{V}_a$를 기준으로 하면

$$\dot{V}_a = \frac{1}{\sqrt{3}}\dot{V}_{ab}\angle -30^\circ = \frac{110\ 0^\circ}{\sqrt{3}}\angle -30^\circ = \frac{110}{\sqrt{3}}\angle -30^\circ \text{〔V〕}$$

$$\dot{Z}_0 = \frac{\dot{Z}}{3} = \frac{3+j6}{3} = 1+j2 = \sqrt{5}\angle 63.4^\circ \text{〔}\Omega\text{〕}$$

선전류 $\dot{I}_a$는

$$\dot{I}_a = \frac{\dot{V}_a}{\dot{Z}_0} = \frac{\frac{110}{\sqrt{3}}\angle -30^\circ}{\sqrt{5}\angle 63.4^\circ} = \frac{110}{\sqrt{15}}\angle -93.4^\circ = 28.4\angle -93.4^\circ \text{〔A〕}$$

평형 3상 회로이므로 $\dot{I}_b$, $\dot{I}_c$는 120°, 240°의 상차를 가지므로

$$\dot{I}_b = 28.4\angle -93.4-120 = 28.4\angle -213.4^\circ \text{〔A〕}$$

$$\dot{I}_c = 28.4\angle -93.4-240 = 28.4\angle 26.6^\circ \text{〔A〕}$$

또 부하 상전류 $\dot{I}_{ab}$, $\dot{I}_{bc}$, $\dot{I}_{ca}$는

$$\dot{I}_{ab} = \frac{\dot{I}_a}{\sqrt{3}}\angle 30^\circ = \frac{28.4\angle -93.4}{\sqrt{3}}\angle 30^\circ = 16.4\angle -63.4^\circ \text{〔A〕}$$

$$\dot{I}_{bc} = 16.4\angle -63.4^\circ - 120^\circ = 16.4\angle -183.4^\circ \text{〔A〕}$$

$$\dot{I}_{ca} = 16.4\angle -63.4^\circ - 240^\circ = 16.4\angle 56.6^\circ \text{〔A〕}$$

가 된다.

8.5 불평형 3상 회로의 해석

3상 방식에서 전원이 평형이라 하더라도 부하가 불평형이 되기도 하고, 또는 여러 가지 원인으로 전원 및 부하가 모두 불평형이 되는 경우도 생긴다. 불평형 3상회로의 해석에는 주로 대칭좌표법이 사용되지만 여기서는 회로망 정리를 사용하여 설명하기로 한다.

8.5.1 3상 4선식 불평형회로

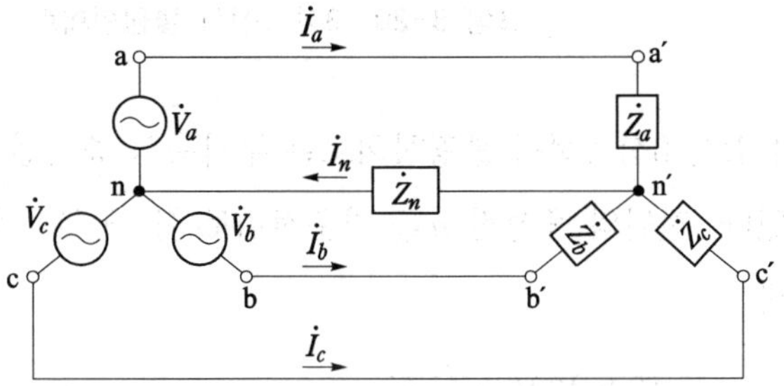

그림 8-19 3상4선식 불평형회로

그림 8-19와 같은 3상 4선식 불평형회로에서 전원의 중성점 n을 기준전위($V=0$)로 하면 부하의 중성점 n'에 대한 전위는 밀만의 정리에 의해 다음과 같이 구할 수 있다.

$$\dot{V}_{n'} = \frac{\dot{Y}_a \dot{V}_a + \dot{Y}_b \dot{V}_b + \dot{Y}_c \dot{V}_c}{\dot{Y}_a + \dot{Y}_b + \dot{Y}_c + \dot{Y}_n} \qquad \cdots\cdots (8.23)$$

여기서 $\dot{Y}_a = \frac{1}{\dot{Z}_a}$, $\dot{Y}_b = \frac{1}{\dot{Z}_b}$, $\dot{Y}_c = \frac{1}{\dot{Z}_c}$, $\dot{Y}_n = \frac{1}{\dot{Z}_n}$ 이다.

그러므로 각각의 선전류는

$$\dot{I}_a = \left(\dot{V}_a - \dot{V}_{n'}\right)\dot{Y}_a$$
$$\dot{I}_b = \left(\dot{V}_b - \dot{V}_{n'}\right)\dot{Y}_b$$
$$\dot{I}_c = \left(\dot{V}_c - \dot{V}_{n'}\right)\dot{Y}_c \qquad \cdots\cdots (8.24)$$

에 의해 구할 수 있다. 또한 중선선을 흐르는 전류 $\dot{I}_n$은

$$\dot{I}_n = \dot{I}_a + \dot{I}_b + \dot{I}_c \qquad \cdots\cdots (8.25)$$

가 된다.

8.5.2 3상 3선식 불평형회로

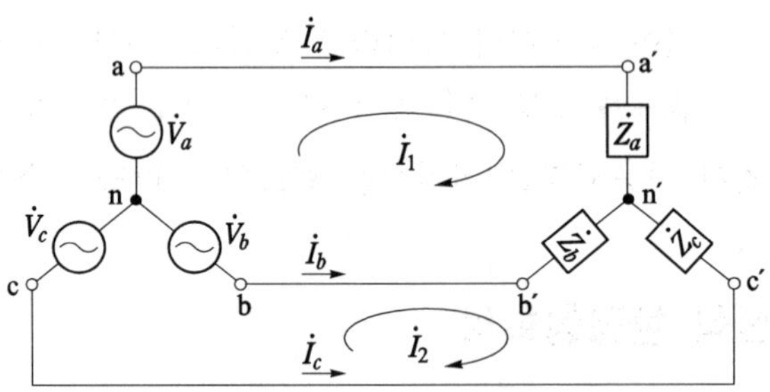

그림 8-20 3상 3선식 불평형회로

그림 8-20과 같은 3상 3선식 불평형회로는 부하측의 중성점 n'의 전위를 알면 쉽게 선전류를 구할 수 있다. 전원의 중성점 n을 기준전위로 할 때 부하측의 중성점 전위 $\dot{V}_{n'}$는 밀만의 정리에 의해

$$\dot{V}_{n'} = \frac{\dot{Y}_a \dot{V}_a + \dot{Y}_b \dot{V}_b + \dot{Y}_c \dot{V}_c}{\dot{Y}_a + \dot{Y}_b + \dot{Y}_c} \qquad \cdots\cdots (8.26)$$

가 되며 각 선전류는 식 (8.24)에 의해 구할 수 있다.

또 다른 방법으로 폐로 해석법에 의해서도 구할 수 있다. 그림 8-20에서와 같이 폐로 전류 $\dot{I}_1$과 $\dot{I}_2$를 가정하면 폐로 해석법에 의해

$$\dot{V}_a - \dot{V}_b = \dot{Z}_a \dot{I}_1 + \dot{Z}_b(\dot{I}_1 - \dot{I}_2)$$
$$\dot{V}_b - \dot{V}_c = (\dot{I}_2 - \dot{I}_1)\dot{Z}_b + \dot{Z}_c \dot{I}_2 \qquad \cdots\cdots (8.27)$$

와 같은 폐로 방정식이 주어지고, 여기서 폐로 전류 $\dot{I}_1$과 $\dot{I}_2$를 구하면 각각의 선전류는

$$\dot{I}_a = \dot{I}_1, \quad \dot{I}_b = \dot{I}_2 - \dot{I}_1, \quad \dot{I}_c = -\dot{I}_2 \qquad \cdots\cdots (8.28)$$

에 의해 구할 수 있다.

예제 8-12

그림 8-21과 같은 3상 3선식 Y-Y 회로에서 부하가 불평형일 경우 선전류 $\dot{I}_1$, $\dot{I}_2$, $\dot{I}_3$를 구하시오.

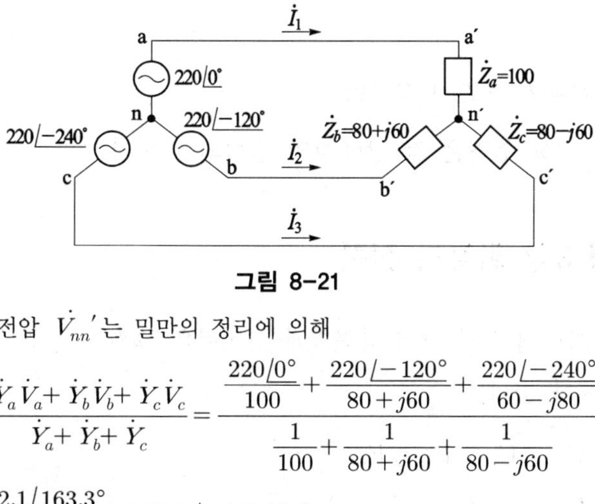

그림 8-21

|풀이| 중성점간의 전압 $\dot{V}_{nn}{}'$는 밀만의 정리에 의해

$$\dot{V}_{nn}{}' = \frac{\dot{Y}_a\dot{V}_a + \dot{Y}_b\dot{V}_b + \dot{Y}_c\dot{V}_c}{\dot{Y}_a + \dot{Y}_b + \dot{Y}_c} = \frac{\dfrac{220\angle 0°}{100} + \dfrac{220\angle -120°}{80+j60} + \dfrac{220\angle -240°}{60-j80}}{\dfrac{1}{100} + \dfrac{1}{80+j60} + \dfrac{1}{80-j60}}$$

$$= \frac{2.1\angle 163.3°}{0.024\angle 4.76°} \fallingdotseq 87.3\angle -168.1 \text{[V]}$$

선전류 $\dot{I}_1$, $\dot{I}_2$, $\dot{I}_3$는

$$\dot{I}_1 = (\dot{V}_a - \dot{V}_{nn'})\dot{Y}_a = (220\angle 0° - 87.3\angle -168.1°) \times \frac{1}{100} = 3.06\angle 3.38° \text{[A]}$$

$$\dot{I}_2 = (\dot{V}_a - \dot{V}_{nn'})\dot{Y}_b = (220\angle -120° - 87.3\angle -168.1°) \times \frac{1}{80+j60} = 1.74\angle -134.98° \text{[A]}$$

$$\dot{I}_3 = (\dot{V}_a - \dot{V}_{nn'})\dot{Y}_c = (220\angle -240° - 87.3\angle -168.1°) \times \frac{1}{60-j80} = 2.1\angle -149.85° \text{[A]}$$

8.6 3상 교류의 전력

8.6.1 3상 전력

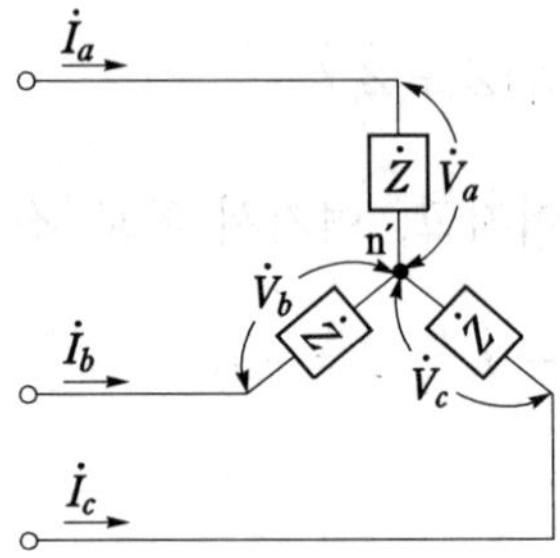

그림 8-22 3상 부하 회로

그림 8-22와 같은 3상 부하에 3상 전원이 공급되면 각 상의 부하에서는 전력이 소비된다. 이 때, 각 상에서 소비되는 전력을 각각 P_a, P_b, P_c[W]라 하면, 3상의 전 소비 전력 P[W]는

$$P = P_a + P_b + P_c \text{[W]} \qquad \cdots\cdots (8.29)$$

가 된다. 즉, 3상 전력은 각 상에서의 전력의 합이다.

8.6.2 평형 3상 회로의 전력

평형 3상 회로에서 각 상의 상전압과 상전류의 크기 V_p, I_p 및 이 둘의 위상차 θ는 다음과 같은 관계가 있다.

$$V_a = V_b = V_c = V_p$$
$$I_a = I_b = I_c = I_p$$
$$\theta_a = \theta_b = \theta_c = \theta \qquad \cdots\cdots (8.30)$$

그러므로 각 상의 부하에서 소비되는 전력 P는 $V_p I_p \cos\theta$[W]로 동일하다. 따라서 평형 3상 회로의 유효전력 P와 무효전력 P_r 및 피상전력 P_a는 한 상에서의 값에 3배를 해주면 되므로

$$P = 3V_p I_p \cos\theta \text{[W]}$$
$$P_r = 3V_p I_p \sin\theta \text{[Var]}$$

$$P_a = 3V_p I_p \text{[VA]} \qquad \cdots\cdots (8.31)$$

가 된다. 그러나 3상 회로에서 자주 사용되는 것은 대개 선간전압(V_l)과 선전류(I_l) 이다.

△결선에서는 $I_p = \dfrac{1}{\sqrt{3}} I_l,\ V_p = V_l$

Y결선에서는 $I_p = I_l,\ V_p = \dfrac{1}{\sqrt{3}} V_l$

의 관계가 있으므로 이를 식 (8.31)에 대입하면

$$\begin{aligned} P &= \sqrt{3}\, V_l I_l \cos\theta \text{[W]} \\ P_r &= \sqrt{3}\, V_l I_l \sin\theta \text{[Var]} \\ P_a &= \sqrt{3}\, V_l I_l \text{[VA]} \end{aligned} \qquad \cdots\cdots (8.32)$$

가 된다. 3상회로의 복소전력 $\dot{P}_a$는

$$\dot{P}_a = P + jP_r \qquad \cdots\cdots (8.33)$$

로 나타낸다. 그러므로 평형 3상 회로의 경우는 다음과 같이 나타낼 수 있다.

$$\dot{P}_a = 3V_p I_p \cos\theta + j3V_p I_p \sin\theta$$

이 식에서 3상 회로의 피상전력의 크기 P_a는

$$\begin{aligned} P_a &= \sqrt{P^2 + P_r^2} = \sqrt{(3V_p I_p \cos\theta)^2 + (3V_p I_p \sin\theta)^2} \\ &= 3V_p I_p = \sqrt{3}\, V_l I_l \text{[VA]} \end{aligned} \qquad \cdots\cdots (8.34)$$

가 된다.

3상회로의 역률 PF와 무효율 RF는 각각 다음과 같다.

$$PF = \frac{P}{P_a} = \cos\theta, \qquad RF = \frac{P_r}{P_a} = \sin\theta \qquad \cdots\cdots (8.35)$$

평형 3상 회로의 각 상의 순시전압과 순시전류를 a상을 기준으로 하여 나타내면

$$\begin{aligned} v_a &= \sqrt{2}\, V_p \sin\omega t \\ v_b &= \sqrt{2}\, V_p \sin(\omega t - 120°) \\ v_c &= \sqrt{2}\, V_p \sin(\omega t + 120°) \end{aligned} \qquad \cdots\cdots (8.36)$$

가 되고

$$\begin{aligned} i_a &= \sqrt{2}\, I_p \sin(\omega t - \theta) \\ i_b &= \sqrt{2}\, I_p \sin(\omega t - 120° - \theta) \end{aligned}$$

$$i_c = \sqrt{2} I_p \sin(\omega t + 120° - \theta) \quad \cdots\cdots (8.37)$$

가 되며, 각 상에 대한 순시전력의 총합은

$$\begin{aligned} P &= P_a + P_b + P_c = v_a i_a + v_b i_b + v_c i_c \\ &= 2V_p I_p \{\sin\omega t \cdot \sin(\omega t - \theta) + \sin(\omega t - 120°) \cdot \sin(\omega t - 120° - \theta) \\ &\quad + \sin(\omega t + 120°) \cdot \sin(\omega t + 120° - \theta)\} \\ &= 3V_p I_p \cos\theta \text{[W]} \end{aligned} \quad \cdots\cdots (8.38)$$

가 되어 순시전력의 총합은 항상 일정하고 평형 3상 회로의 유효전력과 같은 값을 갖는다.

예제 8-13

전압 220[V], 전류 15[A]인 평형 3상 회로의 유효 전력 P를 구하라.

단, 이 회로의 역률은 70[%]이다.

| 풀이 | 일반적으로, 전압 또는 전류라 하는 값은 선간 전압과 선전류를 의미한다. 따라서 3상 유효전력은

$$P = \sqrt{3} V_l I_l \cos\theta = \sqrt{3} \times 220 \times 15 \times 0.7 \fallingdotseq 4{,}000\text{[W]} = 4\text{[kW]}$$

예제 8-14

평형 3상 Y부하에 $100\sqrt{3}$[V]의 전압을 인가하고, 각 상의 임피던스 $\dot{Z} = 3 + j4$[Ω]인 경우 유효 전력 P를 구하라.

| 풀이 | $P = 3V_p I_p \cos\theta = 3I_p^2 R$

$$I = \frac{V_p}{Z} = \frac{100}{\sqrt{3^2 + 4^2}} = 20\text{[A]}$$

$$P = 3I_p^2 R = 3 \times 20^2 \times 3 = 3{,}600\text{[W]}$$

예제 8-15

한 상의 임피던스가 $\dot{Z} = 3 + j4$인 평형 3상 △부하에 선간전압 380[V]의 대칭전압을 인가할 때 3상 부하의 소비전력 P는 얼마인가?

| 풀이 | 한 상의 부하 임피던스의 크기는

$$Z = \sqrt{3^2 + 4^2} = 5\text{[Ω]}$$

이고, 역률은

$$\cos\theta = \frac{R}{Z} = \frac{3}{5} = 0.6$$

△부하이므로 상전류와 3상 소비전력은

$$I_p = \frac{V}{Z} = \frac{380}{5} = 76\text{[A]}$$

$$P = 3V_p I_p \cos\theta = 3 \times 380 \times 76 \times 0.6 = 52\text{[kW]}$$

8.6.3 3상 전력의 측정

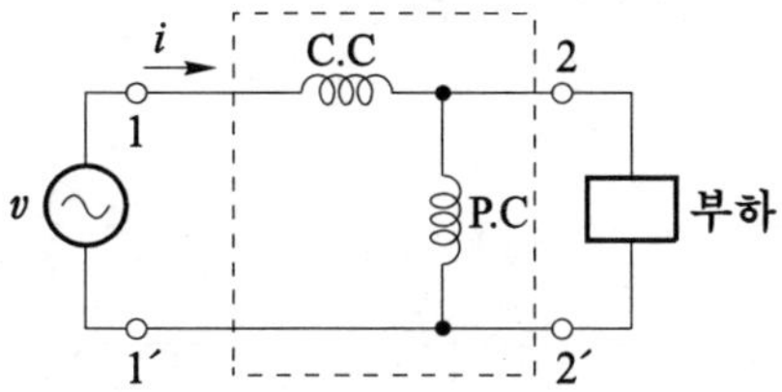

그림 8-23 단상 전력계의 구성

3상 전력은 단상 전력의 합으로 나타낼 수 있기 때문에 단상 전력계로서 3상 전력을 측정할 수 있다.

단상 전력계의 구조는 그림 8-23과 같이 전류인덕터(C.C)과 전압인덕터(P.C)로 구성된다. 전류인덕터는 부하전류 i에 비례하는 자기장을 발생시키고 전압인덕터는 부하 양단 전압 v에 비례하는 자기장을 만든다. 이 두 자기장의 상호작용에 의해 vi에 비례하는 회전력을 발생시켜 전력값을 지시하도록 한다.

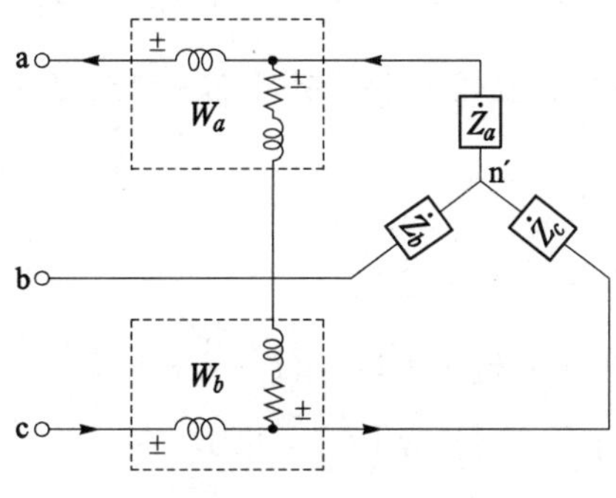

그림 8-24 2전력계법

여기서는 2전력계법에 대해 설명하기로 한다. 2전력계법은 단상 전력계 2대를 그림 8-24와 같이 접속하여 3상 전력을 측정하는 방법이다. 즉, 그림에서 알 수 있는 것처럼 2개의 선전류와 2개의 선간전압을 측정하여 3상 회로의 전력을 구하는 것이 2전력계법이다.

일반적으로 회로에 공급되는 복소전력은

$$\dot{P}_a = P + jP_r = RI^2 + jXI^2 = (R + jX)I^2 = \dot{Z}I^2 = \dot{Z}\dot{I}\dot{I}^* = \dot{V}\dot{I}^* \quad \cdots\cdots (8.39)$$

이고 공액 복소전력은

$$\dot{P}_a^* = P - jP_r = RI^2 - jXI^2 = GV^2 + jBV^2 = (G + jB)V^2$$
$$= \dot{Y}V^2 = \dot{Y}\dot{V}\dot{V}^* = \dot{I}\dot{V}^* \qquad \cdots\cdots (8.40)$$

로 주어진다.

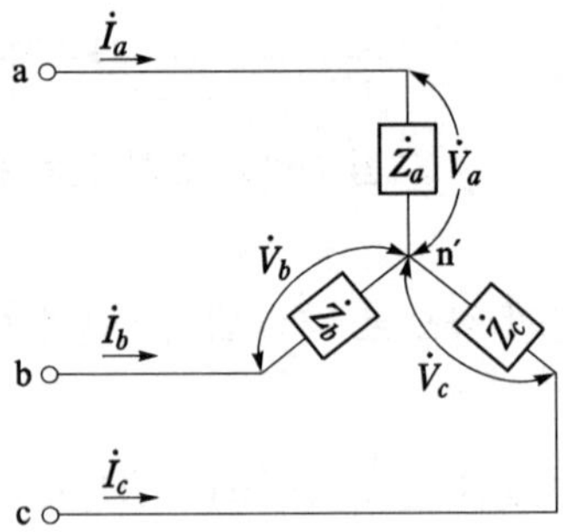

그림 8-25

그림 8-25와 같은 회로에서 공액 복소전력은 다음과 같이 나타낼 수 있다.

$$\dot{P}_a^* = P - jP_r = \dot{I}\dot{V}^* = \dot{I}_a\dot{V}_a^* + \dot{I}_b\dot{V}_b^* + \dot{I}_c\dot{V}_c^* \qquad \cdots\cdots (8.41)$$

그런데 그림 8-25의 회로에는 중성선이 없으므로 $\dot{I}_a + \dot{I}_b + \dot{I}_c = 0$이 되어야 하므로 이를 이용하면

$$\begin{aligned}\dot{P}_a^* &= \dot{I}_a\dot{V}_a^* + \dot{I}_b\dot{V}_b^* + \dot{I}_c\dot{V}_c^* \\ &= \dot{I}_a\dot{V}_a^* + \dot{I}_b\dot{V}_b^* + \dot{I}_c\dot{V}_c^* - \left(\dot{I}_a + \dot{I}_b + \dot{I}_c\right)\dot{V}_b^* \\ &= \dot{I}_a\left(\dot{V}_a^* - \dot{V}_c^*\right) + \dot{I}_c\left(\dot{V}_c^* - \dot{V}_b^*\right) \\ &= \dot{I}_a\dot{V}_{ac}^* + \dot{I}_c\dot{V}_{ab}^* \\ &= P - jP_r \qquad \cdots\cdots (8.42)\end{aligned}$$

으로 나타낼 수 있다. 그러므로 위의 복소전력에서 유효전력 P와 무효전력 P_r은 각각

$$P = Re\left(\dot{P}_a^*\right), \qquad P_r = -I_m\left(\dot{P}_a^*\right) \qquad \cdots\cdots (8.43)$$

로 구할 수 있다. 위 식은 △결선에서도 동일하게 적용된다.

그림 8-24와 같은 3상 3선식회로의 경우 부하에 공급되는 전 유효전력은

$$P = W = W_a + W_b \,[\mathrm{W}] \qquad \cdots\cdots (8.44)$$

으로 구할 수 있다. 그러나 부하의 역률에 따라서는 전력계의 지시값이 음(-)의 값을 지시할 경우가 있다. 그럴 경우에는 전류 인덕터나 전압 인덕터 중 하나의 극성을 바꾸어 측정하면 된다. 3상 4선식의 경우에는 3개의 전력계를 이용하여 모두 더해주면 전 유효전력을 구할 수 있다.

2전력계법을 이용하면 불평형 3상 회로인 경우에는 유효전력만을 구할 수 있지만 평형인 경우에는 무효전력과 역률까지 구할 수 있다.

그림 8-24가 평형회로인 경우 총 유효전력 P, 총 무효전력 P_r과 총 피상전력 P_a는 다음과 같다.

$$P = W_a + W_b \text{[W]}$$
$$P_r = \sqrt{3}\,(W_a - W_b) \text{[Var]}$$
$$P_a = 2\sqrt{W_a^2 + W_b^2 - W_a W_b} \text{[VA]}$$

또한

$$\tan\theta = \frac{P_r}{P} = \sqrt{3}\,\frac{(W_a - W_b)}{W_a + W_b} \quad \cdots\cdots (8.45)$$

이므로 역률 PF는

$$PF = \cos\theta = \cos\left(\tan^{-1}\frac{P_r}{P}\right) = \cos\left(\tan^{-1}\sqrt{3}\,\frac{(W_a - W_b)}{W_a + W_b}\right) \quad \cdots\cdots (8.46)$$

로 나타낼 수 있다.

예제 8-16

대칭 3상 4선식 전력계통이 있다. 단상 전력계 2개로 전력을 측정하였더니 각 전력계의 값이 -301[W] 및 1327[W]이었다. 이때 역률은 얼마인가?

|풀이| $\cos\theta = \dfrac{P_1 + P_2}{2\sqrt{{P_1}^2 + {P_2}^2 - P_1 P_2}} = \dfrac{1{,}026}{2\sqrt{301^2 + 1{,}327^2 + 301 \times 1{,}327}} = 0.34$

예제 8-17

어떤 3상 3선식 평형회로에 있어서 $\dot{V}_{ab} = 3 + j6$[V], $\dot{V}_{cb} = 2 + j2$[V]이며 $\dot{I}_a = 2 + j4$[A], $\dot{I}_c = 1 + j2$[A]일 때 부하에 공급되는 유효전력 P, 무효전력 P_r을 구하라.

|풀이| $P_a^* = P - jP_r = \dot{I}_a \dot{V}_{ab}^* + \dot{I}_c \dot{V}_{cb}^*$

$= (2 + j4)(3 - j6) + (1 + j2)(2 - j2) = 36 + j2$

그러므로

$P = 36$[W], $P_r = -2$[Var]

8.7 대칭좌표법

불평형 3상회로는 해석이 매우 복잡하기 때문에 불평형을 대칭성의 3성분(영상분, 정상분, 역상분)으로 분해하여 해석하는데 이를 대칭좌표법(method of symmetrical coordinate)이라고 한다.

그림 8-26에 대칭성의 3성분(영상분, 정상분, 역상분)을 합성하여 불평형 전압을 얻는 방법을 나타내었다. 역으로 보면 불평형전압이 대칭성의 3성분으로 분해될 수 있음을 보여주고 있다.

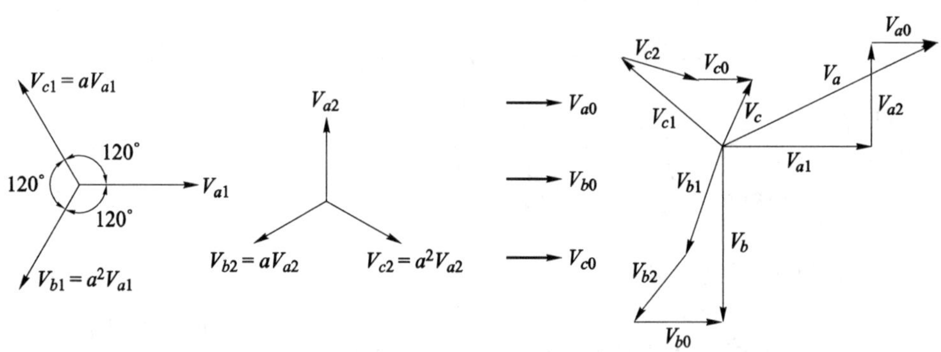

(a) 정상분 (b) 역상분 (c) 영상분 (d) 불평형 전압

그림 8-26 불평형 전압

정상분, 역상분 및 영상분은 다음과 같이 설명할 수 있다.

정상분은 상순 a-b-c로 120°의 위상차를 갖는 전압이며 다음과 같이 표시한다.

$$\dot{V}_{a1} = \dot{V}_1$$
$$\dot{V}_{b1} = \dot{V}_{a1}\underline{/-120°} = a^2\dot{V}_{a1} = a^2\dot{V}_1$$
$$\dot{V}_{c1} = \dot{V}_{a1}\underline{/-240°} = a\dot{V}_{a1} = a\dot{V}_1 \qquad \cdots\cdots (8.47)$$

여기서, 연산자 $a = 1\underline{/-240°} = -\dfrac{1}{2} + j\dfrac{\sqrt{3}}{2}$, $a^2 = 1\underline{/-120°} = -\dfrac{1}{2} - j\dfrac{\sqrt{3}}{2}$, $a^3 = 1\underline{/0°}$으로 정의되며

$$1 + a + a^2 = 0 \qquad \cdots\cdots (8.48)$$

이다. 역상분은 상순 a-c-b로 120°의 위상차를 갖는 전압이며 다음과 같이 표시한다.

$$\dot{V}_{a2} = \dot{V}_2$$
$$\dot{V}_{b2} = \dot{V}_{a2}\angle -240° = a\dot{V}_{a2} = a\dot{V}_2$$
$$\dot{V}_{c2} = \dot{V}_{a2}\angle -120° = a^2\dot{V}_{a2} = a^2\dot{V}_2 \quad \cdots\cdots (8.49)$$

영상분은 전압의 크기가 같고 위상이 동상인 성분으로 다음과 같이 표시한다.

$$\dot{V}_{a0} = \dot{V}_{b0} = \dot{V}_{c0} = \dot{V}_0 \quad \cdots\cdots (8.50)$$

그러므로 불평형 3상 전압 $\dot{V}_a$, $\dot{V}_b$, $\dot{V}_c$는 대칭 성분의 합으로 다음 식으로 표현한다.

$$\dot{V}_a = \dot{V}_{a0} + \dot{V}_{a1} + \dot{V}_{a2}$$
$$\dot{V}_b = \dot{V}_{b0} + \dot{V}_{b1} + \dot{V}_{b2} = \dot{V}_{a0} + a^2\dot{V}_{a1} + a\dot{V}_{a2}$$
$$\dot{V}_c = \dot{V}_{c0} + \dot{V}_{c1} + \dot{V}_{c2} = \dot{V}_{a0} + a\dot{V}_{a1} + a^2\dot{V}_{a2} \quad \cdots\cdots (8.51)$$

식 (8.51)의 $\dot{V}_a$, $\dot{V}_b$, $\dot{V}_c$를 행렬로 표시하면 다음과 같이 나타낼 수 있다.

$$\begin{bmatrix} \dot{V}_a \\ \dot{V}_b \\ \dot{V}_c \end{bmatrix} = \begin{bmatrix} 1 & 1 & 1 \\ 1 & a^2 & a \\ 1 & a & a^2 \end{bmatrix} \begin{bmatrix} \dot{V}_{a0} \\ \dot{V}_{a1} \\ \dot{V}_{a2} \end{bmatrix} \quad \cdots\cdots (8.52)$$

식 (8.51)로부터 a상 성분만을 구하면 다음과 같이 나타낼 수 있다..

$$\dot{V}_{a0} = \frac{1}{3}(\dot{V}_a + \dot{V}_b + \dot{V}_c)$$
$$\dot{V}_{a1} = \frac{1}{3}(\dot{V}_a + a\dot{V}_b + a^2\dot{V}_c)$$
$$\dot{V}_{a2} = \frac{1}{3}(\dot{V}_a + a^2\dot{V}_b + a\dot{V}_c) \quad \cdots\cdots (8.53)$$

그러므로 $\dot{V}_{b1}$, $\dot{V}_{b2}$와 $\dot{V}_{c1}$, $\dot{V}_{c2}$는 $\dot{V}_{a1}$과 $\dot{V}_{a2}$로부터 각각 120°의 위상차만 고려하면 된다.

식 (8.53)의 $\dot{V}_{a0}$, $\dot{V}_{a1}$, $\dot{V}_{a2}$를 행렬로 표시하면

$$\begin{bmatrix} \dot{V}_{a0} \\ \dot{V}_{a1} \\ \dot{V}_{a2} \end{bmatrix} = \frac{1}{3} \begin{bmatrix} 1 & 1 & 1 \\ 1 & a & a^2 \\ 1 & a^2 & a \end{bmatrix} \begin{bmatrix} \dot{V}_a \\ \dot{V}_b \\ \dot{V}_c \end{bmatrix} = \begin{bmatrix} \dot{V}_0 \\ \dot{V}_1 \\ \dot{V}_2 \end{bmatrix} \quad \cdots\cdots (8.54)$$

가 된다. 불평형 회로의 전압과 전류에는 정상분과 더불어 역상분과 영상분이 반드시 포함된다. 따라서 회로의 불평형 정도를 나타내는 척도로서 불평형률(unbalanced factor)이 사용된다.

$$\text{불평형률} = \frac{|\dot{V}_2|}{|\dot{V}_1|} \times 100[\%] \text{ 또는 } \frac{|\dot{I}_2|}{|\dot{I}_1|} \times 100[\%] \quad \cdots\cdots (8.55)$$

예제 8-18

불평형 3상 전류 $\dot{I}_a = 15 + j2$〔A〕, $\dot{I}_b = -20 - j14$〔A〕, $\dot{I}_c = -3 + j10$〔A〕일 때의 영상전류 $\dot{I}_0$를 구하라.

| 풀이 | $\dot{I}_0 = \frac{1}{3}(\dot{I}_a + \dot{I}_b + \dot{I}_c) = \frac{1}{3}(15 + j2 - 20 - j14 - 3 + j10)$

$= \frac{1}{3}(-8 - j2) = -2.67 - j0.67$〔A〕

예제 8-19

그림 8-27과 같이 교류 회로에서 각 선간 전압이 200〔V〕이면 정상 임피던스 $\dot{Z}_1$은 몇 〔Ω〕인가?

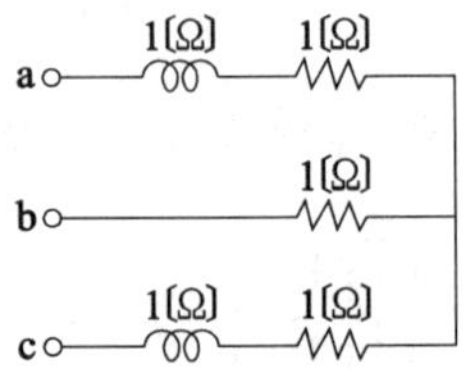

그림 8-27

| 풀이 | $\dot{Z}_1 = \frac{1}{3}(\dot{Z}_a + a\dot{Z}_b + a^2\dot{Z}_c)$

$= \frac{1}{3}\left\{(1+j) + \left(-\frac{1}{2} + j\frac{\sqrt{3}}{2}\right) + \left(-\frac{1}{2} - j\frac{\sqrt{3}}{2}\right)(1+j)\right\}$

$= 0.288 + j0.167$〔Ω〕

예제 8-20

3상 교류의 선간 전압을 측정하였더니 120〔V〕, 100〔V〕, 100〔V〕이었다. 선간 전압의 불평형률을 구하라.

| 풀이 | 그림 8-28로부터 $\dot{V}_a = 120$, $\dot{V}_b = -60 - j80$, $\dot{V}_c = -60 + j80$가 된다. 그러므로 그림 8-28과 같이 나타낼 수 있으며

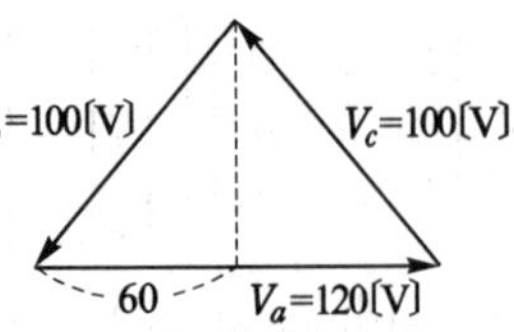

그림 8-28

$\dot{V}_1 = \frac{1}{3}(\dot{V}_a + a\dot{V}_b + a^2\dot{V}_c)$

$= \frac{1}{3}\left\{120 + \left(-\frac{1}{2} + j\frac{\sqrt{3}}{2}\right)(-60 - j80) + \left(-\frac{1}{2} - j\frac{\sqrt{3}}{2}\right)(-60 + j80)\right\}$

$$= \frac{1}{3}(120 + 60 + 80\sqrt{3}) = 106.2[\text{V}]$$

$$\dot{V}_2 = \frac{1}{3}(\dot{V}_a + a^2\dot{V}_b + a\dot{V}_c)$$

$$= \frac{1}{3}\left\{120 + \left(-\frac{1}{2} - j\frac{\sqrt{3}}{2}\right)(-60 - j80) + \left(-\frac{1}{2} + j\frac{\sqrt{3}}{2}\right)(-60 + j80)\right\}$$

$$= \frac{1}{3}(120 + 60 - 80\sqrt{3}) = 13.8[\text{V}]$$

$$\therefore \text{불평형률} = \frac{|\dot{V}_2|}{|\dot{V}_1|} \times 100 = \frac{13.8}{106.2} \times 100 = 13[\%]$$

08장 연습문제

8-1 그림 8-29와 같은 평형 Y형 결선에서 각 상이 8〔Ω〕의 저항과 6〔Ω〕의 리액턴스가 직렬로 접속된 부하에 걸린 선간 전압이 $100\sqrt{3}$〔V〕이다. 이때 선전류 I_l을 구하라.

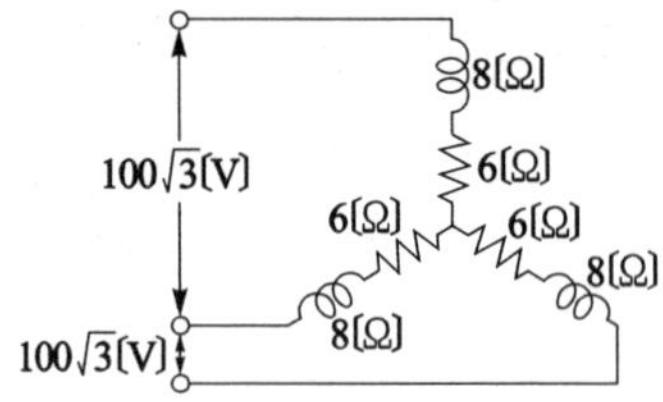

그림 8-29

|정답| $I_l = 10$〔A〕

8-2 대칭 3상 Y결선 부하에서 각 상의 임피던스가 $\dot{Z} = 16 + j12$〔Ω〕이고 부하 전류가 10〔A〕일 때, 이 부하의 선간전압 V_l을 구하라.

|정답| $V_l = 346.4$〔V〕

8-3 3상 3서식에서 선간전압이 100〔V〕인 송전선에 $5\angle 45°$〔Ω〕의 부하를 △접속할 때의 선전류 I_l을 구하라.

|정답| $I_l = 34.64$〔A〕

8-4 그림 8-30과 같은 회로의 단자 a, b, c에 대칭 3상 전압을 가하여 각 선전류를 같게 하려면 R의 값을 얼마로 하면 되는가?

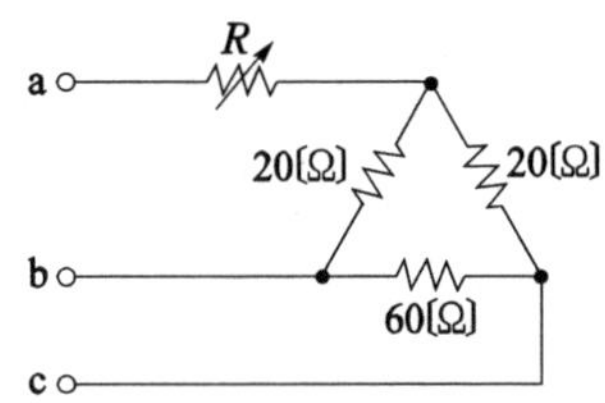

그림 8-30

|정답| $R = 8$〔Ω〕

8-5 평형 3상 3선식 회로에서 부하는 Y결선이고, 선간 전압이 $173\angle 0°$〔V〕일 때 선전류는 $20\angle -120°$〔A〕였다면 Y결선된 부하 한 상의 임피던스 $\dot{Z}_Y$는 약 몇 〔Ω〕인가?

|정답| $\dot{Z}_Y = 5\angle 90°$〔Ω〕

8-6 전원과 부하가 △-△ 결선인 평형 3상 회로의 선간 전압이 220〔V〕, 선전류가 30〔A〕였다면 부하 1상의 임피던스 $\dot{Z}$는 얼마인가?

|정답| $\dot{Z}=12.7$〔Ω〕

8-7 한 상의 임피던스가 $\dot{Z}=16+j12$〔Ω〕인 평형 3상 Y부하에 그림 8-31과 같이 220〔V〕의 대칭 3상 전압을 인가했다. 이때 이 회로의 3상 전력 P를 구하라.

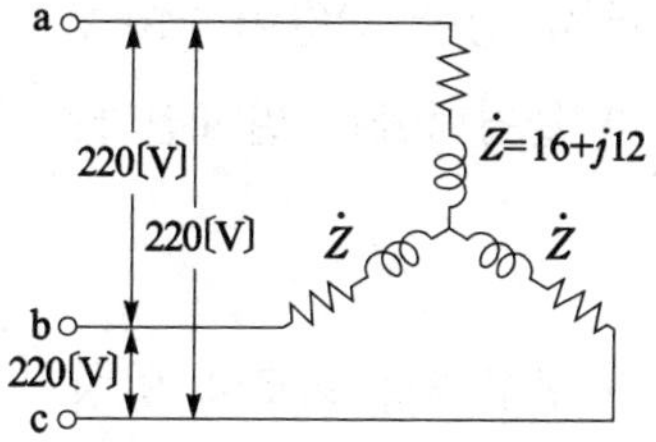

그림 8-31

|정답| $P=1936$〔W〕

8-8 부하 단자 전압이 220〔V〕인 15〔kW〕의 3상 대칭 부하에 3상 전력을 공급하는 선로 임피던스 $\dot{Z}$가 $3+j2$〔Ω〕일 때, 부하가 뒤진 역률 60〔%〕이면 선전류 $\dot{I}_l$은 얼마인가?

|정답| $\dot{I}_l=39.36-j52.48$〔A〕

8-9 2전력계법으로 평형 3상 전력을 측정하였더니 한 쪽의 지시가 800〔W〕, 다른 쪽의 지시가 1600〔W〕이었다. 피상 전력 P_a를 구하라.

|정답| $P_a=2771$〔VA〕

8-10 한 상의 임피던스 $\dot{Z}=12+j9$〔Ω〕인 평형 △부하에 평형 3상 전압 208〔V〕가 인가되어 있다. 이 회로의 피상 전력 P_a를 구하라.

|정답| $P_a=8652$〔VA〕

8-11 3상 평형 부하에 선간 전압 200〔V〕의 평형 3상 정현파 전압을 인가했을 때 선전류는 8.6〔A〕가 흐르고 무효 전력이 1788〔Var〕이었다. 역률을 구하라.

|정답| $\cos\theta=0.8$

8-12 3상 회로에서 각 상의 전류는 다음과 같다.

$$\dot{I}_a=400-j650,\quad \dot{I}_b=-230-j700,\quad \dot{I}_c=-150+j600$$

전류의 영상분 I_0를 구하라. 단, b상을 기준으로 한다.

|정답| $\dot{I}_0 = 6.66 - j250$〔A〕

8-13 3상 3선식 회로에서 $\dot{V}_a = -j6$〔V〕, $\dot{V}_b = -8 + j6$〔V〕, $\dot{V}_c = 8$〔V〕일 때 정상분 전압 $\dot{V}_1$을 구하라.

|정답| $\dot{V}_1 = 1.73 - j7.6$〔V〕

8-14 3상 불평형 전압에서 영상 전압이 140〔V〕이고 정상 전압이 600〔V〕, 역상 전압이 280〔V〕라면 전압의 불평형률은 얼마인가?

|정답| 0.466

8-15 그림 8-32와 같은 평형 3상 회로에 있어서

(1) 선전류

(2) 전원으로부터 공급되는 유효전력의 총합을 구하라.

단, $\dot{V}_{ab} = 120\angle 0°$, $\dot{V}_{bc} = 120\angle -120°$, $\dot{V}_{ca} = 120\angle 120°$〔V〕 이다.

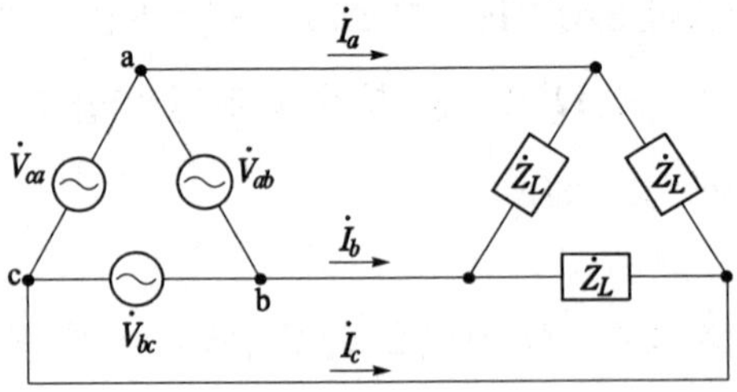

그림 8-32

|정답| (1) $\dot{I}_a = 8\sqrt{3}\angle -83.1°$, $\dot{I}_b = 8\sqrt{3}\angle 203.1°$, $\dot{I}_c = 8\sqrt{3}\angle 36.9°$

(2) $P = 1728$〔W〕

chapter 09

공진 회로

L과 C 소자를 포함하는 회로에 전원의 주파수가 변화하면 회로의 특성은 주파수에 따라서 변화되며 어떤 특정한 주파수 부근에서 회로 중 어느 부분의 전압 또는 전류가 급격하게 변화하게 된다. 이것을 공진현상이라고 한다. 본 장에서는 공진현상의 기본원리와 공진에 따른 회로의 특성에 대해 알아보기로 한다.

9.1 공진현상

어떤 물체에 외부에서 주기적인 힘을 가하는 경우 그 힘의 주기를 물체가 진동하는 주기에 일치시키면 작은 힘으로도 큰 진동을 일으키게 된다. 이와 같은 현상이 전기회로에서도 나타나며, 특히 그림 9-1과 같은 $R-L-C$ 직렬회로에서는 그림 9-2와 같이 어느 주파수에서 전류가 급격히 증가하는 특이한 특성을 나타낸다. 이와 같은 현상을 공진현상(resonance)이라 하며 직렬공진회로와 병렬공진회로로 구분한다.

9.2 직렬공진

9.2.1 직렬공진특성

그림 9-1과 같은 $R-L-C$ 직렬회로에서 교류전압 $\dot{V}$를 인가한 후 주파수 f를 변화시킬 때 회로에 흐르는 전류 $\dot{I}$ 의 변화를 구해보자.

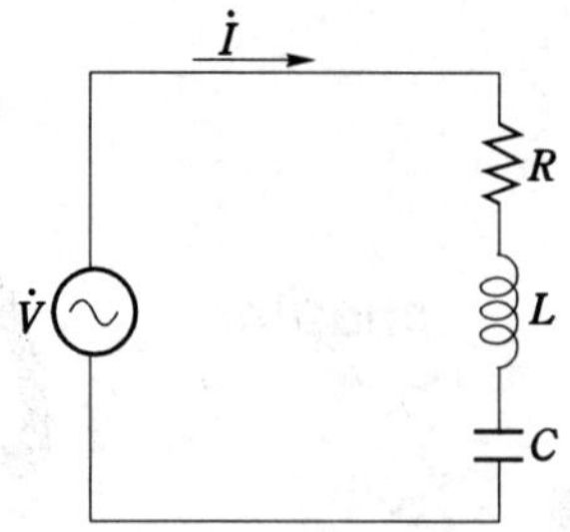

그림 9-1 직렬공진회로

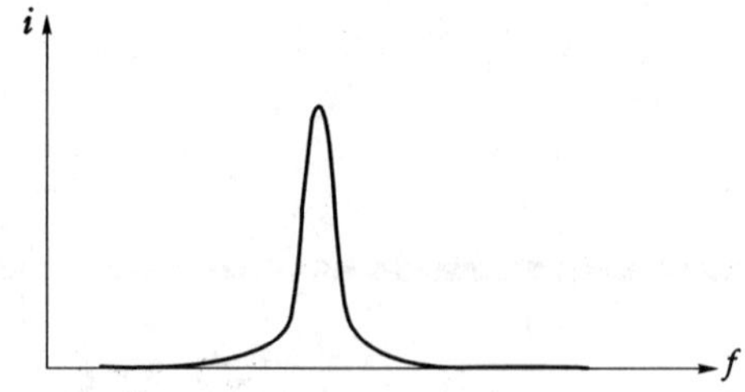

그림 9-2 직렬공진시의 전류특성

$$\dot{V} = \dot{V}_R + \dot{V}_L + \dot{V}_C = R\dot{I} + jX_L\dot{I} + jX_C\dot{I}$$
$$= \left\{R + j\left(\omega L - \frac{1}{\omega C}\right)\right\}\dot{I} = (R + jX)\dot{I} \qquad \cdots\cdots (9.1)$$

이므로

$$I = \frac{V}{\sqrt{R^2 + \left(\omega L - \frac{1}{\omega C}\right)^2}} \text{〔A〕}$$

$$Z = \sqrt{R^2 + \left(\omega L - \frac{1}{\omega C}\right)^2} \text{〔Ω〕}$$

$$\theta = \tan^{-1}\frac{\omega L - \frac{1}{\omega C}}{R} \qquad \cdots\cdots (9.2)$$

가 된다. 그러므로

$$\omega L - \frac{1}{\omega C} = 0, \qquad \omega L = \frac{1}{\omega C} \qquad \cdots\cdots (9.3)$$

인 조건을 만족하면

$$I = I_r = \frac{V}{R}, \qquad \theta = \tan^{-1}\frac{0}{R} = 0° \qquad \cdots\cdots (9.4)$$

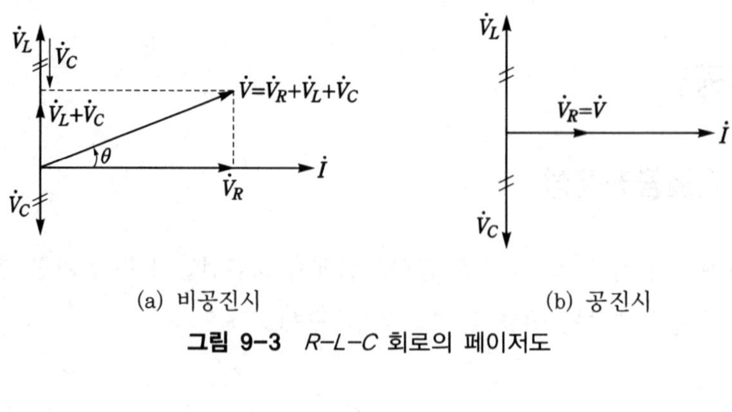

(a) 비공진시 (b) 공진시

그림 9-3 *R-L-C* 회로의 페이저도

가 된다. 그러므로 그림 9-3과 같이 전압 $\dot{V}$와 전류 $\dot{I}$는 동상이 되고, 임피던스는 저항 R만 존재하게 되므로 전류는 최댓값을 갖게 된다. 이때의 전류를 공진전류 I_r이라고 한다. 즉 직렬공진상태란 회로의 리액턴스성분이 0이 되어 전압과 전류가 동상이 되고 회로의 임피던스가 최소가 됨으로써 전류가 최대로 되는 상태를 말한다.

직렬공진회로에서 공진시의 각주파수를 ω_r, 주파수를 f_r이라 하며 그림 9-4에 직렬공진회로의 리액턴스와 주파수의 관계를 나타내었다.

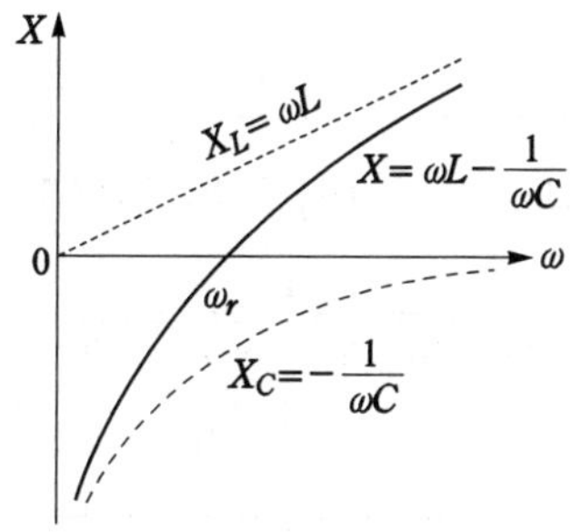

그림 9-4 직렬공진회로의 리액턴스와 주파수의 관계

공진각주파수 ω_r와 공진주파수 f_r을 구해보면 식 (9.3)으로부터

$$\omega_r L = \frac{1}{\omega_r C}, \quad \omega_r^2 LC = 1, \quad \omega_r = \frac{1}{\sqrt{LC}} \qquad \cdots\cdots (9.5)$$

을 만족해야 하므로

$$f_r = \frac{1}{2\pi\sqrt{LC}} \qquad \cdots\cdots (9.6)$$

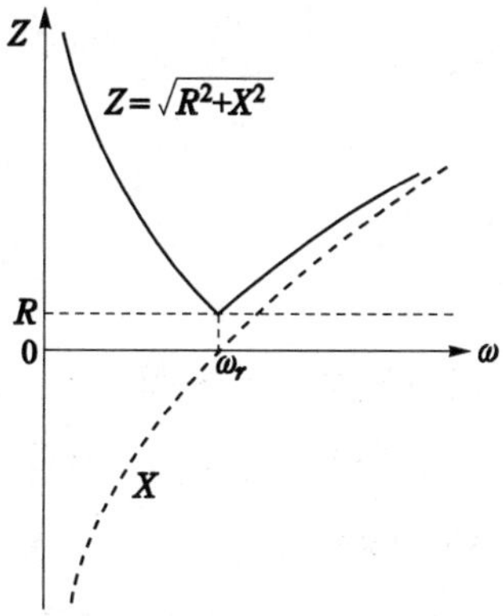

그림 9-5 직렬공진회로에서 주파수에 대한 임피던스특성

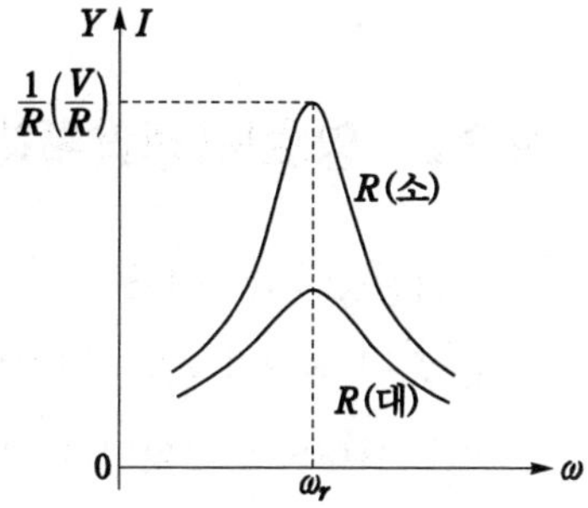

그림 9-6 직렬공진곡선

로 되어 리액턴스 성분 $X=0$가 되는 조건을 만족하게 된다. 그러므로 직렬공진은 공진주파수 f_r에서 리액턴스 성분이 0이 되므로 위상각이 0°가 되는 동시에 임피던스값이 최소로 되므로 전압과 전류의 위상이 동위상이 되는 현상을 말한다. 그림 9-5에 직렬공진시 임피던스의 주파수특성을 나타내었다.

그림 9-6은 직렬공진 곡선이라고 하며 공진주파수에서 어드미턴스특성을 나타낸 것으로서 회로의 저항 R값이 작을수록 예리한 곡선을 나타내게 되어 우수한 공진회로가 됨을 알 수 있다.

예제 9-1

$R=5[\Omega]$, $L=10[\text{mH}]$, $C=10[\mu\text{F}]$의 직렬회로에서 공진주파수 f_r을 구하라.

| 풀이 | $f_r=\dfrac{1}{2\pi\sqrt{LC}}=\dfrac{1}{2\pi\sqrt{10\times10^{-3}\times10\times10^{-6}}}=503.5[\text{Hz}]$

예제 9-2

그림 9-7과 같은 $R-L-C$ 직렬 회로에서 $R=10[\Omega]$, $L=4[\text{mH}]$일 때 실효값 100[V]의 정현파 전압을 가하여 $\omega_r=10^4[\text{rad/s}]$에서 공진시키려면 C의 값은 얼마로 하면 되는가? 또, 공진시 C 양단에 걸리는 전압 $\dot{V}_C$를 구하라.

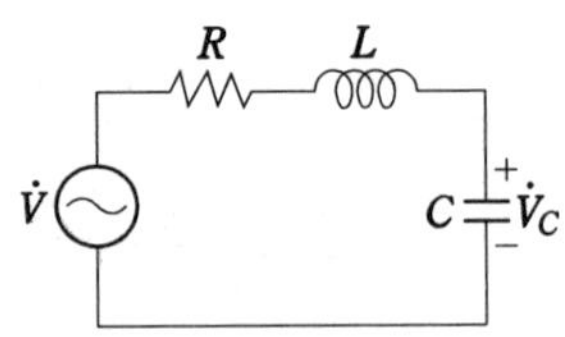

그림 9-7

| 풀이 | $\omega_r=\dfrac{1}{\sqrt{LC}}$ 이므로

$$C=\frac{1}{\omega_r^2L}=\frac{1}{(10^4)^2\times4\times10^{-3}}=\frac{1}{4}\times10^{-5}=2.5[\mu\text{F}]$$

한편 공진시의 임피던스 $Z_0=R$이므로 $\dot{I}=\dfrac{\dot{V}}{R}$

$$\dot{V}_C=-j\frac{1}{\omega C}\times\dot{I}=-j\frac{1}{2.5\times10^{-6}\times10^4}\times\frac{100\angle0^\circ}{10}=-j400[\text{V}]$$

9.2.2 양호도(전압확대율)

직렬공진회로에서는 리액턴스 X가 0이 되어 임피던스가 최소가 되므로 직렬공진시 회로전류 I_r이 최대가 된다. 그러므로 L과 C 양 단의 전압 V_L, V_C는 전원전압 V보다 수십 배 이상으로 확대되어 나타난다. 따라서 전원전압 V에 대한 V_L, V_C의 비율을 전압확대율 또는 양호도(quality factor) 라고 하며, 공진시 L과 C 에서의 전압확대율을 Q_L, Q_C 로 표시한다.

직렬공진시 각 소자에서의 전압 V, V_L, V_C는

$$V = RI_r,\quad V_L = \omega_r LI_r,\quad V_C = \frac{1}{\omega_r C} I_r \qquad \cdots\cdots (9.7)$$

이므로 양호도 Q_L, Q_C 는

$$Q_L = \frac{V_L}{V} = \frac{\omega_r LI_r}{RI_r} = \frac{\omega_r L}{R}$$

$$Q_C = \frac{V_C}{V} = \frac{\frac{1}{\omega_r C} I_r}{RI_r} = \frac{1}{R\omega_r C} \qquad \cdots\cdots (9.8)$$

공진시 $\omega_r L = \frac{1}{\omega_r C}$ 이므로

$$Q = Q_L = Q_C = \frac{\omega_r L}{R} = \frac{1}{R\omega_r C} = \frac{1}{R}\sqrt{\frac{L}{C}} \qquad \cdots\cdots (9.9)$$

이 된다. 따라서

$$V_L = V_C = Q_L V = Q_C V = QV \qquad \cdots\cdots (9.10)$$

로 되어 공진시 L과 C 양 단의 전압 V_L, V_C는 전원 전압 V의 Q배로 나타난다. 따라서 직렬공진을 전압공진이라고 한다.

예제 9-3

$R = 5$〔Ω〕, $L = 20$〔mH〕 및 가변용량 C로 구성된 $R-L-C$ 직렬회로에 주파수 1000〔Hz〕인 교류를 가한 다음, C를 가변하여 직렬공진시켰다. C의 값과 양호도를 구하라.

|풀이| $\omega_r = \frac{1}{\sqrt{LC}}$ 에서

$$C = \frac{1}{\omega_r^2 L} = \frac{1}{(2\pi \times 1000)^2 \times 20 \times 10^{-3}} = 1.3〔\mu F〕$$

$$Q = \frac{\omega_r L}{R} = \frac{2\pi \times 1000 \times 0.02}{5} = 25.1$$

예제 9-4

$R = 100$〔Ω〕, $X_C = -100$〔Ω〕이고 L만을 가변할 수 있는 $R-L-C$ 직렬회로가 있다. 이때 $f = 500$〔Hz〕, $V = 100$〔V〕를 인가하여 L을 변화시킬 때 L의 단자전압 V_L의 최대값을 구하라.

|풀이| $V_L = X_L I$에서 V_L이 최대가 되기 위해서는 I가 최대가 되어야 한다.

즉, 직렬공진 조건($|\dot{X}_L| = |\dot{X}_C|$)을 만족하면 된다.

공진시 전류 I_r는

$$I_r = \frac{V}{Z} = \frac{V}{R} = \frac{100}{100} = 1[\text{A}]$$

그러므로 V_L은

$$V_L = X_L I_r = |X_C| I_r = 100 \times 1 = 100[\text{V}]$$

9.2.3 첨예도(선택도)

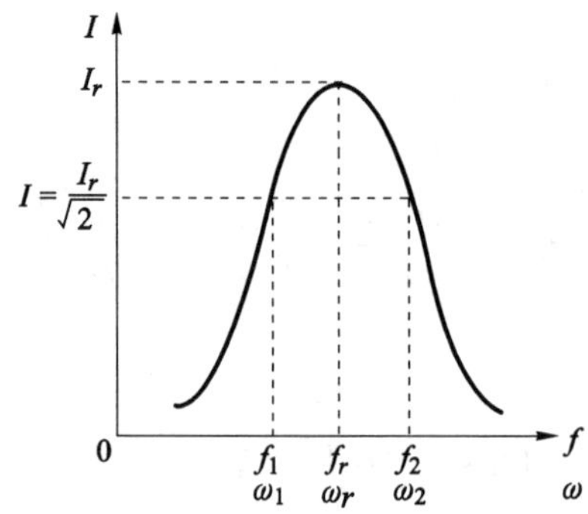

그림 9-8 직렬공진곡선

그림 9-8과 같은 공진곡선에서 공진회로의 저항 R이 작을수록 예리한 곡선을 나타내게 되어 우수한 공진회로가 된다. 즉, 공진주파수 f_r에서 곡선이 첨예할수록 공진점을 선택하는 것이 수월해짐을 알 수 있다. 따라서 공진전류 I_r의 $\frac{1}{\sqrt{2}}$ 배가 되는 전류$\left(I = \frac{1}{\sqrt{2}} I_r\right)$에 해당하는 주파수 f_1, f_2를 차단주파수(cutoff frequency)라 하며

$$S = \frac{f_r}{f_2 - f_1} = \frac{f_r}{\triangle f} \quad \cdots\cdots (9.11)$$

로 표현되는 식을 첨예도(sharpness) 또는 선택도(selectivity) S라 한다. 이 값이 클수록 공진곡선이 첨예하게 된다.

여기서, $\triangle f$를 대역폭(band width : BW) 또는 통과대역(pass band)이라 하며

$$\Delta f = f_2 - f_1$$

$$f_1 = f_r - \frac{\Delta f}{2}$$

$$f_2 = f_r + \frac{\Delta f}{2} \quad \cdots\cdots (9.12)$$

로 나타낸다.

첨예도 S와 전압확대율 Q는 항상 같은 값을 나타내며, 첨예도는 공진곡선의 뾰쪽한 정도를 나타내는 척도로써 첨예도가 크면 주파수의 선택성이 커지므로 선택도(selectivity)라는 말로 사용되기도 한다. 첨예도 S와 전압확대율 Q는 항상 같은 값을 가지며 다음과 같이 나타낼 수 있다.

$$S=\frac{f_r}{f_2-f_1}=\frac{f_r}{\Delta f}=Q \qquad \cdots\cdots (9.13)$$

공진주파수 f_r에서의 소비전력 P_r은

$$P_r=I_r^2R$$

이다. 차단주파수 f_1, f_2일 때의 전류는 $I=\frac{I_r}{\sqrt{2}}$이므로, 이때 소비전력 P는

$$P=I^2R=\frac{1}{2}I_r^2R=\frac{1}{2}P_r \qquad \cdots\cdots (9.14)$$

로서, 공진시 전력의 반으로 되므로 f_1, f_2를 반전력주파수(half-power frequency)라고도 한다.

예제 9-5

그림 9-9의 공진회로에서 반전력 대폭 Δf는 얼마인가?

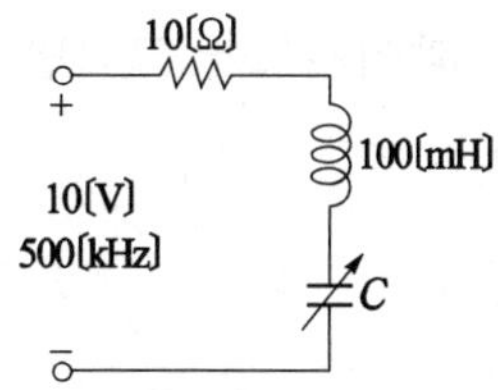

그림 9-9

| 풀이 | $\Delta f=\frac{f_r}{Q}$에서

$$Q=\frac{\omega_r L}{R}=\frac{2\times 3.14\times 500\times 10^3\times 100\times 10^{-3}}{10}=31,400$$

그러므로

$$\Delta f=\frac{500\times 10^3}{31,400}=16[\text{Hz}]$$

9.3 병렬공진

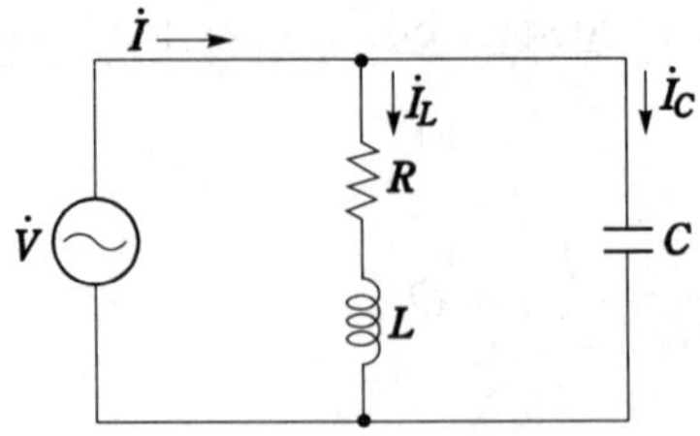

그림 9-10 병렬공진회로

그림 9-10과 같은 병렬공진회로에 전압 $\dot{V}$가 인가되면 L과 C에 흐르는 전류 $\dot{I}_L$, $\dot{I}_C$는

$$\dot{I}_L = \frac{\dot{V}}{R + j\omega L}, \qquad \dot{I}_C = j\omega C \dot{V} \qquad \cdots\cdots (9.15)$$

가 되고, 전전류 $\dot{I}$는

$$\begin{aligned} \dot{I} &= \dot{I}_L + \dot{I}_C = \left(\frac{1}{R + j\omega L} + j\omega C\right)\dot{V} \\ &= \left\{\frac{R}{R^2 + \omega^2 L^2} + j\left(\omega C - \frac{\omega L}{R^2 + \omega^2 L^2}\right)\right\}\dot{V} \\ &= (G + jB)\dot{V} \end{aligned} \qquad \cdots\cdots (9.16)$$

가 된다. 이 회로에 대한 페이저도를 그리면 그림 9-11과 같이 나타낼 수 있다.

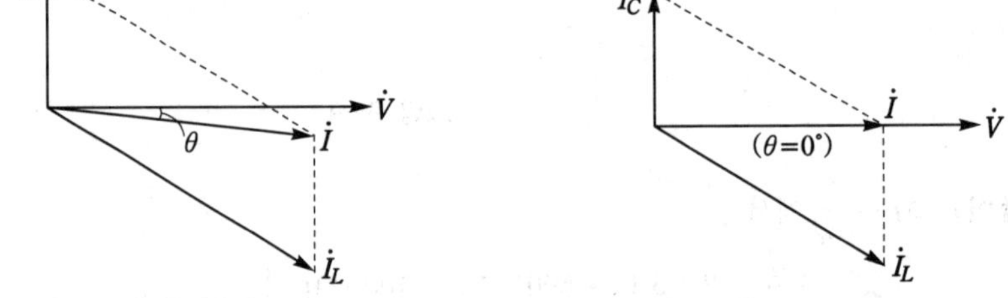

(a) 비공진시 (b) 병렬공진시

그림 9-11 *R-L-C* 병렬회로의 페이저도

그림(b)에서 어드미턴스각 $\theta = 0$으로 되면 전압과 전류가 동상이 되고 어드미턴스 Y가 최소가 됨을 알 수 있다. 따라서 병렬공진 조건은 직렬공진조건과 마찬가지로 허수부가 0 즉, 서셉턴스 $B = 0$가 되는 조건이다. 직렬공진은 간단하게 공진이라고 하며 병렬공진은

반공진(anti-resonance)라고 한다.

병렬공진시 각주파수를 ω_a라고 하며 $B=0$인 조건을 만족하는 ω_a를 구하면

$$\omega_a C = \frac{\omega_a L}{R^2+\omega_a^2 L^2}, \quad \omega_a C - \frac{\omega_a L}{R^2+\omega_a^2 L^2} = 0 \qquad \cdots\cdots (9.17)$$

이므로, 병렬 공진각주파수 ω_a와 병렬 공진주파수 f_a를 구하면 다음과 같다.

$$\omega_a = \sqrt{\left(\frac{1}{LC} - \frac{R^2}{L^2}\right)}$$

$$f_a = \frac{1}{2\pi}\sqrt{\left(\frac{1}{LC} - \frac{R^2}{L^2}\right)} \qquad \cdots\cdots (9.18)$$

병렬공진회로에서 R은 매우 작은값을 가지므로 $\frac{1}{LC} \gg \frac{R^2}{L^2}$가 되어 $\frac{R^2}{L^2}$을 무시하면 식 (9.18)은

$$\omega_a \simeq \frac{1}{\sqrt{LC}}$$

$$f_a \simeq \frac{1}{2\pi\sqrt{LC}} \qquad \cdots\cdots (9.19)$$

로 되어 직렬 공진주파수를 구하는 식과 같아진다. 병렬 공진조건에서의 전류특성은 그림 9-12와 같고 이것을 병렬공진곡선이라고 한다.

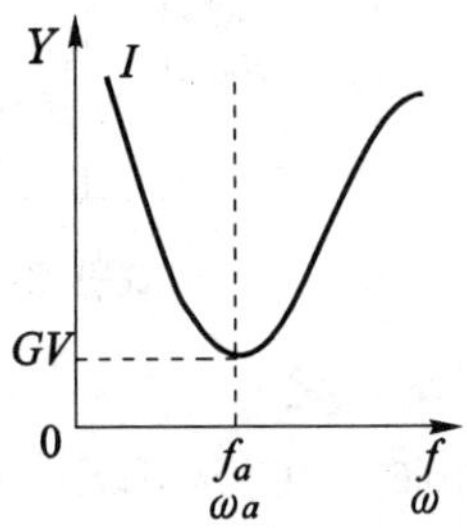

그림 9-12 병렬공진곡선

병렬공진시의 임피던스 Z_a는 식 (9.16)으로부터

$$Z_a = \frac{1}{Y_a} = \frac{R^2+\omega_a^2 L^2}{R} \qquad \cdots\cdots (9.20)$$

특히 R이 매우 작은 경우 $\omega_a^2 L^2 \gg R^2$이 되므로 분모의 R^2을 무시하면

$$Z_a = \frac{\omega_a^2 L^2}{R} = \left(\frac{1}{\sqrt{LC}}\right)^2 \cdot \frac{L^2}{R} = \frac{L}{RC} \qquad \cdots\cdots (9.21)$$

이 된다. 병렬공진시의 전류 I_a는 다음과 같다.

$$I_a = \frac{V}{Z_a} = \frac{RC}{L} V \qquad \cdots\cdots (9.22)$$

이때, 각 지로전류는 $\omega_a L \gg R$ 의 관계에 있으므로

$$I_L = \frac{V}{\sqrt{R^2 + \omega_a^2 L^2}} \simeq \frac{V}{\omega_a L}$$

$$I_c = \omega_a CV \qquad \cdots\cdots (9.23)$$

따라서, 병렬공진회로에서 전류확대율 Q는 식 (9.22), (9.23)에 의해서

$$Q = \frac{I_L}{I_a} = \frac{I_C}{I_a} = \frac{\omega_a L}{R} = \frac{1}{R\omega_a C} = \frac{1}{R}\sqrt{\frac{L}{C}} \qquad \cdots\cdots (9.24)$$

이 되어 직렬공진회로의 Q와 같게 된다. 따라서 병렬공진을 전류공진이라고도 한다.

예제 9-6

그림 9-13과 같은 회로가 $R = 3[\Omega]$, $L = 10.6[\text{mH}]$, $V = 110[\text{V}]$, $f_a = 60[\text{Hz}]$에서 공진할 때 C의 값과 공진시의 임피던스를 구하라.

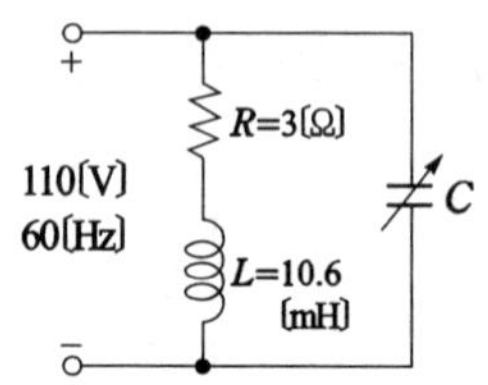

그림 9-13

| 풀이 | 공진시의 유도 리액턴스 X_L은

$$\omega_a L = 2\pi \times 60 \times 10.6 \times 10^{-3} = 4[\Omega]$$

병렬회로의 공진 조건

$$\omega_a C = \frac{\omega_a L}{R^2 + (\omega_a L)^2}$$

$$\therefore \omega_a C = \frac{4}{3^2 + 4^2} = \frac{4}{25} = 0.16$$

$$\therefore C = \frac{0.16}{\omega_a} = \frac{0.16}{2 \times 3.14 \times 60} = 0.0042 = 4.2 \times 10^{-4}[\text{F}]$$

병렬 공진시 임피던스 Z_a는

$$Z_a = \frac{L}{CR} = \frac{10.6 \times 10^{-3}}{4.2 \times 10^{-4} \times 3} = 8.4[\Omega]$$

09장 연습문제

9-1 1〔kHz〕인 정현파 교류회로에서 5〔mH〕인 유도성 리액턴스와 크기가 같은 용량성 리액턴스를 갖는 C의 크기를 구하라.

|정답| $C = 5.07$〔μF〕

9-2 $R = 10$〔Ω〕, $L = 10$〔mH〕, $C = 200$〔μF〕인 $R-L-C$ 직렬회로에 $v = 100\sqrt{2}\sin\omega t$〔V〕의 전압을 가했을 때 직렬공진이 일어나는 주파수 f_r과 공진시의 전류 I_r을 구하라.

|정답| $f_r \fallingdotseq 112.6$〔Hz〕, $I_r = 10$〔A〕

9-3 $R = 10$〔Ω〕, $L = 100$〔mH〕, $C = 10$〔μF〕인 직렬회로에 100〔V〕의 전압을 인가할 때 양호도 Q를 구하라.

|정답| $Q = 10$

9-4 어떤 직렬공진회로에서 인덕턴스 $L = 0.02$〔mH〕이고 양호도 $Q = 60$일 때 인덕터의 주파수 $f = 2$〔MHz〕였다. 이 인덕터의 저항 R을 구하라.

|정답| $R = 4.19$〔Ω〕

9-5 그림 9-14의 회로에 60〔Hz〕, 10〔V〕의 전압이 인가되어 공진이 되었을 때 이때의 I_r, $\frac{V_R}{V}$, $\frac{V_L}{V}$, V_L, V_C를 구하라.

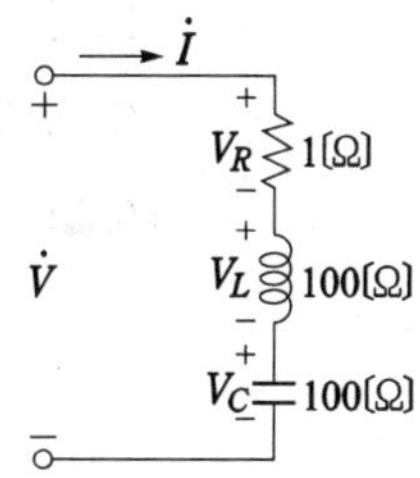

그림 9-14

|정답| $I_r = 10$〔A〕, $\frac{V_R}{V} = 1$, $\frac{V_L}{V} = 100$, $V_L = V_C = 1000$〔V〕

9-6 그림 9-15와 같은 회로의

(1) 공진 각 주파수 ω_r

(2) 공진시 Q

(3) 반전력대폭 Δf를 구하라.

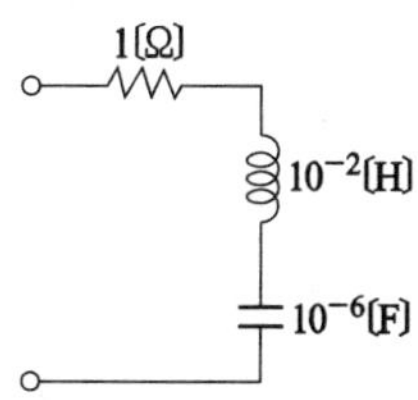

그림 9-15

|정답| (1) $\omega_r = 10^4$〔rad/s〕
(2) $Q = 100$
(3) $\Delta f = 15.92$〔Hz〕

9-7 $R-L-C$ 직렬공진회로의 공진주파수는 500〔kHz〕이고 공진시의 임피던스는 75〔Ω〕이다. 반전력 주파수 사이의 대역폭이 3〔kHz〕일 때 L 및 C의 값을 구하라.

|정답| $L = 3.98$〔mH〕, $C = 25.4$〔pF〕

9-8 그림 9-16과 같은 병렬공진회로에서 다음을 구하라.

(1) 병렬 공진주파수 f_a
(2) 병렬공진시의 임피던스 Z_a
(3) 병렬공진시의 전원전류 I_a

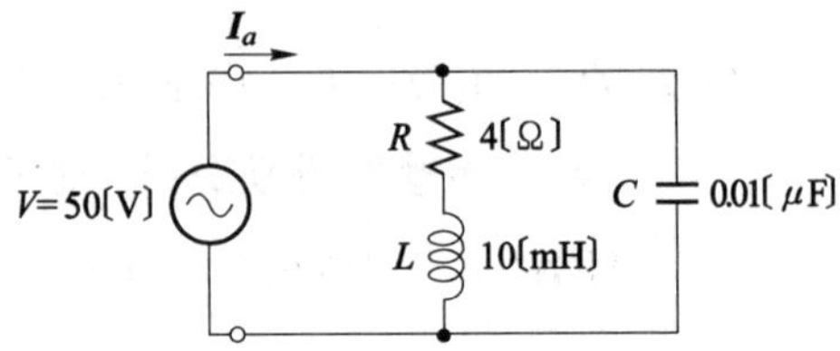

그림 9-16

|정답| (1) $f_r \fallingdotseq 15915$〔Hz〕
(2) $Z_a \fallingdotseq 250 \times 10^3$〔Ω〕
(3) $I_a = 0.2 \times 10^{-3}$〔μA〕

9-9 그림 9-17 회로가 100〔kHz〕에서 공진하고 있을 때 이 회로의

(1) C값
(2) 공진시 Q값
(3) 반전력대폭 Δf를 구하라.

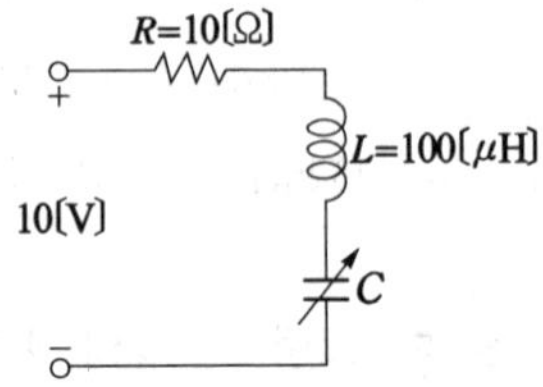

그림 9-17

|정답| (1) $C = 25$〔nF〕
(2) $Q = 6.28$
(3) $\Delta f = 15923.6$〔Hz〕

chapter **10**

푸리에 급수

푸리에 급수(Fourier series)는 전기적·기계적 진동계, 음파, 파동, 교류 전압과 전류의 파형 등 주기함수로 표현되는 주기적 현상을 연구하는 물리학, 공학에 주로 적용된다. 이러한 주기함수는 수학적으로 사인(sin) 또는 코사인(cos) 함수로 표현되며, 이의 해석은 푸리에 급수를 이용한다.

푸리에 급수는 미분 가능한 연속함수에만 적용되는 테일러 급수(Taylor's series)나 머클로린 급수(Maclaurin series)보다 이론은 복잡하지만, 불연속 주기함수도 포함하는 폭넓은 함수까지 적용할 수 있으며 실제 응용에서 매우 간단하다는 장점이 있다. 이 급수는 주기함수, 삼각함수에 대한 적분 및 부분 적분법의 이해가 필수적으로 따르기 때문에 먼저 이들부터 설명하기로 한다.

10.1 주기함수

임의의 함수 $f(x)$가 모든 실수 x에 대하여 정의되고, 양수 T가 존재할 때

$$f(x) = f(x+T) \qquad \cdots\cdots (10.1)$$

의 관계가 성립하는 함수 $f(x)$를 주기함수(periodic function)라 하고, 이 함수의 주기는 T가 된다.

그림 10-1은 식 (10.1)을 만족하는 주기함수의 예를 나타낸 것이다.

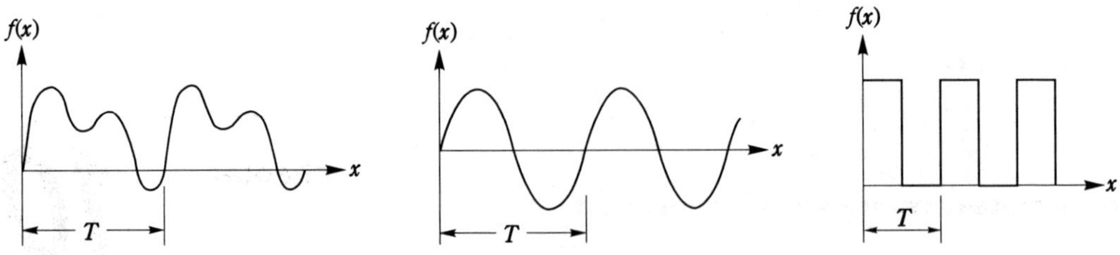

(a) (b) (c)

그림 10-1 주기함수의 예

식 (10.1)에서 n이 정수라면 모든 x에 대해

$$f(x) = f(x + nT) \quad \cdots\cdots (10.2)$$

가 되므로 T의 정수배 $nT(n \neq 0)$도 역시 주기가 된다.

또 만약 $f(x)$와 $g(x)$가 주기 T인 함수라 하면

$$h(x) = af(x) + bg(x) \quad \cdots\cdots (10.3)$$

가 되며, 함수 $h(x)$도 주기 T를 갖는다.

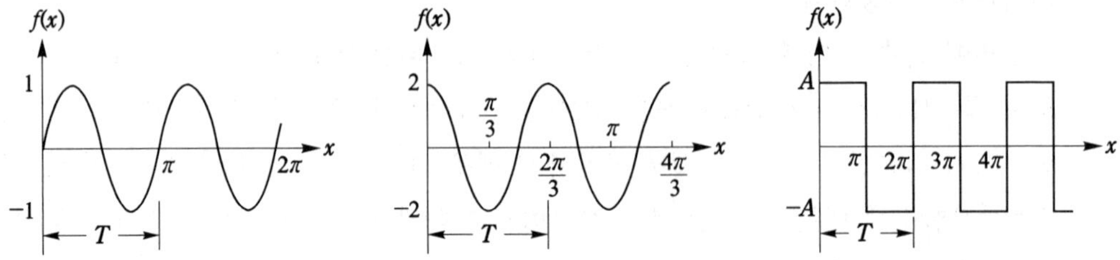

(a) sine파형 (b) cos파형 (c) 구형파형

그림 10-2 주기함수

그림 10-2(a)는 $f(x) = \sin 2x$의 그래프이며 주기가 $T = \dfrac{2\pi}{2} = \pi$인 주기함수가 되고, 그림 (b)는 $f(x) = 2\cos 3x$의 그래프이며, 주기가 $T = \dfrac{2\pi}{3}$인 주기함수이다.

또 기하각(전기각)으로 표현되는 함수 $f(x) = \sin\omega t$, $f(x) = \cos\omega t$ 및 삼각함수의 합성함수 $f(x) = \sin\omega t + \cos 3\omega t$의 주기는 모두 $T = \dfrac{2\pi}{\omega}$가 된다.

만약 함수가 $f(x) = 3$과 같은 상수라면, 주기가 ∞(infinite)인 주기함수 및 우함수로 생각할 수 있다.

또 그림 10-2(a), (b)의 삼각함수는 연속이지만, 그림 (c)와 같이 $x = \pi$, 2π, …에서 유한개의 불연속점을 갖는 사각파(square wave) 함수도 주기가 $T = 2\pi$이고,

$$f(x)=\begin{cases}+A, & 0<x<\pi \\ -A, & \pi<x<2\pi\end{cases} \qquad \cdots\cdots (10.4)$$

로 정의되는 주기함수이다.

지금까지는 주기함수의 정의 및 종류에 대하여 설명하였고, 이제부터 주기함수의 성질과 수학적 표현 방법에 대해 설명하기로 한다.

그림 10-3은 주기와 진폭이 다른 정현파(sine wave, 사인파)를 합(합성)하면 비정현 주기파(non-sinusoidal periodic wave)가 발생되는 것을 보여주고 있다. 비정현 주기파는 왜형파(distorted wave)라고도 한다. 이것은 역으로 비정현 주기파 $f(x)$를 분해하면 진폭과 주기가 다른 여러 개의 정현파로 나타낼 수 있음을 알 수 있다. 또 그림에서 주기가 다른 정현파의 합에 의한 비정현 주기파의 주기는 2π가 됨을 알 수 있다.

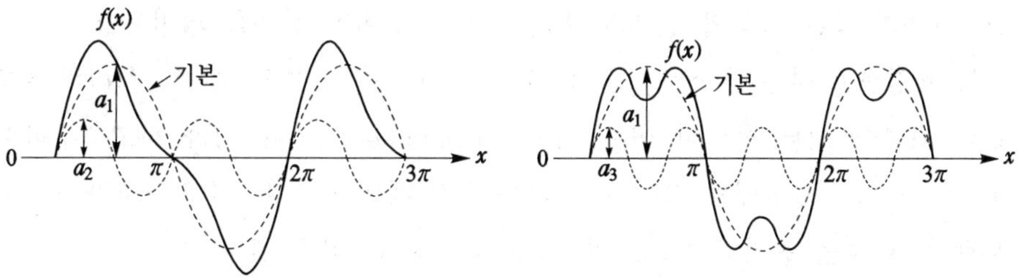

$f(x)=a_1\sin x+a_2\sin 2x$ $\qquad$ $f(x)=a_1\sin x+a_3\sin 3x$

(a) 기본파+제2고조파 $\qquad$ (b) 기본파+제3고조파

그림 10-3 비정현파의 합성

이와 같이 주기가 2π를 갖는 주기함수는 일반적으로 sin항(정현항)과 cos항(여현항)의 합으로 표현되는 무한 급수로 다음과 같이 표시할 수 있으며,

$$\begin{aligned} f(x) &= a_0+a_1\cos x+a_2\cos 2x+\cdots+a_n\cos nx+\cdots \\ &\quad +b_1\sin x+b_2\sin 2x+\cdots+b_n\sin nx+\cdots \\ &= a_0+\sum_{n=1}^{\infty}a_n\cos nx+\sum_{n=1}^{\infty}b_n\sin nx \end{aligned} \qquad \cdots\cdots (10.5)$$

여기서 a_0, a_1, a_2, ⋯, b_1, b_2, ⋯는 상수이다. 식 (10.5)와 같이 sin 함수와 cos 함수를 덧셈으로 연결한 식을 삼각급수(trigonometric series)라 하고, a_n, b_n을 급수의 계수(coefficients)라 한다. 이 계수가 결정된 삼각급수를 $f(x)$의 푸리에 급수(Fourier series)라 하고, 그 계수 a_n, b_n을 푸리에 계수라고 한다.

식 (10.5)에서 동일한 주기를 갖는 sin항과 cos항을 합성하면 다음과 같이 간단히 표현할 수 있다.

$$f(x) = a_0 + (a_1\cos x + b_1\sin x) + (a_2\cos 2x + b_2\sin 2x) + \cdots$$
$$= a_0 + A_1\sin(x+\theta_1) + A_2\sin(2x+\theta_2) + A_3\sin(3x+\theta_3) + \cdots$$
$$= a_0 + \sum_{n=1}^{\infty} A_n\sin(nx+\theta_n) \qquad \cdots\cdots (10.6)$$

단, $A_n = \sqrt{{a_n}^2 + {b_n}^2}$, $\theta_n = \tan^{-1}\dfrac{a_n}{b_n}$ $(n = 1,\ 2,\ 3, \cdots)$

식 (10.6)에서 x 대신에 기하각(전기각) ωt로 나타내면

$$f(t) = a_0 + \sum_{n=1}^{\infty} A_n\sin(n\omega t+\theta_n) \qquad \cdots\cdots (10.7)$$

이 된다. 따라서 상수항 a_0는 시간 t와 각주파수 ω에 무관한 일정값의 직류 성분을 의미하고, 나머지 항은 각종의 진폭과 주기를 갖는 정현파 성분을 의미한다.

특히 정현파 성분 중 $n=1$인 $A_1\sin(\omega t+\theta_1)$은 비정현 주기파 $f(t)$와 동일한 주파수를 갖는 기본이 되는 파로써 이를 기본파(fundamental wave)라 하고, 주파수가 기본파의 $n = 2,\ 3,\ 4, \cdots, n$배가 되는 항의 파를 각각 제 2 고조파, 제 3 고조파, …, 제 n 고조파라 부르며, 이들을 총칭하여 고조파(harmonic wave)라고 한다.

이미 앞에서 설명하였듯이 비정현 주기파는

비정현 주기파 = (직류분) + (기본파) + (고조파)

로 분해할 수 있고, 이러한 분해를 푸리에 분석(Fourier analysis) 또는 조파 분석(harmonic analysis)이라고 한다.

실제 발생하는 주기함수는 매우 복잡하게 나타나지만, 주기가 2π로 나타나는 현상들이 대부분이기 때문에 이들은 식 (10.5)와 같이 간단히 삼각급수, 즉 푸리에 급수로 표현할 수 있다.

이와 같이 푸리에 급수는 그림 10-2(c)의 사각파 함수와 같은 유한 개의 불연속점을 가지고 있는 함수까지 적용할 수 있다는 점이 매우 큰 장점이라 할 수 있다.

일반적으로 주기함수로 된 비정현파의 구성은 다음과 같이 정리할 수 있다.

① **직류분** : 상수항의 직류성분으로 파형의 평균값
② **기본파** : 비정현파와 주기가 같은 파
③ **고조파** : 기본파 주파수의 정수배의 주파수를 갖는 파

제 n 고조파(기본파 기준) : 크기 $\dfrac{1}{n}$배, 주파수 n배

10.2 푸리에 급수

주기가 2π인 함수 $f(x)$가 식 (10.5)와 같이 삼각급수로 표현되는 주기함수일 때, 푸리에 급수의 전개에 있어서 각 항의 계수, 즉 푸리에 계수 a_0, a_n, b_n을 결정하는 방법에 대하여 알아본다.

10.2.1 a_0의 결정

식 (10.5)의 푸리에 급수의 양변을 x에 관하여 0 에서 2π(1 주기간)까지 적분하면

$$\text{푸리에 급수 : } f(x) = a_0 + \sum_{n=1}^{\infty} a_n \cos nx + \sum_{n=1}^{\infty} b_n \sin nx$$

$$\int_0^{2\pi} f(x)dx = a_0 \int_0^{2\pi} dx + \sum_{n=1}^{\infty} a_n \int_0^{2\pi} \cos nx\, dx + \sum_{n=1}^{\infty} b_n \int_0^{2\pi} \sin nx\, dx \quad \cdots\cdots (10.8)$$

로 표현되고, 우변의 제 2, 3항은 0이 되므로 a_0는

$$\int_0^{2\pi} f(x)dx = a_0 \int_0^{2\pi} dx = a_0(2\pi) \quad \cdots\cdots (10.9)$$

$$\therefore a_0 = \frac{1}{2\pi}\int_0^{2\pi} f(x)\,dx \left\{= \frac{1}{T}\int_0^{T} f(t)\,dt\right\} \quad \cdots\cdots (10.10)$$

가 된다. 즉 상수항 a_0는 비정현 주기파 $f(x)$의 1 주기간의 평균값임을 알 수 있고, 이는 1 주기간의 면적을 의미하므로 파형의 형태로부터 쉽게 구할 수 있는 경우가 많다.

10.2.2 a_n의 결정

식 (10.5)의 양변에 $\cos mx$를 곱하여 1 주기간을 적분하면

$$\int_0^{2\pi} f(x)\cos mx\, dx = a_0 \int_0^{2\pi} \cos mx\, dx + \sum_{n=1}^{\infty} a_n \int_0^{2\pi} \cos nx \cdot \cos mx\, dx + \sum_{n=1}^{\infty} b_n \int_0^{2\pi} \sin nx \cdot \cos mx\, dx \quad \cdots\cdots (10.11)$$

가 된다. 우변의 제 1항과 제 3항은 0이 되고, 제 2항은 $m = n$인 경우에만 $a_n\pi$이다.(부록 4.1 참고) 이 $a_n\pi$를 좌변과 등식으로 놓으면 계수 a_n은 다음과 같고, 괄호는 임의의 주기 T인 경우이다.

$$\therefore a_n = \frac{1}{\pi}\int_0^{2\pi} f(x)\cos nx\, dx \left\{= \frac{2}{T}\int_0^T f(t)\cos n\omega t\, dt\right\} \quad \cdots\cdots (10.12)$$

즉, cos항의 계수 a_n은 함수 $f(x)\cos nx$의 1주기간의 평균값에 2배를 한 결과와 같음을 알 수 있다.

10.2.3 b_n의 결정

식 (10.5)의 양변에 $\sin mx$를 곱하여 1주기간을 적분하면

$$\int_0^{2\pi} f(x)\sin mx\, dx = a_0\int_0^{2\pi}\sin mx\, dx + \sum_{n=1}^{\infty} a_n\int_0^{2\pi}\cos nx\cdot\sin mx\, dx$$
$$+ \sum_{n=1}^{\infty} b_n\int_0^{2\pi}\sin nx\cdot\sin mx\, dx \quad \cdots\cdots (10.13)$$

이고, 우변의 제 1항과 제 2항은 0이 된다. 또 제 3항은 $m = n$인 경우에만 $b_n\pi$이다. 이 $b_n\pi$를 좌변과 등식으로 놓으면 계수 b_n은 다음과 같으며, 괄호는 임의의 주기 T인 경우이다.

$$\therefore b_n = \frac{1}{\pi}\int_0^{2\pi} f(x)\sin nx\, dx \left\{= \frac{2}{T}\int_0^T f(t)\sin n\omega t\, dt\right\} \quad \cdots\cdots (10.14)$$

즉, sin항의 계수 b_n은 함수 $f(x)\sin nx$의 1주기간의 평균값에 2배를 한 결과와 같음을 알 수 있다.

이상에서 적분 구간은 $0 \sim 2\pi$를 적용하였지만 $-\pi \sim \pi$의 범위를 적용해도 관계없으며, 두 구간 중 함수의 연속성을 보이는 구간을 선택하는 것이 계산에서 편리하다.

특히 푸리에 계수 a_0, a_n, b_n을 결정하는 데 유의해야 할 점은 주기가 2π인 각 x의 함수 $f(x)$, 전기각 ωt의 함수 $f(\omega t)$ 및 주기가 T인 시간 t의 함수 $f(t)$를 구분하여 적분변수를 정확히 선택해야 한다.

적분 구간은 $f(x)$, $f(\omega t)$의 함수이면 $0 \sim 2\pi$, $f(t)$의 함수이면 임의의 주기 $0 \sim T$를 적용하는 것이 일반적이고, $T = \frac{2\pi}{\omega}$의 관계식를 적용한다.

이 관계들에 대해 예제를 통하여 명확히 이해하기 바란다.

이상에서 배운 푸리에 급수와 계수의 정의를 요약하면 다음과 같이 나타낼 수 있다.

① 푸리에 급수

$$f(x) = a_0 + \sum_{n=1}^{\infty} a_n\cos nx + \sum_{n=1}^{\infty} b_n\sin nx \qquad \left\{x = \omega t = \frac{2\pi}{T}t\right\}$$

$$f(t) = a_0 + \sum_{n=1}^{\infty} a_n \cos n\omega t + \sum_{n=1}^{\infty} b_n \sin n\omega t$$

② 푸리에 계수

계 수	함수 $f(x)$, $f(\omega t)$ [주기 : 2π 인 경우]	함수 $f(t)$ [주기 : T 인 경우]
a_0	$\frac{1}{2\pi}\int_0^{2\pi} f(x)dx = \frac{1}{2\pi}\int_0^{2\pi} f(\omega t)d(\omega t)$	$\frac{1}{T}\int_0^{T} f(t)\,dt$
	함수 $f(x)$ 또는 $f(t)$의 1 주기간의 평균값(직류성분)	
a_n	$\frac{1}{\pi}\int_0^{2\pi} f(x)\cos nx\,dx$ $= \frac{1}{\pi}\int_0^{2\pi} f(\omega t)\cos n\omega t\,d(\omega t)$	$\frac{2}{T}\int_0^{T} f(t)\cos n\omega t\,dt$ $(n=1,\ 2,\ 3,\ \cdots)$
	$f(x)\cos nx$ 또는 $f(t)\cos n\omega t$의 1 주기간의 평균값에 2배	
b_n	$\frac{1}{\pi}\int_0^{2\pi} f(x)\sin nx\,dx$ $= \frac{1}{\pi}\int_0^{2\pi} f(\omega t)\sin n\omega t\,d(\omega t)$	$\frac{2}{T}\int_0^{T} f(t)\sin n\omega t\,dt$ $(n=1,\ 2,\ 3,\ \cdots)$
	$f(x)\sin nx$ 또는 $f(t)\sin n\omega t$의 1 주기간의 평균값에 2 배	

예제 10-1

그림 10-4와 같은 반파 사각파를 푸리에 급수로 전개하라.

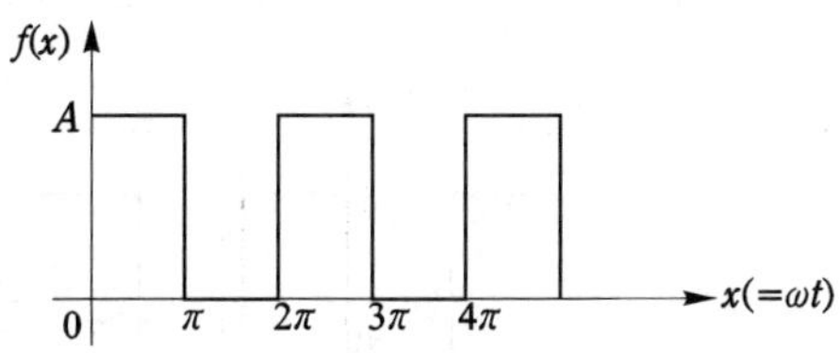

그림 10-4 반파 사각파

| 풀이 | $f(x) = f(x+2\pi)$ 이므로

그림 10-4의 반파 사각파 $f(x)$에 대한 1 주기간의 표시식은 다음과 같이 정의된다.

$$f(x) = \begin{cases} A\ (0 < x < \pi) \\ 0\ (\pi < x < 2\pi) \end{cases}$$

이를 푸리에 급수로 전개할 때 계수 a_0, a_n, b_n은 각각 다음과 같다.

① a_0는 식 (10.10)으로부터 직접 구할 수 있고, 또 1 주기간의 평균값인 직류분을 의미하므로 파형의 관찰로부터 구할 수 있다.

$$\left[\left(A \cdot \frac{T}{2}\right) / T\right] = A/2$$

또는 $a_0 = \frac{1}{2\pi}\int_0^{2\pi} f(x)\,dx = \frac{1}{2\pi}\int_0^{\pi} A\,dx = \frac{A}{2\pi}[x]_0^{\pi} = \frac{A}{2}$

② a_n은 $f(x)\cos nx$의 1주기간의 평균값에 2배를 취한 식 (10.12)로부터 다음과 같이 0이 되므로 푸리에 급수에서 cos항은 존재하지 않는다.

$$a_n = \frac{1}{\pi}\int_0^{2\pi} f(x)\cos nx\,dx = \frac{1}{\pi}\int_0^{\pi} A\cos nx\,dx = \frac{A}{n\pi}[\sin nx]_0^{\pi} = 0$$

③ b_n은 $f(x)\sin nx$의 1주기간의 평균값에 2배를 취한 식 (10.14)로부터

$$\begin{aligned} b_n &= \frac{1}{\pi}\int_0^{2\pi} f(x)\sin nx\,dx = \frac{1}{\pi}\int_0^{\pi} A\sin nx\,dx \\ &= \frac{A}{n\pi}[-\cos nx]_0^{\pi} = \frac{A}{n\pi}(1-\cos n\pi) \\ &= \frac{A}{n\pi}\{1-(-1)^n\} \\ &= \begin{cases} \frac{2A}{n\pi} & (n=1,\ 3,\ 5,\ \cdots) \\ 0 & (n=2,\ 4,\ 6,\ \cdots) \end{cases} \end{aligned}$$

이다. 따라서 푸리에 급수는 계수 a_0, b_n이 존재하므로 다음과 같이 구해진다.

$$f(x) = a_0 + \sum_{n=1}^{\infty} b_n \sin nx$$

$$\therefore\ f(x) = \frac{A}{2} + \frac{2A}{\pi}\left(\sin x + \frac{1}{3}\sin 3x + \frac{1}{5}\sin 5x + \cdots\right)$$

예제 10-2

그림 10-5와 같은 사각파를 푸리에 급수로 전개하라.

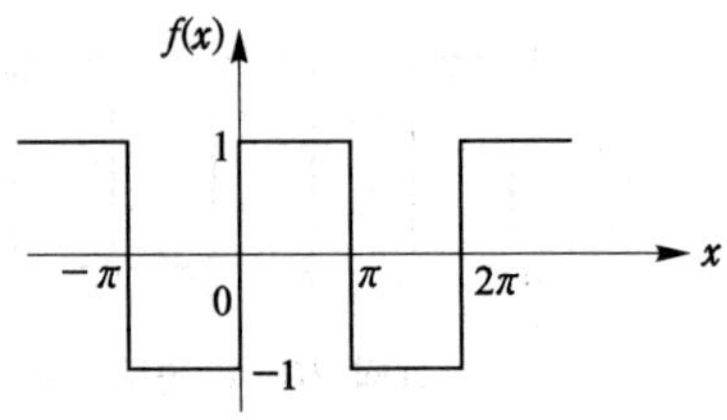

그림 10-5 사각파(square wave)

|풀이| 그림 10-5의 사각파는 주기가 2π인 $f(x) = f(x+2\pi)$의 주기함수이고, 1주기간의 표시식은 다음과 같이 정의된다.

$$f(x) = \begin{cases} 1 & (0 < x < \pi) \\ -1 & (\pi < x < 2\pi) \end{cases}$$

이 함수는 기계적인 계에서 작용하는 외력 또는 전기회로에서 기전력으로 주로 발생하며, 함수 $f(x)$를 푸리에 급수로 전개할 때 계수 a_0, a_n, b_n은 각각 다음과 같다.

① a_0는 식 (10.10)으로부터 다음과 같이 얻어진다.

$$a_0 = \frac{1}{2\pi}\int_0^{2\pi} f(x)\,dx = \frac{1}{2\pi}\left(\int_0^{\pi} 1\,dx + \int_{\pi}^{2\pi} -1\,dx\right) = \frac{1}{2\pi}\left\{[x]_0^{\pi} + [-x]_{\pi}^{2\pi}\right\} = 0$$

그러나 a_0는 1 주기간의 평균값(직류분)을 의미하고 (+)반파와 (−)반파의 면적이 같기 때문에 0 임을 알 수 있다. 따라서 위의 방법은 불필요한 과정이다.

② a_n은 $f(x)\cos nx$의 1 주기간의 평균값에 2 배를 취한 식 (10.12)에 의해 다음과 같이 0 이 되므로 푸리에 급수에서 cos항은 존재하지 않는다.

$$\begin{aligned} a_n &= \frac{1}{\pi}\int_0^{2\pi} f(x)\cos nx\,dx = \frac{1}{\pi}\left\{\int_0^{\pi}\cos nx\,dx + \int_{\pi}^{2\pi}(-\cos nx)\,dx\right\} \\ &= \frac{1}{\pi}\left\{\left[\frac{\sin nx}{n}\right]_0^{\pi} + \left[\frac{-\sin nx}{n}\right]_{\pi}^{2\pi}\right\} \\ &= \frac{1}{n\pi}(2\sin n\pi - \sin 2n\pi) = 0 \end{aligned}$$

③ b_n은 $f(x)\sin nx$의 1 주기간의 평균값에 2 배를 취한 식 (10.14)에 의해

$$\begin{aligned} b_n &= \frac{1}{\pi}\int_0^{2\pi} f(x)\sin nx\,dx = \frac{1}{\pi}\left\{\int_0^{\pi}\sin nx\,dx + \int_{\pi}^{2\pi}(-\sin nx)\,dx\right\} \\ &= \frac{1}{\pi}\left\{\left[\frac{-\cos nx}{n}\right]_0^{\pi} + \left[\frac{\cos nx}{n}\right]_{\pi}^{2\pi}\right\} \end{aligned}$$

이고 $\cos n\pi = (-1)^n$, $\cos 2n\pi = 1$ 에 의하여

$$\begin{aligned} b_n &= \frac{2}{n\pi}(1-\cos n\pi) = \frac{2}{n\pi}\{1-(-1)^n\} \\ &= \begin{cases} \dfrac{4}{n\pi} & (n = 1,\ 3,\ 5,\ \cdots) \\ 0 & (n = 2,\ 4,\ 6,\ \cdots) \end{cases} \end{aligned}$$

이므로 푸리에 급수는 다음과 같이 구해진다.

$$f(x) = \sum_{n=1}^{\infty} b_n \sin nx$$

$$\therefore\ f(x) = \frac{4}{\pi}\left(\sin x + \frac{1}{3}\sin 3x + \frac{1}{5}\sin 5x + \cdots + \frac{1}{2n-1}\sin(2n-1)x + \cdots\right)$$

그러나 그림 10-5의 사각파는 제 10.3절 대칭파의 성질에 의해 반파대칭 기함수파이다. 따라서 이 성질을 이용하면 0인 계수를 예측할 수 있고, 또 간단히 풀 수 있다.

예제 10-3

그림 10-6과 같은 반파 정류파를 푸리에 급수로 전개하라.

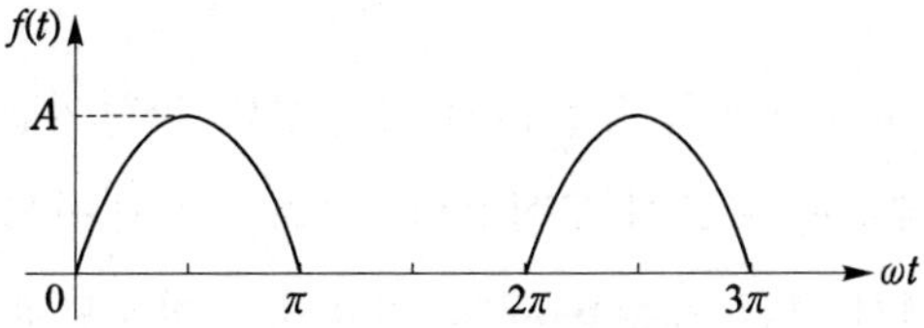

그림 10-6 반파 정류파

| 풀이 | 반파 정류파에 대한 1주기간의 표시식은

$$f(\omega t)=\begin{cases} A\sin\omega t\ (0\leq x<\pi) \\ 0 \quad (\pi\leq x<2\pi) \end{cases}$$

이므로, $f(\omega t)$를 푸리에 급수로 전개할 때의 계수 a_0, a_n, b_n은 각각 다음과 같다.

$$a_0=\frac{1}{2\pi}\int_0^{2\pi}f(\omega t)\,d(\omega t)=\frac{1}{2\pi}\int_0^{\pi}A\sin\omega t\,d(\omega t)$$

$$=\frac{A}{2\pi}[-\cos\omega t]_0^{\pi}=\frac{A}{2\pi}(1-\cos\pi)=\frac{A}{\pi}$$

$$a_n=\frac{1}{\pi}\int_0^{2\pi}f(\omega t)\cos n\omega t\,d(\omega t)=\frac{1}{\pi}\int_0^{\pi}A\sin\omega t\cdot\cos n\omega t\,d(\omega t)$$

$$=\frac{A}{\pi}\int_0^{\pi}\frac{1}{2}\{\sin(n+1)\omega t-\sin(n-1)\omega t\}\,d(\omega t)$$

$$=\frac{A}{2\pi}\left\{\left[\frac{-\cos(n+1)\omega t}{n+1}+\frac{\cos(n-1)\omega t}{n-1}\right]_0^{\pi}\right\}$$

$$=\frac{A}{2\pi}\left\{-\frac{(-1)^{(n+1)}-1}{n+1}+\frac{(-1)^{(n-1)}-1}{n-1}\right\}$$

$$=\begin{cases} 0 & (n=1,\ 3,\ 5,\cdots) \\ \dfrac{-2A}{(n^2-1)\pi} & (n=2,\ 4,\ 6,\cdots) \end{cases}$$

$$b_n=\frac{1}{\pi}\int_0^{2\pi}f(\omega t)\sin n\omega t\,d(\omega t)=\frac{1}{\pi}\int_0^{\pi}A\sin\omega t\cdot\sin n\omega t\,d(\omega t)$$

$$=\begin{cases} \dfrac{A}{2} & (n=1) \\ 0 & (n\neq 1) \end{cases}$$

그러므로 푸리에 급수는 다음과 같이 구해진다.

$$f(t)=a_0+\sum_{n=1}^{\infty}a_n\cos n\omega t+\sum_{n=1}^{\infty}b_n\sin n\omega t$$

$$f(t)=\frac{A}{\pi}-\frac{2A}{\pi}\left(\frac{\cos 2\omega t}{3}+\frac{\cos 4\omega t}{15}+\frac{\cos 6\omega t}{35}+\cdots\right)+\frac{A}{2}\sin\omega t$$

$$\therefore\ f(t)=A\left\{\frac{1}{\pi}-\frac{2}{\pi}\left(\frac{\cos 2\omega t}{3}+\frac{\cos 4\omega t}{15}+\frac{\cos 6\omega t}{35}+\cdots\right)+\frac{1}{2}\sin\omega t\right\}$$

10.3 대칭성 주기함수의 푸리에 급수

비정현 주기함수 $f(x)$ 또는 $f(t)$가 대칭성의 파형이면 그 함수의 푸리에 계수 a_0, a_n, b_n은 0이 되는 계수를 반드시 포함한다. 그러므로 대칭성을 이용하면 앞 절에서 배운 푸리에 급수의 전개에서 모든 계수를 구할 필요가 없어지므로 급수의 전개는 한결 수월해진다.

대칭 파형은 일반적으로 우함수파(여현대칭), 기함수파(정현대칭) 및 반파대칭파가 있고,

이 종류에 의해 푸리에 계수가 0인 항목을 미리 예측할 수 있다. 따라서 이 대칭파의 구분과 성질 및 푸리에 계수를 구하는 간단한 방법에 대해 알아본다.

(1) 우함수파(여현대칭)

모든 x또는 t에 대하여

$$f(x)=f(-x) \text{ 또는 } f(t)=f(-t) \qquad \cdots\cdots (10.15)$$

의 조건을 만족하는 함수 $f(x)$ 또는 $f(t)$를 우함수(even function)라 하고, x^2, x^4, $\cos x$ 등이 있다. 이 때 우함수의 조건을 만족하는 파형을 우함수파 또는 여현대칭파라 하고, 그림 10-7과 같이 세로축에 관하여 대칭, 즉 좌우가 대칭인 파형이다.

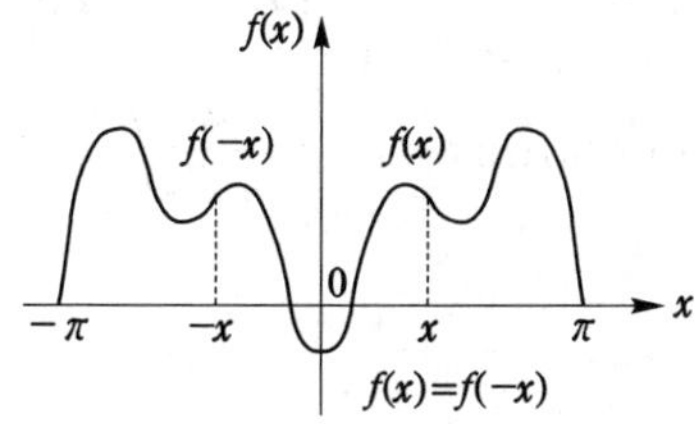

그림 10-7 우함수파(여현대칭파)

우함수파의 푸리에 급수를 함수 $f(x)$, $f(t)$ 및 계수를 x, t로 정리하면 다음과 같다 (부록 4-2 참고).

$$f(x)=a_0+\sum_{n=1}^{\infty} a_n \cos nx \qquad \left\{ f(t)=a_0+\sum_{n=1}^{\infty} a_n \cos n\omega t \right\}$$

$$\begin{cases} a_0 = \dfrac{1}{\pi}\displaystyle\int_0^{\pi} f(x)\,dx & \left\{= \dfrac{2}{T}\displaystyle\int_0^{T/2} f(t)\,dt \right\} \\[2ex] a_n = \dfrac{2}{\pi}\displaystyle\int_0^{\pi} f(x)\cos nx\,dx & \left\{= \dfrac{4}{T}\displaystyle\int_0^{T/2} f(x)\cos n\omega t\,dt \right\} \end{cases} \qquad \cdots\cdots (10.16)$$

(2) 기함수파(정현대칭)

모든 x 또는 t에 대하여

$$f(x)=-f(-x) \text{ 또는 } f(t)=-f(-t) \qquad \cdots\cdots (10.17)$$

의 조건을 만족하는 함수 $f(x)$ 또는 $f(t)$를 기함수(odd function)라 하고, x, x^3, $\sin x$ 등이 있다.

이 때 기함수의 조건을 만족하는 파형을 기함수파 또는 정현대칭파라고 하며, 그림 10-8의 예와 같이 원점에 관하여 대칭, 즉 원점을 중심으로 180° 회전하였을 때 일치되는 파형이다.

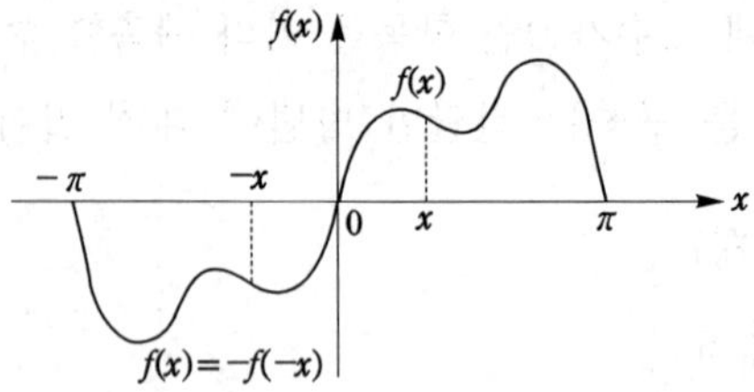

그림 10-8 기함수파(정현대칭파)

기함수파의 푸리에 급수를 함수 $f(x)$, $f(t)$ 및 계수 b_n을 x, t로 정리하면 다음과 같다. (부록 4-3 참고)

$$f(x) = \sum_{n=1}^{\infty} b_n \sin nx \qquad \left\{ f(t) = \sum_{n=1}^{\infty} b_n \sin n\omega t \right\} \quad \cdots\cdots (10.18)$$

$$b_n = \frac{2}{\pi}\int_0^{\pi} f(x)\sin nx\, dx \quad \left\{ = \frac{4}{T}\int_0^{T/2} f(t)\sin n\omega t\, dt \right\}$$

(3) 반파대칭

모든 x 또는 t에 대하여

$$f(x) = -f(x+\pi) \text{ 또는 } f(t) = -f\left(t+\frac{T}{2}\right) \quad \cdots\cdots (10.19)$$

의 조건을 만족하는 함수 $f(x)$ 또는 $f(t)$를 반파대칭(half-wave symmetry)이라 한다. 그림 10-9와 같이 반주기만큼 수평이동한 후 가로축에 대해 대칭인 파형이다.

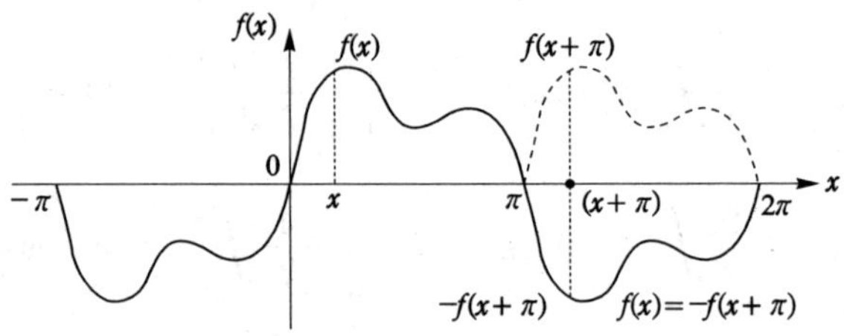

그림 10-9 반파대칭파

반파대칭파의 푸리에 급수를 함수 $f(x)$, $f(t)$ 및 계수 b_n을 x, t로 정리하면 다음과 같다. (부록 4-4 참고)

$$\begin{cases} f(x) = \displaystyle\sum_{n=1}^{\infty} a_n \cos nx + \sum_{n=1}^{\infty} b_n \sin nx \\ f(t) = \displaystyle\sum_{n=1}^{\infty} a_n \cos n\omega t + \sum_{n=1}^{\infty} b_n \sin n\omega t \end{cases} \quad \cdots\cdots (10.20)$$

$$\begin{cases} a_n = \dfrac{2}{\pi}\displaystyle\int_0^{\pi} f(x)\cos nx\, dx \left\{= \dfrac{4}{T}\displaystyle\int_0^{T/2} f(t)\cos n\omega t\, dt\right\} \\ b_n = \dfrac{2}{\pi}\displaystyle\int_0^{\pi} f(x)\sin nx\, dx \left\{= \dfrac{4}{T}\displaystyle\int_0^{T/2} f(t)\sin n\omega t\, dt\right\} \end{cases} \quad (n : \text{홀수})$$

이상에서 설명한 대칭성 주기함수 $f(t)$를 주로 이용하여 이 함수에 대한 푸리에 급수의 성질은 다음과 같이 요약하여 정리할 수 있다.

본문에서는 반파대칭이면서 동시에 우함수파 또는 기함수파에 대하여 나타내지 않았지만 아래의 요약에서 설명하기로 하고, 예제를 통하여 간단한 해법을 알기 바란다.

① 대칭파의 푸리에 급수

(반파대칭) iii) 〔n : 홀수〕

iv) v)

$$\begin{cases} f(x) = a_0 + \displaystyle\sum_{n=1}^{\infty} a_n \cos nx + \sum_{n=1}^{\infty} b_n \sin nx \\ f(t) = a_0 + \displaystyle\sum_{n=1}^{\infty} a_n \cos n\omega t + \sum_{n=1}^{\infty} b_n \sin n\omega t \end{cases}$$

i) (우함수) 〔n : 양수〕 (기함수) ii)

i) 우함수 : 상수항과 cos 항(a_0, a_n) {$n=$ 양수}

ii) 기함수 : sin 항(b_n) {$n=$ 양수}

iii) 반파대칭 : cos 항과 sin 항(a_n, b_n) {$n=$ 홀수(기수)}

iv) 반파대칭+우함수 : cos 항(a_n) {$n=$ 홀수(기수)}

v) 반파대칭+기함수 : sin 항(b_n) {$n=$ 홀수(기수)}

② 대칭파의 종류에 따른 각종 성질〔시간함수 $f(t)$〕

종 류		우 함 수 ($n=1, 2, 3, \cdots$)	기 함 수 ($n=1, 2, 3, \cdots$)	반파 대칭 ($n=1, 3, 5, \cdots$)
대칭조건		$f(t)=f(-t)$	$f(t)=-f(-t)$	$f(t)=-f\left(t+\dfrac{T}{2}\right)$
푸리에계수	a_0	$\dfrac{2}{T}\displaystyle\int_0^{T/2} f(t)\,dt$	0	0
		함수 $f(x)$ 또는 $f(t)$의 반주기($\frac{1}{2}$)간의 평균값(직류성분)		
	a_n	$\dfrac{4}{T}\displaystyle\int_0^{T/2} f(t)\cos n\omega t\, dt$	0	$\dfrac{4}{T}\displaystyle\int_0^{T/2} f(t)\cos n\omega t\, dt$
		$f(x)\cos nx$ 또는 $f(t)\cos n\omega t$ 의 반주기($\frac{1}{2}$)간의 평균값에 2 배		

종 류		우 함 수 $(n=1,\ 2,\ 3,\cdots)$	기 함 수 $(n=1,\ 2,\ 3,\cdots)$	반파 대칭 $(n=1,\ 3,\ 5,\cdots)$
	b_n	0	$\frac{4}{T}\int_0^{T/2} f(t)\sin n\omega t\, dt$	$\frac{4}{T}\int_0^{T/2} f(t)\sin n\omega t\, dt$
		$f(x)\sin nx$ 또는 $f(t)\sin n\omega t$ 의 반주기$(\frac{1}{2})$간의 평균값에 2 배		
계수존재		$a_0,\ a_n$	b_n	$a_n,\ b_n$

③ 반파대칭 + 우함수(기함수)파의 성질

i) 반파대칭+우함수 : cos항(a_n) $\{n=$ 홀수(기수)$\}$

$$f(t)=\sum_{n=1}^{\infty} a_n \cos n\omega t$$

$$a_n=\frac{8}{T}\int_0^{T/4} f(t)\cos n\omega t\, dt\ (n=1,\ 3,\ 5,\cdots)$$

$\{f(t)\cos n\omega t$ 의 1/4주기간의 평균값에 2 배$\}$

ii) 반파대칭+기함수 : sin항(b_n) $\{n=$ 홀수(기수)$\}$

$$f(t)=\sum_{n=1}^{\infty} b_n \sin n\omega t$$

$$b_n=\frac{8}{T}\int_0^{T/4} f(t)\sin n\omega t\, dt\ (n=1,\ 3,\ 5,\cdots)$$

$\{f(t)\sin n\omega t$ 의 1/4주기간의 평균값에 2 배$\}$

예제 10-4

그림 10-10과 같은 전파 정류파를 푸리에 급수로 전개하라.

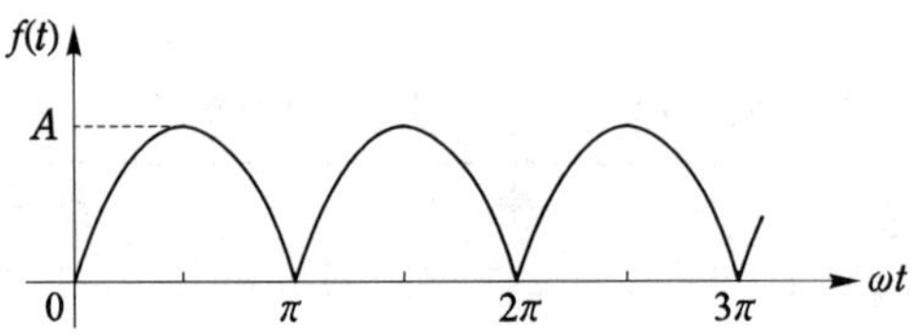

그림 10-10 전파 정류파

| 풀이 | 그림 10-10의 전파 정류파는 우함수의 여현대칭이다. 따라서 상기 요약에서 푸리에 계수는 상수항 a_0와 cos항 a_n이 존재한다. 즉,

$$a_0=\frac{1}{\pi}\int_0^{\pi} f(\omega t)\, d(\omega t)=\frac{1}{\pi}\int_0^{\pi} A\sin\omega t\, d(\omega t)$$

$$=\frac{A}{\pi}[-\cos\omega t]_0^{\pi}=\frac{A}{\pi}(1-\cos\pi)=\frac{2A}{\pi}$$

$$a_n = \frac{2}{\pi}\int_0^{\pi} f(\omega t)\cos n\omega t\, d(\omega t) = \frac{2}{\pi}\int_0^{\pi} A\sin\omega t \cdot \cos n\omega t\, d(\omega t)$$

$$= \frac{2A}{\pi}\int_0^{\pi}\frac{1}{2}\{\sin(n+1)\omega t - \sin(n-1)\omega t\}\, d(\omega t)$$

$$= \frac{A}{\pi}\left\{\left[\frac{-\cos(n+1)\omega t}{n+1} + \frac{\cos(n-1)\omega t}{n-1}\right]_0^{\pi}\right\}$$

$$= \frac{A}{\pi}\left\{\frac{-(-1)^{(n+1)}+1}{n+1} + \frac{(-1)^{(n-1)}-1}{n-1}\right\}$$

$$= \frac{2A}{\pi}\left\{\frac{(-1)^{(n+1)}-1}{n^2-1}\right\}$$

$$= \begin{cases} 0 & (n=1,\ 3,\ 5,\ \cdots) \\ \dfrac{-4A}{(n^2-1)\pi} & (n=2,\ 4,\ 6,\ \cdots) \end{cases}$$

$$f(t) = \frac{2A}{\pi} - \frac{4A}{\pi}\left(\frac{\cos 2\omega t}{3} + \frac{\cos 4\omega t}{15} + \frac{\cos 6\omega t}{35} + \cdots\right)$$

$$\therefore\ f(t) = 2A\left\{\frac{1}{\pi} - \frac{2}{\pi}\left(\frac{\cos 2\omega t}{3} + \frac{\cos 4\omega t}{15} + \frac{\cos 6\omega t}{35} + \cdots\right)\right\}$$

예제 10-5

그림 10-11과 같은 톱니파를 푸리에 급수로 전개하라.

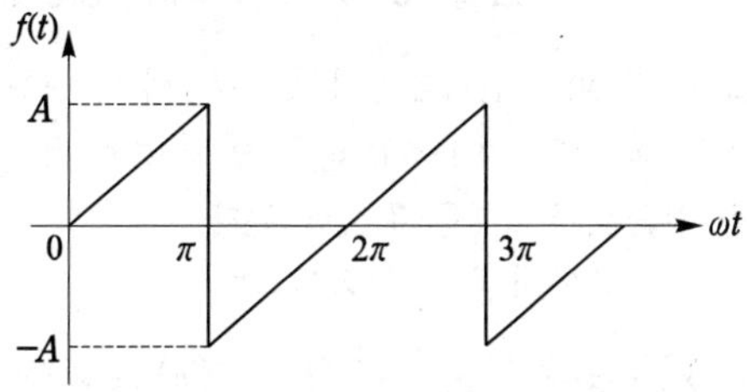

그림 10-11 톱니파(saw wave)

| 풀이 | 그림 10-11의 톱니파형은 기함수의 정현대칭이다. 따라서 대칭파 요약에서 푸리에 계수는 상수항 a_0와 cos항 a_n은 0 이고, sin항 b_n만 존재한다.

$0 \le \omega t < \pi$ 에서 $f(\omega t) = \dfrac{A}{\pi}\omega t$ 이므로

$$f(t) = \sum_{n=1}^{\infty} b_n \sin n\omega t,\quad b_n = \frac{2}{\pi}\int_0^{\pi} f(\omega t)\sin n\omega t\, d(\omega t)$$

$$b_n = \frac{2}{\pi}\int_0^{\pi}\frac{A}{\pi}\omega t \cdot \sin n\omega t\, d(\omega t)$$

$$= \frac{2A}{\pi^2}\int_0^{\pi}\omega t \cdot \sin n\omega t\, d(\omega t)$$

$$= \frac{2A}{\pi^2}\left[\frac{-\omega t\cos n\omega t}{n} - \int\left(\frac{-\cos n\omega t}{n}\right) d(\omega t)\right]_0^{\pi}$$

$$= \frac{2A}{\pi^2}\left[\frac{-\omega t\cos n\omega t}{n} + \frac{\sin n\omega t}{n^2}\right]_0^{\pi} = \frac{2A}{\pi^2}\left(\frac{-\pi\cos n\pi}{n} + \frac{\sin n\pi}{n^2}\right)$$

$$= \frac{2A}{\pi^2}\left(\frac{-\pi\cos n\pi}{n}\right) = -\frac{2A}{n\pi}(-1)^n = \frac{2A}{n\pi}(-1)^{n+1}$$

그러므로 푸리에 급수는 다음과 같이 구해진다.

$$\therefore f(t) = \frac{2A}{\pi}\left\{\begin{array}{l} \sin\omega t - \frac{1}{2}\sin 2\omega t + \frac{1}{3}\sin 3\omega t \\ -\frac{1}{4}\sin 4\omega t + \cdots + \frac{(-1)^{n+1}}{n}\sin n\omega t + \cdots\cdots \end{array}\right.$$

예제 10-6

그림 10-12와 같은 사각파를 푸리에 급수로 전개하라.

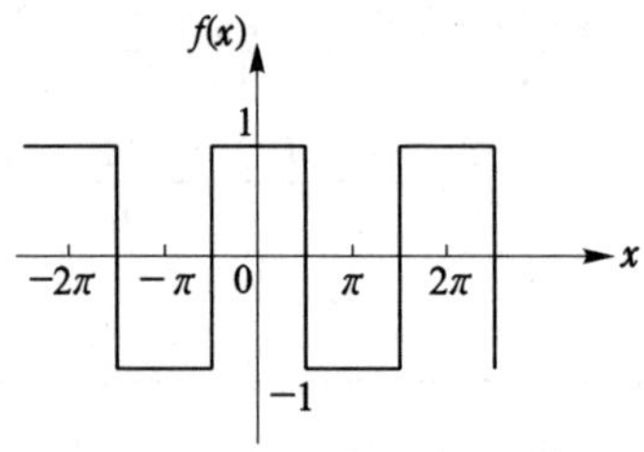

그림 10-12 사각파(square wave)

|풀이| 그림 10-12의 사각파는 반파대칭이면서 우함수의 여현대칭이다. 따라서 대칭파 요약에서 푸리에 계수는 n이 홀수이면서 cos항 a_n만 존재한다. 따라서 a_n은 $f(x)\cos nx$의 1/4 주기간에 적분하여 구한 평균값에 2 배를 취하면 된다.

$0 < x < \pi/2$ 에서 $f(x) = 1$ 이므로

$$f(t) = \sum_{n=1}^{\infty} a_n \cos nx,\ a_n = \frac{4}{\pi}\int_0^{\pi/2} f(x)\cos nx\, dx$$

$$a_n = \frac{4}{\pi}\int_0^{\pi/2} 1\cdot\cos nx\, dx = \frac{4}{\pi}\left[\frac{\sin nx}{n}\right]_0^{\pi/2} = \frac{4}{n\pi}\left(\sin\frac{n\pi}{2}\right)$$

$$= \begin{cases} \dfrac{4}{n\pi} & (n = 1,\ 5,\ 9,\ \cdots) \\ \dfrac{-4}{n\pi} & (n = 3,\ 7,\ 11,\ \cdots) \end{cases}$$

$$\therefore f(t) = \frac{4}{\pi}\left(\cos x - \frac{1}{3}\cos 3x + \frac{1}{5}\cos 5x - \frac{1}{7}\cos 7x + \cdots\right)$$

10.4 푸리에 급수의 응용

10.4.1 비정현파의 실효값

주기적으로 변하는 전류 및 전압의 실효값은 식 (3.17)에 나타낸 것처럼 파형에 관계없이 다음과 같이 정의한다.

$$I = \sqrt{\frac{1}{T}\int_0^T i^2\,dt} = \sqrt{\frac{1}{2\pi}\int_0^{2\pi} i^2\,dt} \qquad \cdots\cdots (10.21)$$

주기함수의 비정현파 전류 i는 푸리에 급수의 식 (10.7)의 형태에서

$$i = I_0 + \sum_{n=1}^{\infty} I_{mn}\sin(n\omega t + \theta_n) \qquad \cdots\cdots (10.22)$$

으로 표현된다. 여기서 I_0는 직류분, I_{mn}은 제 n차 고조파 전류의 최대값이고, 제 n차 고조파 전류의 실효값을 I_n이라 하면 $I_{mn} = \sqrt{2}\,I_n$의 관계가 된다.

비정현파 전류의 실효값은 식 (10.22)를 식 (10.21)에 대입하여 구할 수 있다. 따라서 먼저 i^2을 계산하고 이것의 1주기간의 평균값을 구한 후 최종적으로 제곱근을 취하는 단계로 구할 수 있다.

(1) 전류의 제곱 i^2

식 (10.22)의 삼각급수 식의 곱으로부터 i^2은 다음과 같이 네 종류의 항목으로 분류되고 있음을 알 수 있다.

① 직류분의 곱 : $I_0^{\,2}$

② I_0와 각 정현파의 곱 : $I_0\, I_{mn}\sin(n\omega t + \theta_n)$

③ 주파수가 같은 두 정현파의 곱 : $I_{mn}^{\ 2}\sin^2(n\omega t + \theta_n)$

④ 주파수가 다른 두 정현파의 곱 : $I_{mn}\, I_{ml}\sin(n\omega t + \theta_n)\cdot\sin(l\omega t + \theta_l)$, $(n \neq l)$

(2) 평균값

위의 각 항목별로 i^2에 대한 1주기간의 평균값은 각각 다음과 같다.

① $\dfrac{1}{T}\displaystyle\int_0^T I_0^{\,2}\,dt = I_0^{\,2}$

② $\dfrac{1}{T}\displaystyle\int_0^T I_0 I_{mn}\sin(n\omega t + \theta_n)\,dt = 0$

③ $\frac{1}{T}\int_0^T I_{mn}{}^2\sin^2(n\omega t+\theta_n)\,dt = \frac{I_{mn}{}^2}{T}\int_0^T \sin^2(n\omega t+\theta_n)\,dt$

$$= \frac{I_{mn}{}^2}{T}\cdot\left(\frac{T}{2}\right) = \frac{I_{mn}{}^2}{2} = \frac{(\sqrt{2}\,I_n)^2}{2} = I_n{}^2 \qquad \begin{cases} I_n : \text{실효값} \\ I_{mn} = \sqrt{2}\,I_n \end{cases}$$

④ $\frac{1}{T}\int_0^T \{I_{mn}I_{ml}\sin(n\omega t+\theta_n)\sin(l\omega t+\theta_l)\}\,dt = 0\,(n \neq l)$

제 ②항은 sin 함수이므로 1주기에서 (+)반파와 (−)반파의 면적이 같으므로 평균값은 0이고, ③항은 동일한 두 삼각함수 곱의 1주기간의 정적분은 $T/2$(또는 π)가 되므로 이를 대입하면 삼각함수 공식으로 전개할 필요없이 간단히 구해진다.

제 ④항도 ③항과 마찬가지로 $n \neq l$의 조건이므로 1주기간의 정적분은 0이고, 평균값도 0이 된다.

(3) 실효값

각 항목의 평균값은 제 ②와 ④항에서 0이고, 제 ①과 ③항에서 값이 구해진다. 이 평균값에 제곱근을 취하면 비정현파 전류의 실효값 I가 다음과 같이 구해진다.

$$I = \sqrt{I_0{}^2 + I_1{}^2 + I_2{}^2 + \cdots} \qquad \cdots\cdots (10.23)$$

비정현파 전압의 실효값 V도 마찬가지로 표현할 수 있다.

$$V = \sqrt{V_0{}^2 + V_1{}^2 + V_2{}^2 + \cdots} \qquad \cdots\cdots (10.24)$$

이와 같이 비정현 주기파의 실효값은 직류분(I_0)과 각 고조파 실효값(I_n)의 제곱의 총합에 대한 제곱근으로 주어짐을 알 수 있다.

비정현파에서 기본파(정현파)에 대한 고조파 성분이 포함된 정도는 왜형률(distortion factor)로 나타낸다. 왜형률은 정현파에 가까운 파형일수록 작다.

$$\text{왜형률} = \frac{\text{전 고조파의 실효값}}{\text{기본파의 실효값}} = \frac{\sqrt{I_2{}^2 + I_3{}^2 + I_4{}^2 + \cdots}}{I_1} \qquad \cdots\cdots (10.25)$$

예제 10-7

비정현파 전류 $i = 3 + 10\sqrt{2}\sin\omega t + 5\sqrt{2}\sin(3\omega t + 30°)$〔A〕일 때, 이 전류의 실효값을 구하라.

|풀이| 비정현파 전류의 실효값 I는 식 (10.23)에 의하여

$$I = \sqrt{I_0{}^2 + I_1{}^2 + I_3{}^2} = \sqrt{3^2 + 10^2 + 5^2} = \sqrt{134} \fallingdotseq 11.58\text{〔A〕}$$

예제 10-8

비정현파 전압 $v=30\sin\omega t+10\sin 3\omega t+5\sin 5\omega t$ [V]일 때, 이 전압의 실효값과 왜형률을 구하라.

| 풀이 | ① 비정현파 전압의 실효값 V는 식 (10.24)에 의하여

$$V=\sqrt{V_1^2+V_3^2+V_5^2}=\sqrt{\left(\frac{30}{\sqrt{2}}\right)^2+\left(\frac{10}{\sqrt{2}}\right)^2+\left(\frac{5}{\sqrt{2}}\right)^2}$$

$$=\sqrt{\frac{1}{2}(30^2+10^2+5^2)}=\sqrt{\frac{1025}{2}}\fallingdotseq 22.64[\text{V}]$$

② $$\text{왜형률}=\frac{\text{전 고조파의 실효값}}{\text{기본파의 실효값}}=\frac{\sqrt{V_3^2+V_5^2}}{V_1}$$

$$=\frac{\sqrt{(10/\sqrt{2})^2+(5/\sqrt{2})^2}}{30/\sqrt{2}}\fallingdotseq 0.373$$

10.4.2 비정현파의 전력

임의의 회로에서 비정현파 전압 v와 전류 i가 각각

$$\begin{cases} v(t)=V_0+V_{m1}\sin(\omega t+\alpha_1)+V_{m2}\sin(2\omega t+\alpha_2)+\cdots \\ i(t)=I_0+I_{m1}\sin(\omega t+\beta_1)+I_{m2}\sin(2\omega t+\beta_2)+\cdots \end{cases}$$

$$\therefore \begin{cases} v(t)=V_0+\sum_{n=1}^{\infty}V_{mn}\sin(n\omega t+\alpha_n) \\ i(t)=I_0+\sum_{n=1}^{\infty}I_{mn}\sin(n\omega t+\beta_n) \end{cases} \quad \cdots\cdots (10.26)$$

으로 표현될 때, 회로에 공급되는 순시전력은 $p=vi$이고, 평균전력 P는

$$P=\frac{1}{T}\int_0^T p\,dt=\frac{1}{T}\int_0^T vi\,dt \quad \cdots\cdots (10.27)$$

으로 정의된다. 평균전력을 구하기 위한 식 (10.26)의 v와 전류 i의 곱은 다음과 같이 네 종류의 항목으로 분류할 수 있다.

① 직류분의 곱 : $V_0 I_0$

② (직류분)·(교류분) : $V_0 I_{mn}\sin(n\omega t+\beta_n)$ 또는 $I_0 V_{mn}\sin(n\omega t+\alpha_n)$

③ 주파수가 같은 두 정현항의 곱 : $V_{mn}I_{mn}\sin(n\omega t+\alpha_n)\cdot\sin(n\omega t+\beta_n)$

④ 주파수가 다른 두 정현항의 곱 : $V_{mn}I_{ml}\sin(n\omega t+\alpha_n)\cdot\sin(l\omega t+\beta_l)$ $(n\neq l)$

각 항목별로 1주기간의 평균값을 구하면 제 ①항의 평균값은 $V_0 I_0$이고, 제 ②와 ④항의 평균값은 앞 절의 비정현파 전류의 실효값에서와 마찬가지로 0 이다. 제 ③항의 평균값은

$$\frac{1}{T}\int_0^T \{V_{mn} I_{mn} \sin(n\omega t+\alpha_n)\cdot\sin(n\omega t+\beta_n)\}\,dt$$

$$=\frac{V_{mn} I_{mn}}{T}\int_0^T \{\sin(n\omega t+\alpha_n)\cdot\sin(n\omega t+\alpha_n-\theta_n)\}\,dt$$

삼각함수 공식 : $\sin\theta_1\cdot\sin\theta_2=\frac{1}{2}\{\cos(\theta_1-\theta_2)-\cos(\theta_1+\theta_2)\}$

$$=\frac{V_{mn} I_{mn}}{T}\int_0^T \frac{1}{2}\{\cos\theta_n-\cos(2n\omega t+2\alpha_n-\theta_n)\}\,dt$$

$$=\frac{V_{mn} I_{mn}}{2T}\left[t\cos\theta_n-\frac{\sin(2n\omega t+2\alpha_n-\theta_n)}{2n\omega}\right]_0^T$$

$$=\frac{V_{mn} I_{mn}}{2T}\left\{T\cos\theta_n-\frac{\sin(2\alpha_n-\theta_n)}{2n\omega}+\frac{\sin(2\alpha_n-\theta_n)}{2n\omega}\right\}$$

$$=\frac{V_{mn} I_{mn}}{2T}(T\cos\theta_n)$$

$$=\frac{1}{2}V_{mn} I_{mn}\cos\theta_n$$

$$=V_n I_n\cos\theta_n \qquad \cdots\cdots (10.28)$$

단, $\theta_n=\alpha_n-\beta_n$ (제 n고조파의 전압과 전류의 위상차)

V_n, I_n은 각 고조파의 전압과 전류의 실효값

그러므로 평균전력 P는 제 ①과 ③항의 합에 의하여

$$P=V_0 I_0+\sum_{n=1}^{\infty} V_n I_n\cos\theta_n$$

$$=V_0 I_0+V_1 I_1\cos\theta_1+V_2 I_2\cos\theta_2+\cdots$$

$$=P_0+P_1+P_2+\cdots \qquad \cdots\cdots (10.29)$$

이 구해진다. 여기서 P_0, P_1, P_2, $\cdots$는 평균전력의 직류 성분과 고조파 성분이다. 즉 비정현 주기파의 평균전력(유효전력)은 직류분과 각 고조파가 단독적으로 공급하는 평균전력의 합과 같음을 알 수 있다.

또 비정현파 회로에 대한 무효전력 P_r, 피상전력 P_a, 역률 $\cos\theta$도 정현파일 때와 마찬가지로 다음과 같이 정의된다.

$$P_r=\sum_{n=1}^{\infty} V_n I_n\sin\theta_n=V_1 I_1\sin\theta_1+V_2 I_2\sin\theta_2+\cdots \qquad \cdots\cdots (10.30)$$

$$P_a = V_0 I_0 + \sum_{n=1}^{\infty} V_n I_n$$
$$= V_0 I_0 + V_1 I_1 + V_2 I_2 + \cdots = VI$$
$$= \sqrt{V_0^{\,2} + V_1^{\,2} + V_2^{\,2} + \cdots} \cdot \sqrt{I_0^{\,2} + I_1^{\,2} + I_2^{\,2} + \cdots} \qquad \cdots\cdots(10.31)$$
$$\cos\theta = \frac{P}{P_a} = \frac{P}{VI}$$
$$\therefore \cos\theta = \frac{V_0 I_0 + V_1 I_1 \cos\theta_1 + V_2 I_2 \cos\theta_2 + \cdots}{\sqrt{V_0^{\,2} + V_1^{\,2} + V_2^{\,2} + \ldots} \cdot \sqrt{I_0^{\,2} + I_1^{\,2} + I_2^{\,2} + \cdots}} \qquad \cdots\cdots(10.32)$$

예제 10-9

다음과 같은 비정현파 전압 및 전류에 의한 평균전력, 피상전력, 역률을 구하라.

$$v = 100\sin(\omega t + 30°) - 50\sin(3\omega t + 60°) + 25\sin 5\omega t \text{[V]}$$
$$i = 20\sin(\omega t - 30°) + 15\sin(3\omega t - 30°) + 10\cos(5\omega t - 60°) \text{[A]}$$

| 풀이 | 삼각함수 $\cos\theta = \sin(\theta + 90°)$의 관계에서 제 5 고조파 전류는

$$10\cos(5\omega t - 60°) = 10\sin(5\omega t - 60° + 90°) = 10\sin(5\omega t + 30°)$$

전압, 전류의 실효값

$$V = \sqrt{V_1^{\,2} + V_3^{\,2} + V_5^{\,2}} = \sqrt{\left(\frac{100}{\sqrt{2}}\right)^2 + \left(\frac{50}{\sqrt{2}}\right)^2 + \left(\frac{25}{\sqrt{2}}\right)^2} = 81\text{[V]}$$
$$I = \sqrt{I_1^{\,2} + I_3^{\,2} + I_5^{\,2}} = \sqrt{\left(\frac{20}{\sqrt{2}}\right)^2 + \left(\frac{15}{\sqrt{2}}\right)^2 + \left(\frac{10}{\sqrt{2}}\right)^2} = 19\text{[A]}$$

① 평균전력 P는 식 (10.29)에 의하여

$$P = V_1 I_1 \cos\theta_1 + V_3 I_3 \cos\theta_3 + V_5 I_5 \cos\theta_5$$
$$= \frac{100}{\sqrt{2}} \cdot \frac{20}{\sqrt{2}} \cos 60° - \frac{50}{\sqrt{2}} \cdot \frac{15}{\sqrt{2}} \cos 90° + \frac{25}{\sqrt{2}} \cdot \frac{10}{\sqrt{2}} \cos 60°$$
$$= 500 + 62.5 = 562.5\text{[W]}$$

② 피상전력 P_a는 식 (10.31)에 의하여

$$P_a = VI = 81 \times 19 = 1{,}539\text{[VA]}$$

③ 역률 $\cos\theta$는 식 (10.32)에 의하여

$$\cos\theta = \frac{P}{P_a} = \frac{562.5}{1{,}539} = 0.36$$

예제 10-10

$R = 4[\Omega]$, $\omega L = 3[\Omega]$의 직렬회로에 다음의 전압을 인가할 때, 저항에서 소비되는 전력 P를 구하라.

$$v = 100\sqrt{2}\sin\omega t + 50\sqrt{2}\sin 3\omega t \text{[V]}$$

| 풀이 | 기본파 전류 : $I_1 = \frac{V_1}{Z_1} = \frac{V_1}{\sqrt{R^2 + (\omega L)^2}} = \frac{100}{\sqrt{4^2 + 3^2}} = 20$〔A〕

제 3고조파 전류 : $I_3 = \frac{V_3}{Z_3} = \frac{V_3}{\sqrt{R^2 + (3\omega L)^2}} = \frac{50}{\sqrt{4^2 + 9^2}} = 5.08$〔A〕

소비전력 $\therefore P = I_1{}^2 R + I_3{}^2 R = 20^2 \times 4 + 5.08^2 \times 4 = 1{,}703$〔W〕

10장 연습문제

10-1 그림 10-13의 사각파를 푸리에 급수로 전개하라.
(대칭성 주기파의 성질을 이용하여 풀고, 예제 10-2와 비교해 볼 것)

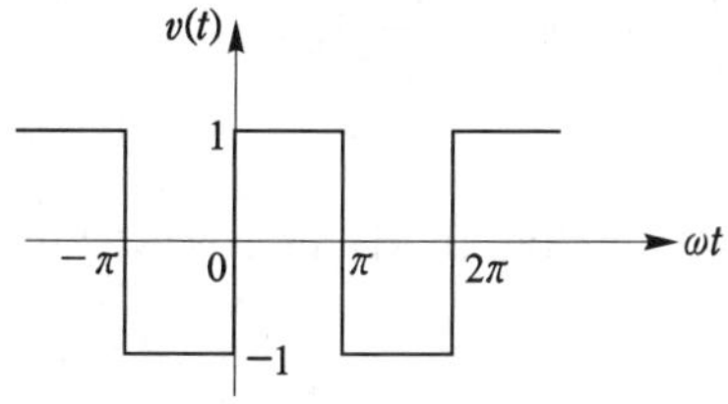

그림 10-13 사각파

|정답| $v(t) = \frac{4}{\pi}\left(\sin\omega t + \frac{1}{3}\sin 3\omega t + \frac{1}{5}\sin 5\omega t + \cdots\right)$

10-2 그림 10-14의 삼각파를 푸리에 급수로 전개하라.

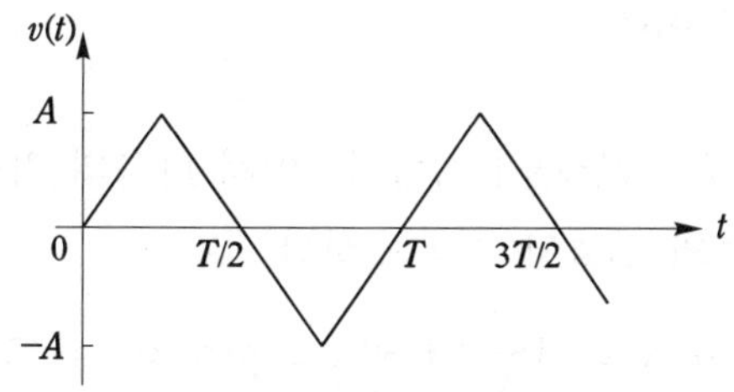

그림 10-14 삼각파

|정답| $v(t) = \frac{8A}{\pi^2}\left(\sin\omega t - \frac{1}{3^2}\sin 3\omega t + \frac{1}{5^2}\sin 5\omega t - \frac{1}{7^2}\sin 7\omega t + \cdots\right)$

10-3 그림 10-15의 전파 정류파에서 평균값 I_{av}과 실효값 I을 구하라.

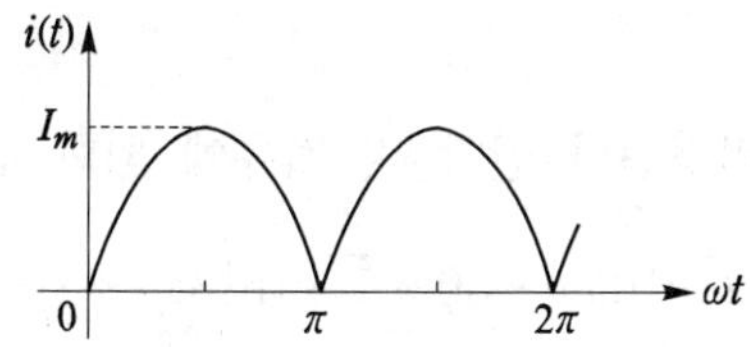

그림 10-15

|정답| $I_{av} = \frac{2}{\pi}I_m, \quad I = \frac{1}{\sqrt{2}}I_m$

10-4 그림 10-16의 삼각파에서 평균값 V_{av}과 실효값 V를 구하라.

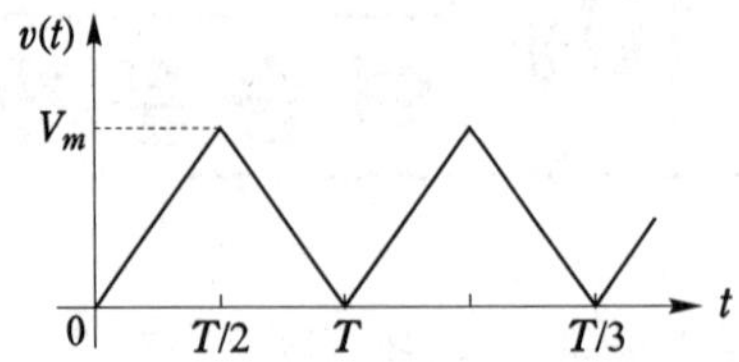

그림 10-16

|정답| $V_{av}=\frac{1}{2}V_m$, $V=\frac{1}{\sqrt{3}}V_m$

10-5 비정현파 전류 $i=30\sqrt{2}\sin\omega t+40\sqrt{2}\sin(3\omega t+45°)$[A]의 실효값 I를 구하라.

|정답| $I=50$[A]

10-6 비정현파 전압 $v=50+30\sin\omega t$[V]의 실효값 V를 구하라.

|정답| $V=54.3$[V]

10-7 전류 $i=30\sin\omega t+10\cos 3\omega t+5\sin 5\omega t$[A]인 왜형파의 왜형률을 구하라.

|정답| 왜형률 $=0.37$

10-8 $R=8$[Ω], $\omega L=2$[Ω]의 직렬회로에서 다음의 비정현파 전압을 인가하였을 때, 제 3 고조파 전류의 실효값 I를 구하라.

$$v=10+100\sqrt{2}\sin\omega t+50\sqrt{2}\sin(3\omega t+45°)+60\sqrt{2}\sin(5\omega t+30°)\text{[V]}$$

|정답| $I_3=5$[A]

10-9 $R=3$[Ω], $X_L=4$[Ω]의 직렬회로에 전압 $v=60+100\sqrt{2}\sin(\omega t-30°)$[V]를 인가할 때, 전류의 실효값 I를 구하라.

|정답| $I=28.28$[A]

10-10 다음과 같은 비정현파 전압 및 전류에 의한 전력 P를 구하라.

$$\begin{cases} v=100\sqrt{2}\sin\omega t+50\sqrt{2}\sin\left(3\omega t+\frac{\pi}{6}\right)\text{[V]} \\ i=40\sqrt{2}\sin\left(3\omega t-\frac{\pi}{6}\right)+100\sqrt{2}\sin 5\omega t\text{[A]} \end{cases}$$

|정답| $P=1$[kW]

10-11 저항 $R=5[\Omega]$에 흐르는 전류가 $i=5+14.14\sin 100t+7.07\sin 200t$[A]일 때, 저항에서 소비되는 평균전력 P를 구하라.

|정답| $P=750$[W]

10-12 단자전압 $v=20\sin\omega t+10\sin 3\omega t$[V]이고, 전류 $i=10\sin\omega t+20\sin 3\omega t$[A]인 임의의 회로에서의 역률을 구하라.

|정답| $\cos\theta=0.8$

chapter 11

4단자 회로망

지금까지 다루어온 회로해석은 2단자 회로에 전원을 접속했을 때의 전압과 전류를 해석함으로써 2단자 회로의 전기적 특성을 규명하였다. 다시 말해 2단자망에서는 입력임피던스나 입력어드미턴스 하나만으로 그 단자 특성이 규정되었으나 두 쌍의 단자를 갖는 4단자망에서 전압-전류의 관계를 규정하려면 일반적으로 한쪽 단자쌍의 전압, 전류와 다른쪽 단자쌍의 전압, 전류의 상호관계를 아는 것이 매우 중요하다. 따라서 본 장에서는 4단자망에 대한 각종 파라미터의 정의, 등가변환, 상호접속 등에 대해서 설명하기로 한다.

11.1 4단자망의 정의 및 구성

일반적으로 전기회로망은 그림 11-1과 같이 입력과 출력을 위해 각각 2개씩의 단자를 갖게 된다. 예를 들면 송전선로, 변압기의 입출력단자, 각종 전자회로의 입출력단자 등은 2개의 단자 쌍으로 이루어져 있다. 이와 같이 2개의 단자 쌍으로 이루어진 회로는 4개의 단자를 갖고 있으므로 4단자 회로망(4-terminal network)이라 한다. 4단자 회로망은 입력측이나 출력측 모두 두 단자에 유입, 유출하는 전류가 어느 순간에서나 크기가 같고 부호가 반대이어야 한다.

회로망의 내부에 능동소자(기전력)를 포함하고 있는 것을 능동 4단자망(active 4-terminal network)이라 하고 수동소자로만 구성된 것을 수동 4단자망(passive 4-terminal network)이라 한다.

4단자망의 특성은 양 단자에서의 전압, 전류 $\dot{V}_1$, $\dot{V}_2$, $\dot{I}_1$, $\dot{I}_2$의 상호관계로 표시되며 다음과 같이 ① 임피던스 파라미터 ② 어드미턴스 파라미터 ③ 전송 파라미터 ④ 하이브리드 H파라미터 ⑤ 하이브리드 G파라미터 등 다섯가지의 회로정수(parameter)가 주로 사용된다.

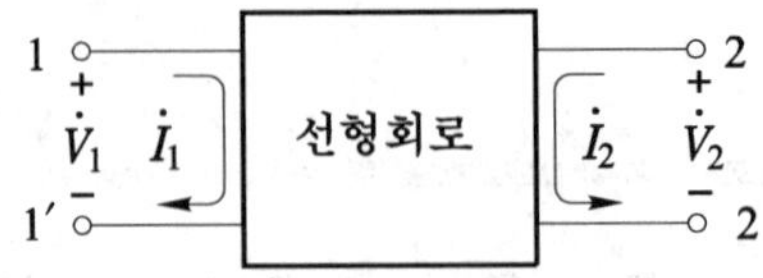

그림 11-1 4단자망

11.2 4단자 파라미터

11.2.1 임피던스 파라미터

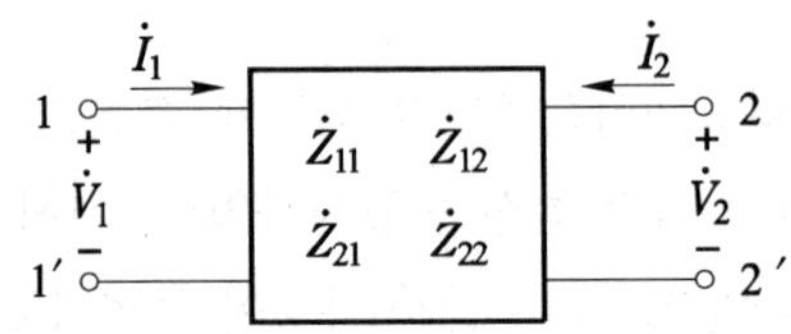

그림 11-2 임피던스 파라미터

그림 11-2와 같은 4단자망에서 키르히호프의 전압법칙을 적용하여 $\dot{V}_1$, $\dot{V}_2$를 구하면

$$\begin{aligned} \dot{V}_1 &= \dot{Z}_{11}\dot{I}_1 + \dot{Z}_{12}\dot{I}_2 \\ \dot{V}_2 &= \dot{Z}_{21}\dot{I}_1 + \dot{Z}_{22}\dot{I}_2 \end{aligned} \qquad \cdots\cdots (11.1)$$

으로 되고, 행렬식으로 표시하면 다음과 같다.

$$\begin{bmatrix} \dot{V}_1 \\ \dot{V}_2 \end{bmatrix} = \begin{bmatrix} \dot{Z}_{11} & \dot{Z}_{12} \\ \dot{Z}_{21} & \dot{Z}_{22} \end{bmatrix} \begin{bmatrix} \dot{I}_1 \\ \dot{I}_2 \end{bmatrix} \qquad \cdots\cdots (11.2)$$

여기서, $\dot{Z}_{11}$, $\dot{Z}_{12}$, $\dot{Z}_{21}$, $\dot{Z}_{22}$는 비례정수로서 임피던스 파라미터(impedance parameter)라 한다. 따라서 식 (11.2)는 임피던스 파라미터를 사용한 4단자 회로망의 기본식이 된다.

임피던스 파라미터의 값은 $\dot{I}_1$ 또는 $\dot{I}_2$를 개방하는 조건($\dot{I}_1 = 0$, $\dot{I}_2 = 0$)에 의해 구해진다.

$$\dot{Z}_{11} = \left. \frac{\dot{V}_1}{\dot{I}_1} \right|_{\dot{I}_2 = 0}$$: 단자 1－1′에서의 개방 구동점 임피던스

$$\dot{Z}_{21} = \left.\frac{\dot{V}_2}{\dot{I}_1}\right|_{\dot{I}_2=0} \quad : \text{개방 순방향 전달임피던스}$$

$$\dot{Z}_{22} = \left.\frac{\dot{V}_2}{\dot{I}_2}\right|_{\dot{I}_1=0} \quad : \text{단자 } 2-2' \text{에서의 개방 구동점 임피던스}$$

$$\dot{Z}_{12} = \left.\frac{\dot{V}_1}{\dot{I}_2}\right|_{\dot{I}_1=0} \quad : \text{개방 역방향 전달임피던스} \qquad \cdots\cdots (11.3)$$

선형회로망에서는

$$\dot{Z}_{12} = \dot{Z}_{21} \qquad \cdots\cdots (11.4)$$

의 관계가 있고, 좌우 대칭인 대칭 4단자 회로망에서는 다음의 관계가 성립한다.

$$\dot{Z}_{11} = \dot{Z}_{22} \qquad \cdots\cdots (11.5)$$

예제 11-1

그림 11-3 회로의 임피던스 파라미터를 구하라.

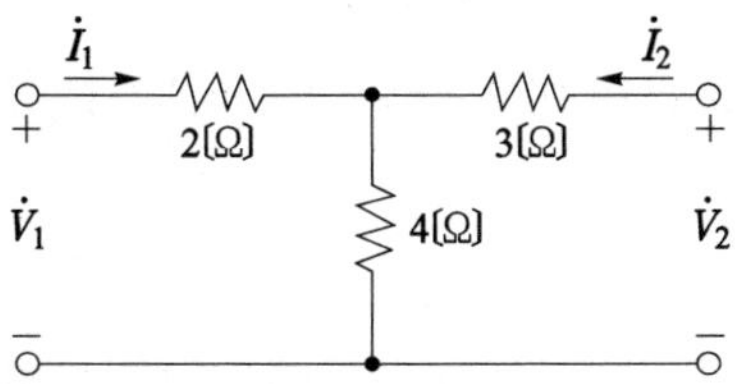

그림 11-3

| 풀이 | 전압과 전류의 방향을 그림과 같이 가정하면

$$\dot{V}_1 = \dot{Z}_{11}\dot{I}_1 + \dot{Z}_{12}\dot{I}_2$$

$$\dot{V}_2 = \dot{Z}_{21}\dot{I}_1 + \dot{Z}_{22}\dot{I}_2$$

$$\dot{Z}_{11} = \left.\frac{\dot{V}_1}{\dot{I}_1}\right|_{\dot{I}_2=0} = 2+4 = 6[\Omega]$$

$$\dot{Z}_{21} = \left.\frac{\dot{V}_2}{\dot{I}_1}\right|_{\dot{I}_2=0} \text{에서 } \dot{V}_2 = 4\dot{I}_1 \quad \therefore \dot{Z}_{21} = \dot{Z}_{12} = 4[\Omega]$$

$$\dot{Z}_{22} = \left.\frac{\dot{V}_2}{\dot{I}_2}\right|_{\dot{I}_1=0} = 3+4 = 7[\Omega]$$

11.2.2 어드미턴스 파라미터

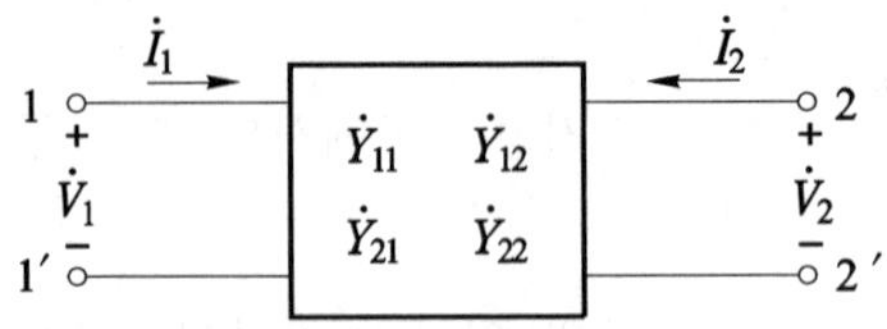

그림 11-4 어드미턴스 파라미터

그림 11-4와 같은 4단자망에서 키르히호프의 전압법칙을 적용하여 $\dot{I}_1$, $\dot{I}_2$를 구하면

$$\begin{aligned} \dot{I}_1 &= \dot{Y}_{11}\dot{V}_1 + \dot{Y}_{12}\dot{V}_2 \\ \dot{I}_2 &= \dot{Y}_{21}\dot{V}_1 + \dot{Y}_{22}\dot{V}_2 \end{aligned} \qquad \cdots\cdots (11.6)$$

으로 되고, 행렬식으로 표시하면 다음과 같다.

$$\begin{bmatrix} \dot{I}_1 \\ \dot{I}_2 \end{bmatrix} = \begin{bmatrix} \dot{Y}_{11} & \dot{Y}_{12} \\ \dot{Y}_{21} & \dot{Y}_{22} \end{bmatrix} \begin{bmatrix} \dot{V}_1 \\ \dot{V}_2 \end{bmatrix} \qquad \cdots\cdots (11.7)$$

여기서 $\dot{Y}_{11}$, $\dot{Y}_{12}$, $\dot{Y}_{21}$, $\dot{Y}_{22}$는 비례정수로서 어드미턴스 파라미터(admittance parameter)라 한다. 어드미턴스 파라미터의 값은 $\dot{V}_1$ 또는 $\dot{V}_2$를 단락하는 조건($\dot{V}_1 = 0$, $\dot{V}_2 = 0$)으로 구한다.

$$\dot{Y}_{11} = \left.\frac{\dot{I}_1}{\dot{V}_1}\right|_{\dot{V}_2 = 0} \quad : \text{단자 1-1‘에서의 단락 구동점 어드미턴스}$$

$$\dot{Y}_{21} = \left.\frac{\dot{I}_2}{\dot{V}_1}\right|_{\dot{V}_2 = 0} \quad : \text{단락 순방향 전달 어드미턴스}$$

$$\dot{Y}_{22} = \left.\frac{\dot{I}_2}{\dot{V}_2}\right|_{\dot{V}_1 = 0} \quad : \text{단자 } 2-2' \text{에서의 단락 구동점 어드미턴스}$$

$$\dot{Y}_{12} = \left.\frac{\dot{I}_1}{\dot{V}_2}\right|_{\dot{V}_1 = 0} \quad : \text{단락 역방향 전달 어드미턴스} \qquad \cdots\cdots (11.8)$$

선형회로망에서는

$$\dot{Y}_{12} = \dot{Y}_{21} \qquad \cdots\cdots (11.9)$$

의 관계가 있고, 좌우 대칭인 대칭 4단자 회로망에서는 다음의 관계가 성립한다.

$$\dot{Y}_{11} = \dot{Y}_{22} \qquad \cdots\cdots (11.10)$$

예제 11-2

그림 11-5와 같은 π형 회로망에서 어드미턴스 파라미터를 구하라.

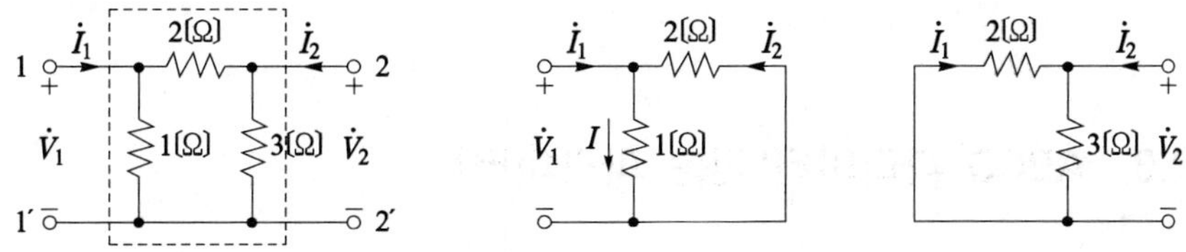

(a) (b) (c)

그림 11-5

| 풀이 | 단자 $2-2'$를 단락하면 $\dot{V}_2=0$이므로 그림 11-5(b) 회로로 되며 이로부터 $\dot{Y}_{11}$과 $\dot{Y}_{21}$을 구할 수 있다.

$$\dot{Y}_{11}=\left.\frac{\dot{I}_1}{\dot{V}_1}\right|_{\dot{V}_2=0}=\frac{\left(1+\frac{1}{2}\right)\dot{V}_1}{\dot{V}_1}=\frac{3}{2}[\mho]$$

이때 $\dot{I}_2=\dot{I}-\dot{I}_1=\dot{V}_1-\left(1+\frac{1}{2}\right)\dot{V}_1=-\frac{1}{2}\dot{V}_1$ 이므로

$$\dot{Y}_{21}=\left.\frac{\dot{I}_2}{\dot{V}_1}\right|_{\dot{V}_2=0}=\frac{-\frac{1}{2}\dot{V}_1}{\dot{V}_1}=-\frac{1}{2}[\mho]$$

또 같은 방법으로 단자 $1-1'$를 단락하면 $\dot{V}_1=0$이므로 그림 11-5(c)로부터 $\dot{Y}_{22}$, $\dot{Y}_{12}$를 구하면

$$\dot{Y}_{22}=\left.\frac{\dot{I}_2}{\dot{V}_2}\right|_{\dot{V}_1=0}=\frac{\left(\frac{1}{3}+\frac{1}{2}\right)\dot{V}_2}{\dot{V}_2}=\frac{5}{6}[\mho]$$

$$\dot{Y}_{12}=\left.\frac{\dot{I}_1}{\dot{V}_2}\right|_{\dot{V}_1=0}=\frac{-\frac{1}{2}\dot{V}_2}{\dot{V}_2}=-\frac{1}{2}[\mho]$$

예제 11-3

그림 11-6(a)와 같은 4단자 회로에서 어드미턴스 파라미터 중 $\dot{Y}_{11}$을 구하라.

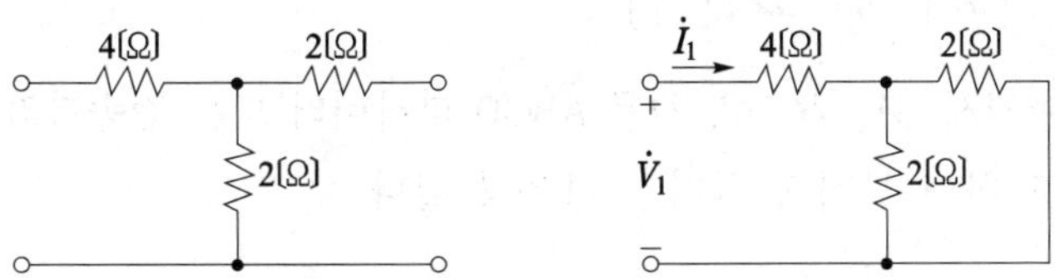

(a) (b)

그림 11-6

| 풀이 | $\dot{Y}_{11}=\left.\frac{\dot{I}_1}{\dot{V}_1}\right|_{\dot{V}_2=0}$ 이므로 $V_2=0$으로 하면 그림 11-6(b)와 같이 된다.

$$\dot{I}_1 = \frac{\dot{V}_1}{4 + \frac{2 \cdot 2}{2+2}} = \frac{\dot{V}_1}{5} \qquad \therefore \dot{Y}_{11} = \frac{\dot{I}_1}{\dot{V}_1} = \frac{1}{5}[\mho]$$

11.2.3 ABCD 파라미터(전송 파라미터)

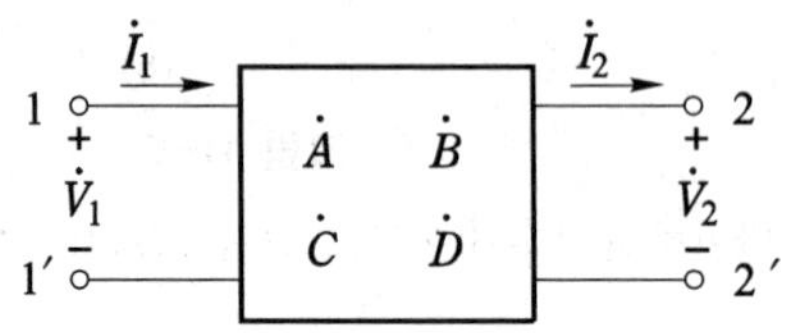

그림 11-7 *ABCD* 파라미터

신호 전송등의 문제를 다룰 때에는 2차측 전류의 기준방향을 그림 그림 11-7과 같이 취하는 것이 편리하다. 어드미턴스 파라미터와 비교하면 2차측 전류의 기준방향만 바뀐 상태이므로 $\dot{I}_1$, $\dot{I}_2$의 식으로 나타낸 어드미턴스 파라미터의 식에서 $\dot{I}_2$ 전류 방향만 바꾸면 식은 같아진다.

$$\begin{aligned} \dot{I}_1 &= \dot{Y}_{11}\dot{V}_1 + \dot{Y}_{12}\dot{V}_2 \\ -\dot{I}_2 &= \dot{Y}_{21}\dot{V}_1 + \dot{Y}_{22}\dot{V}_2 \end{aligned} \qquad \cdots\cdots (11.11)$$

이 식을 $\dot{V}_1$과 $\dot{I}_1$에 대해 정리하면

$$\begin{aligned} \dot{V}_1 &= \dot{A}\dot{V}_2 + \dot{B}\dot{I}_2 \\ \dot{I}_1 &= \dot{C}\dot{V}_2 + \dot{D}\dot{I}_2 \end{aligned} \qquad \cdots\cdots (11.12)$$

또는

$$\begin{bmatrix} \dot{V}_1 \\ \dot{I}_1 \end{bmatrix} = \begin{bmatrix} \dot{A} & \dot{B} \\ \dot{C} & \dot{D} \end{bmatrix} \begin{bmatrix} \dot{V}_2 \\ \dot{I}_2 \end{bmatrix} \qquad \cdots\cdots (11.13)$$

가 된다. 여기서, $\dot{A}$, $\dot{B}$, $\dot{C}$, $\dot{D}$를 ABCD 파라미터 또는 전송파라미터(transmission parameter)라고 하며 물리적 의미는 다음과 같다.

$$\dot{A} = \left.\frac{\dot{V}_1}{\dot{V}_2}\right|_{\dot{I}_2 = 0}$$: 개방 역방향 전압 이득

$$\dot{B} = \left.\frac{\dot{V}_1}{\dot{I}_2}\right|_{\dot{V}_2 = 0}$$: 단락 역방향 전달 임피던스

$$\dot{C} = \left. \frac{\dot{I}_1}{\dot{V}_2} \right|_{\dot{I}_2 = 0} \quad : \text{개방 역방향 전달 어드미턴스}$$

$$\dot{D} = \left. \frac{\dot{I}_1}{\dot{I}_2} \right|_{\dot{V}_2 = 0} \quad : \text{단락 역방향 전류 이득} \qquad \cdots\cdots (11.14)$$

그리고 $\dot{A}$, $\dot{B}$, $\dot{C}$, $\dot{D}$ 파라미터 사이에는 다음의 관계가 성립한다.

$$\begin{vmatrix} \dot{A} & \dot{B} \\ \dot{C} & \dot{D} \end{vmatrix} = \dot{A}\dot{D} - \dot{B}\dot{C} = 1 \qquad \cdots\cdots (11.15)$$

대칭 4단망의 경우는 다음의 관계로 된다.

$$\dot{A} = \dot{D} \qquad \cdots\cdots (11.16)$$

또한 전송파라미터와 다른 파라미터간의 관계를 정리하면 다음과 같다.

$$\dot{A} = \frac{\dot{Z}_{11}}{\dot{Z}_{21}} = -\frac{\dot{Y}_{22}}{\dot{Y}_{21}}$$

$$\dot{B} = \frac{-|\dot{Z}|}{\dot{Z}_{21}} = \frac{1}{\dot{Y}_{21}}$$

$$\dot{C} = \frac{1}{\dot{Z}_{21}} = -\frac{|\dot{Y}_{22}|}{\dot{Y}_{21}}$$

$$\dot{D} = \frac{-\dot{Z}_{22}}{\dot{Z}_{21}} = \frac{\dot{Y}_{11}}{\dot{Y}_{21}} \qquad \cdots\cdots (11.17)$$

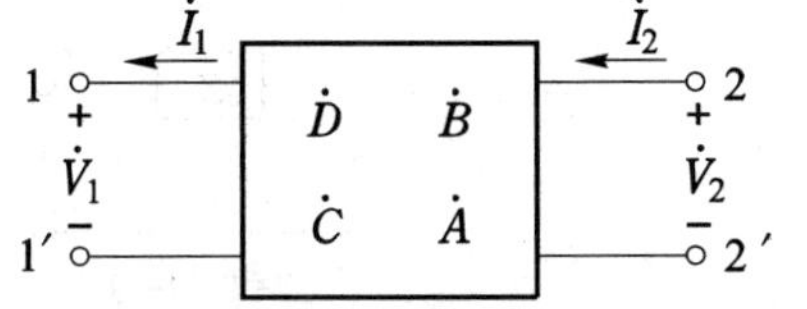

그림 11-8 입·출력을 교환한 경우

한편 그림 11-8과 같이 입력단자와 출력단자를 서로 교환한 경우는 $\dot{V}_2$와 $\dot{I}_2$의 식으로 나타낸다.

$$\dot{V}_2 = \dot{D}\dot{V}_1 + \dot{B}\dot{I}_1$$

$$\dot{I}_2 = \dot{C}\dot{V}_1 + \dot{A}\dot{I}_1 \qquad \cdots\cdots (11.18)$$

또한 행렬식으로 나타내면 다음의 관계가 성립한다.

$$\begin{bmatrix} \dot{V}_2 \\ \dot{I}_2 \end{bmatrix} = \begin{bmatrix} \dot{D} & \dot{B} \\ \dot{C} & \dot{A} \end{bmatrix} \begin{bmatrix} \dot{V}_1 \\ \dot{I}_1 \end{bmatrix} \qquad \cdots\cdots \ (11.19)$$

표 11-1

4단자 상수 / 회로의 종류	$\dot{A}$	$\dot{B}$	$\dot{C}$	$\dot{D}$
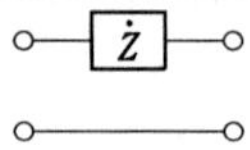	1	$\dot{Z}$	0	1
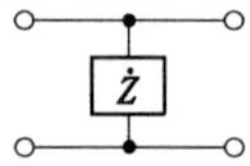	1	0	$\frac{1}{\dot{Z}}$	1
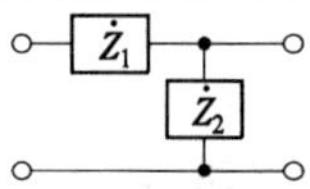	$1+\frac{\dot{Z}_1}{\dot{Z}_2}$	$\dot{Z}_1$	$\frac{1}{\dot{Z}_2}$	1
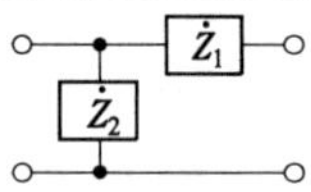	1	$\dot{Z}_1$	$\frac{1}{\dot{Z}_2}$	$1+\frac{\dot{Z}_1}{\dot{Z}_2}$
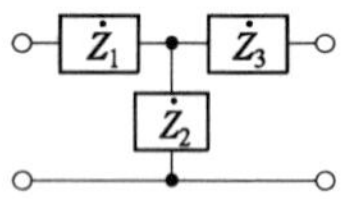	$1+\frac{\dot{Z}_1}{\dot{Z}_2}$	$\frac{\dot{Z}_1\dot{Z}_2+\dot{Z}_2\dot{Z}_3+\dot{Z}_3\dot{Z}_1}{\dot{Z}_2}$	$\frac{1}{\dot{Z}_2}$	$1+\frac{\dot{Z}_3}{\dot{Z}_2}$
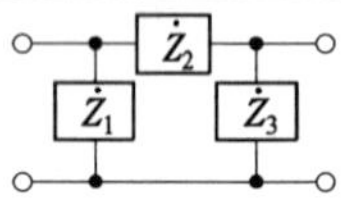	$1+\frac{\dot{Z}_3}{\dot{Z}_2}$	$\dot{Z}_2$	$\frac{\dot{Z}_1+\dot{Z}_2+\dot{Z}_3}{\dot{Z}_1\dot{Z}_3}$	$1+\frac{\dot{Z}_2}{\dot{Z}_1}$

예제 11-4

그림 11-9와 같은 4단자 회로의 4단자 정수 $\dot{A}$, $\dot{B}$, $\dot{C}$, $\dot{D}$를 구하라.

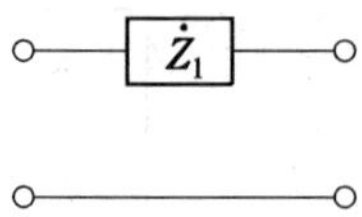

그림 11-9

| 풀이 | $\dot{A}=\left.\frac{\dot{V}_1}{\dot{V}_2}\right|_{\dot{I}_2=0}=1, \qquad \dot{B}=\left.\frac{\dot{V}_1}{\dot{I}_2}\right|_{\dot{V}_2=0}=\dot{Z}_1$

$\dot{C}=\left.\frac{\dot{I}_1}{\dot{V}_2}\right|_{\dot{I}_2=0}=0, \qquad \dot{D}=\left.\frac{\dot{I}_1}{\dot{I}_2}\right|_{\dot{V}_2=0}=1$

$$\begin{bmatrix} \dot{A} & \dot{B} \\ \dot{C} & \dot{D} \end{bmatrix} = \begin{bmatrix} 1 & \dot{Z}_1 \\ 0 & 1 \end{bmatrix}$$

예제 11-5

그림 11-10과 같은 회로의 4단자 정수 $\dot{A}$, $\dot{B}$, $\dot{C}$, $\dot{D}$를 구하라.

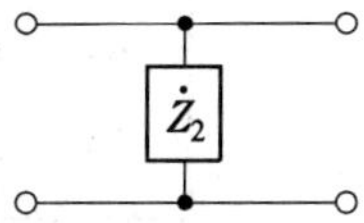

그림 11-10

|풀이|

$$\dot{A}=\left.\frac{\dot{V}_1}{\dot{V}_2}\right|_{\dot{I}_2=0}=1\,,\qquad \dot{B}=\left.\frac{\dot{V}_1}{\dot{I}_2}\right|_{\dot{V}_2=0}=0$$

$$\dot{C}=\left.\frac{\dot{I}_1}{\dot{V}_2}\right|_{\dot{I}_2=0}=\frac{1}{\dot{Z}_2}\,,\qquad \dot{D}=\left.\frac{\dot{I}_1}{\dot{I}_2}\right|_{\dot{V}_2=0}=1$$

$$\begin{bmatrix}\dot{A} & \dot{B}\\ \dot{C} & \dot{D}\end{bmatrix}=\begin{bmatrix}1 & 0\\ \dfrac{1}{\dot{Z}_2} & 1\end{bmatrix}$$

예제 11-6

그림 11-11과 같은 회로의 4단자 정수 $\dot{A}$, $\dot{B}$, $\dot{C}$, $\dot{D}$를 구하라.

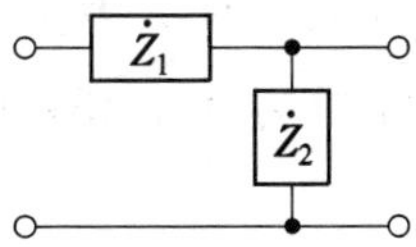

그림 11-11

|풀이| 그림 11-9 회로와 그림 11-10 회로를 직렬 접속하였으므로

$$\begin{bmatrix}\dot{A} & \dot{B}\\ \dot{C} & \dot{D}\end{bmatrix}=\begin{bmatrix}1 & \dot{Z}_1\\ 0 & 1\end{bmatrix}\begin{bmatrix}1 & 0\\ \dfrac{1}{\dot{Z}_2} & 1\end{bmatrix}=\begin{bmatrix}1+\dfrac{\dot{Z}_1}{\dot{Z}_2} & \dot{Z}_1\\ \dfrac{1}{\dot{Z}_2} & 1\end{bmatrix}$$

11.2.4 하이브리드 파라미터

4단자망에서 입력단자의 전압 $\dot{V}_1$, 전류 $\dot{I}_1$과 출력단자의 전압 $\dot{V}_2$, 전류 $\dot{I}_2$ 중 한 쪽 단자 전압과 다른 쪽 단자의 전류를 나머지 두 변수로 나타내는 방식을 하이브리드 파라미터(hybrid parameter)라고하며, 1, 2차 전압과 전류의 조합방법에 따라 H 파라미터와 G 파라미터로 구분된다.

(1) 하이브리드 H 파라미터

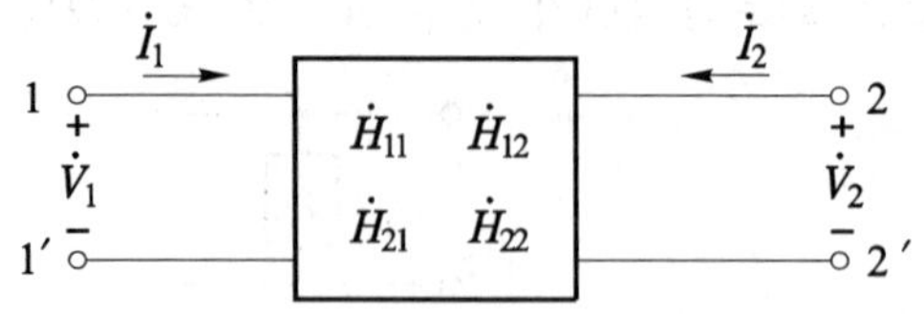

그림 11-12 하이브리드 H 파라미터

하이브리드 H 파라미터는 그림 11-12에서 $\dot{V}_1$과 $\dot{I}_2$를 $\dot{I}_1$과 $\dot{V}_2$에 관한 식으로 나타내는 4단자 정수로서

$$\dot{V}_1 = \dot{H}_{11}\dot{I}_1 + \dot{H}_{12}\dot{V}_2$$
$$\dot{I}_2 = \dot{H}_{21}\dot{I}_1 + \dot{H}_{22}\dot{V}_2 \quad \cdots\cdots (11.20)$$

또는

$$\begin{bmatrix} \dot{V}_1 \\ \dot{I}_2 \end{bmatrix} = \begin{bmatrix} \dot{H}_{11} & \dot{H}_{12} \\ \dot{H}_{21} & \dot{H}_{22} \end{bmatrix} \begin{bmatrix} \dot{I}_1 \\ \dot{V}_2 \end{bmatrix} \quad \cdots\cdots (11.21)$$

와 같이 나타낸다. 여기서 $\dot{H}_{11}$, $\dot{H}_{12}$, $\dot{H}_{21}$, $\dot{H}_{22}$를 하이브리드 H 파라미터(hybrid H parameter)라 한다. 하이브리드 H 파라미터의 물리적 의미는 다음과 같다.

$$\dot{H}_{11} = \left.\frac{\dot{V}_1}{\dot{I}_1}\right|_{\dot{V}_2=0} \quad : \text{단락 입력 임피던스}$$

$$\dot{H}_{21} = \left.\frac{\dot{I}_2}{\dot{I}_1}\right|_{\dot{V}_2=0} \quad : \text{단락 순방향 전류 이득}$$

$$\dot{H}_{22} = \left.\frac{\dot{I}_2}{\dot{V}_2}\right|_{\dot{I}_1=0} \quad : \text{개방 출력 어드미턴스}$$

$$\dot{H}_{12} = \left.\frac{\dot{V}_1}{\dot{V}_2}\right|_{\dot{I}_1=0} \quad : \text{개방 역방향 전압 이득} \quad \cdots\cdots (11.22)$$

$\dot{H}$ 파라미터와 $\dot{A}\dot{B}\dot{C}\dot{D}$ 파라미터의 각 정수 사이에는

$$\dot{H}_{11} = \frac{\dot{B}}{\dot{D}}, \quad \dot{H}_{12} = \frac{1}{\dot{D}}, \quad \dot{H}_{21} = -\frac{1}{\dot{D}}, \quad \dot{H}_{22} = \frac{\dot{C}}{\dot{D}}$$

의 관계가 있다.

(2) 하이브리드 G 파라미터

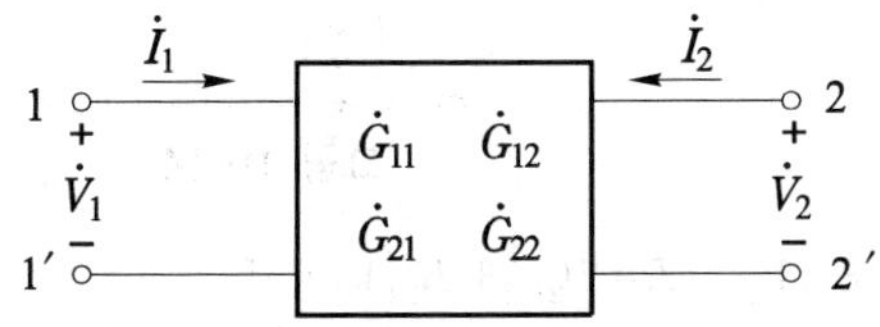

그림 11-13 하이브리드 G 파라미터

하이브리드 G 파라미터는 그림 11-13에서 $\dot{I}_1$과 $\dot{V}_2$를 $\dot{V}_1$과 $\dot{I}_2$에 관한 식으로 나타내는 4단자 정수이며 그 기본식은

$$\begin{aligned}\dot{I}_1 &= \dot{G}_{11}\dot{V}_1 + \dot{G}_{12}\dot{I}_2 \\ \dot{V}_2 &= \dot{G}_{21}\dot{V}_1 + \dot{G}_{22}\dot{I}_2\end{aligned} \quad \cdots\cdots (11.23)$$

또는

$$\begin{bmatrix}\dot{I}_1 \\ \dot{V}_2\end{bmatrix} = \begin{bmatrix}\dot{G}_{11} & \dot{G}_{12} \\ \dot{G}_{21} & \dot{G}_{22}\end{bmatrix}\begin{bmatrix}\dot{V}_1 \\ \dot{I}_2\end{bmatrix} \quad \cdots\cdots (11.24)$$

와 같이 나타낸다. 여기서 $\dot{G}_{11}$, $\dot{G}_{12}$, $\dot{G}_{21}$, $\dot{G}_{22}$를 하이브리드 G 파라미터(hybrid G parameter)라 한다. 하이브리드 G 파라미터의 물리적 의미는 다음과 같다.

$$\dot{G}_{11} = \left.\frac{\dot{I}_1}{\dot{V}_1}\right|_{\dot{I}_2=0} \quad : \text{개방 입력 어드미턴스}$$

$$\dot{G}_{21} = \left.\frac{\dot{V}_2}{\dot{V}_1}\right|_{\dot{I}_2=0} \quad : \text{개방 순방향 전압이득}$$

$$\dot{G}_{22} = \left.\frac{\dot{V}_2}{\dot{I}_2}\right|_{\dot{V}_1=0} \quad : \text{단락 출력 임피던스}$$

$$\dot{G}_{12} = \left.\frac{\dot{I}_1}{\dot{I}_2}\right|_{\dot{V}_1=0} \quad : \text{단락 역방향 전류이득} \quad \cdots\cdots (11.25)$$

하이브리드 H행렬($[H]$)과 G행렬($[G]$) 사이에는 다음의 관계가 있다.

$$[G][H] = [1] = [U] \quad \cdots\cdots (1126)$$

예제 11-7

그림 11-14와 같은 4단자 회로망에서 하이브리드 파라미터 $\dot{H}_{11}$를 구하라.

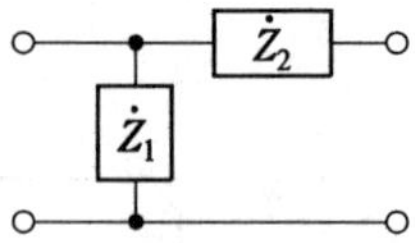

그림 11-14

| 풀이 | $\dot{V}_1 = \dot{H}_{11}\dot{I}_1 + \dot{H}_{12}\dot{V}_2$, $\dot{I}_2 = \dot{H}_{21}\dot{I}_1 + \dot{H}_{22}\dot{V}_2$에서

$$\dot{H}_{11} = \left.\frac{\dot{V}_1}{\dot{I}_1}\right|_{\dot{V}_2=0} = \frac{\dfrac{\dot{Z}_1\dot{Z}_2}{\dot{Z}_1+\dot{Z}_2}\cdot\dot{I}_1}{\dot{I}_1} = \frac{\dot{Z}_1\dot{Z}_2}{\dot{Z}_1+\dot{Z}_2}$$

11.3 4단자 회로망의 접속

11.3.1 직렬접속

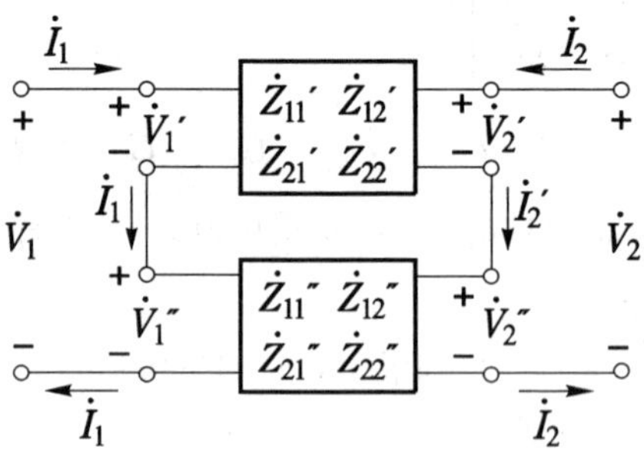

그림 11-15 직렬접속회로

4단자 회로망을 직렬로 접속하는 경우에는 Z 파라미터를 사용하는 것이 편리하다. 그림 11-15의 직렬접속에서 Z 파라미터로 나타내면

$$\begin{aligned}
\dot{V}_1' &= \dot{Z}_{11}'\dot{I}_1 + \dot{Z}_{12}'\dot{I}_2 \\
\dot{V}_2' &= \dot{Z}_{21}'\dot{I}_1 + \dot{Z}_{22}'\dot{I}_2 \\
\dot{V}_1'' &= \dot{Z}_{11}''\dot{I}_1 + \dot{Z}_{12}''\dot{I}_2 \\
\dot{V}_2'' &= \dot{Z}_{21}''\dot{I}_1 + \dot{Z}_{22}''\dot{I}_2
\end{aligned} \quad \cdots\cdots (11.27)$$

그러므로

$$\begin{aligned}
\dot{V}_1 &= \dot{V}_1' + \dot{V}_1'' = (\dot{Z}_{11}' + \dot{Z}_{11}'')\dot{I}_1 + (\dot{Z}_{12}' + \dot{Z}_{12}'')\dot{I}_2 \\
\dot{V}_2 &= \dot{V}_2' + \dot{V}_2'' = (\dot{Z}_{21}' + \dot{Z}_{21}'')\dot{I}_1 + (\dot{Z}_{22}' + \dot{Z}_{22}'')\dot{I}_2
\end{aligned} \quad \cdots\cdots (11.28)$$

따라서 합성 $\dot{Z}$ 파라미터는 다음 식으로 된다.

$$\dot{Z}_{11} = \dot{Z}_{11}' + \dot{Z}_{11}'', \qquad \dot{Z}_{12} = \dot{Z}_{12}' + \dot{Z}_{12}''$$
$$\dot{Z}_{21} = \dot{Z}_{21}' + \dot{Z}_{21}'', \qquad \dot{Z}_{22} = \dot{Z}_{22}' + \dot{Z}_{22}'' \quad \cdots\cdots (11.29)$$

11.3.2 병렬접속

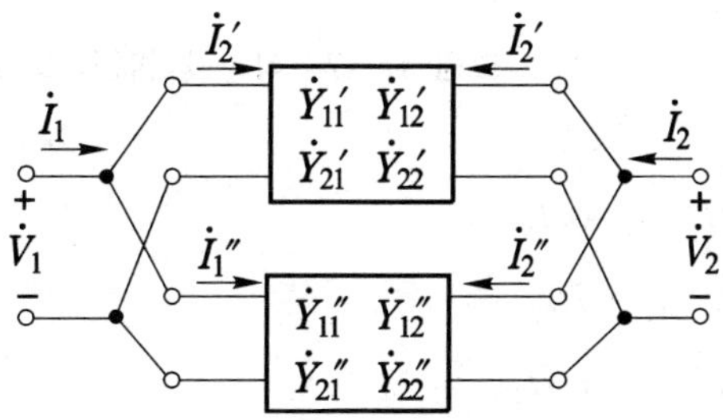

그림 11-16 병렬접속회로

4단자 회로망의 병렬접속에는 그림 11-16과 같이 Y 파라미터가 사용된다.

$$\dot{I}_1' = \dot{Y}_{11}' \dot{V}_1 + \dot{Y}_{12}' \dot{V}_2$$
$$\dot{I}_2' = \dot{Y}_{21}' \dot{V}_1 + \dot{Y}_{22}' \dot{V}_2$$
$$\dot{I}_1'' = \dot{Y}_{11}'' \dot{V}_1 + \dot{Y}_{12}'' \dot{V}_2$$
$$\dot{I}_2'' = \dot{Y}_{21}'' \dot{V}_1 + \dot{Y}_{22}'' \dot{V}_2 \quad \cdots\cdots (11.30)$$

이므로, 전체 전류 $\dot{I}$는 각 회로망 전류의 합으로 구한다.

$$\dot{I}_1 = \dot{I}_1' + \dot{I}_1'' = (\dot{Y}_{11}' + \dot{Y}_{11}'')\dot{V}_1 + (\dot{Y}_{12}' + \dot{Y}_{12}'')\dot{V}_2$$
$$\dot{I}_2 = \dot{I}_2' + \dot{I}_2'' = (\dot{Y}_{21}' + \dot{Y}_{21}'')\dot{V}_1 + (\dot{Y}_{22}' + \dot{Y}_{22}'')\dot{V}_2 \quad \cdots\cdots (11.31)$$

따라서 합성 Y 파라미터는 다음과 같다.

$$\dot{Y}_{11} = \dot{Y}_{11}' + \dot{Y}_{11}''$$
$$\dot{Y}_{12} = \dot{Y}_{12}' + \dot{Y}_{12}''$$
$$\dot{Y}_{21} = \dot{Y}_{21}' + \dot{Y}_{21}''$$
$$\dot{Y}_{22} = \dot{Y}_{22}' + \dot{Y}_{22}'' \quad \cdots\cdots (11.32)$$

11.3.3 직렬-병렬접속

그림 11-17과 같이 입력측이 직렬, 출력측이 병렬로 접속된 경우에는 하이브리드 H파라미터를 사용한다.

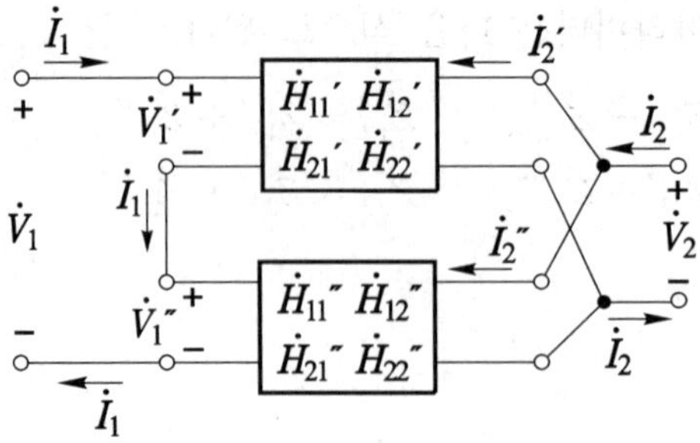

그림 11-17 직렬-병렬접속회로

$$
\begin{aligned}
\dot{V}_1' &= \dot{H}_{11}'\dot{I}_1 + \dot{H}_{12}'\dot{V}_2 \\
\dot{I}_2' &= \dot{H}_{21}'\dot{I}_1 + \dot{H}_{22}'\dot{V}_2 \\
\dot{V}_1'' &= \dot{H}_{11}''\dot{I}_1 + \dot{H}_{12}''\dot{V}_2 \\
\dot{I}_2'' &= \dot{H}_{21}''\dot{I}_1 + \dot{H}_{22}''\dot{V}_2
\end{aligned}
\qquad \cdots\cdots (11.33)
$$

그러므로

$$
\begin{aligned}
\dot{V}_1 &= \dot{V}_1' + \dot{V}_1'' = (\dot{H}_{11}' + \dot{H}_{11}'')\dot{I}_1 + (\dot{H}_{12}' + \dot{H}_{12}'')\dot{V}_2 \\
\dot{I}_2 &= \dot{I}_2' + \dot{I}_2'' = (\dot{H}_{21}' + \dot{H}_{21}'')\dot{I}_1 + (\dot{H}_{22}' + \dot{H}_{22}'')\dot{V}_2
\end{aligned}
\qquad \cdots\cdots (11.34)
$$

따라서 합성 H 파라미터는 다음과 같다.

$$
\begin{aligned}
\dot{H}_{11} &= \dot{H}_{11}' + \dot{H}_{11}'' \\
\dot{H}_{12} &= \dot{H}_{12}' + \dot{H}_{12}'' \\
\dot{H}_{21} &= \dot{H}_{21}' + \dot{H}_{21}'' \\
\dot{H}_{22} &= \dot{H}_{22}' + \dot{H}_{22}''
\end{aligned}
\qquad \cdots\cdots (11.35)
$$

11.3.4 병렬-직렬접속

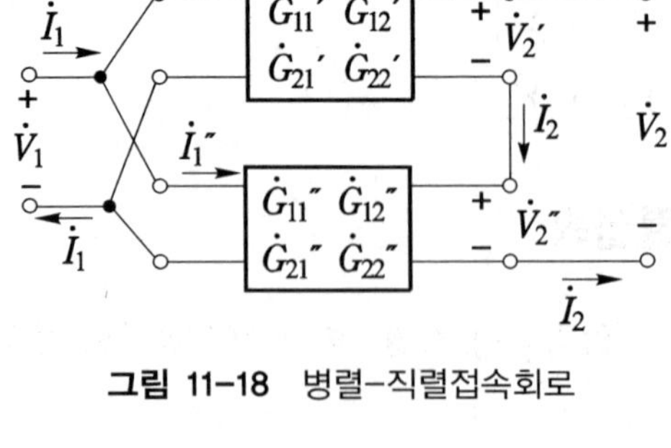

그림 11-18 병렬-직렬접속회로

그림 11-18과 같이 입력측이 병렬, 출력측이 직렬로 접속된 경우에는 하이브리드 G파라미터를 사용한다.

$$\dot{I}_1' = \dot{G}_{11}'\dot{V}_1 + \dot{G}_{12}'\dot{I}_2$$
$$\dot{V}_2' = \dot{G}_{21}'\dot{V}_1 + \dot{G}_{22}'\dot{I}_2$$
$$\dot{I}_1'' = \dot{G}_{11}''\dot{V}_1 + \dot{G}_{12}''\dot{I}_2$$
$$\dot{V}_2'' = \dot{G}_{21}''\dot{V}_1 + \dot{G}_{22}''\dot{I}_2 \quad \cdots\cdots (11.36)$$

그러므로

$$\dot{I}_1 = \dot{I}_1' + \dot{I}_1'' = (\dot{G}_{11}' + \dot{G}_{11}'')\dot{V}_1 + (\dot{G}_{12}' + \dot{G}_{12}'')\dot{I}_2$$
$$\dot{V}_2 = \dot{V}_2' + \dot{V}_2'' = (\dot{G}_{21}' + \dot{G}_{21}'')\dot{V}_1 + (\dot{G}_{22}' + \dot{G}_{22}'')\dot{I}_2 \quad \cdots\cdots (11.37)$$

그러므로 합성 G 파라미터는 다음과 같다.

$$\dot{G}_{11} = \dot{G}_{11}' + \dot{G}_{11}''$$
$$\dot{G}_{12} = \dot{G}_{12}' + \dot{G}_{12}''$$
$$\dot{G}_{21} = \dot{G}_{21}' + \dot{G}_{21}''$$
$$\dot{G}_{22} = \dot{G}_{22}' + \dot{G}_{22}'' \quad \cdots\cdots (11.38)$$

11.3.5 종속접속

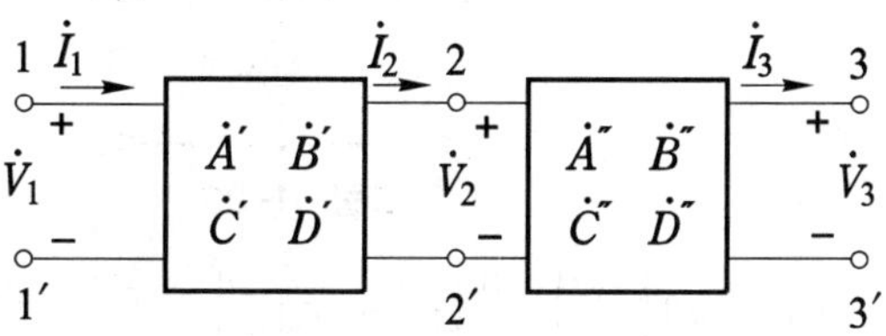

그림 11-19 종속접속

종속접속은 그림 11-19와 같이 4단자 회로망이 일렬로 접속된 방식을 말한다. 종속접속 시에는 입·출력 전류방향이 같아야 하므로 이 경우에는 $\dot{A}\dot{B}\dot{C}\dot{D}$ 파라미터를 사용한다.

$$\dot{V}_1 = \dot{A}'\dot{V}_2 + \dot{B}'\dot{I}_2$$
$$\dot{I}_1 = \dot{C}'\dot{V}_2 + \dot{D}'\dot{I}_2$$
$$\dot{V}_2 = \dot{A}''\dot{V}_3 + \dot{B}''\dot{I}_3$$
$$\dot{I}_2 = \dot{C}''\dot{V}_3 + \dot{D}''\dot{I}_3 \quad \cdots\cdots (11.39)$$

여기서, $\dot{V}_2$, $\dot{I}_2$를 소거하면 다음 식으로 된다.

$$\begin{aligned} \dot{V}_1 &= (\dot{A}'\dot{A}'' + \dot{B}'\dot{C}'')\dot{V}_3 + (\dot{A}'\dot{B}'' + \dot{B}'\dot{D}'')\dot{I}_3 \\ \dot{I}_1 &= (\dot{C}'\dot{A}'' + \dot{D}'\dot{C}'')\dot{V}_3 + (\dot{C}'\dot{B}'' + \dot{D}'\dot{D}'')\dot{I}_3 \end{aligned} \quad \cdots\cdots (11.40)$$

그러므로 종속접속 4단자망의 합성 $\dot{A}\dot{B}\dot{C}\dot{D}$ 파라미터는 다음 식으로 된다.

$$\begin{aligned} \dot{A} &= \dot{A}'\dot{A}'' + \dot{B}'\dot{C}'' \\ \dot{B} &= \dot{A}'\dot{B}'' + \dot{B}'\dot{D}'' \\ \dot{C} &= \dot{C}'\dot{A}'' + \dot{D}'\dot{C}'' \\ \dot{D} &= \dot{C}'\dot{B}'' + \dot{D}'\dot{D}'' \end{aligned} \quad \cdots\cdots (11.41)$$

또한 행렬식으로 나타내면 다음과 같다.

$$\begin{bmatrix} \dot{A} & \dot{B} \\ \dot{C} & \dot{D} \end{bmatrix} = \begin{bmatrix} \dot{A}' & \dot{B}' \\ \dot{C}' & \dot{D}' \end{bmatrix} \begin{bmatrix} \dot{A}'' & \dot{B}'' \\ \dot{C}'' & \dot{D}'' \end{bmatrix} \quad \cdots\cdots (11.42)$$

따라서 두 4단자망을 종속접속한 경우의 합성 $\dot{A}\dot{B}\dot{C}\dot{D}$ 파라미터는 각 4단자망 $\dot{A}\dot{B}\dot{C}\dot{D}$ 파라미터 행렬의 곱으로 표시됨을 알 수 있다.

예제 11-8

그림 11-20과 같은 T형 4단자망의 전송파라미터를 구하라.

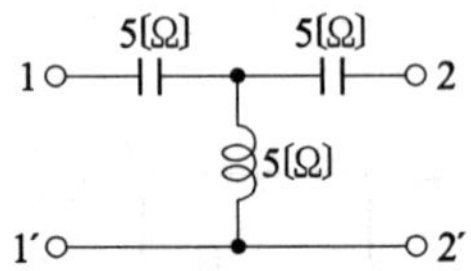

그림 11-20

| 풀이 | $\begin{bmatrix} \dot{A} & \dot{B} \\ \dot{C} & \dot{D} \end{bmatrix} = \begin{bmatrix} 1 & -j5 \\ 0 & 1 \end{bmatrix} \begin{bmatrix} 1 & 0 \\ -j\frac{1}{5} & 1 \end{bmatrix} \begin{bmatrix} 1 & -j5 \\ 0 & 1 \end{bmatrix} = \begin{bmatrix} 0 & -j5 \\ -j\frac{1}{5} & 0 \end{bmatrix}$

11.4 영상 파라미터

11.4.1 영상 임피던스

지금까지 취급한 4단자 회로망은 외부 임피던스에 대한 고려 없이 입력측과 출력측에 대한 전압, 전류만으로 회로를 해석하였다. 그러나 그림 11-21과 같이 외부 단자에 임피던스가 연결된 경우 영상 파라미터를 도입하여 해석할 수 있다.

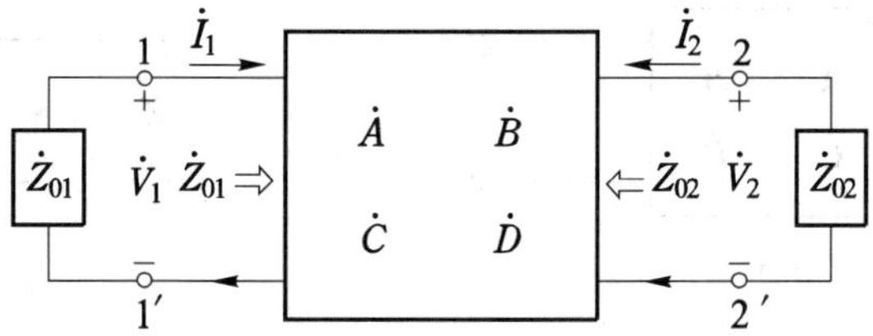

그림 11-21 영상 4단자망

입력단자 $1-1'$에 $\dot{Z}_{01}$을 접속하고 출력단자 $2-2'$에 임피던스 $\dot{Z}_{02}$를 연결한 경우, 입력단자 $1-1'$에서 좌측이나 우측으로 본 임피던스가 다 같이 $\dot{Z}_{01}$이 되고 또한 출력단자 $2-2'$에서 좌, 우측으로 본 임피던스가 $\dot{Z}_{02}$가 된다면 이 두 임피던스를 4단자망의 영상 임피던스(image impedance)라 한다.

그리고 이러한 상태를 입·출력에 대해 임피던스가 정합(impedance matching)되었다고 한다. 단자 $1-1'$에서의 임피던스 $\dot{Z}_{01}$은 다음 식으로 된다.

$$\dot{Z}_{01}=\frac{\dot{V}_1}{\dot{I}_1}=\frac{\dot{A}\dot{V}_2+\dot{B}\dot{I}_2}{\dot{C}\dot{V}_2+\dot{D}\dot{I}_2} \qquad \cdots\cdots (11.43)$$

여기서, $\dot{V}_2=\dot{Z}_{02}\dot{I}_2$이므로 다음과 같이 바꾸어 쓸 수 있다.

$$\dot{Z}_{01}=\frac{\dot{A}\dot{Z}_{02}\dot{I}_2+\dot{B}\dot{I}_2}{\dot{C}\dot{Z}_{02}\dot{I}_2+\dot{D}\dot{I}_2}=\frac{\dot{A}\dot{Z}_{02}+\dot{B}}{\dot{C}\dot{Z}_{02}+\dot{D}} \qquad \cdots\cdots (11.44)$$

또한 $2-2'$를 입력단으로 했을 때의 임피던스 $\dot{Z}_{02}$는 다음 식으로 된다.

$$\dot{Z}_{02}=\frac{\dot{V}_2}{\dot{I}_2}=\frac{\dot{D}\dot{V}_1+\dot{B}\dot{I}_1}{\dot{C}\dot{V}_1+\dot{A}\dot{I}_1} \qquad \cdots\cdots (11.45)$$

$\dot{V}_1=\dot{Z}_{01}\dot{I}_1$ 이므로 다음과 같이 된다.

$$\dot{Z}_{02}=\frac{\dot{D}\dot{Z}_{01}\dot{I}_1+\dot{B}\dot{I}_1}{\dot{C}\dot{Z}_{01}\dot{I}_1+\dot{A}\dot{I}_1}=\frac{\dot{D}\dot{Z}_{01}+\dot{B}}{\dot{C}\dot{Z}_{01}+\dot{A}} \qquad \cdots\cdots (11.46)$$

앞의 두 식을 $\dot{Z}_{01}$, $\dot{Z}_{02}$에 대해 풀면 다음과 같다.

$$\dot{Z}_{01}=\sqrt{\frac{\dot{A}\dot{B}}{\dot{C}\dot{D}}}, \quad \dot{Z}_{02}=\sqrt{\frac{\dot{D}\dot{B}}{\dot{C}\dot{A}}} \qquad \cdots\cdots (11.47)$$

이와 같이 영상임피던스 $\dot{Z}_{01}$, $\dot{Z}_{02}$는 4단자 회로망의 고유임피던스로서 전송파라미터 $(\dot{A}\dot{B}\dot{C}\dot{D})$로 결정되며 부호는 실수부가 (+)가 되도록 정한다.

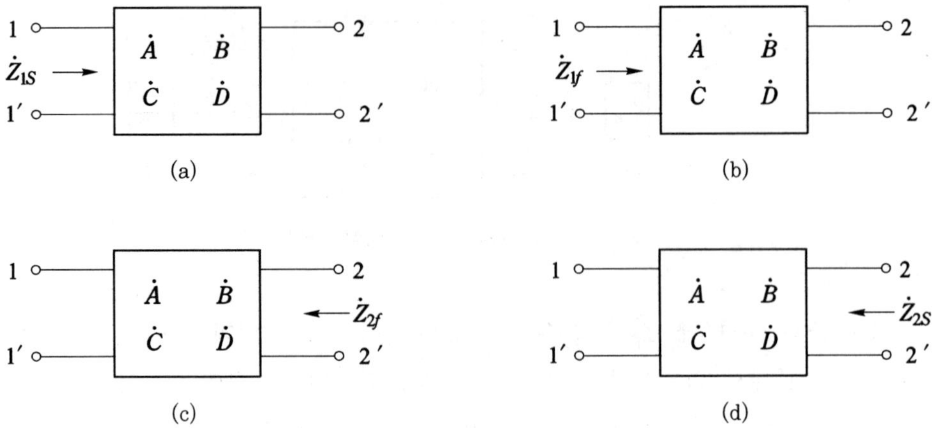

그림 11-22 개방임피던스와 단락임피던스

대칭회로망의 경우, $\dot{A}=\dot{D}$이므로 다음의 관계로 된다.

$$\dot{Z}_{01}=\dot{Z}_{02}=\sqrt{\frac{\dot{B}}{\dot{C}}} \qquad \cdots\cdots (11.48)$$

다음은 영상임피던스를 입·출력 단자의 개방 및 단락임피던스 $\dot{Z}_f$와 $\dot{Z}_S$를 이용해서 구하는 방법에 대해 설명한다.

그림 11-22 (a) 회로에서 $\dot{I}_2=0$일 때, 입력단자 $1-1'$에서 본 임피던스 $\dot{Z}_{1f}$는 다음 식으로 된다.

$$\dot{Z}_{1f}=\left.\frac{\dot{V}_1}{\dot{I}_1}\right|_{\dot{I}_2=0}=\frac{\dot{A}}{\dot{C}} \qquad \cdots\cdots (11.49)$$

그림 (b)에서 $\dot{V}_2=0$일 때, 입력단자 $1-1'$에서 본 임피던스 $\dot{Z}_{1S}$는 다음 식과 같다.

$$\dot{Z}_{1S}=\left.\frac{\dot{V}_1}{\dot{I}_1}\right|_{\dot{V}_2=0}=\frac{\dot{B}}{\dot{D}} \qquad \cdots\cdots (11.50)$$

그림 (c)회로에서 $\dot{I}_1=0$일 때, 출력단자 $2-2'$에서 본 임피던스 $\dot{Z}_{2f}$는 다음 식으로 된다.

$$\dot{Z}_{2f}=\left.\frac{\dot{V}_2}{\dot{I}_2}\right|_{\dot{I}_1=0}=\frac{\dot{D}}{\dot{C}} \qquad \cdots\cdots (11.51)$$

그림 (d)에서 $\dot{V}_1=0$일 때, 출력단자 $2-2'$에서 본 임피던스 $\dot{Z}_{2S}$는 다음 식과 같다.

$$\dot{Z}_{2S} = \left.\frac{\dot{V}_2}{\dot{I}_2}\right|_{\dot{V}_1=0} = \frac{\dot{B}}{\dot{A}} \qquad \cdots\cdots (11.52)$$

따라서 영상임피던스 $\dot{Z}_{01}$, $\dot{Z}_{02}$는 다음과 같다.

$$\dot{Z}_{01} = \sqrt{\dot{Z}_{1f}\,\dot{Z}_{1S}}$$
$$\dot{Z}_{02} = \sqrt{\dot{Z}_{2f}\,\dot{Z}_{2S}} \qquad \cdots\cdots (11.53)$$

따라서 4단자망의 영상임피던스는 입력 및 출력단자를 단락, 개방하였을 때 상대 단자에서 본 임피던스의 기하학적 평균값과 같다는 것을 알 수 있다.

예제 11-9

그림 11-23 회로의 영상임피던스 $\dot{Z}_{01}$과 $\dot{Z}_{02}$는 각각 몇 〔Ω〕인가?

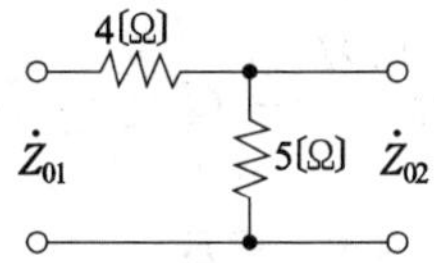

그림 11-23

|풀이| $\begin{bmatrix} \dot{A} & \dot{B} \\ \dot{C} & \dot{D} \end{bmatrix} = \begin{bmatrix} 1 & 4 \\ 0 & 1 \end{bmatrix} \begin{bmatrix} 1 & 0 \\ \frac{1}{5} & 1 \end{bmatrix} = \begin{bmatrix} \frac{9}{5} & 4 \\ \frac{1}{5} & 1 \end{bmatrix}$

$$\dot{Z}_{01} = \sqrt{\frac{\dot{A}\dot{B}}{\dot{C}\dot{D}}} = \sqrt{\frac{\frac{9}{5}\times 4}{\frac{1}{5}\times 1}} = 6〔\Omega〕$$

$$\dot{Z}_{02} = \sqrt{\frac{\dot{D}\dot{B}}{\dot{C}\dot{A}}} = \sqrt{\frac{4\times 1}{\frac{9}{5}\times\frac{1}{5}}} = 3.33〔\Omega〕$$

예제 11-10

L형 4단자 회로에서 4단자 정수가 $\dot{A} = \frac{15}{4}$, $\dot{D} = 1$이고 영상임피던스 $\dot{Z}_{02} = \frac{12}{5}$〔Ω〕일 때 영상 임피던스 $\dot{Z}_{01}$의 값을 구하라.

|풀이| $\dot{Z}_{01}\cdot\dot{Z}_{02} = \frac{\dot{B}}{\dot{C}}$, $\quad \frac{\dot{Z}_{01}}{\dot{Z}_{02}} = \frac{\dot{A}}{\dot{D}}$ 에서

$$\dot{Z}_{01} = \frac{\dot{A}}{\dot{D}}\dot{Z}_{02} = \frac{\frac{15}{4}}{1}\times\frac{12}{5} = \frac{180}{20} = 9〔\Omega〕$$

11.4.2 영상전달정수

그림 11-15와 같이 영상 정합되어 있는 4단자 회로망의 출력단자 $2-2'$간에 $\dot{Z}_{02}$를 접속하였을 때, $\dot{V}_1$과 $\dot{V}_2$의 비 및 $\dot{I}_1$과 $\dot{I}_2$의 비를 각각 다음과 같이 정의한다.

$$\frac{\dot{V}_1}{\dot{V}_2}=\epsilon^{\theta_1}, \quad \frac{\dot{I}_1}{\dot{I}_2}=\epsilon^{\theta_2} \qquad \cdots\cdots (11.54)$$

그리고 $\dot{A}\dot{B}\dot{C}\dot{D}$ 파라미터와 영상임피던스를 사용하여 다음 식으로 나타낼 수 있다.

$$e^{\theta_1}=\frac{\dot{V}_1}{\dot{V}_2}=\frac{A\dot{V}_2+B\dot{I}_2}{\dot{V}_2}=A+B\frac{\dot{I}_2}{\dot{V}_2}=A+B\frac{\dot{I}_2}{\dot{Z}_{01}\dot{I}_2}$$

$$=A+B\sqrt{\frac{CA}{DB}}=\sqrt{\frac{A}{D}}\left(\sqrt{AD}+\sqrt{BC}\right)$$

$$e^{\theta_2}=\frac{\dot{I}_1}{\dot{I}_2}=\frac{C\dot{V}_2+D\dot{I}_2}{\dot{I}_2}=C\frac{\dot{V}_2}{\dot{I}_2}+D$$

$$=C\sqrt{\frac{DB}{CA}}+D=\sqrt{\frac{D}{A}}\left(\sqrt{AD}+\sqrt{BC}\right) \qquad \cdots\cdots (11.55)$$

따라서 다음의 관계식을 얻는다.

$$\epsilon^{\theta_1}=\dot{A}+\frac{\dot{B}}{\dot{Z}_{02}}=\dot{A}+\frac{\dot{B}}{\sqrt{\frac{\dot{D}\dot{B}}{\dot{C}\dot{A}}}}=\sqrt{\frac{\dot{A}}{\dot{D}}}\left(\sqrt{\dot{A}\dot{D}}+\sqrt{\dot{B}\dot{C}}\right)$$

$$\epsilon^{\theta_2}=\dot{C}\dot{Z}_{02}+\dot{D}=\dot{C}\sqrt{\frac{\dot{A}\dot{C}}{\dot{B}\dot{D}}}+\dot{D}=\sqrt{\frac{\dot{D}}{\dot{A}}}\left(\sqrt{\dot{A}\dot{D}}+\sqrt{\dot{B}\dot{C}}\right) \qquad \cdots\cdots (11.56)$$

여기서, θ_1, θ_2의 산술평균을 구하면 다음과 같다.

$\theta=\dfrac{\theta_1+\theta_2}{2}$ 이므로 다음 식으로 된다.

$$\epsilon^{\theta}=\epsilon^{(\theta_1+\theta_2)/2}=\sqrt{\epsilon^{\theta_1+\theta_2}}=\sqrt{\epsilon^{\theta_1}\epsilon^{\theta_2}}=\sqrt{\dot{A}\dot{D}}+\sqrt{\dot{B}\dot{C}} \qquad \cdots\cdots (11.57)$$

양 변에 대수 ln를 취하면 다음 식으로 된다.

$$\theta=\ln\sqrt{\dot{A}\dot{D}}+\sqrt{\dot{B}\dot{C}} \qquad \cdots\cdots (11.58)$$

여기서, θ를 영상전달정수(image transfer constant)라 하며 $\dot{Z}_{01}$, $\dot{Z}_{02}$, θ를 영상파라미터(image parameter)라고 한다. θ는 복소수이므로 다음과 같이 나타낼 수 있다.

$$\theta = \alpha + j\beta \qquad \cdots\cdots (11.59)$$

여기서, α를 감쇠정수(attenuation constant)라 하며 β를 위상정수(phase constant)라 한다. 한편, 영상전달정수 θ를 쌍곡선 함수로 표현하면 다음과 같다.

$$e^{-\theta} = \frac{1}{e^{\theta}} = \frac{1}{\sqrt{AD}+\sqrt{BC}} = \frac{\sqrt{AD}-\sqrt{BC}}{AD-BC} = \sqrt{AD}-\sqrt{BC} \qquad \cdots\cdots (11.60)$$

그러므로

$$\cosh\theta = \frac{1}{2}(\epsilon^{\theta}+\epsilon^{-\theta}) = \frac{1}{2}(\sqrt{AD}+\sqrt{BC}+\sqrt{AD}-\sqrt{BC}) = \sqrt{AD}$$

$$\theta = \cosh^{-1}\sqrt{AD}$$

$$\sinh\theta = \frac{1}{2}(\epsilon^{\theta}-\epsilon^{-\theta}) = \frac{1}{2}(\sqrt{AD}+\sqrt{BC}-\sqrt{AD}+\sqrt{BC}) = \sqrt{BC}$$

$$\theta = \sinh^{-1}\sqrt{BC}$$

$$\tanh\theta = \frac{\sinh\theta}{\cosh\theta} = \sqrt{\frac{\dot{B}\dot{C}}{\dot{A}\dot{D}}},\ \theta = \tanh^{-1}\sqrt{\frac{BC}{AD}} \qquad \cdots\cdots (11.61)$$

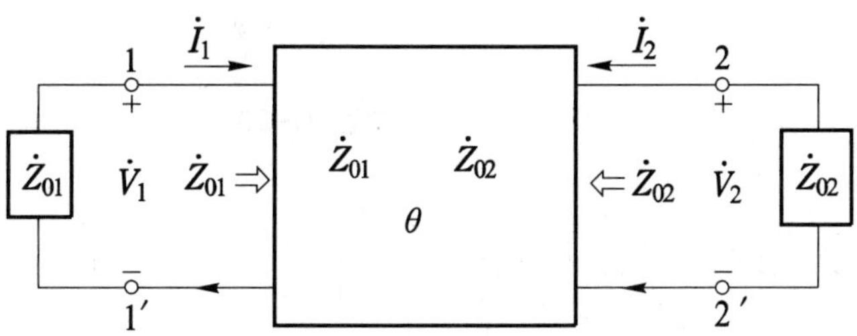

그림 11-24 영상파라미터

4단자정수 $\dot{A}$, $\dot{B}$, $\dot{C}$, $\dot{D}$를 영상파라미터($\dot{Z}_{01}$, $\dot{Z}_{02}$, θ)로 표시하면 그림 11-24와 같으며 다음 식으로 나타낸다.

$$\dot{Z}_{01}\cdot\dot{Z}_{02} = \frac{B}{C},\ \frac{\dot{Z}_{01}}{\dot{Z}_{02}} = \frac{A}{D},\ \cosh\theta = \sqrt{AD},\ \sinh\theta = \sqrt{BC} \qquad \cdots\cdots (11.62)$$

이므로

$$\dot{A} = \sqrt{\frac{\dot{A}}{\dot{D}}}\times\sqrt{\dot{A}\dot{D}} = \sqrt{\frac{\dot{Z}_{01}}{\dot{Z}_{02}}}\cosh\theta$$

$$\dot{B} = \sqrt{\frac{\dot{B}}{\dot{C}}}\times\sqrt{\dot{B}\dot{C}} = \sqrt{\dot{Z}_{01}\dot{Z}_{02}}\sinh\theta$$

$$\dot{C}=\sqrt{\frac{\dot{C}}{\dot{B}}}\times\sqrt{\dot{B}\dot{C}}=\frac{1}{\sqrt{\dot{Z}_{01}\dot{Z}_{02}}}\sinh\theta$$

$$\dot{D}=\sqrt{\frac{\dot{D}}{\dot{A}}}\times\sqrt{\dot{A}\dot{D}}=\sqrt{\frac{\dot{Z}_{02}}{\dot{Z}_{01}}}\cosh\theta \qquad \cdots\cdots (11.63)$$

따라서 4단자 회로망의 기초방정식을 영상파라미터로 나타내면 다음과 같다.

$$\dot{V}_1=\sqrt{\frac{\dot{Z}_{01}}{\dot{Z}_{02}}}\cosh\theta\,\dot{V}_2+\sqrt{\dot{Z}_{01}\dot{Z}_{02}}\sinh\theta\,\dot{I}_2$$

$$\dot{I}_1=\frac{1}{\sqrt{\dot{Z}_{01}\dot{Z}_{02}}}\sinh\theta\,\dot{V}_2+\sqrt{\frac{\dot{Z}_{02}}{\dot{Z}_{01}}}\cosh\theta\,\dot{I}_2 \qquad \cdots\cdots (11.64)$$

예제 11-11

그림 11-25와 같은 4단자망의 영상 전달함수 θ를 구하라.

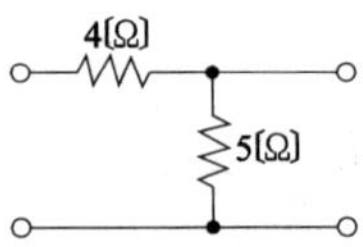

그림 11-25

|풀이| $\begin{bmatrix}\dot{A} & \dot{B}\\ \dot{C} & \dot{D}\end{bmatrix}=\begin{bmatrix}1 & 4\\ 0 & 1\end{bmatrix}\begin{bmatrix}1 & 0\\ \frac{1}{5} & 1\end{bmatrix}=\begin{bmatrix}\frac{9}{5} & 4\\ \frac{1}{5} & 1\end{bmatrix}$

$$\theta=\ln(\sqrt{\dot{A}\dot{D}}+\sqrt{\dot{B}\dot{C}})=\ln\left(\sqrt{\frac{9}{5}\times 1}+\sqrt{4\times\frac{1}{5}}\right)=\ln\sqrt{5}=\log_e\sqrt{5}$$

예제 11-12

그림 11-26과 같은 T형 회로의 영상파라미터 θ를 구하라.

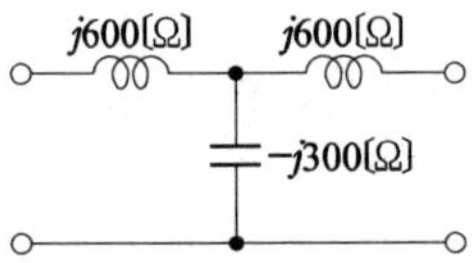

그림 11-26

|풀이| $\begin{bmatrix}\dot{A} & \dot{B}\\ \dot{C} & \dot{D}\end{bmatrix}=\begin{bmatrix}1 & j600\\ 0 & 1\end{bmatrix}\begin{bmatrix}1 & 0\\ \frac{1}{-j300} & 1\end{bmatrix}\begin{bmatrix}1 & j600\\ 0 & 1\end{bmatrix}=\begin{bmatrix}-1 & 0\\ \frac{1}{j300} & -1\end{bmatrix}$

$$\therefore\ \theta=\cosh^{-1}\sqrt{\dot{A}\dot{D}}=\cosh^{-1}1=0$$

11장 연습문제

11-1 그림 11-27과 같은 회로에서 $\dot{Z}$ 파라미터를 구하라.

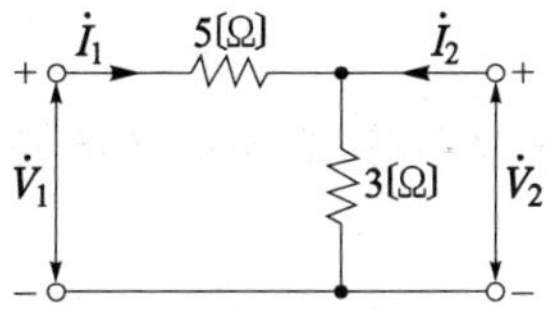

그림 11-27

|정답| $\dot{Z}_{11}=8[\Omega]$, $\dot{Z}_{12}=3[\Omega]$, $\dot{Z}_{21}=3[\Omega]$, $\dot{Z}_{22}=3[\Omega]$

11-2 그림 11-28과 같은 4단자망을 어드미턴스 파라미터로 나타내면 어떻게 되는가?

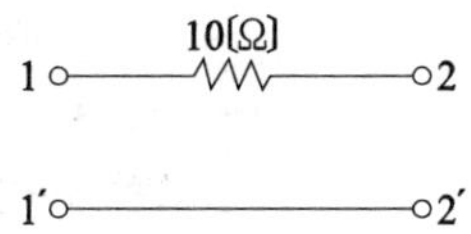

그림 11-28

|정답| $\dot{Y}_{11}=\dot{Y}_{22}=\dfrac{1}{10}[℧]$, $\dot{Y}_{21}=\dot{Y}_{12}=-\dfrac{1}{10}[℧]$

11-3 그림 11-29와 같은 회로의 전달 어드미턴스를 구하라.

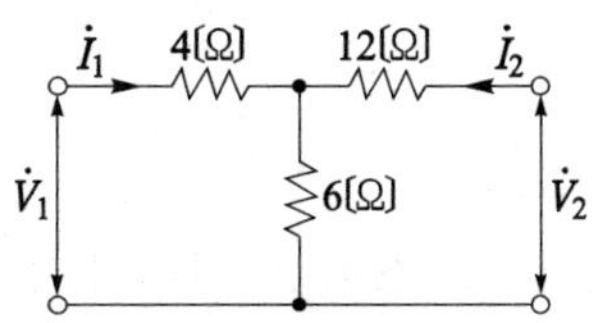

그림 11-29

|정답| $\dot{Y}_{12}=\dot{Y}_{21}=-\dfrac{1}{24}[℧]$

11-4 그림 11-30과 같은 회로의 4단자 정수 $\dot{A}$, $\dot{B}$, $\dot{C}$, $\dot{D}$를 구하라.

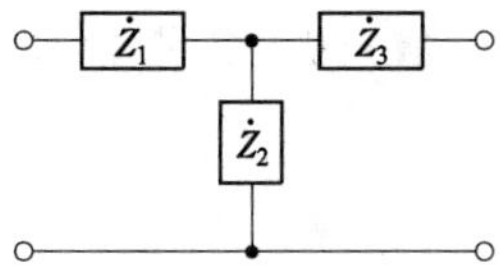

그림 11-30

|정답| $\dot{A}=1+\dfrac{\dot{Z}_1}{\dot{Z}_2}$, $\dot{B}=\dot{Z}_1+\dot{Z}_3+\dfrac{\dot{Z}_1\dot{Z}_3}{\dot{Z}_2}$, $\dot{C}=\dfrac{1}{\dot{Z}_2}$, $\dot{D}=1+\dfrac{\dot{Z}_3}{\dot{Z}_2}$

11-5 그림 11-31과 같은 4단자망의 4단자 정수 $\dot{B}$를 구하라.

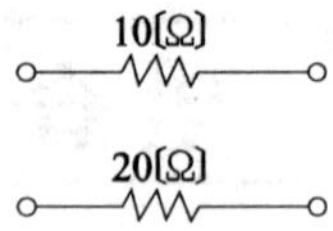

그림 11-31

|정답| $\dot{B}=30$

11-6 어떤 회로망의 4단자 정수가 $\dot{A}=8$, $\dot{B}=j2$, $\dot{D}=3+j2$이면 이 회로망의 $\dot{C}$는 얼마인가?

|정답| $\dot{C}=8-j11.5$

11-7 그림 11-32와 같은 회로에서 영상임피던스 $\dot{Z}_{01}$을 구하라.

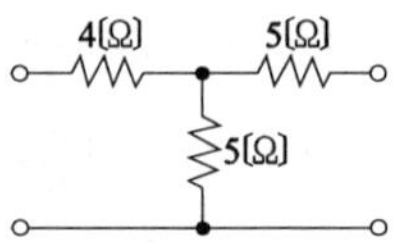

그림 11-32

|정답| $\dot{Z}_{01}=7.65[\Omega]$

11-8 T형 4단자 회로망에서 영상임피던스 $\dot{Z}_{01}=50[\Omega]$, $\dot{Z}_{02}=2[\Omega]$이고 전달정수가 0일 때 이 회로의 4단자 $\dot{D}$의 값을 구하라.

|정답| $\dot{D}=\dfrac{1}{5}$

11-9 T형 4단자 회로에서 각 소자의 저항이 4[Ω]일 때 4단자 정수 $\dot{A}=2$, $\dot{B}=12$, $\dot{C}=\dfrac{1}{4}$, $\dot{D}=2$였다. 전달정수를 구하라.

|정답| $\theta=\log_e 3.73=\ln 3.73$

11-10 그림 11-33과 같은 T형 4단자망의 전달정수를 구하라.

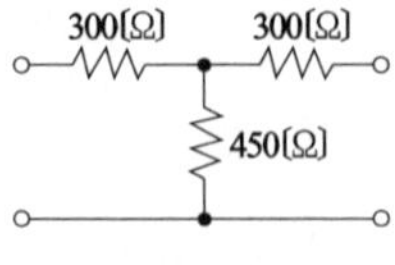

그림 11-33

|정답| $\theta=\log_e 3=\ln 3$

chapter **12**

과도현상

지금까지의 전기회로의 해석은 직류이거나 혹은 회로 각 부분의 전압과 전류 등이 안정된 값을 가지는 정상상태에 관한 것이었다. 그러나 만일 전기회로에 어떤 원인에 의해서 이들 특성이 하나의 정상상태에서 또 다른 정상상태로 바뀌는 경우가 있을 수 있다. 또한 회로에 전압이 인가되었을 때 전류 또는 에너지 등이 순간적으로 정상상태에 도달하지 못하기 때문에 정상상태에 도달할 때까지 매우 복잡한 변화를 수반하게 된다. 이와 같이 한 정상상태로부터 다른 정상상태에 이르거나 또는 회로에 전원 인가시 정상상태에 도달하는 시간을 과도시간(transient time)이라 한다. 그리고 과도시간 동안 전기회로에 나타나는 특유의 현상을 과도현상(transient phenomena)이라 하고, 과도현상이 유지되고 있는 상태를 과도상태(transient state)라고 한다.

본 장에서는 키르히호프 법칙과 미분방정식을 이용하여 회로방정식을 세우고, 회로의 전압과 전류변화 등 과도현상에 대한 여러 전기적인 특성을 해석해보기로 한다.

12.1 직류회로의 과도현상

12.1.1 *R-L* 직렬회로

(1) 직류전압을 인가할 경우

그림 12-1과 같이 $R-L$ 직렬회로에 $t=0$에서 직류전압 E가 인가되었을 때의 과도현상을 해석해 보자.

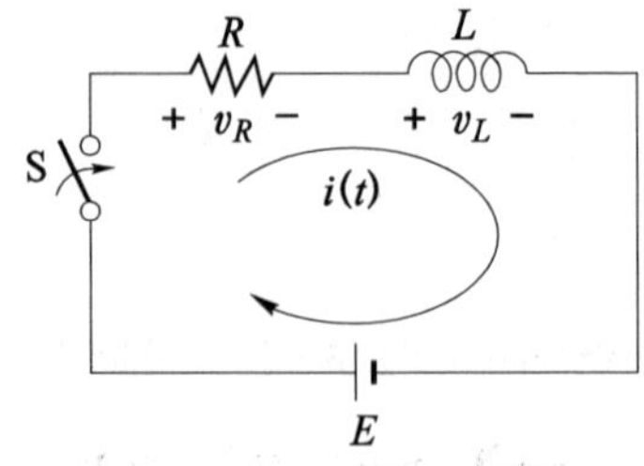

그림 12-1 *R–L* 직렬회로

회로에 전류 i가 흐를 때 이 회로의 전압방정식은 KVL에 의해

$$E = v_R + v_L = Ri + L\frac{di}{dt} \qquad \cdots\cdots (12.1)$$

로 나타낼 수 있다.

일반적으로 미분방정식의 일반해(general solution) $i(t)$는 정상해(steady state solution) i_s와 과도해(transient state solution) i_t 의 합으로 주어진다. 즉,

$$i(t) = i_s + i_t \qquad \cdots\cdots (12.2)$$

정상해 i_s는 정상상태($t=\infty$)일 때의 전류값을 말하며 다음과 같이 나타낸다.

$$E = Ri + L\frac{di}{dt}\bigg|_{t=\infty} \qquad \cdots\cdots (12.3)$$

이 식에서 인가 전원이 직류이므로 $t=\infty$ 일 때 $\frac{di}{dt} = 0$ 이므로 $E = Ri_s$ 에서

$$i_s = \frac{E}{R} \qquad \cdots\cdots (12.4)$$

가 구해진다.

다음에 과도해 i_t는 미분방정식에서 구동함수 $E=0$일 때의 해를 구하면 된다. 즉

$$Ri + L\frac{di}{dt} = 0 \qquad \cdots\cdots (12.5)$$

양 변을 변수분리하면

$$\frac{di}{i} = -\frac{R}{L}dt \qquad \cdots\cdots (12.6)$$

가 되고, 이 식을 적분하면

$$\int\frac{di}{i} = -\int\frac{R}{L}dt \qquad \cdots\cdots (12.7)$$

그러므로

$$\ln i = -\frac{R}{L}t + a \qquad \cdots\cdots (12.8)$$

따라서 i_t는

$$i_t = e^a \cdot e^{-\frac{R}{L}t} = A\,e^{-\frac{R}{L}t} \qquad \cdots\cdots (12.9)$$

여기서 $e^a = A$로서 상수이다.

그러므로 일반해 $i(t)$는

$$i(t) = i_s + i_t = \frac{E}{R} + A\,e^{-\frac{R}{L}t} \qquad \cdots\cdots (12.10)$$

여기서, 적분상수 A는 초기조건(initial condition)에 의해 결정된다. $t = 0_-$를 스위치를 닫기 직전이라 하고, $t = 0_+$를 스위치를 닫은 직후라고 하면 초기조건은 $t = 0_-$로서 회로가 전환되기 직전의 전압, 전류, 전하 등의 회로상태를 말한다. 이 회로에서 $t = 0_-$일 때 $i = 0$이므로

$$i(t)|_{t=0_-} = 0 \qquad \cdots\cdots (12.11)$$

이 조건을 식 (12.10)에 대입하면

$$\left.\frac{E}{R} + A\,e^{-\frac{R}{L}t}\right|_{t=0} = 0 \qquad \cdots\cdots (12.12)$$

$e^0 = 1$이므로

$$A = -\frac{E}{R} \qquad \cdots\cdots (12.13)$$

따라서 일반해 $i(t)$는 다음 식으로 주어지며 완전해(perfect solution)라고도 한다.

$$i = \frac{E}{R} - \frac{E}{R}\,e^{-\frac{R}{L}t} = \frac{E}{R}\left(1 - e^{-\frac{R}{L}t}\right) \qquad \cdots\cdots (12.14)$$

여기서, $\frac{E}{R}$는 정상전류, $-\frac{E}{R} \cdot e^{-\frac{R}{L}t}$는 과도전류라고 한다.

전류 $i(t)$의 시간적 변화는 그림 12-2와 같이 0으로부터 지수 함수적으로 증가하여 정상전류 $I = \frac{E}{R}$에 접근한다.

$i(t)$ 곡선의 $t = 0$(원점)에서 접선을 그어 정상상태의 점근선인 $i = I$와 만나는 점 C까지의 시간을 τ라 하면 접선의 기울기로부터 τ를 구할 수 있다.

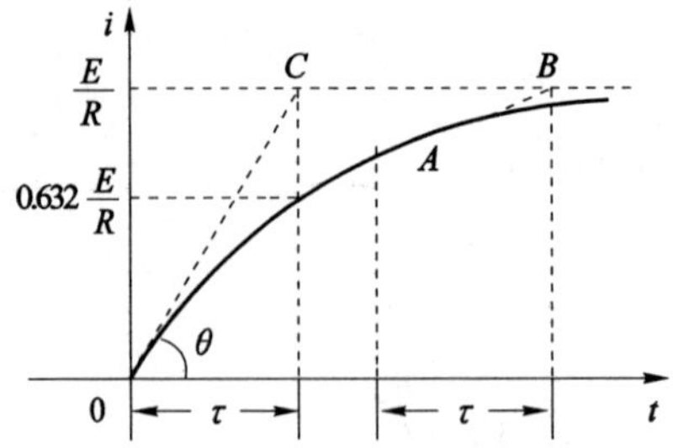

그림 12-2 전류의 시간적 변화

$$\tan\theta = \left.\frac{di}{dt}\right|_{t=0} = \frac{d}{dt}\left.\left(\frac{E}{R} - \frac{E}{R}e^{-\frac{R}{L}t}\right)\right|_{t=0}$$

$$= \frac{E}{R}\cdot\frac{R}{L}\left.e^{-\frac{R}{L}t}\right|_{t=0} = \frac{E}{L} \qquad \cdots\cdots (12.15)$$

또한

$$\tan\theta = \frac{\frac{E}{R}}{\tau} \qquad \cdots\cdots (12.16)$$

이 두 식으로부터 τ를 구하면

$$\tau = \frac{L}{R}\,[\mathrm{sec}] \qquad \cdots\cdots (12.17)$$

가 되고, τ를 $R-L$ 회로의 시정수(time constant)라 하며 단위는 [sec]이다. τ가 클수록 과도전류 i_t가 정상전류 I까지 도달되는 과도현상이 오래 지속된다. 또한 $t=\tau$일 때의 전류값 $i(\tau)$는

$$i(\tau) = \frac{E}{R}\left(1 - e^{-\frac{R}{L}\frac{L}{R}}\right)$$

$$= \frac{E}{R}(1 - e^{-1}) = \frac{E}{R}\left(1 - \frac{1}{e}\right) \fallingdotseq 0.632\frac{E}{R} \qquad \cdots\cdots (12.18)$$

로 되어 시정수 τ는 정상 전류값의 63.2[%]에 도달할 때까지의 시간을 의미한다.

예제 12-1

그림 12-3과 같은 $R-L$ 직렬 회로에 $t=0$에서 스위치 S를 닫아 직류전압 10[V]를 회로 양단에 가한 후 $t=3$[sec]일 때의 전류값 i를 구하라. 단, $R=2[\Omega]$, $L=3$[H] 이다.

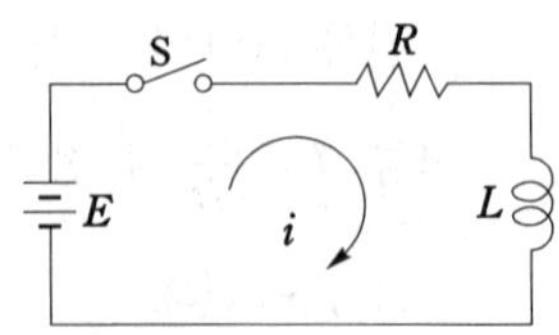

그림 12-3

| 풀이 | $R-L$ 직렬회로에서 직류 전압 인가시 전류 i는

$$i=\frac{E}{R}\left(1-e^{-\frac{R}{L}}\right)$$

그러므로 $t=3$[sec]일 때의 전류값은

$$i=\frac{E}{R}\left(1-e^{-\frac{R}{L}t}\right)=\frac{10}{2}\left(1-e^{-\frac{2}{3}\times 3}\right)=5(1-e^{-2})=4.32\text{[A]}$$

예제 12-2

$R=10[\Omega]$, $L=50[\text{mH}]$인 $R-L$ 직렬회로의 시정수 τ[sec]를 구하라.

| 풀이 | $R-L$ 직렬회로의 시정수 $\tau=\frac{L}{R}$

$$\tau=\frac{L}{R}=\frac{50\times 10^{-3}}{10}=5\times 10^{-3}\text{[sec]}$$

(2) 직류전압 단락시

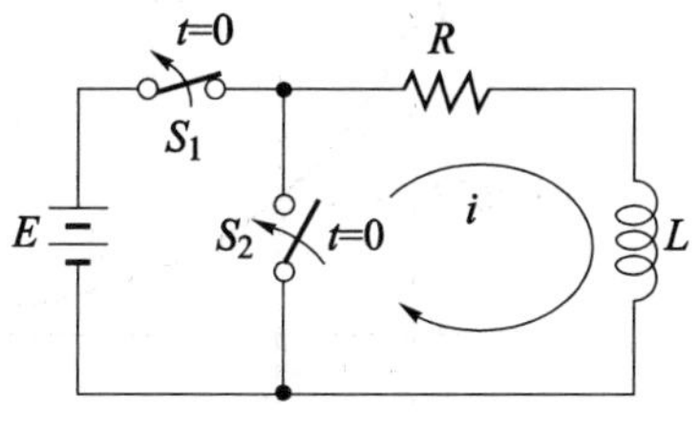

그림 12-4 *R-L* 회로의 전압을 단락

그림 12-4와 같은 $R-L$ 회로에 정상상태의 직류전류$\left(I=\frac{E}{R}\right)$가 흐르고 있을 때, $t=0$인 순간에 스위치 S_1을 열면서 스위치 S_2를 닫게 되면 이 회로의 직류전압이 제거되면서 회로전류는 점차 감소하게 된다. 이때의 전압방정식을 구하면

$$Ri+L\frac{di}{dt}=0 \qquad \cdots\cdots (12.19)$$

가 된다. 이 회로는 정상상태($t=\infty$)일 때 전류는 0이므로 정상해 $i_s=0$이 되어 과도해 i_t만 존재하게 된다. 그러므로 일반해 $i(t)$는 다음 식으로 된다.

$$i(t)=A\,e^{-\frac{R}{L}t} \qquad \cdots\cdots (12.20)$$

초기조건 $t=0_-$에서 회로에 $I\left(=\frac{E}{R}\right)$의 전류가 흐르고 있었으므로

$$i(t)|_{t=0_-}=\frac{E}{R} \qquad \cdots\cdots (12.21)$$

따라서 식 (12.20)에 대입하여 적분상수 A를 구하면

$$A\,e^{-\frac{R}{L}t}\Big|_{t=0} = \frac{E}{R} \qquad \cdots\cdots (12.22)$$

$$\therefore A = \frac{E}{R} \qquad \cdots\cdots (12.23)$$

따라서 일반해 $i(t)$는

$$i(t) = \frac{E}{R}e^{-\frac{R}{L}t} \qquad \cdots\cdots (12.24)$$

가 되고, 이 전류의 시간적 변화는 그림 12-5와 같이 나타낼 수 있으며 시정수 τ는 $\frac{L}{R}$〔sec〕이다.

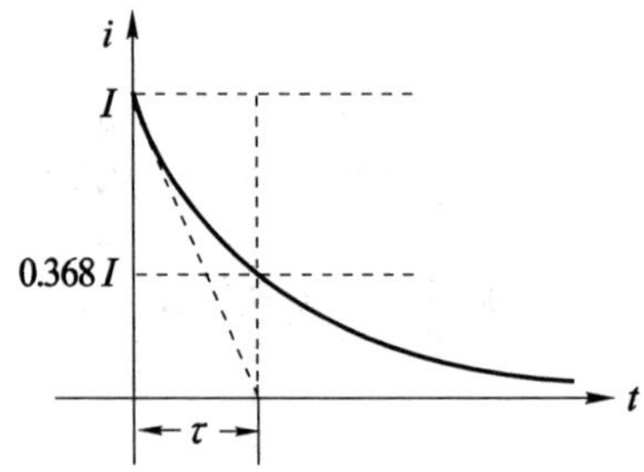

그림 12-5 전류의 시간적 변화

예제 12-3

그림 12-6과 같은 회로에서 스위치 a의 위치에서 정상상태에 있었다. $t=0$에서 순간적으로 스위치를 b로 할 때 전류를 구하라.

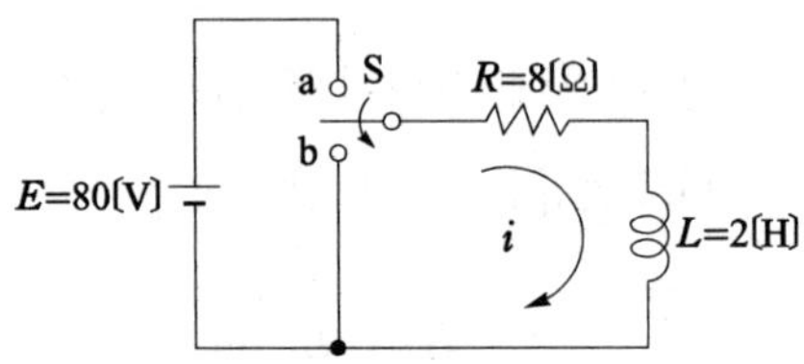

그림 12-6

|풀이| 스위치를 b로 할 때 전압 방정식은

$$L\frac{di}{dt} + Ri = 0$$

$$2\frac{di}{dt} + 8i = 0$$

그러므로 $i = A\,e^{-4t}$

초기조건 $t=0$일 때 $i = \frac{80}{8} = 10$〔A〕이므로

$$A = 10$$

그러므로

$$i = 10\,e^{-4t}\text{〔A〕}$$

12.1.2 R–C 직렬회로

(1) 직류전압을 인가할 경우

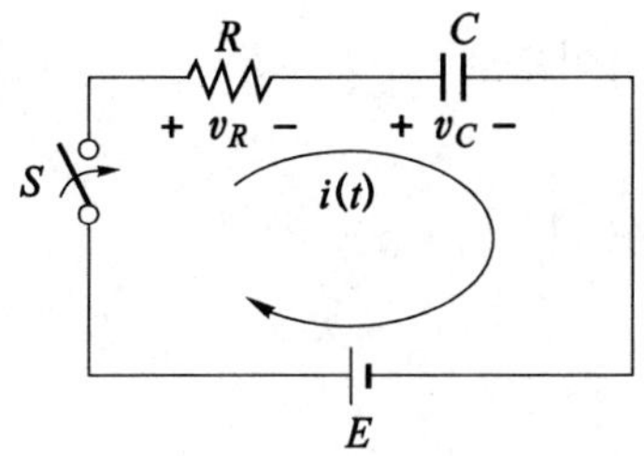

그림 12-7 *R–C* 직렬회로

초기 전하량이 없는 그림 12-7과 같은 $R-C$ 회로에 $t=0$에서 직류전압 E가 인가되었을 때의 전압방정식은

$$E = v_R + v_C = Ri + \frac{1}{C}\int i\,dt \qquad \cdots\cdots (12.25)$$

가 되고, $i = \dfrac{dq}{dt}$, $q = \displaystyle\int i\,dt$인 관계를 이용하여 미분방정식으로 나타내면

$$E = R\frac{dq}{dt} + \frac{q}{C} \qquad \cdots\cdots (12.26)$$

전하 q에 대한 일반해 $q(t)$는

$$q(t) = q_s + q_t \qquad \cdots\cdots (12.27)$$

이고, 정상상태($t=\infty$)일 때 $\dfrac{dq}{dt} = 0$이므로

$$E = R\frac{dq}{dt} + \frac{q}{C}\bigg|_{t=\infty} \qquad \cdots\cdots (12.28)$$

이므로 정상해 q_s는 다음과 같이 된다.

$$q_s = CE \qquad \cdots\cdots (12.29)$$

또한 과도해 q_t는 미분방정식에서 $E=0$일 때의 해이므로

$$R\frac{dq}{dt} + \frac{q}{C} = 0 \qquad \cdots\cdots (12.30)$$

으로 되고, $R-L$ 회로에서의 식 (12.6)과 같은 방법으로 과도해 q_t를 구하면

$$q_t = A\,e^{-\frac{1}{RC}t} \qquad \cdots\cdots (12.31)$$

가 된다. 일반해 $q(t)$는

$$q(t) = CE + A\,e^{-\frac{1}{RC}t} \qquad \cdots\cdots (12.32)$$

초기조건 $q(t)|_{t=0_-} = 0$이므로

$$CE + A\,e^{-\frac{1}{RC}t}\Big|_{t=0} = 0 \qquad \cdots\cdots (12.33)$$

이므로

$$A = -\,CE \qquad \cdots\cdots (12.34)$$

따라서 식 (12.32)의 $q(t)$는

$$q(t) = CE\left(1 - e^{-\frac{1}{RC}t}\right) \qquad \cdots\cdots (12.35)$$

가 되고, 이때 C에 충전되는 전하량 q의 변화를 그림 12-8(a)에 나타내었다.

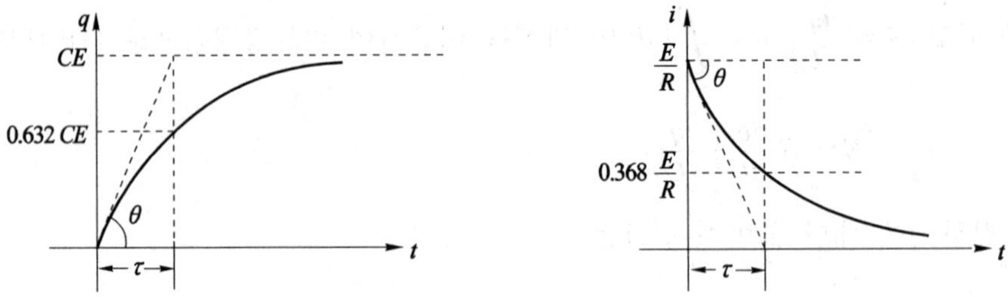

(a) 전하 (b) 전류

그림 12-8 전하와 전류의 시간적 변화

이 때 흐르는 전류 $i(t)$는

$$i(t) = \frac{dq(t)}{dt} = \frac{E}{R}e^{-\frac{1}{RC}t} \qquad \cdots\cdots (12.36)$$

가 되고, 그림 (b)에 $i(t)$의 변화를 나타내었다.

$R-C$ 직렬회로의 시정수 τ는 그림 12-8(b)에서 전류 $i(t)$의 접선 기울기로부터 구한다.

$$\tan\theta = \frac{di}{dt}\Big|_{t=0} = \frac{d}{dt}\left(\frac{E}{R}e^{-\frac{1}{RC}t}\right)\Big|_{t=0} = -\frac{E}{R^2C} \qquad \cdots\cdots (12.37)$$

또한

$$\tan\theta = -\frac{\frac{E}{R}}{\tau} \qquad \cdots\cdots (12.38)$$

이므로 두 식으로부터 τ를 구하면 다음과 같다.

$$\tau = RC\,[\mathrm{sec}] \qquad \cdots\cdots (12.39)$$

저항 R과 커패시턴스 C의 단자전압을 각각 v_R, v_C라고 하면

$$v_R = Ri = E\,e^{-\frac{1}{RC}t}$$

$$v_C = \frac{q}{C} = E\left(1 - e^{-\frac{1}{RC}t}\right) \qquad \cdots\cdots (12.40)$$

로 나타낼 수 있으며, 그림 12-9에 v_R과 v_C의 시간적 변화를 나타내었다.

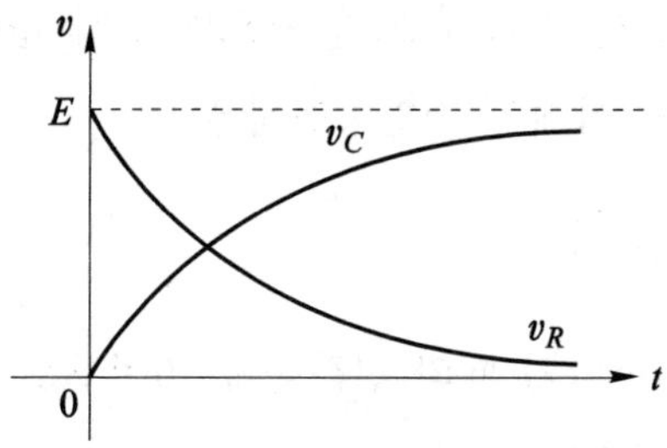

그림 12-9 v_R, v_C의 시간적 변화

예제 12-4

$R-C$ 직렬 회로에 $t=0$일 때 직류 전압 10[V]를 인가하였을 때 $t=0.1$[sec]일 때 전류의 크기를 구하라. 단, $R=1000$[Ω], $C=50$[μF]이고, 처음부터 커패시터에 전하는 없었다고 한다.

|풀이| $i = \frac{E}{R}e^{-\frac{1}{RC}t}$에서 $t=0.1$이므로,

$$i = \frac{10}{1000}e^{-\frac{0.1}{1000\times 50\times 10^{-6}}} = \frac{1}{100}e^{-2} \fallingdotseq 1.35\,[\mathrm{mA}]$$

예제 12-5

그림 12-10과 같은 회로에서 커패시터 C는 초기값이 0이다. $t=0$에서 스위치 S를 닫은 후 0.02[sec] 후에 커패시터에 충전된 전압 v_C를 구하라.

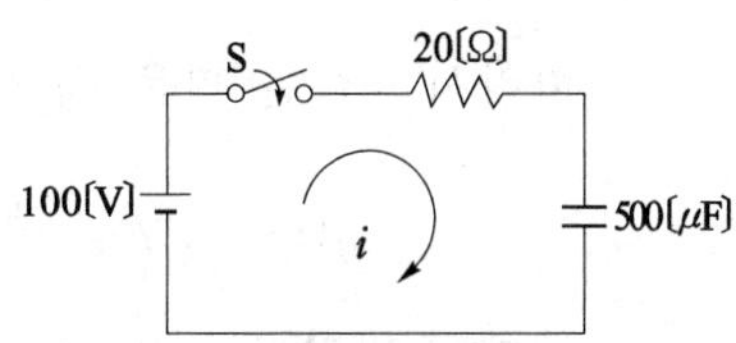

그림 12-10

| 풀이 | $v_C = E\left(1 - e^{-\frac{1}{RC}t}\right) = 100\left(1 - e^{-\frac{0.02}{20 \times 500 \times 10^{-6}}}\right) = 100(1 - e^{-2}) = 86.5\,[\text{V}]$

(2) R-C 회로의 방전시

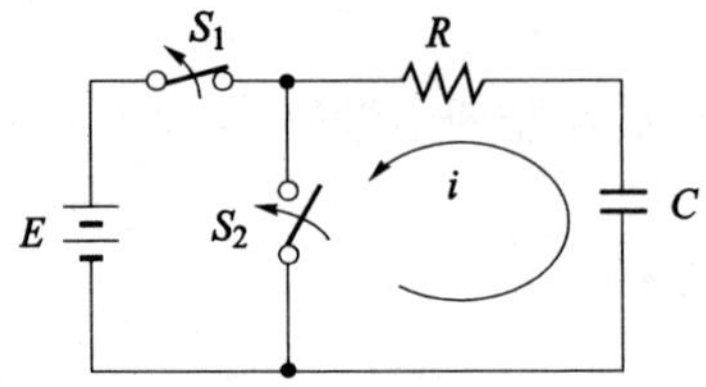

그림 12-11 R-C 방전회로

그림 12-11과 같이 $R-C$ 회로에 정상상태의 직류전류 I가 흐르고 있을 때, $t=0$인 순간에 스위치 S_1을 열면서 스위치 S_2를 닫으면 전하 Q로 충전되어 있던 C에서 저항 R을 통해 방전이 시작된다. 이때의 전압방정식은

$$R\frac{dq}{dt} + \frac{q}{C} = 0 \qquad \cdots\cdots (12.41)$$

가 된다. 정상상태($t=\infty$)일 때의 전하량 $q=0$이므로 정상해 q_s는 $q_s=0$이며, 과도해 q_t는 식 (12.31)과 마찬가지로

$$q_t = A\,e^{-\frac{1}{RC}t} \qquad \cdots\cdots (12.42)$$

가 된다. 따라서 일반해 $q(t)$는 다음 식으로 된다.

$$q(t) = A\,e^{-\frac{1}{RC}t} \qquad \cdots\cdots (12.43)$$

$t=0_-$에서 커패시터에 $Q=CE$의 전하가 축적되어 있었으므로

$$q(t)|_{t=0} = CE \qquad \cdots\cdots (12.44)$$

따라서 적분상수 A는

$$A\,e^{-\frac{1}{RC}t}\Big|_{t=0} = CE, \quad A = CE \qquad \cdots\cdots (12.45)$$

따라서 $q(t)$는 다음 식으로 주어진다.

$$q(t) = CE\,e^{-\frac{1}{RC}t} \qquad \cdots\cdots (12.46)$$

이때의 방전전류 $i(t)$는

$$i(t)=\frac{dq(t)}{dt}=\frac{d}{dt}\left(CE\,e^{-\frac{1}{RC}t}\right)=-\frac{E}{R}e^{-\frac{1}{RC}t}=-I\,e^{-\frac{1}{RC}t} \quad \cdots\cdots (12.47)$$

여기서, -는 방전을 의미한다.

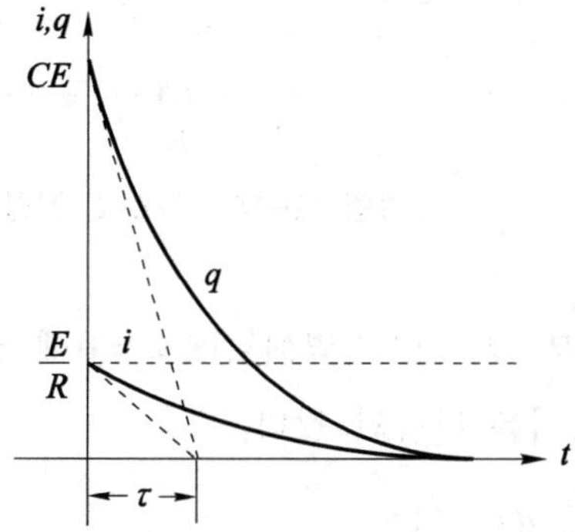

그림 12-12 전하 및 전류의 시간적 변화

그림 12-12에 Q로 충전된 $R-C$ 회로에 있어서 방전시의 전류 $i(t)$ 및 전하 $q(t)$의 시간적 변화를 나타내었다.

예제 12-6

그림 12-13의 회로에서 커패시터에 0.6〔C〕의 전하가 이미 충전되어 있을 때 $t=0$에서 스위치 S를 닫는다면 $t=0_+$일 때 흐르는 전류 $i(t)$는 얼마인가?

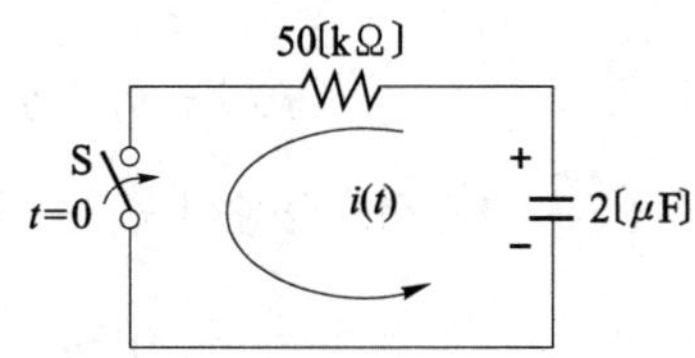

그림 12-13

|풀이| 스위치를 넣기 전 $t=0_-$에서 0.6〔C〕의 전하가 충전되어 있었으므로 커패시터에는 다음의 전압이 생겨난다.

$$V=\frac{Q}{C}=\frac{0.6}{2\times 10^{-6}}=3\times 10^5\,\text{〔V〕}$$

따라서 방전전류 $i(t)$는

$$i(t)=\frac{V}{R}e^{-\frac{1}{RC}t}$$

여기서, $\frac{V}{R}=\frac{3\times 10^5}{50\times 10^3}=6$〔A〕

$$-\frac{1}{RC}=-\frac{1}{50\times 10^3\times 2\times 10^{-6}}=-10$$

$$\therefore i(t)=6\,e^{-10t}$$

12.1.3 *R-L-C* 직렬회로

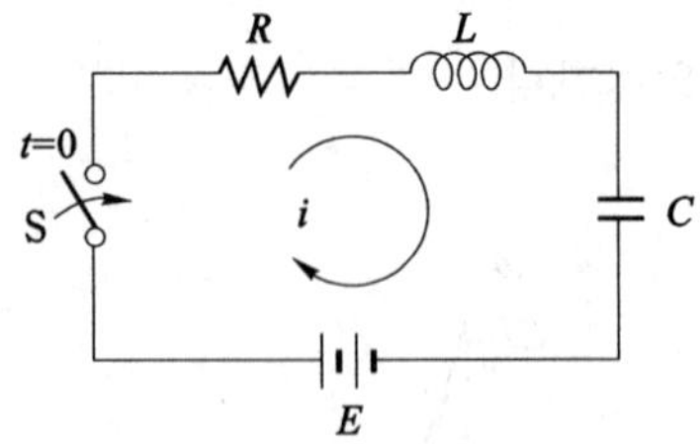

그림 12-14 *R-L-C* 직렬회로

그림 12-14와 같이 $R-L-C$ 직렬회로에 $t=0$에서 스위치 S를 닫아 직류전압 E를 인가하는 경우, 미분방정식은 다음과 같다.

$$E = Ri + L\frac{di}{dt} + \frac{1}{C}q \quad \cdots\cdots (12.48)$$

여기서, $i = \frac{dq}{dt}$ 이므로

$$E = L\frac{d^2q}{dt^2} + R\frac{dq}{dt} + \frac{1}{C}q \quad \cdots\cdots (12.49)$$

전하 q에 대한 일반해 $q(t)$는 정상해 (q_s)와 과도해(q_t)의 합이므로

$$q(t) = q_s + q_t \quad \cdots\cdots (12.50)$$

여기서, 정상해 q_s는 정상상태$(t=\infty)$일 때의 전하량이므로

$$E = L\frac{d^2q}{dt^2} + R\frac{dq}{dt} + \frac{q}{C}\bigg|_{t=\infty} \quad \cdots\cdots (12.51)$$

의 조건에서 정상해 q_s는 다음으로 된다.

$$q_s = CE \quad \cdots\cdots (12.52)$$

과도해 q_t는 $E=0$에서 $q = A\,e^{pt}$ 라고 가정하여 p를 구하면

$$p_1 = -\frac{R}{2L} + \sqrt{\left(\frac{R}{2L}\right)^2 - \frac{1}{LC}} = -\frac{R}{2L} + \frac{1}{2L}\sqrt{R^2 - 4\frac{L}{C}}$$
$$p_2 = -\frac{R}{2L} - \sqrt{\left(\frac{R}{2L}\right)^2 - \frac{1}{LC}} = -\frac{R}{2L} - \frac{1}{2L}\sqrt{R^2 - 4\frac{L}{C}} \quad \cdots\cdots (12.53)$$

이므로 $q_t = A_1\,e^{p_1 t} + A_2\,e^{p_2 t}$ 로 된다. 식 (12.53)을 특성근이라 한다.

일반해 $q(t)$와 전류 $i(t)$는 다음 식으로 된다.

$$q(t) = q_s + q_t = CE + A_1\, e^{p_1 t} + A_2\, e^{p_2 t}$$
$$i(t) = p_1\, A_1 e^{p_1 t} + p_2\, A_2\, e^{p_2 t} \qquad \cdots\cdots (12.54)$$

이때, p_1, p_2내의 근호 $\sqrt{\left(\frac{R}{2L}\right)^2 - \frac{1}{LC}}$가 실수인가, 0인가 또는 복소수인가에 따라 과도현상이 다르게 일어난다.

(1) 비진동(과제동, overdamping)의 경우

$\left(\frac{R}{2L}\right)^2 - \frac{1}{LC} > 0$ 인 조건으로 $R^2 > \frac{CL}{4}$인 경우이다. 이때 p_1, p_2는 서로 다른 두 개의 실근을 갖는다.

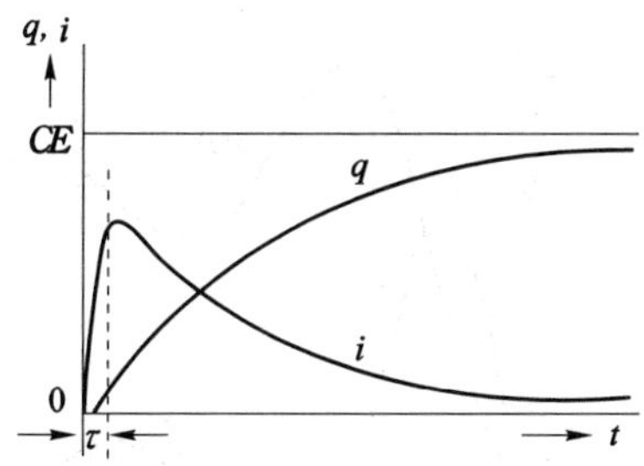

그림 12-15 전하 및 전류의 시간적 변화

그림 12-15에 $q(t)$와 $i(t)$의 시간적 변화를 나타내었다. $q(t)$는 0부터 쌍곡선 함수적으로 증가하여 CE에 접근하며, $i(t)$는 시간에 따라 증가하여 어떤 시각 τ에서 최대로 된 후 감쇠하여 0으로 된다.

(2) 임계진동(임계제동, critical damping)의 경우

$\left(\frac{R}{2L}\right)^2 - \frac{1}{LC} = 0$ 인 조건으로 $R^2 = \frac{CL}{4}$인 경우이다. 이때 p_1, p_2는 중근을 갖는다.

$q(t)$와 (t)의 시간적 변화는 그림 12-16과 같이 비진동과 진동의 경계에 해당되는 진동을 하므로 임계진동이라 한다.

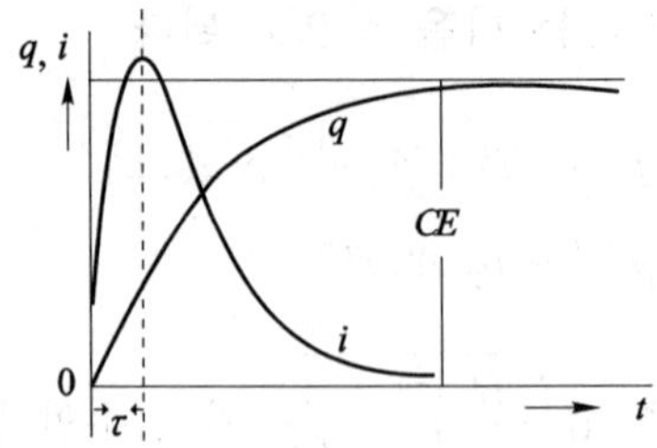

그림 12-16 전하 및 전류의 시간적 변화

(3) 진동(부족제동, underdamping)의 경우

$\left(\dfrac{R}{2L}\right)^2 - \dfrac{1}{LC} < 0$ 인 조건으로 $R^2 < \dfrac{CL}{4}$ 인 경우이다. 이때 p_1, p_2는 서로 다른 두 개의 복소수를 갖는다.

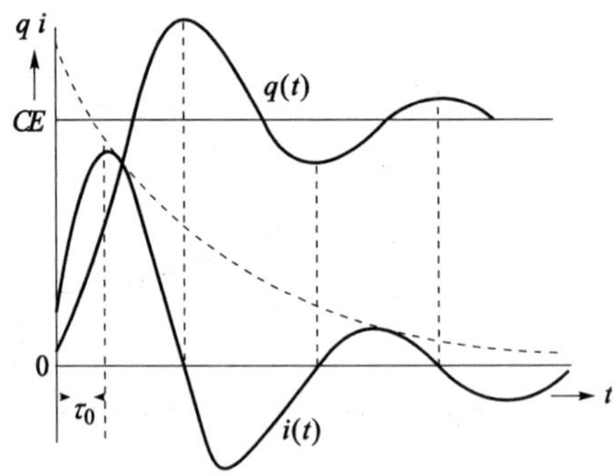

그림 12-17 전하 및 전류의 시간적 변화

그림 12-17에 $i(t)$와 $q(t)$의 시간적 변화를 나타내었다.

예제 12-7

$R-L-C$ 직렬 회로에서 $R=100$〔Ω〕, $L=0.1$〔mH〕, $C=0.1$〔μF〕일 때 이 회로의 진동여부를 판별하라.

|풀이| 진동 여부의 판별식에서

$$\left(\frac{R}{2L}\right)^2 - \frac{1}{LC} = R^2 - 4\frac{L}{C}$$

$$= 10^4 - 4\times\frac{0.1\times10^{-3}}{0.1\times10^{-6}} = 10^4 - 4\times10^3 > 0$$

이므로 비진동이다.

예제 12-8

$R-L-C$ 직렬 회로에서 있어서, 저항 $R=6$〔kΩ〕, 커패시턴스 $C=200$〔pF〕일 때, 이 회로에 직류전압을 인가하여도 진동하지 않는 인덕턴스 L의 범위를 구하라.

|풀이| 임계적 또는 비진동이라면 진동이 생기지 않는다. 진동이 생기지 않을 조건은 진동 여부 판별식으로부터

$$R^2-\frac{4L}{C}\geq 0 \qquad \therefore L\leq\frac{R^2C}{4}$$

주어진 값을 대입하면

$$L\leq\frac{(6\times10^3)^2\times200\times10^{-12}}{4}=1.8\times10^{-3}〔\mathrm{H}〕=1.8〔\mathrm{mH}〕$$

12.2 교류회로응답

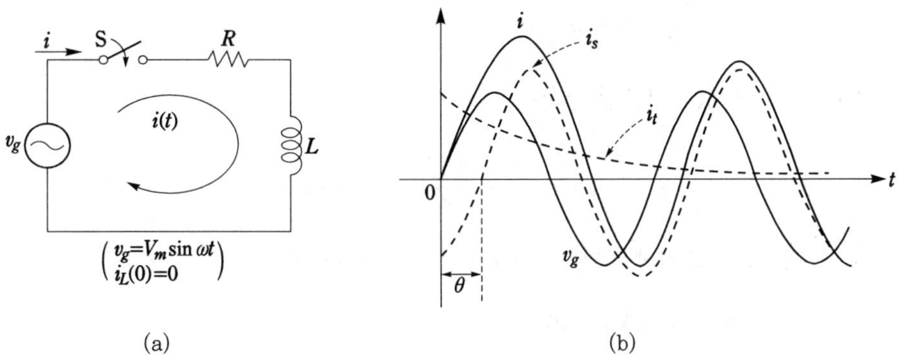

그림 12-18 교류회로응답

그림 12-18과 같은 $R-L$ 회로에 $t=0$에서 $v_g=V_m\sin\omega t$를 인가하면 전압방정식은

$$Ri+L\frac{di}{dt}=V_m\sin\omega t, \quad t\geq 0 \qquad \cdots\cdots (12.55)$$

가 된다. 과도해를 구하기 위해 우변을 0으로 놓으면

$$Ri+L\frac{di}{dt}=0 \qquad \cdots\cdots (12.56)$$

이 되고, 변수분리하면

$$L\frac{di}{dt}=-Ri, \qquad \frac{di}{i}=-\frac{R}{L}dt \qquad \cdots\cdots (12.57)$$

이므로 적분하면 다음과 같이 된다.

$$\ln i=-\frac{R}{L}t+\alpha \qquad \cdots\cdots (12.58)$$

그러므로 과도해 i_t는

$$i_t = e^{-\frac{R}{L}t} \cdot e^{\alpha} = A \cdot e^{-\frac{t}{\tau}} \quad (\because \tau = \frac{L}{R}) \qquad \cdots\cdots (12.59)$$

여기서, i_t는 자연응답이라고도 한다.

정상해(강제응답)는 페이저를 이용하여 구하면 된다. 즉,

$$\dot{I} = \frac{\dot{V}}{\dot{Z}} = \frac{V_m \angle 0^0}{R + j\omega L} = \frac{V_m \angle 0^0}{Z \angle \theta} = \frac{V_m}{Z} \angle -\theta \qquad \cdots\cdots (12.60)$$

단, $Z = \sqrt{R^2 + (\omega L)^2}$, $\theta = \tan^{-1}\frac{\omega L}{R}$

이로부터 순시값 전류 i_s는

$$i_s = \frac{V_m}{Z}\sin(\omega t - \theta) \qquad \cdots\cdots (12.61)$$

따라서 일반해(완전응답) i는

$$i = i_t + i_s = A \cdot e^{-\frac{t}{\tau}} + \frac{V_m}{Z}\sin(\omega t - \theta) \qquad \cdots\cdots (12.62)$$

으로 된다. 초기조건에 의해 $i_L(0) = i(0) = 0$이므로

$$\begin{aligned} i(0) &= i_t(0) + i_s(0) \\ &= A + \frac{V_m}{Z}\sin(-\theta) = A - \frac{V_m}{Z}\sin\theta = 0 \end{aligned} \qquad \cdots\cdots (12.63)$$

그러므로 적분상수 A는

$$A = \frac{V_m}{Z}\sin\theta \qquad \cdots\cdots (12.64)$$

이 된다. 따라서 일반해 i는

$$i = \frac{V_m}{Z}\sin(\omega t - \theta) + \frac{V_m}{Z}\sin\theta \cdot e^{-\frac{t}{\tau}}, \quad t \geq 0 \qquad \cdots\cdots (12.65)$$

가 된다. 그림 (b)에 시간에 따른 과도해 i_t, 정상해 i_s 및 일반해 i의 변화를 나타내었다.

예제 12-9

저항 $R = 30$〔Ω〕과 인덕턴스 $L = 20$〔mH〕의 직렬회로에 주파수 $f = 60$〔Hz〕의 정현파 전압을 가할 때 과도전류가 생기지 않게 하기 위해서는 이 정현파 전압을 어느 위상으로 하여 가하면 되는가?

| 풀이 | 정상해는 $\dot{I} = \frac{\dot{V}}{\dot{Z}} = \frac{V\angle\theta}{R+j\omega L} = \frac{V}{Z}\angle\theta-\alpha$

$$i_s = \frac{V_m}{Z}\sin(\omega t+\theta-\alpha)$$

과도해 $i_t = Ae^{-\frac{R}{L}t}$

일반해 $i = i_s + i_t = \frac{V_m}{Z}\sin(\omega t+\theta-\alpha) + Ae^{-\frac{R}{L}t}$

초기조건 $t=0_$에서 $i=0$, 즉

$$i_w\big|_{t=0} = \frac{V_m}{Z}\sin(\theta-\alpha) + A = 0$$

$$A = \frac{-V_m}{Z}\sin(\theta-\alpha)$$

그러므로

$$i = I_m\sin(\omega t+\theta-\alpha) - I_m\sin(\theta-\alpha)$$

$\sin(\theta-\alpha)=0$일 때 과도전류가 0이므로

$$\theta = \alpha = \tan^{-1}\frac{\omega L}{R} = \tan^{-1}\frac{2\times3.14\times60\times20\times10^{-3}}{30} = \tan^{-1}0.25 = 14°$$

12장 연습문제

12-1 인덕턴스 $L=2$〔H〕, 저항 $R=4$〔Ω〕의 직렬회로에 직류전압 12〔V〕를 급히 가할 때 스위치를 닫고서 1초후의 전류는 몇 〔A〕인가?

|정답| $i=2.595$〔A〕

12-2 그림 12-19의 회로가 정상 상태로 있는 중에 스위치 S를 닫았다면 L 양단의 전위차 v_L은 얼마인가?

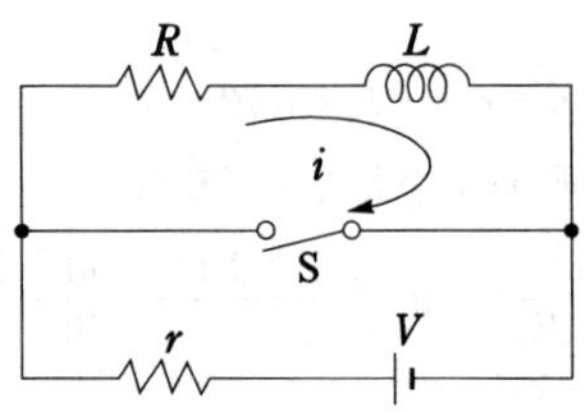

그림 12-19

|정답| $v_L = -\dfrac{RV}{R+r} e^{-\frac{R}{L}t}$〔V〕

12-3 그림 12-20과 같은 $R-C$ 직렬회로에 $t=0$일 때 직류전압 25〔V〕를 인가하는 경우, $t=0.2$초일 때 전류를 구하라. 단, $R=2$〔kΩ〕, $C=50$〔μF〕이고 초기 전하량은 0 이다.

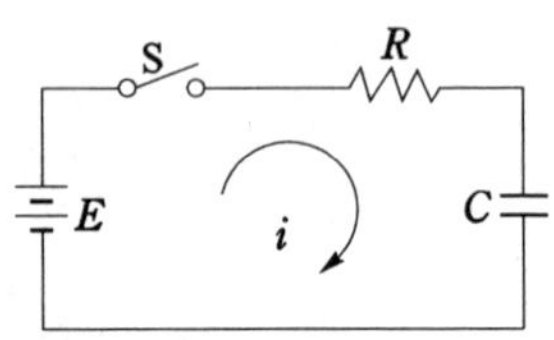

그림 12-20

|정답| $i=1.69$〔mA〕

12-4 저항 $R=5000$〔Ω〕, 정전용량 $C=20$〔μF〕이 직렬로 접속된 회로에 일정 전압 $E=100$〔V〕를 가하고, $t=0$에서 스위치를 넣을 때 커패시터 단자 전압 v_C를 구하라. 단, 처음에 커패시터는 충전되지 않았다.

|정답| $v_C(t)=100(1-e^{-10t})$

12-5 그림 12-20에서 $R=1$〔MΩ〕, $C=0.68$〔μF〕, $V=50$〔V〕일 때 스위치 닫은 후 커패시터의 충전전압이 33.5〔V〕까지 상승하는 데 필요한 시간을 구하라.

|정답| $t=0.754$〔sec〕

12-6 $R-L-C$ 직렬회로에서 $R=100$〔Ω〕, $L=0.5$〔mH〕, $C=2$〔μF〕일 때 회로의 진동 여부를 판별하여라.

|정답| 비진동적($R^2-\frac{4L}{C}>0$)

12-7 $R-L-C$ 직렬회로에서 저항 $R=100$〔Ω〕, 인덕턴스 $L=3$〔mH〕일 때 이 회로가 진동적이기 위한 커패시턴스 C의 범위를 구하라.

|정답| $C<120$〔pF〕

12-8 그림 12-21의 회로에서 $t=0$에서 스위치 S를 넣었을 때 회로에 흐르는 전하 $q(t)$와 전류 $i(t)$, 그리고 저항 R과 커패시턴스 C의 단자전압 v_R, v_C를 구하라. 단 초기 전하량은 0이다.

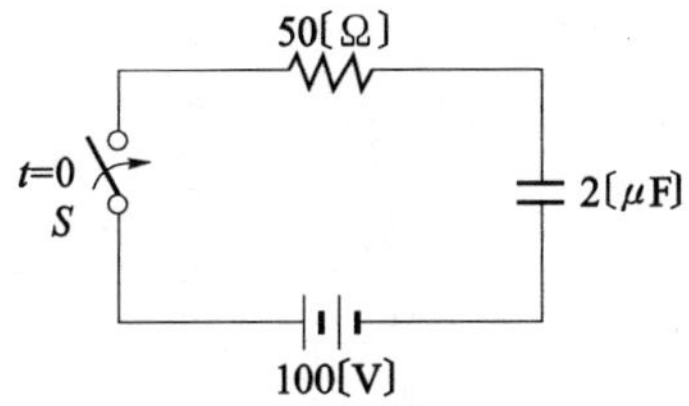

그림 12-21

|정답| $q(t)=2\times10^{-4}(1-e^{-1000t})$〔C〕

$i(t)=2e^{-1000t}$〔A〕

$v_R=100e^{-1000t}$〔V〕

$v_c=100(1-e^{-1000t})$〔V〕

chapter 13

라플라스 변환

13.1 라플라스 변환의 개요

라플라스 변환(Laplace transform)은 제어시스템, 4 단자망의 각종 전기계와 기계적 진동계 및 서보기구(servo-mechanism) 등의 응용수학에 널리 사용되고 있다.

일반적으로 회로해석은 키르히호프 법칙에 의한 직류회로 해석, 미분방정식에 의한 인덕터, 커패시터 소자회로의 해석, 교류의 정현함수에 대한 페이저 해석 및 비정현 주기함수의 푸리에 변환 등의 기법을 이용한다.

본 장은 푸리에 변환보다도 더욱 다양한 응용 범위와 회로 해석에서 선형 미분방정식의 강력한 해법 수단을 가지고 있는 라플라스 변환에 대하여 공부하며, 이는 다음과 같은 특징이 있다.

① 지수함수나 초월함수 등을 간단히 대수함수로 변환시킬 수 있고, 비주기 함수나 불연속 함수를 간단한 식으로 표현할 수 있다.

② 선형 미분방정식을 간단한 대수방정식으로 변환하여 해를 구한다.

③ 미분방정식의 일반해는 과도해(자연응답)와 정상해(강제응답)를 각각 구하지만, 라플라스 변환에 의한 방법은 초기조건에 의해 일반해가 한 번에 구해진다.

④ 계단 함수나 임펄스 함수를 효과적으로 이용하여 선형회로에 대해 시간영역의 해를 얻게 된다.

라플라스 변환에 의한 선형 미분방정식의 해를 구하는 기본적인 공식적 절차는 다음의 흐름도로 설명할 수 있다.

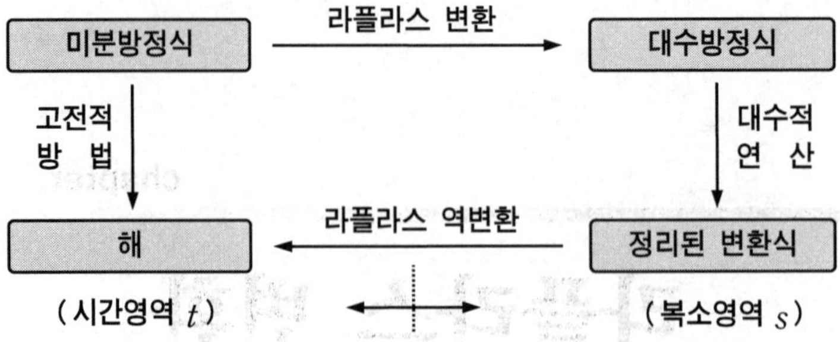

13.2 라플라스 변환의 정의

시간함수 $f(t)$를 $0 \leq t < \infty$에서 정의된 함수라 할 때, $f(t)$에 감쇠정수 e^{-st}를 곱한 함수 $f(t)e^{-st}$를 시간 t에 대해 적분하면

$$F(s) = \mathcal{L}[f(t)] = \int_0^{\infty} f(t)\, e^{-st}\, dt \qquad \cdots\cdots (13.1)$$

가 된다. 이 함수 $F(s)$를 원함수 $f(t)$의 라플라스 변환(Laplace transformation)이라 하고, $\mathcal{L}[f(t)]$로 표기한다. 여기서 s는 $s = \sigma + j\omega$의 복소함수를 의미한다.

또 라플라스 변환 함수 $F(s)$로부터 시간함수 $f(t)$를 구하는 연산을 라플라스 역변환(inverse Laplace transform)이라 하고, $F(s)$의 라플라스 역변환은 다음과 같이 정의하며, $\mathcal{L}^{-1}[f(t)]$로 표기한다.

$$f(t) = \mathcal{L}^{-1}[F(s)] = \frac{1}{2\pi j}\int_{\sigma - j\omega}^{\sigma + j\omega} F(s)\, e^{st}\, ds \qquad \cdots\cdots (13.2)$$

함수 $f(t)$와 $F(s)$를 라플라스 변환쌍이라 하고, 라플라스 역변환은 일반적으로 중요한 시간함수에 대한 라플라스 변환쌍이 표로 주어지므로 이를 이용하여 구한다.

13.3 라플라스 변환과 정리

13.3.1 기본 입력신호 함수의 라플라스 변환

(1) 단위 계단함수

단위 계단함수(unit step function)는 그림 13-1로부터 다음과 같이 정의하고, 기호는 $u(t)$로 표시한다.

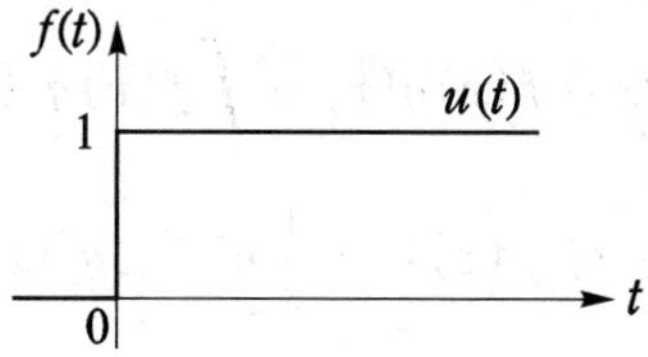

그림 13-1 단위 계단함수

$$f(t) = u(t) = \begin{cases} 0 & (t < 0) \\ 1 & (t \geq 0) \end{cases} \qquad \cdots\cdots (13.3)$$

단위 계단함수 $u(t)$의 라플라스 변환은 다음과 같다.

$$\mathcal{L}[u(t)] = \int_0^{\infty} 1 \cdot e^{-st} dt = \left[-\frac{1}{s} e^{-st} \right]_0^{\infty} = -\frac{1}{s}(e^{-\infty} - 1) = \frac{1}{s}$$

$$\therefore \mathcal{L}[u(t)] = \frac{1}{s} \qquad \cdots\cdots (13.4)$$

(2) 단위 경사함수(단위 램프함수)

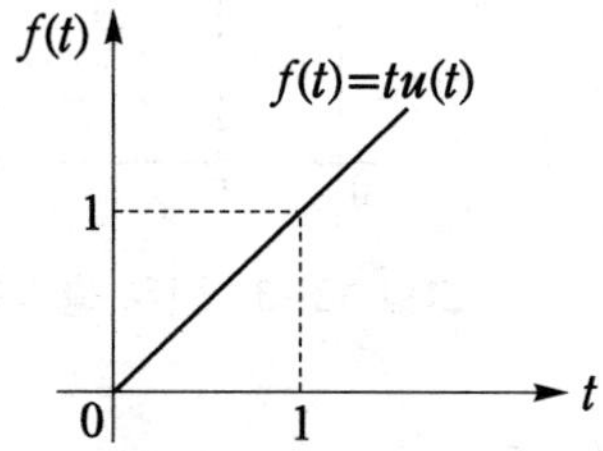

그림 13-2 단위 경사함수

단위 경사함수(unit lamp function)는 그림 13-2와 같이 단위 계단함수를 적분하여 얻을 수 있는 기울기가 1 인 등속도 함수를 의미하고, 기호는 $tu(t)$로 표시한다. 수학적 정의는 다음과 같으며, 단위 램프함수라고도 한다.

$$f(t) = tu(t) = \begin{cases} 0 & (t < 0) \\ t & (t \geq 0) \end{cases} \qquad \cdots\cdots (13.5)$$

단위 경사함수의 라플라스 변환은

$$\mathcal{L}[f(t)] = \mathcal{L}[tu(t)] = \int_0^{\infty} t \cdot e^{-st} dt \qquad \cdots\cdots (13.6)$$

이고, 이 식을 부분 적분법의 공식

$$\int f'(x)g(x)dx = f(x)g(x) - \int f(x)g'(x)dx \qquad \cdots\cdots (13.7)$$

에서 $f'(x) = e^{-st}$, $g(x) = t$, $f(x) = -\frac{1}{s}e^{-st}$, $g'(x) = 1$를 적용하면 다음과 같이 구해진다.

$$\mathcal{L}[tu(t)] = \int_0^{\infty} t \cdot e^{-st}dt = \left[t \cdot -\frac{e^{-st}}{s}\right]_0^{\infty} - \int_0^{\infty} -\frac{e^{-st}}{s}dt$$

$$= \left[-\frac{1}{s^2}e^{-st}\right]_0^{\infty} = \frac{1}{s^2}$$

$$\therefore \mathcal{L}[tu(t)] = \frac{1}{s^2} \qquad \cdots\cdots (13.8)$$

(3) 단위 충격함수(단위 임펄스함수)

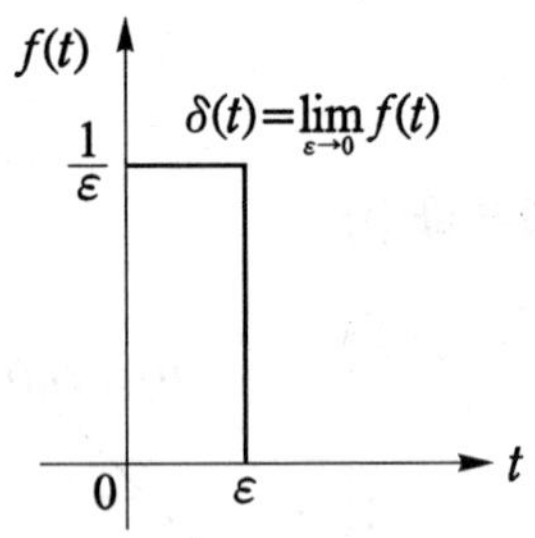

그림 13-3 단위 충격함수

단위 충격함수(unit impulse function)는 그림 13-3과 같이 폭 ϵ, 높이 $1/\epsilon$, 면적 1인 파형을 $f(t)$라 할 때, 이 함수가 $\epsilon \to 0$으로 수렴할 때 ∞가 되는 극한 파형을 의미한다. 이 함수는 단위 임펄스함수라고도 하며, 기호는 $\delta(t)$로 표시한다.

위의 정의에 의하여 함수 $f(t)$와 $\delta(t)$는 수학적으로 각각

$$f(t) = \frac{1}{\epsilon}\{u(t) - u(t-\epsilon)\} \qquad \cdots\cdots (13.9)$$

$$\delta(t) = \lim_{\epsilon \to 0} f(t) = \frac{du(t)}{dt} = \begin{cases} 0 & (t \neq 0) \\ \infty & (t = 0) \end{cases} \qquad \cdots\cdots (13.10)$$

이고, $\delta(t)$는 단위 계단함수를 시간 t로 미분하여 얻어지는 함수로 생각할 수 있다.

단위 충격함수의 라플라스 변환은 다음과 같다.

$$\mathcal{L}[\delta(t)] = \mathcal{L}[\lim_{\epsilon \to 0} f(t)] = \lim_{\epsilon \to 0} \int_0^{\infty} f(t)e^{-st}dt$$

$$= \lim_{\epsilon \to 0} \frac{1}{\epsilon} \int_0^\infty \{u(t) - u(t-\epsilon)\} e^{-st}\, dt$$

$$= \lim_{\epsilon \to 0} \frac{1}{\epsilon} \{\mathcal{L}[u(t)] - \mathcal{L}[u(t-\epsilon)]\}$$

$$= \lim_{\epsilon \to 0} \frac{1}{\epsilon} \left[\frac{1}{s} - \frac{e^{-\epsilon s}}{s}\right]$$

$$= \lim_{\epsilon \to 0} \frac{1}{\epsilon} \left[\frac{1}{s} - \frac{1}{s}\left\{1 - \epsilon s + \frac{(\epsilon s)^2}{2!} - \frac{(\epsilon s)^3}{3!} + \cdots\cdots\right\}\right]$$

$$= \lim_{\epsilon \to 0} \left\{1 - \frac{\epsilon s}{2!} + \frac{(\epsilon s)^2}{3!} - \cdots\cdots\right\} = 1$$

$$\therefore \mathcal{L}[\delta(t)] = 1 \qquad \cdots\cdots (13.11)$$

(4) 지수 감쇠함수

지수 감쇠함수 $f(t) = e^{-at}$의 라플라스 변환은 다음과 같다.

$$\mathcal{L}[e^{-at}] = \int_0^\infty e^{-at} e^{-st}\, dt = \int_0^\infty e^{-(s+a)t}\, dt$$

$$= \left[-\frac{1}{s+a} e^{-(s+a)t}\right]_0^\infty = \frac{1}{s+a}$$

$$\therefore \begin{cases} \mathcal{L}[e^{-at}] = \dfrac{1}{s+a} \\ \mathcal{L}[e^{at}] = \dfrac{1}{s-a} \end{cases} \qquad \cdots\cdots (13.12)$$

(5) 삼각함수

삼각함수의 라플라스 변환 공식은

$$\begin{cases} \mathcal{L}[\cos\omega t] = \displaystyle\int_0^\infty \cos\omega t \cdot e^{-st} dt \\ \mathcal{L}[\sin\omega t] = \displaystyle\int_0^\infty \sin\omega t \cdot e^{-st} dt \end{cases} \qquad \cdots\cdots (13.13)$$

로 표현되고, 이 삼각함수는 지수형식을 적용하면 쉽게 풀 수 있다. 즉,

$$\begin{cases} \cos\omega t = \dfrac{1}{2}\left(e^{j\omega t} + e^{-j\omega t}\right) \\ \sin\omega t = \dfrac{1}{2j}\left(e^{j\omega t} - e^{-j\omega t}\right) \end{cases} \qquad \cdots\cdots (13.14)$$

이므로 두 삼각함수의 라플라스 변환은 각각 다음과 같이 된다.

$$\mathcal{L}[\cos\omega t] = \frac{1}{2}\mathcal{L}[e^{j\omega t} + e^{-j\omega t}]$$
$$= \frac{1}{2}\left\{\int_0^\infty e^{j\omega t}\cdot e^{-st}dt + \int_0^\infty e^{-j\omega t}\cdot e^{-st}dt\right\}$$
$$= \frac{1}{2}\int_0^\infty \{e^{-(s-j\omega)t} + e^{-(s+j\omega)t}\}dt$$
$$= \frac{1}{2}\left\{\frac{1}{s-j\omega} + \frac{1}{s+j\omega}\right\}$$
$$= \frac{2s}{2(s^2+\omega^2)} = \frac{s}{s^2+\omega^2}$$
$$\mathcal{L}[\sin\omega t] = \frac{1}{2j}\mathcal{L}[e^{j\omega t} - e^{-j\omega t}]$$
$$= \frac{1}{2j}\left\{\int_0^\infty e^{j\omega t}\cdot e^{-st}dt - \int_0^\infty e^{-j\omega t}\cdot e^{-st}dt\right\}$$
$$= \frac{1}{2j}\int_0^\infty \{e^{-(s-j\omega)t} - e^{-(s+j\omega)t}\}dt$$
$$= \frac{1}{2j}\left\{\frac{1}{s-j\omega} - \frac{1}{s+j\omega}\right\}$$
$$= \frac{1}{2j}\frac{2j\omega}{(s^2+\omega^2)} = \frac{\omega}{s^2+\omega^2}$$
$$\therefore \begin{cases} \mathcal{L}[\cos\omega t] = \dfrac{s}{s^2+\omega^2} \\ \mathcal{L}[\sin\omega t] = \dfrac{\omega}{s^2+\omega^2} \end{cases} \qquad \cdots\cdots (13.15)$$

(6) 지수 감쇠 삼각함수

지수 감쇠 cosine 함수 $f(t) = e^{-at}\cos\omega t$의 라플라스 변환은 다음과 같다.

$$\mathcal{L}[f(t)] = \mathcal{L}[e^{-at}\cos\omega t] = \int_0^\infty e^{-at}e^{-st}\cos\omega t\, dt$$
$$= \frac{1}{2}\int_0^\infty e^{-at}e^{-st}(e^{j\omega t} + e^{-j\omega t})dt$$
$$= \frac{1}{2}\int_0^\infty e^{-(s+a-j\omega)t} + e^{-(s+a+j\omega)t}dt$$
$$= \frac{1}{2}\left\{\frac{1}{(s+a)-j\omega} + \frac{1}{(s+a)+j\omega}\right\}$$
$$= \frac{s+a}{(s+a)^2+\omega^2}$$

$$\therefore \begin{cases} \mathcal{L}\,[e^{-at}\cos\omega t] = \dfrac{s+a}{(s+a)^2+\omega^2} \\ \mathcal{L}\,[e^{at}\cos\omega t] = \dfrac{s-a}{(s-a)^2+\omega^2} \end{cases} \qquad \cdots\cdots (13.16)$$

지수 감쇠 sine 함수 $f(t) = e^{-at}\sin\omega t$의 라플라스 변환은 다음과 같다.

$$\begin{aligned} \mathcal{L}\,[f(t)] = \mathcal{L}\,[e^{-at}\sin\omega t] &= \int_0^\infty e^{-at}e^{-st}\sin\omega t\,dt \\ &= \frac{1}{2j}\int_0^\infty e^{-at}e^{-st}(e^{j\omega t} - e^{-j\omega t})\,dt \\ &= \frac{1}{2j}\int_0^\infty e^{-(s+a-j\omega)t} - e^{-(s+a+j\omega)t}\,dt \\ &= \frac{1}{2j}\left\{\frac{1}{(s+a)-j\omega} + \frac{1}{(s+a)+j\omega}\right\} \\ &= \frac{\omega}{(s+a)^2+\omega^2} \end{aligned}$$

$$\therefore \begin{cases} \mathcal{L}\,[e^{-at}\sin\omega t] = \dfrac{\omega}{(s+a)^2+\omega^2} \\ \mathcal{L}\,[e^{at}\sin\omega t] = \dfrac{\omega}{(s-a)^2+\omega^2} \end{cases} \qquad \cdots\cdots (13.17)$$

지금까지 자동제어계의 응답 특성을 알기 위하여 자주 사용하는 입력신호로써 단위 계단 함수, 단위 경사(램프)함수, 단위 충격(임펄스)함수 등을 포함한 기본적인 함수에 대하여 라플라스 변환 과정을 나타내었다. 여기서 시스템 해석에 중요한 시간함수의 라플라스 변환을 표 13-1에 정리하였다.

표 13-1 라플라스 변환표

	함 수 명	$f(t)$	$F(s)$		함 수 명	$f(t)$	$F(s)$
1	단위 충격	$\delta(t)$	1	8	지수 n차경사	$t^n e^{-at}$	$\dfrac{n!}{(s+a)^{n+1}}$
2	단위 계단	$u(t)=1$	$\dfrac{1}{s}$	9	cos 함수	$\cos\omega t$	$\dfrac{s}{s^2+\omega^2}$
3	단위 경사	t	$\dfrac{1}{s^2}$	10	sin 함수	$\sin\omega t$	$\dfrac{\omega}{s^2+\omega^2}$
4	포물선	t^2	$\dfrac{2}{s^3}$	11	지수감쇠 cos	$e^{-at}\cos\omega t$	$\dfrac{s+a}{(s+a)^2+\omega^2}$
5	n차 경사	t^n	$\dfrac{n!}{s^{n+1}}$	12	지수감쇠 sin	$e^{-at}\sin\omega t$	$\dfrac{\omega}{(s+a)^2+\omega^2}$

	함 수 명	$f(t)$	$F(s)$		함 수 명	$f(t)$	$F(s)$
6	지수감쇠	e^{-at}	$\frac{1}{s+a}$	13	쌍곡선 함수	$\cosh\omega t$	$\frac{s}{s^2-\omega^2}$
7	지수감쇠경사	te^{-at}	$\frac{1}{(s+a)^2}$	14	쌍곡선 함수	$\sinh\omega t$	$\frac{\omega}{s^2-\omega^2}$

13.3.2 라플라스 변환의 정리

라플라스 변환은 여러 가지 성질을 가지고 있으며, 이 성질과 표 13-1의 변환표를 이용하면 주어진 함수의 라플라스 변환을 간단히 해결할 수 있다.

(1) 선형 정리

시간함수의 합 또는 차의 라플라스 변환은 각 시간함수의 라플라스 변환의 합 또는 차와 같다.

$$\mathcal{L}[af_1(t)\pm bf_2(t)] = \int_0^\infty [af_1(t)\pm bf_2(t)]e^{-st}dt$$

$$= a\int_0^\infty f_1(t)e^{-st}dt \pm b\int_0^\infty f_2(t)e^{-st}dt$$

$$= aF_1(s)\pm bF_2(s)$$

$$\therefore \mathcal{L}[af_1(t)\pm bf_2(t)] = aF_1(s)\pm bF_2(s) \qquad \cdots\cdots (13.18)$$

예제 13-1

$f(t)=6+3t+4e^{-3t}+2\cos 5t$ 의 라플라스 변환을 구하라.

| 풀이 | $\mathcal{L}[f(t)] = \mathcal{L}[6+3t+4e^{-3t}+2\cos 5t]$

선형 정리에 의하여

$$\mathcal{L}[f(t)] = \mathcal{L}[6]+\mathcal{L}[3t]+\mathcal{L}[4e^{-3t}]+\mathcal{L}[2\cos 5t]$$

$$= \frac{6}{s}+\frac{3}{s^2}+\frac{4}{s+3}+\frac{2s}{s^2+25}$$

(2) 미분 정리

시간함수 $f(t)$의 라플라스 변환이 $F(s)$일 때, 그 함수의 미분, 즉 $\frac{df(t)}{dt}=f'(t)$의 라플라스 변환은 부분 적분법을 적용하면

$$\mathcal{L}[f'(t)] = \int_0^\infty f'(t)e^{-st}dt$$

$$= [f(t)e^{-st}]_0^\infty - \int_0^\infty f(t)(-se^{-st})dt$$

$$= -f(0) + s\int_0^\infty f(t)e^{-st}\,dt$$

$$= sF(s) - f(0)$$

$$\therefore\ \mathcal{L}[f'(t)] = sF(s) - f(0) \qquad \cdots\cdots (13.19)$$

이다. 여기서 $f(0)$은 $f(t)$의 초기값으로 아래와 같고, 초기조건에 의해 결정된다.

$$f(0) = \lim_{t \to 0} f(t) \qquad \cdots\cdots (13.20)$$

동일한 방법으로 2계 및 n계 도함수의 라플라스 변환은 다음과 같다.

$$\begin{cases} \mathcal{L}[f''(t)] = s^2F(s) - sf(0) - f'(0) \\ \mathcal{L}[f^n(t)] = s^nF(s) - s^{n-1}f(0) - s^{n-2}f'(0) - \ldots - f^{(n-1)}(0) \\ \mathcal{L}[f^n(t)] = s^nF(s) \quad (\text{단, 모든 초기값은 } 0) \end{cases} \qquad \cdots\cdots (13.21)$$

예제 13-2

$\dfrac{d}{dt}x(t) + x(t) = 2$의 라플라스 변환을 구하라. 단, 초기값은 0이다.

| 풀이 | $\mathcal{L}[\dfrac{d}{dt}x(t) + x(t)] = \mathcal{L}[2]$

미분 정리와 초기값 $x(0) = 0$으로부터

$$sX(s) - x(0) + X(s) = \frac{2}{s}$$

$$sX(s) + X(s) = \frac{2}{s}$$

$$\therefore\quad X(s) = \frac{2}{s(s+1)}$$

(3) 적분 정리

시간함수 $f(t)$의 1차 적분의 라플라스 변환도 도함수의 라플라스 변환과 같은 방법으로

$$\mathcal{L}\left[\int f(t)dt\right] = \int_0^\infty \left\{\int f(t)dt\right\} e^{-st}\,dt$$

$$= \left[\left\{\int f(t)dt\right\}\left\{-\frac{1}{s}e^{-st}\right\}\right]_0^\infty - \int_0^\infty f(t)\left(-\frac{1}{s}e^{-st}\right)dt$$

$$= \frac{1}{s}F(s) + \frac{1}{s}f^{(-1)}(0_+)$$

$$\therefore \mathcal{L}\left[\int f(t)dt\right] = \frac{1}{s}F(s) + \frac{1}{s}f^{(-1)}(0_+) \qquad \cdots\cdots (13.22)$$

가 된다. 여기서 $f^{(-1)}(0_+)$는 $t \to 0$일 때 계산한 적분값의 초기값으로

$$f^{(-1)}(0_+) = \lim_{t \to 0}\int f(t)dt \qquad \cdots\cdots (13.23)$$

이고, 초기조건에 의해 결정된다.

동일한 방법으로 2차 적분 및 n차 적분의 라플라스 변환은 다음과 같다.

$$\mathcal{L}\left[\int\int f(t)dt^2\right] = \frac{1}{s^2}F(s) + \frac{1}{s^2}f^{(-1)}(0_+) + \frac{1}{s}f^{(-2)}(0_+)$$

$$\mathcal{L}\left[\int\int \dots \int f(t)dt^n\right] = \frac{1}{s^n}F(s) + \frac{1}{s^n}f^{(-1)}(0_+) + \dots + \frac{1}{s}f^{(-n)}(0_+)$$

$$\mathcal{L}\left[\int\int \dots \int f(t)dt^n\right] = \frac{1}{s^n}F(s) \quad \text{(단, 모든 초기값은 0)} \qquad \cdots\cdots (13.24)$$

예제 13-3

$e(t) = Ri(t) + L\frac{d}{dt}i(t) + \frac{1}{C}\int i(t)dt$ 에서 모든 초기값을 0으로 하고 라플라스 변환을 구하라.

|풀이| $\mathcal{L}[e(t)] = \mathcal{L}\left[Ri(t) + L\frac{d}{dt}i(t) + \frac{1}{C}\int i(t)dt\right]$

적분 정리를 적용하면

$$E(s) = RI(s) + Ls\,I(s) + \frac{1}{Cs}I(s)$$

$$I(s) = \frac{1}{R + Ls + \frac{1}{Cs}}E(s)$$

$$\therefore I(s) = \frac{Cs}{LCs^2 + RCs + 1}E(s)$$

(4) 복소 미분 정리

복소 주파수 s의 함수 $F(s)$는

$$F(s) = \int_0^\infty f(t)\, e^{-st}\, dt \qquad \cdots\cdots (13.25)$$

이고, 이 식을 복소함수 s로 양변을 미분하면

$$\frac{d}{ds}F(s)=\frac{d}{ds}\int_0^\infty f(t)e^{-st}dt=\int_0^\infty f(t)\frac{d}{ds}e^{-st}dt$$
$$=\int_0^\infty f(t)(-te^{-st})dt=-\mathcal{L}[tf(t)]$$

가 된다. 따라서 $\mathcal{L}[tf(t)]$와 동일한 방법으로 $\mathcal{L}[t^n f(t)]$의 라플라스 변환은 다음과 같다.

$$\begin{cases}\mathcal{L}[tf(t)]=-\dfrac{d}{ds}F(s)\\ \mathcal{L}[t^n f(t)]=(-1)^n\dfrac{d^n}{ds^n}F(s)\end{cases} \quad \cdots\cdots (13.26)$$

예제 13-4

$f(t)=t\sin\omega t$ 의 라플라스 변환을 구하라.

| 풀이 | $\mathcal{L}[t\sin\omega t]=-\dfrac{d}{ds}\{\mathcal{L}[\sin\omega t]\}=-\dfrac{d}{ds}\left(\dfrac{\omega}{s^2+\omega^2}\right)=\dfrac{2\omega s}{(s^2+\omega^2)^2}$

(5) 복소 적분 정리

식 (13.24)의 s의 함수 $F(s)$를 s에서 ∞까지 복소함수 s로 양변 적분하면

$$\int_s^\infty F(s)ds=\int_s^\infty\left\{\int_0^\infty f(t)\,e^{-st}\,dt\right\}ds$$
$$=\int_0^\infty f(t)\left\{\int_s^\infty e^{-st}\,ds\right\}dt$$
$$=\int_0^\infty \frac{f(t)}{t}e^{-st}dt=\mathcal{L}\left[\frac{f(t)}{t}\right]$$

$$\therefore\ \mathcal{L}\left[\frac{f(t)}{t}\right]=\int_s^\infty F(s)ds \quad \cdots\cdots (13.27)$$

의 관계식이 나온다.

(6) 상사 정리

시간함수 $f\left(\dfrac{t}{a}\right)$를 라플라스 변환하면 다음 식이 된다.

$$\mathcal{L}\left[f\left(\frac{t}{a}\right)\right]=\int_0^\infty f\left(\frac{t}{a}\right)e^{-st}dt \quad \cdots\cdots (13.28)$$

이 식에서 $t/a=\tau$라 놓으면 $t=a\tau$, $dt=ad\tau$의 관계가 되고, 이들을 윗 식에 대입하면 다음의 식이 된다.

$$\mathcal{L}\left[f\left(\frac{t}{a}\right)\right]=\int_0^{\infty} f(\tau)e^{-as\tau}a\,d\tau=aF(as)$$

$$\therefore \quad \mathcal{L}\left[f\left(\frac{t}{a}\right)\right]=aF(as) \qquad (a>0) \qquad \cdots\cdots (13.29)$$

예제 13-5

다음과 같은 관계 $\mathcal{L}[e^{-t}]=\dfrac{1}{s+1}$를 알고 있을 때, $f(t)=e^{-5t}$의 라플라스 변환을 구하라.

|풀이| 상사 정리의 식 (13.29)에서 $a=\dfrac{1}{5}$로 놓으면 $\mathcal{L}[f(t)]=\mathcal{L}[e^{-5t}]$는

$$\mathcal{L}[e^{-5t}]=\frac{1}{5}\left(\frac{1}{\frac{1}{5}s+1}\right)=\frac{1}{s+5}$$

(7) 시간 이동(추이) 정리

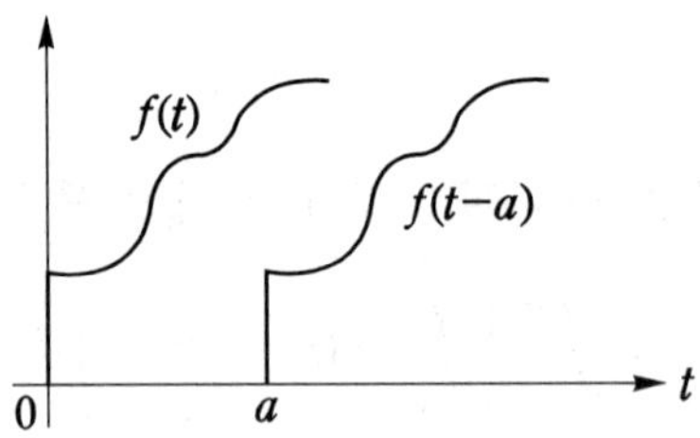

그림 13-4 $f(t-a)$의 파형

그림 13-4와 같이 $f(t-a)$는 $f(t)$와 동일한 파형을 가지며, a만큼 이동한 파형이 된다. 즉, $f(t-a)$는 $f(t)$보다 시간적으로 a만큼 뒤진 함수이다.

$t<0$에서 $f(t)=0$인 경우에 $t<a$에서 $f(t-a)=0$인 함수 $f(t-a)$의 라플라스 변환은 다음의 식이 된다.

$$\mathcal{L}[f(t-a)]=\int_0^{\infty} f(t-a)e^{-st}dt \qquad \cdots\cdots (13.30)$$

이 식에서 $t-a=\tau$라 놓으면 $t=a+\tau$, $dt=d\tau$이므로

$$\mathcal{L}[f(t-a)]=\int_0^{\infty} f(\tau)e^{-s(a+\tau)}d\tau=\int_0^{\infty} f(\tau)e^{-s\tau}e^{-as}d\tau$$

$$=e^{-as}\int_0^{\infty} f(\tau)e^{-s\tau}d\tau=e^{-as}F(s)$$

가 된다. 즉, 시간함수 $f(t)$를 a만큼 이동한 함수 $f(t-a)$의 라플라스 변환은 $F(s)$에 e^{-as}

를 곱한 것과 같으며, 이를 시간 이동(추이) 정리라고 한다.

$$\therefore \mathcal{L}[f(t-a)] = e^{-as}F(s) \qquad \cdots\cdots (13.31)$$

예제 13-6

$f(t) = (t-4)^2$ 의 라플라스 변환을 구하라.

|풀이| 시간 이동 정리를 적용하면 $\mathcal{L}[t^2] = \frac{2}{s^3}$ 이고, 여기에 e^{-4s} 를 곱한 결과인

$$\mathcal{L}[(t-4)^2] = e^{-4s} \cdot \frac{2}{s^3} = \frac{2e^{-4s}}{s^3}$$

(8) 복소 이동(추이) 정리

복소함수 $s > a$ 일 때, $\mathcal{L}[f(t)] = F(s)$ 이면 함수 $e^{\pm at}f(t)$ 의 라플라스 변환은 다음과 같이 된다.

$$\mathcal{L}[e^{\pm at}f(t)] = \int_0^\infty f(t)e^{\pm at}e^{-st}dt$$

$$= \int_0^\infty f(t)e^{-(s\mp a)t}dt = F(s\mp a)$$

$$\therefore \mathcal{L}[e^{\pm at}f(t)] = F(s\mp a) \qquad \cdots\cdots (13.32)$$

즉, $e^{\pm at}f(t)$ 형식의 라플라스 변환식은 $F(s)$ 에서 s 대신에 $s\mp a$ 를 대입한 것을 의미하고, 이를 복소 이동(추이) 정리라고 한다.

예제 13-7

$f(t) = e^{-at}\sin\omega t$ 의 라플라스 변환을 구하라.

|풀이| $\mathcal{L}[\sin\omega t] = \frac{\omega}{s^2+\omega^2}$ 에서 복소 이동 정리를 적용하면 s 대신에 $s+a$ 를 대입한 것과 같으므로 $\mathcal{L}[e^{-at}\sin\omega t]$ 는 다음과 같이 된다.

$$\mathcal{L}[e^{-at}\sin\omega t] = \frac{\omega}{(s+a)^2+\omega^2}$$

(9) 초기값 정리

식 (13.19)의 미분정리 $\mathcal{L}[f'(t)] = sF(s) - f(0_+)$ 에서 s 가 ∞ 에 접근하는 극한을 취하면

$$\lim_{s\to\infty}\left[\int_0^\infty f(t)e^{-st}dt\right] = \lim_{s\to\infty}[sF(s) - f(0_+)] \qquad \cdots\cdots (13.33)$$

가 된다. 또 $\lim_{s\to\infty} e^{-st}=0$이므로 윗 식의 좌변은 0 이다. 즉, 우변도

$$\lim_{s\to\infty}[sF(s)-f(0_+)]=0 \qquad \cdots\cdots (13.34)$$

이므로 초기값 정리는 다음과 같다.

$$\therefore \quad f(0_+)=\lim_{t\to 0} f(t)=\lim_{s\to\infty} sF(s) \qquad \cdots\cdots (13.35)$$

초기값 정리는 미분방정식의 해를 구할 때 초기값을 파악할 수 있는 매우 유용한 정리이다.

예제 13-8

다음의 주어진 함수에서 $f(t)$의 초기값을 구하라.

$$F(s)=\frac{2s+10}{s^3+6s^2+5s}$$

|풀이| 초기값 정리에 의하여

$$\lim_{t\to 0} f(t)=\lim_{s\to\infty} sF(s)=\lim_{s\to\infty}\frac{2s+10}{s^2+6s+5}$$

이고, 여기서 s^2의 최고차 항으로 나누면 $f(t)$의 초기값은 다음과 같다.

$$\lim_{t\to 0} f(t)=\lim_{s\to\infty} sF(s)=\lim_{s\to\infty}\frac{\frac{2}{s}+\frac{10}{s^2}}{1+\frac{6}{s}+\frac{5}{s^2}}=0$$

(10) 최종값 정리

식 (13.19)의 미분정리 $\mathcal{L}[f'(t)]=sF(s)-f(0_+)$에서 s가 0에 접근하는 극한을 취하면

$$\lim_{s\to 0}\left[\int_0^\infty f'(t)e^{-st}dt\right]=\lim_{s\to 0}[sF(s)-f(0_+)] \qquad \cdots\cdots (13.36)$$

가 된다. 또 $\lim_{s\to 0} e^{-st}=1$이므로 윗 식의 좌변은

$$\lim_{s\to 0}\left[\int_0^\infty f'(t)e^{-st}dt\right]=\int_0^\infty f'(t)\,dt=\lim_{t\to\infty}\int_0^t f'(t)\,dt$$
$$=\lim_{t\to\infty}[f(t)]_0^\infty=\lim_{t\to\infty}\{f(t)-f(0_+)\} \qquad \cdots\cdots (13.37)$$

이고, 우변과 등식으로 놓으면

$$\lim_{t\to\infty}\{f(t)-f(0_+)\}=\lim_{s\to 0}[sF(s)-f(0_+)] \qquad \cdots\cdots (13.38)$$

이다. 따라서 최종값 정리는 다음과 같다.

$$\therefore f(\infty) = \lim_{t \to \infty} f(t) = \lim_{s \to 0} s\,F(s) \qquad \cdots\cdots (13.39)$$

예제 13-9

다음의 주어진 함수에서 $f(t)$의 최종값을 구하라.

$$F(s) = \frac{2s+10}{s^3+6s^2+5s}$$

|풀이| 최종값 정리에 의하여

$$\lim_{t \to \infty} f(t) = \lim_{s \to 0} s\,F(s) = \lim_{s \to 0} \frac{2s+10}{s^2+6s+5} = \frac{10}{5} = 2$$

이상에서 설명한 라플라스 변환 정리를 표 13-2에 나타낸다.

표 13-2 라플라스 변환 정리

1	선형 정리	$\mathcal{L}[af_1(t)+bf_2(t)] = aF_1(s)+bF_2(s)$
2	미분 정리	$\mathcal{L}[f'(t)] = sF(s)-f(0)$ $\mathcal{L}[f''(t)] = s^2F(s)-sf(0)-f'(0)$ $\mathcal{L}[f^n(t)] = s^nF(s)$ (단, 모든 초기값은 0)
3	적분 정리	$\mathcal{L}\left[\int f(t)dt\right] = \frac{1}{s}F(s)+\frac{1}{s}f^{(-1)}(0_+)$ $\mathcal{L}\left[\int\int f(t)dt^2\right] = \frac{1}{s^2}F(s)+\frac{1}{s^2}f^{(-1)}(0_+)+\frac{1}{s}f^{(-2)}(0_+)$ $\mathcal{L}\left[\int\int\cdots\int f(t)dt^n\right] = \frac{1}{s^n}F(s)$ (단, 모든 초기값은 0)
4	복소 미분 정리	$\mathcal{L}[tf(t)] = -\frac{dF(s)}{ds}$ $\mathcal{L}[t^nf(t)] = (-1)^n\frac{d^nF(s)}{ds^n}$
5	복소 적분 정리	$\mathcal{L}\left[\frac{f(t)}{t}\right] = \int_0^\infty F(s)ds$
6	상사 정리	$\mathcal{L}\left[f\left(\frac{t}{a}\right)\right] = aF(as)$
7	시간 이동 정리	$\mathcal{L}[f(t-a)] = e^{-as}F(s)$
8	복소 이동 정리	$\mathcal{L}[e^{-at}f(t)] = F(s+a)$
9	초기값 정리	$\lim_{t \to 0} f(t) = \lim_{s \to \infty} sF(s)$
10	최종값 정리	$\lim_{t \to \infty} f(t) = \lim_{s \to 0} sF(s)$

13.4 주기 및 비주기 함수의 라플라스 변환

주기함수는 신호가 $t>0$에서 지속적으로 반복하여 존재하는 파형을 나타내고, 비주기 함수는 임의의 시간 구간에서만 신호가 존재하고, 그 외의 시간에서는 0 인 파형을 나타낸다.

이 함수들의 파형은 제 13.3.1 절에서 설명한 기본 함수들의 파형을 합성하여 나타낼 수 있고, 이 합성파 함수를 라플라스 변환의 정리를 적용하면 원함수의 라플라스 변환을 구할 수 있다.

예제 13-10

그림 13-5와 같은 펄스함수의 라플라스 변환을 구하라.

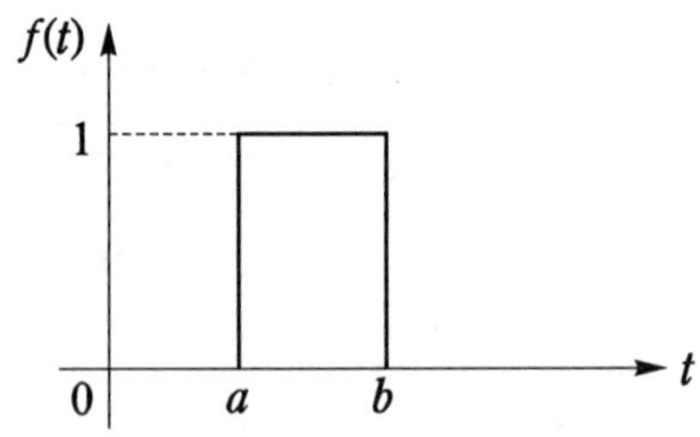

그림 13-5 펄스파

|풀이| 그림 13-5의 펄스함수는 그림 13-6과 같이 두 단위 계단함수의 합성에 의한 표시 방법을 나타낸 것이다.

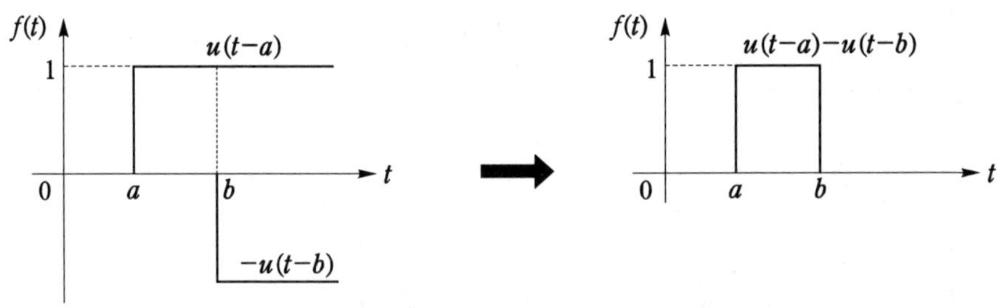

그림 13-6 단위 계단함수 합성에 의한 펄스파

이 펄스함수 $f(t)$를 표시하는 식은

$$f(t)=u(t-a)-u(t-b)$$

이고, 이 $f(t)$의 라플라스 변환식 $F(s)$는 다음과 같다.

$$F(s)=\mathcal{L}[f(t)]=\mathcal{L}[u(t-a)]-\mathcal{L}[u(t-b)]$$

$$=\frac{e^{-as}}{s}-\frac{e^{-bs}}{s}=\frac{1}{s}(e^{-as}-e^{-bs})$$

예제 13-11

그림 13-7과 같은 톱니파의 라플라스 변환을 구하라.

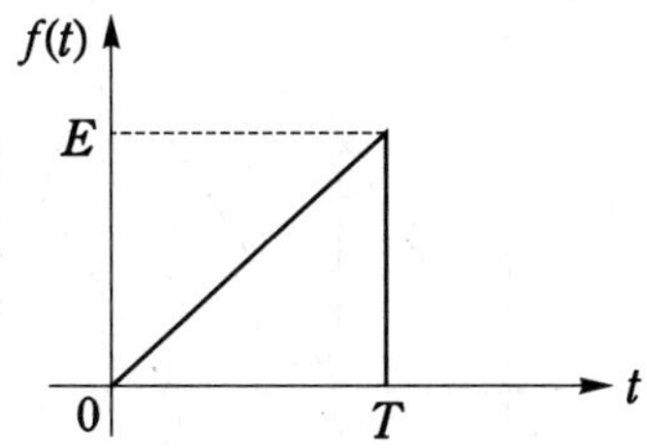

그림 13-7 톱니파

| 풀이 | 그림 13-7의 톱니파 $f(t)$는 1차함수와 단위 계단함수를 이용하여 합성한 파형으로 표시할 수 있고, 이 식은

$$f(t) = \frac{E}{T}t\{u(t) - u(t-T)\}$$

$$= \frac{E}{T}t\,u(t) - \frac{E}{T}(t-T)\,u(t-T) - Eu(t-T)$$

이다. 따라서 톱니파 $f(t)$의 라플라스 변환식 $F(s)$는 다음과 같다.

$$F(s) = \mathcal{L}[f(t)] = \frac{E}{T}\cdot\frac{1}{s^2} - \frac{E}{T}\cdot\frac{1}{s^2}e^{-Ts} - \frac{E}{s}e^{-Ts}$$

$$= \frac{E}{Ts^2}(1 - e^{-Ts} - Tse^{-Ts}) = \frac{E}{Ts^2}\{1 - (1 + Ts)e^{-Ts}\}$$

예제 13-12

그림 13-8과 같은 파형의 함수가 다음과 같이 표시될 때, 이 파형의 라플라스 변환을 구하라.

$$f(t) = \begin{cases} \sin\pi t & (0 \le t \le 1) \\ 0 & (t \ge 1) \end{cases}$$

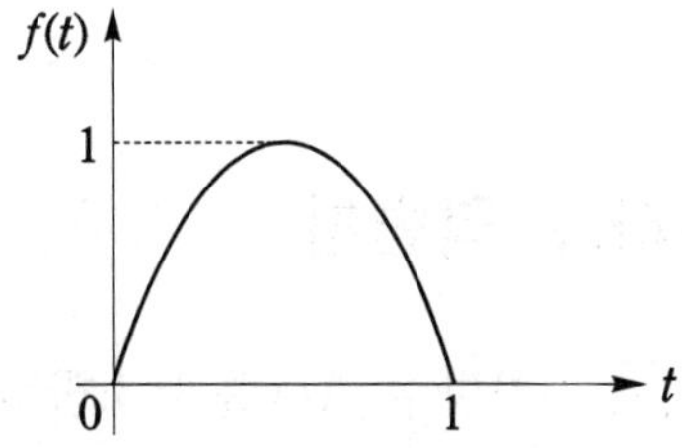

그림 13-8

| 풀이 | 그림 13-8의 정현파 펄스함수 $f(t)$는 다음의 두 파형의 합성으로 나타낼 수 있고

$$f(t) = \sin\pi t\cdot u(t) + \sin\pi(t-1)\cdot u(t-1)$$

이 파형 $f(t)$의 라플라스 변환식 $F(s)$는 다음과 같다.

$$F(s) = \mathcal{L}[f(t)] = \frac{\pi}{s^2+\pi^2} + \frac{\pi}{s^2+\pi^2}e^{-s} = \frac{\pi}{s^2+\pi^2}(1 + e^{-s})$$

예제 13-13

그림 13-9와 같은 톱니파형인 주기함수의 라플라스 변환을 구하라.

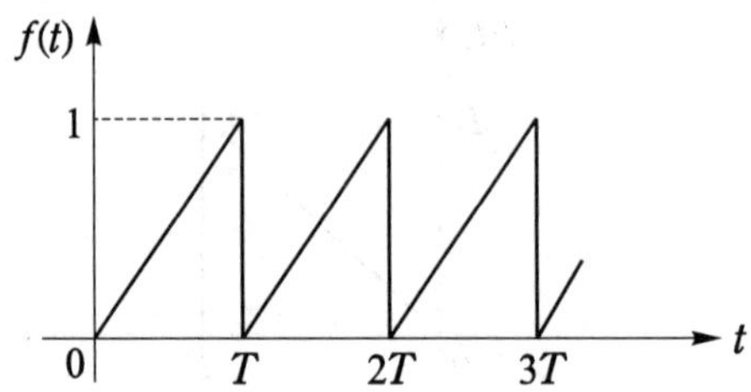

그림 13-9 톱니파

| 풀이 | 주기함수의 톱니파 $f(t)$를 단위 계단함수의 합성으로 나타내면

$$f(t)=\frac{1}{T}t\{u(t)-u(t-T)\}+\frac{1}{T}(t-T)\{u(t-T)-u(t-2T)\}$$

$$\left.+\frac{1}{T}(t-2T)\{u(t-2T)-u(t-3T)\}+\cdots\right\}$$

$$\therefore\ f(t)=\frac{1}{T}tu(t)-\{u(t-T)+u(t-2T)+u(t-3T)+\cdots\}$$

이고, 이 톱니파 $f(t)$의 라플라스 변환식 $F(s)$는 다음과 같다.

$$F(s)=\frac{1}{Ts^2}-\left(\frac{1}{s}e^{-Ts}+\frac{1}{s}e^{-2Ts}+\frac{1}{s}e^{-3Ts}+\cdots\right)$$

$$=\frac{1}{Ts^2}-\frac{1}{s}e^{-Ts}(1+e^{-Ts}+e^{-2Ts}+e^{-3Ts}+\cdots)$$

맥로린 급수(등비급수) : $\frac{1}{1-x}=1+x+x^2+x^3+\cdots$를 적용하면

$$F(s)=\frac{1}{Ts^2}-\frac{1}{s}e^{-Ts}\cdot\frac{1}{1-e^{-Ts}}=\frac{1}{s}\left(\frac{1}{Ts}-\frac{e^{-Ts}}{1-e^{-Ts}}\right)$$

가 된다.

13.5 라플라스 역변환

지금까지 시간함수 $f(t)$를 복소함수 $F(s)$로 변환하는 라플라스 변환에 대하여 공부하였다. 이제 역으로 복소함수 $F(s)$로부터 시간함수 $f(t)$를 구하는 라플라스 역변환 또는 역라플라스 변환에 대하여 공부하기로 한다.

13.5.1 간단한 함수의 라플라스 역변환

라플라스 역변환은 식 (13.2)와 같이 계산이 매우 복잡하기 때문에 간단한 함수는 표

13-1의 라플라스 변환표와 표 13-2의 라플라스 변환 정리들을 이용하여 다음과 같이 구할 수 있다.

라플라스 변환($\mathcal{L}[f(t)]$)

시간함수 $f(t)$ → **복소함수** $F(s)$

라플라스 역변환($\mathcal{L}^{-1}[F(s)]$)

예제 13-14

다음 함수의 라플라스 역변환을 구하라.

(1) $F(s)=\dfrac{1}{s^3}$　　(2) $F(s)=\dfrac{1}{s+2}$

(3) $F(s)=\dfrac{4}{s^2+4}$　　(4) $F(s)=\dfrac{s+5}{s^2+2s+5}$

| 풀이 | (1) $\mathcal{L}[t^n]=\dfrac{n!}{s^{n+1}}$ 이므로 $f(t)=\mathcal{L}^{-1}\left[\dfrac{1}{s^n}\right]=\dfrac{t^{n-1}}{(n-1)!}$

$$\therefore f(t)=\mathcal{L}^{-1}\left[\frac{1}{s^3}\right]=\frac{t^{(3-1)}}{(3-1)!}=\frac{t^2}{2}$$

(2) $\mathcal{L}[e^{-at}]=\dfrac{1}{s+a}$ 이므로 $f(t)=\mathcal{L}^{-1}\left[\dfrac{1}{s+a}\right]=e^{-at}$

$$\therefore f(t)=\mathcal{L}^{-1}\left[\frac{1}{s+2}\right]=e^{-2t}$$

(3) $\mathcal{L}[\sin\omega t]=\dfrac{\omega}{s^2+\omega^2}$ 이므로 $f(t)=\mathcal{L}^{-1}\left[\dfrac{\omega}{s^2+\omega^2}\right]=\sin\omega t$

$$\therefore f(t)=\mathcal{L}^{-1}\left[\frac{2\cdot 2}{s^2+2^2}\right]=2\sin 2t$$

④ $$f(t)=\mathcal{L}^{-1}\left[\frac{s+5}{s^2+2s+5}\right]=\mathcal{L}^{-1}\left[\frac{(s+1)+4}{(s+1)^2+4}\right]$$
$$=\mathcal{L}^{-1}\left[\frac{s+1}{(s+1)^2+2^2}+\frac{2\cdot 2}{(s+1)^2+2^2}\right]$$
$$=e^{-t}\cos 2t+2e^{-t}\sin 2t=e^{-t}(\cos 2t+2\sin 2t)$$

13.5.2 부분분수 분해법에 의한 라플라스 역변환

라플라스 변환 함수 $F(s)$가 s의 다항식인

$$F(s)=\frac{P(s)}{Q(s)}=\frac{b_m s^m+b_{m-1}s^{m-1}+\ldots\ldots+b_1 s+b_0}{a_n s^n+a_{n-1}s^{n-1}+\ldots\ldots+a_1 s+a_0} \qquad \cdots\cdots (13.40)$$

로 표시될 때, 유리함수 $F(s)$의 라플라스 역변환은 부분분수 분해법을 이용하여 구할 수 있다. 단, 분자, 분모의 차수에 따라 다음과 같이 부분분수 분해를 적용할 단계를 확인한다.

$$\begin{cases} n > m \text{(분자의 차수가 낮은 경우) : 직접 부분분수 분해법 적용} \\ n \leq m \text{(분자의 차수가 높은 경우) : 분자를 분모로 나누어 분자의 차수를} \\ \qquad\qquad \text{분모의 차수보다 낮게 한 후 부분분수 분해법 적용} \end{cases}$$

부분분수 분해법은 식 (13.40)에서 분모 $Q(s)=0$의 근, 즉 특성근의 형태에 따라 방법이 다르고, 특성근은 다음의 세 가지 형태로 구분할 수 있다.

① 실수 단근(단순근)
② 공액 복소근(허근)
③ 중복근(다중근)

본 절에서 특성근의 세 가지 형태에 따른 부분분수 분해법을 알아본다.

(1) 실수 단근(단순근)인 경우

식 (13.40)의 유리함수 $F(s)$에서 분자의 차수가 분모의 차수보다 낮고 분모 $Q(s)=0$의 특성근이 실근일 때, 식 (13.40)의 분모를 인수분해하면 다음과 같이 된다.

$$F(s)=\frac{P(s)}{Q(s)}=\frac{P(s)}{(s-p_1)(s-p_2)\cdots(s-p_n)} \qquad \cdots\cdots (13.41)$$

이 식을 부분분수로 분해하면

$$F(s)=\frac{P(s)}{Q(s)}=\frac{K_1}{(s-p_1)}+\frac{K_2}{(s-p_2)}+\cdots+\frac{K_n}{(s-p_n)} \qquad \cdots\cdots (13.42)$$

으로 표시되고, 여기서 계수 K_1, K_2, $\cdots$, K_n을 결정하는 방법은 다음과 같다.

먼저 계수 K_1을 구하기 위하여 식 (13.42)의 양변에 $(s-p_1)$을 곱하면

$$\begin{aligned}(s-p_1)F(s) &= (s-p_1)\frac{P(s)}{Q(s)} \\ &= K_1+\frac{K_2(s-p_1)}{(s-p_2)}+\cdots+\frac{K_n(s-p_1)}{(s-p_n)}\end{aligned} \qquad \cdots\cdots (13.43)$$

이 되고, 또 $(s-p_1)=0$의 근 $s=p_1$을 윗 식 (13.43)에 대입하면 계수 K_1을 제외한계수 K_2, $\cdots$, K_n이 속한 항은 모두 0이 되므로 K_1은 다음과 같이 구할 수 있다.

$$K_1=(s-p_1)\frac{P(s)}{Q(s)}\bigg|_{s=p_1}=(s-p_1)F(s)\bigg|_{s=p_1} \qquad \cdots\cdots (13.44)$$

마찬가지의 방법으로

$$K_2 = (s-p_2)\frac{P(s)}{Q(s)}\bigg|_{s=p_2} = (s-p_2)F(s)\bigg|_{s=p_2}$$

$$\cdots\cdots \qquad \cdots\cdots \qquad \cdots\cdots \ (13.45)$$

$$K_n = (s-p_n)\frac{P(s)}{Q(s)}\bigg|_{s=p_n} = (s-p_n)F(s)\bigg|_{s=p_n}$$

따라서 일반항의 계수 K_i를 구하는 식은 다음과 같이 표시할 수 있다.

$$\therefore\ K_i = (s-p_i)\frac{P(s)}{Q(s)}\bigg|_{s=p_i} = (s-p_i)F(s)\bigg|_{s=p_i} \qquad \cdots\cdots \ (13.46)$$

예제 13-15

다음 함수의 라플라스 역변환을 구하라.

(1) $F(s) = \dfrac{2s+3}{s^2+3s+2}$ (2) $F(s) = \dfrac{5s^2-2s-4}{s(s+1)(s-2)}$

| 풀이 | (1) $F(s)$의 부분분수 분해는

$$F(s) = \frac{2s+3}{s^2+3s+2} = \frac{2s+3}{(s+1)(s+2)} = \frac{K_1}{(s+1)} + \frac{K_2}{(s+2)}$$

이고, 식 (13.46)에 의하여 계수를 구하면

$$K_1 = (s+1)\cdot F(s)\big|_{s=-1} = \frac{2s+3}{(s+2)}\bigg|_{s=-1} = 1$$

$$K_2 = (s+2)\cdot F(s)\big|_{s=-2} = \frac{2s+3}{(s+1)}\bigg|_{s=-2} = 1$$

$$\therefore\ F(s) = \frac{1}{(s+1)} + \frac{1}{(s+2)}$$

따라서 $F(s)$의 라플라스 역변환 $f(t)$는 다음과 같다.

$$\therefore\ f(t) = \mathcal{L}^{-1}[F(s)] = e^{-t} + e^{-2t}$$

(2) $F(s)$를 부분분수로 분해하면

$$F(s) = \frac{5s^2-2s-4}{s(s+1)(s-2)} = \frac{K_1}{s} + \frac{K_2}{(s+1)} + \frac{K_3}{(s-2)}$$

$$K_1 = s\cdot F(s)\big|_{s=0} = \frac{5s^2-2s-4}{(s+1)(s-2)}\bigg|_{s=0} = 2$$

$$K_2 = (s+1)\cdot F(s)\big|_{s=-1} = \frac{5s^2-2s-4}{s(s-2)}\bigg|_{s=-1} = 1$$

$$K_3 = (s-2)\cdot F(s)\big|_{s=2} = \frac{5s^2-2s-4}{s(s+1)}\bigg|_{s=2} = 2$$

$$\therefore\ F(s) = \frac{2}{s} + \frac{1}{(s+1)} + \frac{2}{(s-2)}$$

따라서 $F(s)$의 라플라스 역변환 $f(t)$는 다음과 같다.

$$\therefore\ f(t) = \mathcal{L}^{-1}[F(s)] = 2 + e^{-t} + 2e^{2t}$$

(2) 공액 복소근을 포함한 경우

식 (13.40)의 유리함수 $F(s)$에서 분모 $Q(s)=0$의 특성근이 공액 복소근을 포함한 경우에 식 $F(s)$를 부분분수로 분해하면 다음과 같다.

$$F(s) = \frac{P(s)}{Q(s)} = \frac{P(s)}{\{(s-\alpha)^2+\omega^2\}(s-p_1)(s-p_2)\cdots(s-p_n)}$$

$$= \frac{As+B}{\{(s-\alpha)^2+\omega^2\}} + \frac{K_1}{(s-p_1)} + \frac{K_2}{(s-p_2)} + \cdots + \frac{K_n}{(s-p_n)} \quad \cdots\cdots (13.47)$$

여기서 계수 A, B와 K_1, K_2, $\cdots$, K_n을 결정하는 것은 다음의 두 가지 방법으로 설명할 수 있다.

첫째, 식 (13.47)의 양변에 $\left[\{(s-\alpha)^2+\omega^2\}(s-p_1)(s-p_2)\cdots(s-p_n)\right]$을 곱하고 미정계수법으로 계수 A, B와 K_1, K_2, $\cdots$, K_n을 구한다. 여기서 계수 K_i들은 식 (13.46)에 의한 실수 단근법으로 미리 구하여 식 (13.47)에 대입한 후 미정계수법을 적용하면 계산에서 간편해진다.

둘째, 식 (13.47)에서 계수 K_1, K_2, $\cdots$, K_n은 식 (13.46)에 의한 실수 단근법과 같은 방법으로 구하고, 계수 A, B는 다음과 같이 복소 방정식을 세워 구한다.

$$\{(s-\alpha)^2+\omega^2\}\frac{P(s)}{Q(s)}\bigg|_{s=\alpha+j\omega} = As+B\bigg|_{s=\alpha+j\omega}$$

$$\therefore\ \{(s-\alpha)^2+\omega^2\}F(s)\big|_{s=\alpha+j\omega} = As+B\big|_{s=\alpha+j\omega} \quad \cdots\cdots (13.48)$$

예제 13-16

다음 함수의 라플라스 역변환을 구하라.

(1) $F(s) = \dfrac{3s+10}{s(s^2+2s+10)}$ (2) $F(s) = \dfrac{2}{s(s^2+2s+2)}$

| 풀이 | (1) $F(s)$의 부분분수 분해는 다음과 같다.

$$F(s) = \frac{3s+10}{s(s^2+2s+10)} = \frac{K}{s} + \frac{As+B}{(s^2+2s+10)}$$

여기서 미정계수법에 의한 계수를 결정하는 방법으로 설명한다.

계수 K는 식 (13.46)의 실수 단근법과 같은 방법으로 구하면

$$K = \left.\frac{3s+10}{s^2+2s+10}\right|_{s=0} = 1$$

이고, $K=1$을 위의 부분분수 분해식에 대입하면

$$\frac{3s+10}{s(s^2+2s+10)} = \frac{1}{s} + \frac{As+B}{(s^2+2s+10)}$$

이다. 이 식의 양변에 $s(s^2+2s+10)$를 곱하면

$$3s+10 = (s^2+2s+10) + s(As+B) = (1+A)s^2 + (2+B)s + 10$$

이 된다. 이 식에서 양변의 계수를 비교하면 미정계수 A, B는 다음과 같다.

$$1+A=0, 2+B=3$$

$$\therefore A=-1, \ B=1$$

$$\therefore F(s) = \frac{3s+10}{s(s^2+2s+10)} = \frac{1}{s} + \frac{-s+1}{(s^2+2s+10)}$$

$$= \frac{1}{s} - \frac{s-1}{(s^2+2s+10)} = \frac{1}{s} - \frac{(s+1)-2}{(s+1)^2+9}$$

$$= \frac{1}{s} - \frac{s+1}{(s+1)^2+3^2} + \frac{2}{(s+1)^2+3^2}$$

따라서 $F(s)$의 라플라스 역변환 $f(t)$는 다음과 같다.

$$f(t) = \mathcal{L}^{-1}[F(s)] = 1 - e^{-t}\cos 3t + \frac{2}{3}e^{-t}\sin 3t$$

(2) $F(s)$의 부분분수 분해는 다음과 같다.

$$F(s) = \frac{2}{s(s^2+2s+2)} = \frac{K}{s} + \frac{As+B}{(s+1)^2+1}$$

계수 K는 식 (13.46)의 실수 단근법, 계수 A, B는 식 (13.48)에 의하여 아래와같이 각각 구한다.

$$K = sF(s)|_{s=0} = \left.\frac{2}{s^2+2s+2}\right|_{s=0} = 1$$

$$\left.\{(s+1)^2+1\} \cdot \frac{2}{s\{(s+1)^2+1\}}\right|_{s=-1+j} = As+B\Big|_{s=-1+j}$$

$$\begin{cases} \dfrac{2}{-1+j} = A(-1+j)+B \text{ (좌변 유리화)} \\ -1-j = (-A+B)+jA \\ \therefore -1 = -A+B, -j = jA \\ \therefore A=-1, B=-2 \end{cases}$$

$$\therefore F(s) = \frac{1}{s} + \frac{-s-2}{(s+1)^2+1} = \frac{1}{s} + \frac{-(s+1)-1}{(s+1)^2+1}$$

$$= \frac{1}{s} - \frac{s+1}{(s+1)^2+1} - \frac{1}{(s+1)^2+1}$$

따라서 $F(s)$의 라플라스 역변환 $f(t)$는 다음과 같다.

$$f(t) = \mathcal{L}^{-1}[F(s)] = 1 - e^{-t}\cos t - e^{-t}\sin t$$

(3) 중복근인 경우

식 (13.40)의 유리함수 $F(s)$에서 분모 $Q(s)=0$의 특성근이 중복근(다중근)을 포함한 경우에 식 $F(s)$를 부분분수로 분해하면 다음과 같다.

$$\begin{aligned} F(s) &= \frac{P(s)}{Q(s)} = \frac{P(s)}{(s-p_i)^r(s-p_1)(s-p_2)\cdots(s-p_n)} \\ &= \frac{M_1}{(s-p_i)} + \frac{M_2}{(s-p_i)^2} + \cdots + \frac{M_r}{(s-p_i)^r} \quad (\text{다중근}) \\ &\quad + \frac{K_1}{(s-p_1)} + \frac{K_2}{(s-p_2)} + \cdots + \frac{K_n}{(s-p_n)} \quad (\text{실수 단근}) \end{aligned} \quad \cdots\cdots (13.49)$$

여기서 계수 K_1, K_2, $\cdots$, K_n는 실수 단근이므로 식 (13.46)에 의한 실수 단근법으로 구하고, 또 계수 M_1, M_2, $\cdots$, M_n은 각각 다중근이므로 아래의 방법으로 구한다.

$$\begin{cases} M_r = (s-p_i)^r F(s)\big|_{s=p_i} \\ M_{r-1} = \dfrac{d}{ds}\left[(s-p_i)^r F(s)\right]\Big|_{s=p_i} \\ \cdots\cdots \qquad \cdots\cdots \\ M_1 = \dfrac{1}{(r-1)!}\dfrac{d^{r-1}}{ds^{r-1}}\left[(s-p_i)^r F(s)\right]\Big|_{s=p_i} \end{cases} \quad \cdots\cdots (13.50)$$

예제 13-17

다음 함수의 라플라스 역변환을 구하라.

(1) $F(s) = \dfrac{s}{(s+5)^4}$ (2) $F(s) = \dfrac{(s+2)}{(s+1)^2(s+3)}$

|풀이| ① $F(s)$의 부분분수 분해는 다음과 같다.

$$F(s) = \frac{s}{(s+5)^4} = \frac{M_4}{(s+5)^4} + \frac{M_3}{(s+5)^3} + \frac{M_2}{(s+5)^2} + \frac{M_1}{(s+5)}$$

계수는 식 (13.50)에 의하여

$$M_4 = (s+5)^4 F(s)\big|_{s=-5} = \left\{(s+5)^4 \cdot \frac{s}{(s+5)^4}\right\}\Big|_{s=-5} = -5$$

$$M_3 = \frac{d}{ds}(s+5)^4 F(s)\Big|_{s=-1} = \frac{d}{ds}\left[(s+5)^4 \cdot \frac{s}{(s+5)^4}\right]\Big|_{s=-1} = 1$$

$$M_2 = \frac{1}{2!}\left\{\frac{d^2}{ds^2}(s+5)^4 F(s)\right\}\Big|_{s=-1}$$

$$= \frac{1}{2!}\left[\frac{d^2}{ds^2}\left\{(s+5)^4 \cdot \frac{s}{(s+5)^4}\right\}\right]\Bigg|_{s=-1} = 0$$

$$M_1 = \frac{1}{3!}\left\{\frac{d^3}{ds^3}(s+5)^4 F(s)\right\}\Bigg|_{s=-1}$$

$$= \frac{1}{3!}\left[\frac{d^3}{ds^3}\left\{(s+5)^4 \cdot \frac{s}{(s+5)^4}\right\}\right]\Bigg|_{s=-1} = 0$$

이고, 각 계수를 위의 부분분수 분해식에 대입하면

$$\therefore\ F(s) = \frac{s}{(s+5)^4} = -\frac{5}{(s+5)^4} + \frac{1}{(s+5)^3}$$

이다. 따라서 $F(s)$의 라플라스 역변환 $f(t)$는 다음과 같다.

$$f(t) = \mathcal{L}^{-1}[F(s)] = -e^{-5t}\frac{5t^3}{3!} + e^{-5t}\frac{t^2}{2!}$$

$$\therefore\ f(t) = \frac{1}{6}e^{-5t}(3t^2 - 5t^3) = \frac{1}{6}t^2 e^{-5t}(3-t)$$

(2) $F(s)$의 부분분수 분해는 다음과 같다.

$$F(s) = \frac{(s+2)}{(s+1)^2(s+3)} = \frac{K}{(s+3)} + \frac{M_2}{(s+1)^2} + \frac{M_1}{(s+1)}$$

계수 K는 식 (13.46), M_1, M_2는 식 (13.50)에 의하여

$$K = (s+3)F(s)\big|_{s=-3} = \frac{s+2}{(s+1)^2}\bigg|_{s=-3} = -\frac{1}{4}$$

$$M_2 = (s+1)^2 F(s)\big|_{s=-1} = \frac{(s+2)}{(s+3)}\bigg|_{s=-1} = \frac{1}{2}$$

$$M_1 = \frac{d}{ds}(s+1)^2 F(s)\bigg|_{s=-1} = \left[\frac{d}{ds}\left\{\frac{(s+2)}{(s+3)}\right\}\right]\bigg|_{s=-1}$$

이고, 각 계수를 위의 부분분수 분해식에 대입하면

$$\therefore\ F(s) = -\frac{1}{4(s+3)} + \frac{1}{2(s+1)^2} + \frac{1}{4(s+1)}$$

이다. 따라서 $F(s)$의 라플라스 역변환 $f(t)$는 다음과 같다.

$$\therefore\ f(t) = -\frac{1}{4}e^{-3t} + \frac{1}{2}te^{-t} + \frac{1}{4}e^{-t} = -\frac{1}{4}e^{-3t} + \frac{1}{4}e^{-t}(2t+1)$$

13.6 라플라스 변환의 응용

13.6.1 미분방정식의 해석

선형 미분방정식의 해는 일반해를 구하고 여기에 초기조건을 대입하여 상수를 포함한 완전해를 구하는 방법을 취한다. 차수가 높아지면 일반해를 구하는 것이 매우 어려워질 뿐만 아니라 초기조건이 많게 되므로 상당히 복잡한 계산 과정을 거쳐야 한다.

그러나 미분방정식을 라플라스 변환하면 초기조건이 자동적으로 들어가게 되어 대수 연산에 의해 해가 쉽게 구해지고, 이를 부분분수 분해법을 이용하여 역변환하면 완전해가 용이하게 구해진다.

예제 13-18

다음의 미분방정식을 라플라스 변환을 이용하여 풀어라.

$$\frac{d^2y}{dt^2}+3\frac{dy}{dt}+2y=4, \quad y(0_+)=0, y'(0_+)=0$$

| 풀이 | 주어진 미분방정식을 라플라스 변환하면

$$\{s^2Y(s)-sy(0_+)-y'(0_+)\}+3\{sY(s)-y(0_+)\}+2Y(s)=\frac{4}{s}$$

$$(s^2+3s+2)Y(s)=\frac{4}{s}+sy(0_+)+y'(0_+)+3y(0_+)=\frac{4}{s}$$

초기조건을 대입하여 정리하면 $Y(s)$는

$$Y(s)=\frac{4}{s(s^2+3s+2)}=\frac{4}{s(s+1)(s+2)}$$

가 된다. $Y(s)$를 부분분수로 분해하면

$$Y(s)=\frac{K_1}{s}+\frac{K_2}{(s+1)}+\frac{K_3}{(s+2)}$$

$$\begin{cases} K_1=sY(s)\big|_{s=0}=\left.\dfrac{4}{(s+1)(s+2)}\right|_{s=0}=2 \\ K_2=(s+1)Y(s)\big|_{s=-1}=\left.\dfrac{4}{s(s+2)}\right|_{s=-1}=-4 \\ K_3=(s+2)Y(s)\big|_{s=-2}=\left.\dfrac{4}{s(s+1)}\right|_{s=-2}=-2 \end{cases}$$

$$\therefore\ Y(s)=\frac{2}{s}-\frac{4}{(s+1)}-\frac{2}{(s+2)}$$

이다. 따라서 $Y(s)$의 라플라스 역변환 $y(t)$는 다음과 같다.

$$\therefore y(t)=\mathcal{L}^{-1}[Y(s)]=2-4e^{-t}-2e^{-2t}$$

예제 13-19

다음의 미분방정식을 라플라스 변환을 이용하여 풀어라.

$$\frac{d^2y}{dt^2}+9y=0, \quad y(0)=3, y'(0)=4$$

| 풀이 | 주어진 미분방정식을 라플라스 변환하면

$$\{s^2Y(s)-sy(0)-y'(0)\}+9Y(s)=0$$

$$(s^2+9)Y(s)-3s-4=0$$

초기조건을 대입하여 정리하면 $Y(s)$는

$$Y(s) = \frac{3s+4}{s^2+9} = \frac{3s}{s^2+3^2} + \frac{4}{s^2+3^2}$$

이다. 따라서 $Y(s)$의 라플라스 역변환 $y(t)$는 다음과 같다.

$$\therefore\ y(t) = \mathcal{L}^{-1}[Y(s)] = 3\cos 3t + \frac{4}{3}\sin 3t$$

13.6.2 회로망의 해석

선형소자로 이루어진 회로망의 해석은 선형 미분방정식이 도출되고, 이 미분방정식을 라플라스 변환에 의하여 풀면 간단히 회로특성을 구할 수 있다.

예제 13-20

그림 13-10의 R, L회로에서 $t=0$에서 스위치를 닫았을 때, 이 회로에 흐르는 전류 $i(t)$를 라플라스 변환을 이용하여 구하라.(단, 초기조건 : 0)

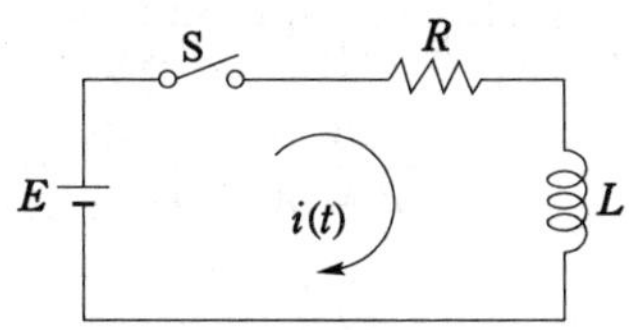

그림 13-10

| 풀이 | 키르히호프의 전압방정식에 의해 미분방정식은

$$Ri(t) + L\frac{di(t)}{dt} = E$$

이 식의 양변을 라플라스 변환하고 초기값 0을 대입하면 다음과 같다.

$$RI(s) + L\{sI(s) - i(0)\} = \frac{E}{s}, \quad (R+Ls)I(s) = \frac{E}{s}$$

$$\therefore\ I(s) = \frac{E}{s(Ls+R)} = \frac{E/L}{s(s+R/L)}$$

이것을 부분분수로 분해하면

$$I(s) = \frac{E/L}{s(s+R/L)} = \frac{K_1}{s} + \frac{K_2}{(s+R/L)}$$

$$\begin{cases} K_1 = sI(s)\big|_{s=0} = \left.\dfrac{E/L}{(s+R/L)}\right|_{s=0} = \dfrac{E}{R} \\[2ex] K_2 = (s+R/L)I(s)\big|_{s=-(R/L)} = \left.\dfrac{E/L}{s}\right|_{s=-(R/L)} = -\dfrac{E}{R} \end{cases}$$

$$\therefore\ I(s) = \frac{E}{R}\left\{\frac{1}{s} - \frac{1}{(s+R/L)}\right\}$$

이다. 따라서 $I(s)$의 역라플라스 변환에 의한 전류 $i(t)$는 다음과 같다.

$$\therefore\ i(t) = \mathcal{L}^{-1}[I(s)] = \frac{E}{R}\left(1 - e^{-\frac{R}{L}t}\right)$$

13장 연습문제

13-1 다음 함수의 라플라스 변환을 구하라.

(1) $f(t)=t^2$

(2) $f(t)=10t^3$

(3) $f(t)=5e^{-2t}$

(4) $f(t)=3+2e^{-t}$

(5) $f(t)=\delta(t)-be^{-bt}$

(6) $f(t)=5\sin 2t$

(7) $f(t)=\sin^2 t$

(8) $f(t)=\sin t\cos t$

(9) $f(t)=2\sin 4t-3\cos 2t$

(10) $f(t)=4t^2+2e^{-3t}+\cos 2t$

|정답| (1) $\frac{2}{s^3}$ (2) $\frac{60}{s^4}$ (3) $\frac{5}{s+2}$ (4) $\frac{3}{s}+\frac{2}{s+1}=\frac{5s+3}{s(s+1)}$

(5) $1-\frac{b}{s+b}=\frac{s}{s+b}$ (6) $\frac{10}{s^2+4}$ (7) $\frac{1}{2}\left\{\frac{1}{s}-\frac{s}{(s^2+4)}\right\}=\frac{2}{s(s^2+4)}$

(8) $\frac{1}{s^2+4}$ (9) $\frac{8}{(s^2+16)}-\frac{3s}{(s^2+4)}$ (10) $\frac{8}{s^3}+\frac{2}{(s+3)}+\frac{s}{s^2+4}$

13-2 다음 지수함수 형식이 포함된 함수의 라플라스 변환을 구하라.

(1) $f(t)=te^t$

(2) $f(t)=t^2e^{3t}$

(3) $f(t)=2t^3e^{-2t}$

(4) $f(t)=e^t\sin t$

(5) $f(t)=3e^{2t}\cos 3t$

(6) $f(t)=e^{-2t}\sin 2t$

(7) $f(t)=t\sin\omega t+e^{-2t}\cos 3t$

(8) $f(t)=e^{-3t}\cosh 2t$

|정답| (1) $\frac{1}{(s-1)^2}$ (2) $\frac{2}{(s-3)^3}$ (3) $\frac{12}{(s+2)^4}$

(4) $\frac{1}{(s-1)^2+1}$ (5) $\frac{3(s-2)}{(s-2)^2+9}$ (6) $\frac{2}{(s+2)^2+4}$

(7) $\frac{2\omega s}{(s^2+\omega^2)^2}+\frac{(s+2)}{(s+2)^2+9}$ (8) $\frac{(s+3)}{(s+3)^2-4}$

13-3 $I(s)=\frac{2(s+1)}{s^2+2s+5}$의 초기값 $i(0_+)$를 구하라.

|정답| $i(0_+)=2$

13-4 $I(s)=\frac{2s+15}{s^3+s^2+3s}$의 최종값 $i(\infty)$를 구하라.

|정답| $i(\infty)=5$

13-5 $I(s)=\dfrac{2s+5}{s(s+1)(s+2)}$의 최종값 $i(\infty)$를 구하라.

|정답| $i(\infty)=2.5$

13-6 다음 주어진 함수의 역라플라스 변환을 구하라.

(1) $F(s)=\dfrac{2}{s+3}$ (2) $F(s)=\dfrac{2}{s^2+9}$

(3) $F(s)=\dfrac{3s}{s^2+9}$ (4) $F(s)=\dfrac{2s+4}{s^2+4}$

(5) $F(s)=\dfrac{1}{s(s+1)}$ (6) $F(s)=\dfrac{5s+3}{s(s+1)}$

(7) $F(s)=\dfrac{2s+3}{(s+1)(s+2)}$ (8) $F(s)=\dfrac{2}{s^2+2s+5}$

(9) $F(s)=\dfrac{s+4}{2s^2+5s+3}$ (10) $F(s)=\dfrac{s+2}{(s+1)^2}$

(11) $F(s)=\dfrac{1}{(s+1)^2(s+2)}$ (12) $F(s)=\dfrac{s+2}{s^2(s-1)^2}$

|정답| (1) $2e^{-3t}$ (2) $\dfrac{2}{3}\sin 3t$

(3) $3\cos 3t$ (4) $2(\cos 2t+\sin 2t)$

(5) $1-e^{-t}$ (6) $3+2e^{-t}$

(7) $e^{-t}+e^{-2t}$ (8) $e^{-t}\sin 2t$

(9) $3e^{-t}-\dfrac{5}{2}e^{-\frac{3}{2}t}$ (10) $e^{-t}(t+1)$

(11) $te^{-t}-e^{-t}+e^{-2t}=e^{-t}(t-1)+e^{-2t}$ (12) $(3t-5)e^{t}+2t+5$

13-7 다음 미분방정식을 라플라스 변환을 이용하여 풀어라.

(1) $\dfrac{d}{dt}x(t)+x(t)=1$ (초기값 0)

(2) $\dfrac{d^2}{dt^2}x(t)+2\dfrac{d}{dt}x(t)+x(t)=1$ $\{x(0)=x'(0)=0\}$

(3) $\dfrac{d}{dt}i(t)+4i(t)+4\displaystyle\int i(t)dt=30$ (모든 초기값 0)

(4) $\dfrac{d^2y}{dt^2}+9y=3$ (초기값 0)

|정답| (1) $x(t)=1-e^{-t}$　　(2) $x(t)=1-te^{-t}-e^{-t}$

(3) $i(t)=30te^{-2t}$　　(4) $y=\frac{1}{3}(1-\cos 3t)$

13-8 다음 그림과 같은 주어진 파형의 라플라스 변환을 구하라.

(1)

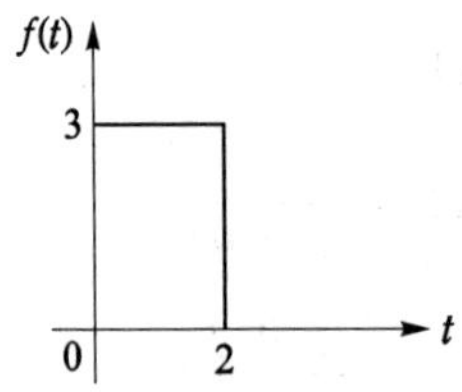

그림 13-11 펄스파

(2)

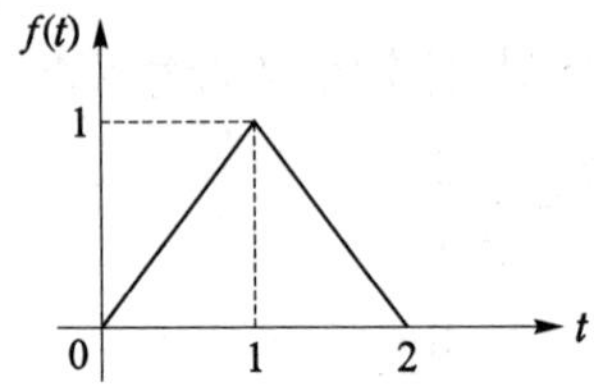

그림 13-12 삼각파

|정답| (1) $F(s)=\frac{3}{s}(1-e^{-2s})$

(2) $F(s)=\frac{1}{s^2}(1-2e^{-s}+e^{-2s})$

13-9 그림 13-13의 R, C회로에서 $t=0$에서 스위치를 닫았을 때, 이 회로에 흐르는 전류 $i(t)$를 라플라스 변환을 이용하여 구하라.(단, 초기조건은 0 이다.)

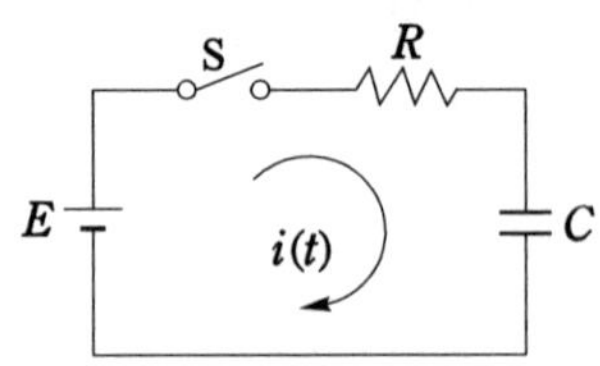

그림 13-13

|정답| $i(t)=\frac{E}{R}e^{-\frac{1}{RC}t}$

부 록

1. 그리스 문자

A α	알 파	(alpha)		N ν	뉴	(nu)
B β	베 타	(beta)		Ξ ξ	크사이	(xi)
Γ γ	감 마	(gamma)		O o	오미크론	(omicron)
Δ δ	델 타	(delta)		Π π	파 이	(pi)
E ϵ	엡실론	(epsilon)		P ρ	로	(rho)
Z ζ	제 타	(zeta)		Σ σ	시그마	(sigma)
H η	에 타	(eta)		T τ	타 우	(tau)
Θ θ	세 타	(theta)		Y υ	웁실론	(upsilon)
I ι	요 타	(iota)		Φ ϕ	파 이	(phi)
K κ	카 파	(kappa)		X χ	카 이	(chi)
Λ λ	람 다	(lambda)		Ψ ψ	프사이	(psi)
M μ	뮤	(mu)		Ω ω	오메가	(omega)

2. 단위의 거듭제곱

p	피 코	(pico)	$10^{-12}=0.000\,000\,000\,001$
n	나 노	(nano)	$10^{-9}=0.000\,000\,001$
μ	마이크로	(micro)	$10^{-6}=0.000\,001$
m	밀 리	(mili)	$10^{-3}=0.001$
c	센 티	(centi)	$10^{-2}=0.01$
d	데 시	(deci)	$10^{-1}=0.1$
k	킬 로	(kilo)	$10^{3}=1000$
M	메 가	(mega)	$10^{6}=1\,000\,000$
G	기 가	(giga)	$10^{9}=1\,000\,000\,000$
T	테 라	(tera)	$10^{12}=1\,000\,000\,000\,000$

3. 중요 수학 공식

3.1 두 점 사이의 거리

두 점 $A(x_1, y_1)$, $B(x_2, y_2)$ 사이의 거리

$$\overline{AB} = \sqrt{(x_2 - x_1)^2 + (y_2 - y_1)^2}$$

3.2 점과 직선 사이의 거리

한 점 $A(x_1, y_1)$에서 직선 $ax + by + c = 0$에 이르는 거리

$$d = \frac{|ax_1 + by_1 + c|}{\sqrt{a^2 + b^2}}$$

3.3 로그함수(대수함수)

$$y = \log_a x \ (x = a^y), \quad \log_a a = 1, \quad \log_a 1 = 0 \ (a > 0, a \neq 1)$$

$$\log_a (xy) = \log_a x + \log_a y$$

$$\log_a \left(\frac{x}{y}\right) = \log_a x - \log_a y$$

$$\log_a x^n = n \log_a x, \qquad \log_a {}^n\sqrt{x} = \frac{1}{n} log_a x$$

$$\ln x = \log_e x = \frac{\log_{10} x}{\log_{10} e}$$

$$\log_a b = \frac{\log_e b}{\log_e a} = \frac{\ln b}{\ln a}$$

3.4 삼각함수

(1) 삼각함수 사이의 관계

$$\sin^2\theta + \cos^2\theta = 1$$

$$\sec^2\theta = 1 + \tan^2\theta$$

$$\mathrm{cosec}^2\theta = 1 + \cot^2\theta$$

$$\tan\theta = \frac{\sin\theta}{\cos\theta}$$

$$\sin\theta\,\mathrm{cosec}\theta = 1$$

$$\tan\theta\cot\theta = 1$$

$$\cos\theta\sec\theta = 1$$

(2) 삼각함수의 덧셈 공식

$\sin(\alpha \pm \beta) = \sin\alpha\cos\beta \pm \cos\alpha\sin\beta$

$\cos(\alpha \pm \beta) = \cos\alpha\cos\beta \pm \sin\alpha\sin\beta$

(3) 삼각함수의 합과 곱의 변환 공식

- $\sin\alpha + \sin\beta = 2\sin\frac{1}{2}(\alpha+\beta) \cdot \cos\frac{1}{2}(\alpha-\beta)$
- $\sin\alpha - \sin\beta = 2\cos\frac{1}{2}(\alpha+\beta) \cdot \sin\frac{1}{2}(\alpha-\beta)$
- $\cos\alpha + \cos\beta = 2\cos\frac{1}{2}(\alpha+\beta) \cdot \cos\frac{1}{2}(\alpha-\beta)$
- $\sin\alpha\cos\beta = \frac{1}{2}\{\sin(\alpha+\beta) + \sin(\alpha-\beta)\}$
- $\cos\alpha\sin\beta = \frac{1}{2}\{\sin(\alpha+\beta) - \sin(\alpha+\beta)\}$
- $\cos\alpha\cos\beta = \frac{1}{2}\{\cos(\alpha+\beta) + \cos(\alpha-\beta)\}$
- $\sin\alpha\sin\beta = -\frac{1}{2}\{\cos(\alpha+\beta) - \cos(\alpha-\beta)\}$
- $\tan\alpha\tan\beta = \dfrac{\tan\alpha + \tan\beta}{\cot\alpha + \cot\beta}$

(4) 배각 공식

- $\sin 2\theta = 2\sin\theta\cos\theta$
- $\cos 2\theta = 2\cos^2\theta - 1 = 1 - 2\sin^2\theta = \cos^2\theta - \sin^2\theta$
- $\tan 2\theta = \dfrac{2\tan\theta}{1-\tan^2\theta}$

3.5 미분공식

(1) $y = x^n \quad y' = nx^{n-1}$

(2) $y = e^x \quad y' = e^x$

(3) $y = \sin x \quad y' = \cos x$

(4) $y = \cos x \quad y' = -\sin x$

(5) $y = \tan x \quad y' = \sec^2 x$

(6) $y = \cot x \quad y' = -\mathrm{cosec}^2 x$

(7) $y = \dfrac{1}{x} \quad y' = -\dfrac{1}{x^2}$

(8) $y = a^x \quad y' = a^x \ln a$

(9) $y = \ln x \quad y' = \dfrac{1}{x}$

(10) $y = \ln x^2 \quad y' = \dfrac{2}{x}$

(11) $\frac{df(u)}{dx} = \frac{df(u)}{du}\frac{du}{dx}$

(12) $\frac{d}{dx}\ln f(x) = \frac{1}{f(x)}\frac{df(x)}{dx} = \frac{f'(x)}{f(x)}$

(13) $\frac{d}{dx}\{f(x)\}^n = n\{f(x)\}^{n-1}\frac{df(x)}{dx} = n\{f(x)\}^{n-1}\cdot f'(x)$

(14) $\frac{d}{dx}\{f(x) \pm g(x)\} = \frac{df(x)}{dx} \pm \frac{dg(x)}{dx} = f'(x) \pm g'(x)$

(15) $\frac{d}{dx}\{f(x)\cdot g(x)\} = \frac{df(x)}{dx}g(x) + f(x)\frac{dg(x)}{dx} = f'(x)\cdot g(x) + f(x)\cdot g'(x)$

(16) $\frac{d}{dx}\left\{\frac{f(x)}{g(x)}\right\} = \frac{\frac{df(x)}{dx}g(x) - f(x)\frac{dg(x)}{dx}}{\{g(x)\}^2} = \frac{f'(x)\cdot g(x) - f(x)\cdot g'(x)}{\{g(x)\}^2}$

3.6 적분공식 (적분상수 생략)

(1) $\int dx = x$

(2) $\int x^n dx = \frac{x^{n+1}}{n+1}$

(3) $\int e^x dx = e^x$

(4) $\int \frac{dx}{x} = \ln x$

(5) $\int \sin x\, dx = -\cos x$

(6) $\int \cos x\, dx = \sin x$

(7) $\int \sin ax\, dx = -\frac{1}{a}\cos ax$

(8) $\int \cos ax\, dx = \frac{1}{a}\sin ax$

(9) $\int e^{ax} dx = \frac{1}{a}e^{ax}$

(10) $\int \ln x\, dx = x\ln x - x$

(11) $\int a^x dx = \frac{a^x}{\ln a}$

(12) $\int xe^x dx = e^x(x-1)$

(13) $\int \frac{dx}{x^2+a^2} = \frac{1}{a}\tan^{-1}\frac{x}{a}$

(14) $\int \frac{dx}{\sqrt{a^2-x^2}} = \sin^{-1}\frac{x}{a}$

(15) $\int \frac{dx}{x^2-a^2} = \frac{1}{2a}\ln\left|\frac{x-a}{x+a}\right|$

(16) $\int \frac{dx}{\sqrt{x^2 \pm a^2}} = \ln\left|x + \sqrt{x^2 \pm a^2}\right|$

4. 비정현파 교류

4.1 a_n의 결정

$$\int_0^{2\pi} f(x)\cos mx\,dx = a_0\int_0^{2\pi}\cos mx\,dx + \sum_{n=1}^{\infty} a_n\int_0^{2\pi}\cos nx\cdot\cos mx\,dx$$
$$+\sum_{n=1}^{\infty} b_n\int_0^{2\pi}\sin nx\cdot\cos mx\,dx$$

우변의 제1항은 여현항이므로 1주기간의 적분값은 0이 된다.

우변의 제2항은

$$a_n\int_0^{2\pi}\cos nx\cdot\cos mx\,dx = a_n\int_0^{2\pi}\frac{1}{2}\{\cos(n+m)x+\cos(n-m)x\}\,dx$$

로부터

i) $m\neq n$일 때는 0

ii) $m=n$일 때는 $a_n\pi$

또한 제3항은

$$b_n\int_0^{2\pi}\sin nx\cdot\cos mx\,dx = \frac{b_n}{2}\int_0^{2\pi}\{\sin(n+m)x+\sin(n-m)x\}dx$$

로부터 $m\neq n$이거나 $m=n$에 관계없이 항상 0이 된다.

4.2 우함수파

$$f(x)=a_0+\sum_{n=1}^{\infty}a_n\cos nx+\sum_{n=1}^{\infty}b_n\sin nx$$

$$f(-x)=a_0+\sum_{n=1}^{\infty}a_n\cos n(-x)+\sum_{n=1}^{\infty}b_n\sin n(-x)$$
$$=a_0+\sum_{n=1}^{\infty}a_0\cos nx-\sum_{n=1}^{\infty}b_n\sin nx$$

가 되며, 이 두 식이 x값에 관계없이 항상 같아지기 위해서는 sin항은 존재하지 않고 cos항과 직류항만이 존재하여야 한다. 직류파도 우함수파의 일종이라고 할 수 있기 때문에 결국 우함수파에 대한 푸리에 급수의 전개식은

$$f(x)=a_0+\sum_{n=1}^{\infty}a_n\cos nx$$

여기서 계수 a_n은 식 (10.12)를 이용하여 구할 수 있다. 이 경우 식 (10.12)에서 처럼

1주기간을 적분하는 대신 반주기분을 적분해도 구하고자 하는 평균값은 같게 된다. 따라서 a_0와 a_n은 이때의 평균값을 2배함으로써 용이하게 구해질 수 있다.

$$a_0 = \frac{1}{\pi}\int_0^{\pi} f(x)dx = \frac{2}{T}\int_0^{\frac{T}{2}} f(t)dt$$

$$a_n = \frac{2}{\pi}\int_0^{\pi} f(x)\cos nx\,dx = \frac{4}{T}\int_0^{T/2} f(t)\cos n\omega t\,dt$$

4.3 기함수파

기함수파의 1주기간의 평균값은 0이 되며 그 결과 직류분도 $a_0 = 0$이 됨을 알 수 있다. 푸리에 전개식으로서 $f(x)$와 $-f(-x)$는 각각

$$f(x) = \sum_{n=1}^{\infty} a_n \cos nx + \sum_{n=1}^{\infty} b_n \sin nx$$

$$-f(-x) = -\sum_{n=1}^{\infty} a_n \cos n(-x) - \sum_{n=1}^{\infty} b_n \sin n(-x)$$

$$= -\sum_{n=1}^{\infty} a_n \cos nx + \sum_{n=1}^{\infty} b_n \sin nx$$

가 되며 앞의 두 식이 x값에 관계없이 항상 성립하려면 cos항은 존재하지 않고 sin항만 존재하여야 한다. 따라서 푸리에급수 전개식은

$$f(x) = \sum_{n=1}^{\infty} b_n \sin nx$$

$$= b_1 \sin x + b_2 \sin 2x + b_3 \sin 3x + \cdots$$

여기서 계수 b_n은 식 (10.14)를 이용하여 구할 수 있다. 앞에서 a_n을 구할 때와 같은 원리에 의해 1주기간의 적분대신 반주기간의 적분을 구함으로써 더 용이하게 구할 수 있다.

$$b_n = \frac{2}{\pi}\int_0^{\pi} f(x)\sin nx\,dx = \frac{4}{T}\int_0^{\frac{T}{2}} f(t)\sin n\omega t\,dt$$

4.4 반파대칭

푸리에 전개식으로서 $f(x)$와 $-f(x+\pi)$는 각각

$$f(x) = \sum_{n=1}^{\infty} a_n \cos nx + \sum_{n=1}^{\infty} b_n \sin nx$$

$$-f(x+\pi) = -\left\{\sum_{n=1}^{\infty} a_n \cos n(x+\pi) + \sum_{n=1}^{\infty} b_n \sin n(x+\pi)\right\}$$

$$=-\sum_{n=1}^{\infty}(-1)^n a_n \cos nx - \sum_{n=1}^{\infty}(-1)^n b_n \sin nx$$

이 된다.

이 두 식이 항상 같아지기 위해서는 n은 홀수가 되어야 한다. 여기서 계수 a_n, b_n은 각각 식 (10.12)와 식 (10.14)을 이용하여 구할 수 있지만 이때의 피적분 함수인 $f(x)\cos nx$(n : 홀수)와 $f(x)\sin nx$(n : 홀수)는 한 주기간을 적분하여 평균값을 구한 값이나 반주기간을 적분하여 평균값을 구한값이 같게 된다. 따라서 반파대칭파의 경우도 반주기분에 대한 평균값을 2배함으로써 계수 a_n과 b_n을 용이하게 구할 수 있다.

$$a_n = \frac{2}{\pi}\int_0^{\pi} f(x)\cos nx\,dx = \frac{4}{T}\int_0^{\frac{T}{2}} f(t)\cos n\omega t\,dt$$

$$b_n = \frac{2}{\pi}\int_0^{\pi} f(x)\sin nx\,dx = \frac{4}{T}\int_0^{\frac{T}{2}} f(t)\sin n\omega t\,dt$$

단, n은 홀수

찾아보기

사

아

자

차

카

타

파

하

회로이론

발 행 / 2024년 2월 20일

•

저 자 / 박구범, 박종관, 유도현, 임경범, 전중함
펴 낸 이 / 이 지 연
펴 낸 곳 / 엔트미디어
주 소 / 서울시 강서구 강서로 47-8 302호
(화곡동 평인빌딩)
전 화 / 02) 2608-8339
팩 스 / 02) 2608-8314
등록번호 / 제839-91-00430호

•

낙장 및 파본된 책은 구입서점이나 본사에서 교환해 드립니다.

ISBN : 978-89-8230-234-3 93560
값 / 18,000원